国防科技图书出版基金

新型战斗部原理与设计

Principle and Design of the New Warhead

周兰庭　　张庆明　　龙仁荣　编著

国防工业出版社

·北京·

图书在版编目（CIP）数据

新型战斗部原理与设计/周兰庭,张庆明,龙仁荣编
著.—北京:国防工业出版社,2018.2
ISBN 978-7-118-11444-7

Ⅰ.①新… Ⅱ.①周…②张…③龙… Ⅲ.①战斗
部-研究 Ⅳ.①TJ410.3

中国版本图书馆 CIP 数据核字(2018)第 016448 号

※

*国防工业出版社*出版发行

（北京市海淀区紫竹院南路 23 号　邮政编码 100048）
腾飞印务有限公司印刷
新华书店经售

*

开本 710×1000　1/16　印张 24½　字数 465 千字
2018 年 2 月第 1 版第 1 次印刷　印数 1—2000 册　定价 150.00 元

（本书如有印装错误,我社负责调换）

国防书店：(010)88540777　　发行邮购：(010)88540776
发行传真：(010)88540755　　发行业务：(010)88540717

致 读 者

本书由中央军委装备发展部**国防科技图书出版基金**资助出版。

为了促进国防科技和武器装备发展，加强社会主义物质文明和精神文明建设，培养优秀科技人才，确保国防科技优秀图书的出版，原国防科工委于1988年初决定每年拨出专款，设立国防科技图书出版基金，成立评审委员会，扶持、审定出版国防科技优秀图书。这是一项具有深远意义的创举。

国防科技图书出版基金资助的对象是：

1. 在国防科学技术领域中，学术水平高，内容有创见，在学科上居领先地位的基础科学理论图书；在工程技术理论方面有突破的应用科学专著。

2. 学术思想新颖，内容具体、实用，对国防科技和武器装备发展具有较大推动作用的专著；密切结合国防现代化和武器装备现代化需要的高新技术内容的专著。

3. 有重要发展前景和有重大开拓使用价值，密切结合国防现代化和武器装备现代化需要的新工艺、新材料内容的专著。

4. 填补目前我国科技领域空白并具有军事应用前景的薄弱学科和边缘学科的科技图书。

国防科技图书出版基金评审委员会在中央军委装备发展部的领导下开展工作，负责掌握出版基金的使用方向，评审受理的图书选题，决定资助的图书选题和资助金额，以及决定中断或取消资助等。经评审给予资助的图书，由中央军委装备发展部国防工业出版社出版发行。

国防科技和武器装备发展已经取得了举世瞩目的成就，国防科技图书承担着记载和弘扬这些成就，积累和传播科技知识的使命。开展好评审工作，使有限的基金发挥出巨大的效能，需要不断摸索、认真总结和及时改进，更需要国防科技和武器装备建设战线广大科技工作者、专家、教授，以及社会各界朋友的热情支持。

让我们携起手来，为祖国昌盛、科技腾飞、出版繁荣而共同奋斗！

国防科技图书出版基金

评审委员会

V

前　言

　　战斗部是武器系统的有效载荷，是武器系统对预定目标起直接破坏作用的终端毁伤系统，是武器系统有效作战效能的最终体现。各种武器系统功能的总和就是要把战斗部投送到预定攻击的目标处，靠引信控制适时作用，致使目标遭受攻击破坏和毁伤。所以，战斗部技术的进步和创新是关系国家安全的重大研究课题。

　　本书正是针对国家对这一领域的急需而提出。作者结合多年的教学和科研经验，研究了国内外有关文献资料，介绍了最新的学术研究成果。既秉承了传统的弹药战斗部设计基本理论，又融入了最新的弹药战斗部类型、结构、性能、机理和设计理论。在内容安排上既有新型硬杀伤战斗部技术，又有新概念非致命的高效软毁伤战斗部技术，具有明显特色和工程应用价值。

　　本书共分7章，内容主要涉及新型常规战斗部的设计和研制、现状和发展趋势，目标特性分析，几种新型战斗部的设计理论基础、设计内容和要求(包括新型聚能战斗部、新型杀伤战斗部、新型定向能战斗部、深侵彻战斗部、新概念非致命弹药)。可供弹药战斗部设计和研究的专业人员、工程设计人员及其他相关技术人员，以及与弹药有关的各专业本科生、硕士生和博士生参考。

　　本书在编写的过程中曾得到相关研究院、兄弟院校有关同志大力支持和孙桂娟、杨莉、甘云丹、龚良飞等博士的帮助，在此表示衷心的感谢！

　　由于编者水平有限，缺点、错误在所难免，欢迎读者批评指正。

目　录

CONTENTS

第1章 绪 论

1.1 战斗部的定义、组成

1.1.1 定义

战斗部是导弹(或火箭弹、鱼雷等)发射到目标区(或目标上)的有效载荷,亦是现代武器弹药家族中的重要成员之一。在一些专著中称其为弹头[1-3,5]。

战斗部实质上是弹药毁伤目标或完成既定终点效应的部分。加深对弹药的了解,更有利于对战斗部的理解。为此,应对弹药做进一步的阐述。弹药(ammunition)是一个集合名词,是16世纪初从法语"munition de guerre"借用来的,广义来说包含防御或进攻可使用的各种军需物,在整个历史进程中,其发展是与各种武器(导弹、火箭、火炮等)的应用发展紧密相关的,是战争需求和科学技术相结合的产物。现阶段武器弹药的发展要求解决远距离、超高度、超深度、命中点目标和高效毁伤等难题,这就提出了发展精确制导武器和高新技术弹药等课题。

具体来讲,弹药的具体内容包括炮弹、火箭弹战斗部、导弹和鱼雷的战斗部、子弹和手榴弹、航弹和深水炸弹、地雷和水雷、爆破装药器材、烟幕弹、干扰投放弹、军事装备和设施的主动防护武器的弹药、灵巧弹和智能弹等[5]。在海湾战争中使用了新型原理的高功率微波和碳纤维等反装备的软毁伤战斗部,这是特种高新技术弹药(武器)。

1.1.2 组成

典型的导弹战斗部系统(导弹战斗装置)通常由战斗部、引信和保险执行机构组成[1,3]。在战略和战术弹道导弹战斗部系统中通常将引信和保险执行系统合称为引爆控制系统,而在其他类型的战术导弹战斗部系统中有时称为引信。

战斗部系统的结构原理应满足发射性能、运动性能、终点效应、安全性和可靠性等方面的综合要求。

根据战斗部装填物的不同,可将战斗部分为常规装药战斗部、新型特种战斗部(如破坏电网的碳纤维战斗部、破坏 C^4I 系统的高功率微波发生器等)和核装药战斗部。

战略导弹一般多用核战斗部,衡量核战斗部的威力常用 TNT 爆炸威力当量表示。核战斗部型式可以是单弹头或多弹头(如集束式、分导式等)。采用多弹头方案,可提高导弹的突防能力和攻击多目标的能力。

而战术导弹均选用常规装药战斗部,这种战斗部是装填高能炸药的导弹弹头,它是相对核弹头而言的,这一术语出现于 20 世纪 50 年代部队装备导弹核武器时期。

下面按典型的常规战斗部系统分别描述如下。

战斗部由主装药、传爆装置(电点火器→火焰雷管→传爆管→扩爆管组成传爆序列)和壳体等组成。战斗部壳体内的主装药是毁伤目标的能源物质。目前主要由以黑索金(RDX)和奥克托金(HMX)为主体的混合炸药,并添加一些有利于威力提高和性能改善的添加物。根据不同的目标和战斗部结构,可以采用不同装药及工艺以适应战斗部作战的需求。最近研制的 CL-20 高爆炸药,将会大幅度提高战斗部破坏目标的威力。如果欲达到某种特定目的,则战斗部壳体内可装填照明剂、烟幕剂或其他非致命的物质。

引信是配用于战斗部的专用装置。它的基本作用是要确保战斗部勤务处理和使用时的安全性,并能敏感到实际使用环境,解除保险(包括安全分离、爆炸序列对正、开关闭合或建立其他连接或逻辑关系),使战斗部进入待发状态,能敏感到预定最佳起爆的空间或时间点,发火起爆,从而可靠地发挥战斗部对目标的最佳毁伤效应。最佳起爆时间取决于弹目交会姿态和条件,以及战斗部特性。引信、战斗部配合攻击目标过程是瞬态完成的,引战配合与毁伤目标程度结合起来,通常称为引战配合效率,这是系统性能的特征。配合效率高,可使导弹单发杀伤概率增大。

按照战斗部对目标的作用方式,常用引信分为两大类:非触发引信(近炸引信)和触发引信。非触发引信又可分为光学引信(红外引信、激光引信等)和无线电引信(微波、毫米波引信等)。为了获得高毁伤效率,同一种战斗部可配置光电复合作用与触发作用的多功能引信。

保险执行机构(又名安全保险机构)能够确保战斗部在不应起爆时的绝对安全。它实际上是引信与战斗部之间的一种单向传递装置,是介于引信、战斗部之间的一个爆炸能量逐级放大的传爆道,只有在保险装置确定战斗部的爆炸不会伤害我方人员时,这条传爆道才通畅。打开保险时间愈接近最佳爆炸时间愈好,以免引信由于受到敌方干扰而引爆战斗部。总之,弹目交会时一定要避免过早炸或早炸的发生。故常用程序是按导弹飞离发射架的时间,依次解除保险,直至飞临目标区域,全部解除保险,引信发挥作用。

1.2　战斗部对目标的毁伤及典型战斗部的类型

战斗部的分类和类型的确定,应根据对目标的作用和战术技术要求而定,不同类型的战斗部其结构原理和作用机理是不同的,但同一类型的战斗部如常规的破片(或杆条)杀伤型战斗部,既可适用于空对空的反飞机、反导导弹上,又可适用于地对空的反飞机、反导导弹上,或空对地的反辐射导弹上。

从海湾战争(1991年)、科索沃战争(1999年)和美英联军对伊拉克战争(2003年)来看,在这些高新技术局部战争中,使用了大量的新概念武器弹药及战斗部。在考虑常规战斗部的分类时,既要考虑传统的主作用机理,还应考虑科技进步和信息时代特征,更要考虑新的毁伤模式和毁伤机制。这样的分类原则是比较科学的。另外还可分为硬毁伤和软毁伤模式两大类,然后按战斗部对目标的作用机理再进一步细化分类,这样描述更符合现代战争中武器弹药和战斗部的真实现状。

所谓硬毁伤是指利用战斗部本身的撞击动能或爆炸后形成的破片动能、高速聚能金属射流、爆炸成形侵彻体、爆炸冲击波超压、比冲量等毁伤参数,使各种目标(如武器装备、各种设施、人员等)遭受不同程度的破坏和毁伤,使其丧失作战使用功能或降低其功效,称为硬毁伤。为了提高战斗部使用作战的效费比(目标费用之和/摧毁目标所需耗费弹药费用之和),针对各类目标特性和最佳有效的毁伤效力,突出战斗部对目标的主要效应,出现和发展了各种类型不同机理针对性很强的硬毁伤战斗部。典型的常规装药战斗部类型如图1.1~图1.6所示。

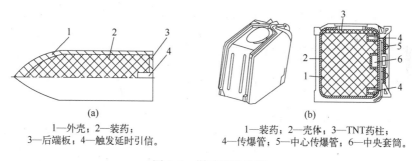

(a)

1—外壳;2—装药;
3—后端板;4—触发延时引信。

(b)

1—装药;2—壳体;3—TNT药柱;
4—传爆管;5—中心传爆管;6—中央套筒。

图1.1 爆破型战斗部
(a)内爆式;(b)外爆式。

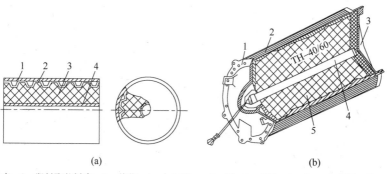

(a)

(b)

1—外壳;2—塑料聚能衬套;3—装药;4—中心管。   1—底;2—壳体;3—盖;4—传爆组件;5—装药。

3

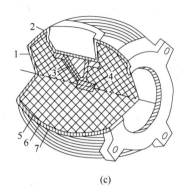

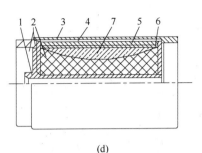

(c)

1—装药；2—保险装置座；3—传爆药；4—传爆管；
5—内蒙皮；6—破片；7—外蒙皮。

(d)

1—传爆管；2—炸药装药；3—切断环；
5—套筒；6—杆束组件；7—波形控制器。

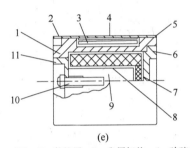

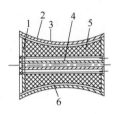

(e)

1—壳体；2—整流罩；3—金属杆件；4—玻璃布；
5—炸药；6—后盖；7—扩爆药；8—杯形筒；
9—空腔；10—保险执行机构；11—前盖。

(f)

1—起爆器；2—螺旋槽；3—壳体；
4—中心管；5—主装药；6—衬垫。

图 1.2　杀伤型战斗部

（a）炸药装药刻槽式；（b）炸药装药刻槽式；（c）预制破片式；

（d）连续杆式；（e）离散杆式；（f）破片聚焦式。

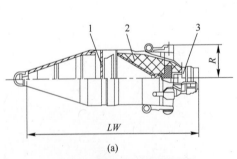

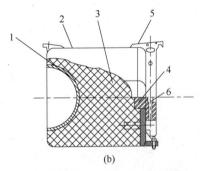

(a)

1—引信；2—战斗部；3—安全起爆装置。

(b)

1—聚能罩；2—壳体；3—炸药装药；
4—木塞；5—挂钩；6—中心传爆药。

图 1.3　聚能射流破甲型战斗部

（a）聚能破甲型；（b）聚能-爆破型。

4

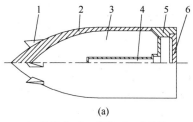 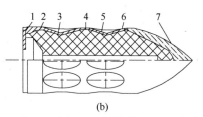

(a)

1—防滑爪；2—壳体；3—主装药；
4—传爆管；5—后端盖；6—盖。

(b)

1—盖；2—底框；3—大锥角药型罩；4—壳体；
5—主装药；6—传爆管孔；7—防滑爪。

图 1.4　动能半穿甲型战斗部

（a）半穿甲-爆破式；（b）半穿甲-爆破式-装药式。

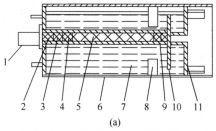

(a)

1—引信；2、3—传爆药柱；4—扩爆药柱；5—抛射药柱；
6—壳体；7—环氧乙烷；8—云雾爆轰引信；
9—橡皮垫；10—减振板；11—顶板。

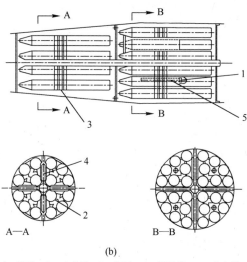

(b)

1—导线；2—分离器；3—捆带；4—抛射器；5—分离器。

图 1.5　子母弹战斗部

（a）集束式 FAE 子弹药；（b）集束式子母药。

5

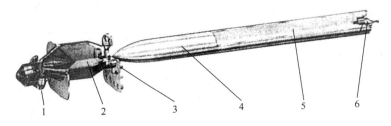

图 1.6 串联式双模型战斗部

1—光电炸高传感器;2—聚能战斗部,具有破片杀伤效应;

3—安全与解除保险装置;4—侵彻战斗部,具有破片杀伤效应;

5—炸药装药;6—灵巧引信。

　　除硬毁伤战斗部外,近年来出现了新概念、新技术的软毁伤战斗部(或非致命型战斗部)。作为武器来说,这种作战手段,目前还不能独立用于战争,更不能取代硬毁伤武器弹药,但两者可互相配合使用,为硬毁伤战斗部的使用创造更为有利的条件,有时可起到事半功倍的作战效果。所以软毁伤武器弹药的战斗部研制和使用,对未来武器装备和战争将产生极深远的影响。非致命技术是应用电、光、声、化学、生物等某种形式的较小能量或特殊方式,使敌方武器装备或工业设施功能失效或效能降低的一种新概念、新原理技术。人们从武器的特有功能出发定义其为非致命武器、失能武器、反装备武器等,本书定义其为软毁伤武器。在此特别指出,非致命是个相对概念,在一定条件下,使敌方武器装备致毁的同时,亦可能使人致死、致残,说明并非完全非致命。不过,它对目标的毁伤形式不像硬毁伤那样明显,故用软毁伤技术来定义较为合适。

　　目前实战中已经应用的软毁伤技术武器、弹药、战斗部有干扰无线电的箔条弹、红外干扰弹、红外诱饵弹、光弹、碳纤维和金属纤维战斗部、高功率微波战斗部(或武器)等。正在研究和发展的对装备作用的非致命武器有核电磁脉冲发射武器、计算机网络攻防武器、反材料化学战剂(脆化剂、腐蚀剂)、内燃机抑制剂等。对人员作用的非致命武器有声学武器、次声波武器、化学失能剂、刺激剂、黏性泡沫和快速致冷剂等。对人员和装备都有作用的非致命武器和技术有激光致盲武器、脉冲化学激光武器、高能超声波武器等。

1.3 常规战斗部结构特征参数

　　用一些参数来表征和描述各种类型常规战斗部结构的主要特征和性能,是从事战斗部技术研究、生产使用人员必须具备的基本知识。在计算和表述常用的结构特征参数之前,首先应该尽量提供必要的战斗部基本数据,即战斗部的直径、长度、质量、装填物的质量和种类,壳体壁厚、重心位置以及轴向和横向(通过战斗部质心)的转动惯量等数据,然后按照弹药工作者行业公认的设计规范,计算表征战

6

斗部结构和性能的特征参数,以便用来初步判别战斗部的类型和估算主要威力性能,另外,今后对战斗部改进设计或重新改型设计亦有指导意义,这些参数与导弹总体配合协调设计亦是非常有用和必不可少的[6,7]。

1.3.1 战斗部装填炸药系数

装填炸药系数简称装填系数,是指炸药装药质量与战斗部质量之比。用 α_e 表示,其比值大小表示战斗部装药量的多少,用此 α_e 可初步判断战斗部的类型。

$$\alpha_e = \frac{m_c}{m_w} \tag{1.1}$$

式中: m_c ——战斗部的炸药装药质量;

m_w ——战斗部的质量。

在常规战斗部中,装填系数 α_e 在一定程度上能表征战斗部的类型和特性。对于典型的外爆型爆破战斗部, α_e 值在 0.78~0.83 范围。对内爆型爆破战斗部,考虑到撞击目标侵彻时的强度要求,要加强头部结构壁厚,相对外爆型来说,则 α_e 值必须要减小。说明这两种战斗部的结构特点是:装填炸药质量大,壳壁薄。当壁厚 ≤0.5 倍战斗部直径时,可视为薄壁结构,因此在设计中遇到强度、刚度问题时,可按薄壁壳体结构原则校验强度和刚度。

对于杀伤型战斗部, α_e 值范围较大,一般在 0.23~0.72 之间,说明杀伤型战斗部壳壁较厚,装药量相对爆破型战斗部来说有所减少,明显地突出了期望壳体破碎破片数多是其主要效应。有时为了提高杀伤型战斗部的毁伤威力,尽量设法加大装药量。曾经有些防空反机导弹战斗部为了弥补导弹制导精度不高,弹目交会时脱靶量大,而采取大的 α_e 值,此时,一定质量大小(7.5g~10g)的破片,初速可达 3000m/s 左右,从而确保了战斗部对目标的毁伤效应。

对于半穿甲爆破型战斗部, α_e 值在 0.20~0.35 范围,而高水平的半穿甲战斗部有以色列的迦伯列Ⅲ A/S 导弹,其战斗部的 α_e 为 0.47;俄罗斯的 SS-N-22 导弹的战斗部 α_e 为 0.5。

对于聚能破甲战斗部,它是一种利用炸药爆炸的定向能技术,获得高速聚能金属射流破甲,其装药结构上有特殊性,它的 α_e 值涉及特殊装药结构的设计,从现役的产品型号统计来看, α_e 值一般在 0.40~0.89,表明战斗部外壳属薄壁结构,其破甲效应威力不仅取决于 α_e 值,还与爆炸装药、药形罩口部装药直径、药形罩材料、几何形状和尺寸、炸高(药形罩口部至装甲目标靶板的距离)等有关。有了参考的 α_e 值,然后再由导弹总体按战术技术要求给定的战斗部总质量 m_w 便可初步确定战斗部的炸药装药量 m_c。

1.3.2 爆炸载荷系数

爆炸载荷系数是指战斗部炸药装药质量与形成破片的金属壳体质量之比,它可理解为单位炸药装药质量驱动单位金属量获得破片速度的重要参数之一。通常用 β_e 表示,并可与 α_e 联系起来。

$$\beta_e = \frac{m_c}{m_s} = \frac{m_c}{m_w - m_c} = \frac{\alpha_e}{1 - \alpha_e} \qquad (1.2)$$

式中: m_s——形成破片的金属质量。

β_e 值主要用于计算杀伤型战斗部的破片初速,破片初速 V_{F0} 与 β_e 是增函数关系 $V_{F0} \sim f(\beta)$。根据动量和能量守恒定律建立的 Gurney 近似法求得的破片初速,可获得令人满意的最佳工程结果。当 $1/\beta_e = 0.1 \sim 10$ 范围内具有惊人的精度。

1.3.3 战斗部相对质量系数

其表达式为战斗部质量与战斗部直径立方之比

$$K_w = \frac{m_w}{D_0^3} (\text{kg/dm}^3) \qquad (1.3)$$

根据统计表明,K_w 可作为预示衡量战斗部类型的另一种方法。

当 $K_w = 5\text{kg/dm}^3 \sim 15\text{kg/dm}^3$ 时,尾翼式火箭战斗部结构具有爆破型特性;当 $K_w = 3\text{kg/dm}^3 \sim 8\text{kg/dm}^3$ 时,涡轮式火箭战斗部结构具有爆破型特性;当 $K_w = 2.05\text{kg/dm}^3 \sim 5.3\text{kg/dm}^3$ 时,导弹战斗部具有杀伤型战斗部特性[6]。

1.3.4 战斗部炸药装药相对质量系数

其表达式为炸药装药量与战斗部直径立方之比

$$K_c = \frac{m_c}{D_0^3} (\text{kg/dm}^3) \qquad (1.4)$$

根据统计得知,K_c 可作为大致衡量战斗部类型的又一种形式。

当 $K_c \geqslant 3\text{kg/dm}^3$ 时,表示尾翼式火箭战斗部为爆破型战斗部特性;当 $K_c = 0.78\text{kg/dm}^3 \sim 2.3\text{kg/dm}^3$ 时,导弹战斗部具有杀伤型特性[6]。

1.3.5 战斗部长径比

是指战斗部长度与直径之比。是表征战斗部威力性能参数的结构特征数之一。其式为

$$\lambda = \frac{L_w}{D_0} \qquad (1.5)$$

式中: λ——战斗部长径比,而战斗部的壳体,其长径比可用 λ_{08} 表示;

L_w——战斗部的长度;

D_0——战斗部的直径。

λ 值的大小,对战斗部壳体的刚度、威力参数均有重要影响。为此,对 λ 值必

须根据战斗部的类型进行最佳的选择。对于杀伤型战斗部,当 $\lambda \leqslant 1$ 时,战斗部爆炸时由于端部稀疏波效应影响,会明显地削弱威力参数(如破片初速),破片初速沿轴向分布极差,往往达不到战技指标要求,因而使战斗部对动目标作用的毁伤效能下降。根据现有战斗部型号的统计,当 $\frac{L_w}{D_0} < 1$ 时,沿轴向 V_{F0} 变化显著。当 $1 < \frac{L_w}{D_0} < 2$ 时,则 V_{F0} 变化较小。当 $2 < \frac{L_w}{D_0} < 3$ 时,则 V_{F0} 变化甚小。故对杀伤型战斗部的 λ 值一般取 1.2~3 范围较合适。

1.4 战斗部的炸药装药

炸药装药是战斗部产生毁伤因子(破片动能、聚能金属射流、冲击波超压和比冲量等)的主要能源。军用高能混合炸药是一种高能量密度材料,其单位体积释放的能量较高。梯恩梯(TNT)、黑索金(RDX)和奥克托金(HMX)是三大单质炸药。以 RDX 为基的混合炸药主要有钝化黑索金、梯黑炸药、黑索金黏结炸药和黑索金为基的含铝炸药。其代表性炸药:美国 A、B、C 炸药系列;俄罗斯 A-Ⅸ-1、A-Ⅸ-2 等炸药系列。以 HMX 为基的混合炸药有奥克托金、奥克托金塑料黏结炸药,还有以六硝基苯、602 等单质炸药为基的混合炸药。按照混合炸药物理状态可分为钝化炸药、塑性炸药、挠性炸药、黏性炸药、热固性炸药、塑料黏结炸药和液体炸药等。除此之外还有燃料空气炸药(FAE):液体类燃料有环氧乙烷或烷氧丙烷;固体类有硝酸异丙酯加镁粉(或铝粉);新研制的温压弹装填物为硝酸铵、铝粉和聚苯乙烯等组成的稠状混合炸药[6,7,9]。

如何合理选择、研制和发展适合战斗部高效毁伤目标的炸药装药,是战斗部工程设计中重要的关键技术。一般选炸药的原则如下。

1. 炸药威力、猛度等适应战斗部性能要求

炸药的威力和猛度应与战斗部性能相匹配。对于杀伤型战斗部常选用钝化黑索金或以 RDX 或 HMX 为主的混合炸药,如塑料黏结炸药。对于反深层目标的钻地弹战斗部,美国早期选用 TNT、CE/TNT,第二代选用 H-6、Tritonal,第三代选用 PBXN-109、AFX-708、PBXC-129。而法国则用 B2214、B2248、ORA86。对于反舰战斗部可选用 PBXC-129、GPI 黑索金、Tritonal 或 H-6,而且多数反舰战斗部均选用掺入铝粉的 TNT/RDX 为主的混合炸药。对于爆破型战斗部,可选用 THLL-5、TH50/50 或 FAE 炸药。美制空爆 BLU-82B 巨型温压炸弹选用的是硝酸铵、铝粉和聚苯乙烯稠状混合物炸药。

2. 炸药的理化性能稳定

物理化学性能稳定。要具有挥发性小,不吸湿,与其接触件(或物)相容性好,长储性好。

3. 原料丰富、工艺性、经济性好

原料来源广,立足国内,生产装填方便,符合环保要求,经济性好。

1.5 常规战斗部技术的现状和发展趋势

1.5.1 现状

战斗部技术的发展始终与目标的几何特性、软硬特性、运动特性和易损特性等紧密相关的,并在二者相互斗争中逐步完善和提高。在新技术和信息化推动下,新的现代设计方法(优化法、数值模拟等)、新的材料(包括含能材料)、新的工艺以及新的测试技术不断出现,使得战斗部技术正步入一个新的快速发展阶段。例如:打击空中目标类型已发生变化,对我方威胁重点已逐步以传统的固定翼飞机、直升飞机转向无人机、隐身机、飞航导弹和弹道导弹,因此,防空导弹战斗部功能的发展重点也在逐步转向反飞机、反导。用于快速反飞机、反导战斗部的典型代表美国的AIM-120A 导弹和俄罗斯的 P-77(AA-12)导弹均为定向战斗部技术。关于反舰导弹的战斗部正在朝着适应超声速导弹突防需求,发展和完善半穿甲爆破或半穿甲爆破带多"P"等战斗部技术。有关反深层目标的钻地弹战斗部目前有单模和双模 2 种结构形式,从研制成功可行性来说,前者单模动能式风险小,后者聚能加动能双模式风险大,但其穿深潜力大,英国的 BROACH 双模结构战斗部水平是其典型代表。对于反坦克导弹破甲战斗部技术水平是采用破甲深度(静)/装药直径比值来表示的,目前已达到 8.22~8.82 倍量级。HOT-2T 和 HELLFIRE AGM-114 的战斗部是其典型的代表。

可以认为战斗部技术是随目标特性、导弹总体技术、推进技术、制导技术等的发展以及导弹的战术使用而不断发展和更新的。由于受到多种因素的制约,使得各类导弹的发展不相平衡,因此,只能说大部分战斗部技术水平处于与第三代或第四代导弹相匹配的状态,先进的导弹、炸弹和鱼雷中,均隐含着高科技含量的战斗部技术。

为了进一步深入论述战斗部技术水平的现状,应该从目标类型出发,举例说明战斗部技术在现役导弹型号中的应用情况,这对加快发展、改进、提高战斗部技术水平是有益的,对战斗部工程设计创新亦是有指导意义的。下面针对一些典型目标、典型战斗部分别阐述如下[4]。

对于固定目标,一般尺寸较大,其硬度是有软亦有硬。对付这种目标的战斗部,通常选用爆炸破片战斗部或撒布集束式弹药,毁伤效果明显。反击这类目标的导弹的特点是导弹尺寸大,有弹翼,而且是亚声速。装备的导弹有 AGM-154、KEPD-350、BGM-109、AGM-142 等。

雷达站目标是较软的目标。对付这类目标的导弹,具有 ARH 导引头、高速度特性,装备的是爆炸破片战斗部。与防空导弹交战时,为了载机的安全,故需以高马赫数飞行。属此类导弹的有 AGM-88HARM、AS-11 Kilter/K-58、ARMAT、AS-12 Kegler/Kh-27 以及 ALARM 等。

舰船目标是比较硬的目标,一般选用动能穿甲爆破战斗部,在穿透舰体之后靠爆炸破片(或破片加 EFP)破坏隔舱。为此,这类导弹尺寸较大,配用的战斗部亦较大。现役的反舰导弹有 MM40"飞鱼"、AS-34"鸬鹚"、AS-17"氪"/Kh-34、"鱼鹰"和 SS-N-22"百灸"/3M80 等。

对于装甲目标,包括坦克、装甲运兵车和其他装甲战斗车辆。装甲目标特征是尺寸小,机动灵活且很硬。对付这类目标的反装甲战斗部包括聚能装药、爆炸成形侵彻体(EFP)以及动能穿甲弹头。反装甲导弹的特点是尺寸小,必须高精度命中杀伤;而且希望其成本低。属于这类导弹型号有 LOCAAS、带子弹装药的 MGM-140、ATACMS、AGM-65"幼畜"和 TRIGAT 等。

对于掩埋深层目标,包括地下指挥部和掩体等。需要选用大长细比动能贯穿战斗部或者用复合型(聚能开坑后续动能侵彻贯穿后爆炸)战斗部。这类战斗部设计时要考虑弹头形状、质量、壳体材料、含能材料和直径等。炸药、引信能经受很高的减速,其关键技术点是碰撞目标时应避免战斗部折断。属于此类战斗部的导弹有 CALCM、GBU-28、GBU-31JDAM 以及 BROACH 等,它们的特点是尺寸大、质量大。

1.5.2 发展趋势

1. 向高毁伤小型化方向发展

战斗部的高毁伤效应和小型化始终是战斗部技术的努力方向。这将有益于导弹总体技术性能的提高,也会给作战使用带来极大方便。

2. 向一弹多用连贯效应方向发展

一弹多用连贯效应实质上是一种多模式复合效应的战斗部技术,即将基本作用原理(如聚能、破片动能和爆破等效应)融合在一种战斗部上,给予增益性组合,使目标遭受结构破坏和功能破坏,实现功能连贯效应的一种新型高效毁伤战斗部。例如战斗部结构上,采取 EFP 结构、预制破片结构以及外壳和炸药等组成。这种复合效应的战斗部,能有效地打击舰船、导弹、装甲车辆和各种有人或无人战机。

3. 向完善和提高串联(双模)式战斗部方向发展

利用串联式装药战斗部结构,可以有效地对付披挂反应装甲的乔姆主战坦克,亦可有效地对付深层防御结构的高价值目标(如 C^4I 的中央指挥系统)。

4. 发展新原理、新概念战斗部技术

在大力提高硬毁伤战斗部技术的同时,亦要注重声、光、电、磁技术在软毁伤技术方面的发展和应用。

1.6 战斗部的研制过程

战斗部的研制设计工作,一般可分为指标可行性论证、方案设计(初步设计)、初样设计、试样设计和产品定型 5 个阶段。可行性论证和方案设计,是战斗部总体设计最重要的工作,它在很大程度上决定了战斗部方案的科学合理性和可靠性,也为以后阶段工作奠定了良好的基础。为了简要说明和突出重点,可将以上 5 个阶段概括为方案论证、技术设计和产品定型 3 个阶段。实施每个阶段的细节,对不同类型导弹的战斗部,可能略有不同,但是大体上是相同的。下面对各个阶段的任务、职责作一介绍[3,7,8]。

1.6.1 战术技术方案论证阶段

根据长远发展规划或作战的需求,首先由国家有关领导部门提出研制某项新式武器系统或新战斗部产品的任务,然后根据上级的意图提出相应的战术指标,诸如产品对付的主要目标、威力等。对于战斗部来说,应根据武器系统特性、基本要求、目标状态(运动或固定)和易损特性,并充分考虑国家在战斗部领域的科学技术水平和产品制造能力,首先确定战斗部类型,如有多种类型可供选择,则需要从威力特性、引战配合和经济性等诸方面进行综合评价,最后择选一种战斗部体制,通过分析和计算,初步确定战斗部的战术技术指标,并应满足导弹总体对战斗部规定的毁伤效率的要求,然后进行方案的可行性论证。将国外有关的先进技术和国内预研成果融合在一起,进行结构分析、理论计算或数值模拟,确定采用的结构形式和技术措施,以实现战斗部的主要指标。通常要经过少量的静爆威力摸底试验来验证实现指标的可行性。必要时,可能对指标作适当的修正。这种修正,仍应满足导弹总体对战斗部的要求。

正确的战技指标不仅反映出新产品战术性能上的先进性,而且还应考虑技术上实现的可能性和生产中的经济性。这里还应强调,不恰当的指标或指标间不协调,都会给下阶段的设计带来不利后果。很明显,指标过低,不仅使产品缺乏先进性,甚至使新产品步入淘汰的危机中;反之,指标定得过高,超出先进技术现况,可能拖长研制周期,甚至完不成任务,造成极大浪费。由此可见,方案论证,虽未直接触及战斗部的技术设计,但它确实是战斗部研制过程中的关键环节。

这个阶段的主要工作,是由导弹总体设计单位进行,部分工作和研制单位共同进行。以此为基础,总体设计单位提出正式的战斗部研制任务书,下达各研制单位,任务书中明确规定战斗部必须达到的技术要求。现以破片式杀伤型战斗部为例,主要技术要求有破片飞散特性(飞散角、方位角、飞散倾角和破片分布均匀性等)、破片初速分布特性、破片总数、单枚破片质量和战斗部的质量等。任务书还应提供战斗部结构设计时需用的导弹环境条件、使用要求、长储性要求以及战斗部舱段尺寸和战斗部与舱体对接形式等技术资料。

1.6.2　技术设计阶段

研制单位以研制任务书为依据进行战斗部的总体设计,首先围绕威力指标进行合理的壳体、装药和传爆序列设计,同时,进行战斗部的承载能力计算,还要考虑储存、运输及使用时可能遇到的环境条件而对战斗部结构作特殊考虑,目的是使战斗部能顺利通过强度试验和系列例行试验的考核。按结构设计图样生产的样机,应进行静爆威力试验及其他效能试验,根据试验结果分析调整结构设计,直至满足研制任务指标要求为止。除满足技术指标外,研制单位还应重视产品的经济性,国外已将技术性和经济性列为同等重要的独立的评价因素。

1.6.3　试制、试验与鉴定定型阶段

技术设计阶段结束后,要编制正式的产品设计图样。生产和验收的技术文件和工艺文件,接受主管技术部门的审查,生产出设计定型批产品要通过设计定型试验的考核,以鉴定战斗部的性能,是否满足战术技术指标要求。完成上述各项内容后,从技术方面讲,实际已完成了设计定型,并待上级部门批准。下一步即可将战斗部装在导弹上进行飞行打靶试验,有时也允许用技术设计阶段考核的战斗部作飞行试验。一旦通过飞行试验,有关部门才会对战斗部的设计定型履行批准手续。

研制工作结束后,若产品交由另一工厂生产,则必须进行生产定型试验,以考核其生产工艺性和质量的稳定性。如果既是研制单位,又是生产单位,则在设计定型后可直接投入批生产,用批生产的抽验试验来考核产品的工艺质量。

实际研制工作中,有阶段存在但阶段间不一定有明显的界限,而且,工作顺序可能有交叉或调整。根据产品的性质,有的工作可省略。如引进仿制产品,其工作重点主要是制造工艺、选材等国产化,而技术设计工作主要是反设计,所以试验内容可从简,试验数量也可减少。对于战斗部的研制流程阶段如图1.7表示。

实际研制工作中,有关指标的确定和协调、方案的论证、技术和经济方面的评价是不可分割的,是相互穿插进行的。其最终目标是追求研制出先进的高毁伤效能的战斗部,并具有较高的效费比。

1.6.4　战斗部的设计研究方法

众所周知,导弹战斗部装置包括战斗部、引信和安全执行机构三大部件。其中战斗部的设计任务在于使三者之间形成一个最佳匹配,获得高效毁伤目标。毁伤目标应理解为击毁和击伤使之不能执行任务。毁伤目标可以是导弹直接命中目标,或者是当脱靶时靠战斗部杀伤元素(破片或杆条、冲击波、化学的、热的和射线的)毁伤目标。前2种是由高能炸药的战斗部形成的,后3种是专用战斗部(本书不进行研究)。

13

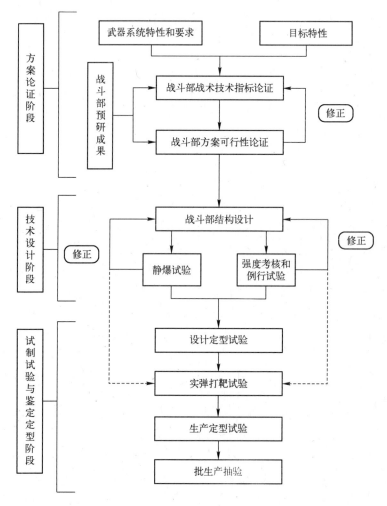

图 1.7　导弹战斗部研制流程示意图

当前战斗部的主要设计方法如下。

经验法——此法包括纯经验法和以量纲分析为基础的经验法。是以大量实验结果和数据进行相关分析建立经验代数公式。

解析法——这是一种近似分析方法。集中研究某一种现象,针对这种现象的特点引入简化假定,利用动量守恒或能量守恒等定律,甚至两者都用,将微分方程化为一维或二维的,以便求解。

数值计算方法——可看作一种数值模拟或数值实验。数值模拟有 2 种基本方法,即有限差分法和有限元方法[10-12],均可在高速数字电子计算机上用于计算流体动力学的冲撞过程,化学反应过程,炸药起爆与爆轰过程,弹头、破片、杆条、射流对目标靶的作用过程,炸药与金属的相互作用过程以及处理复杂的几何形状和加载状态的能力,并给出问题过程的完整近似解。此法最突出的优点是:既不受材料性质的形式方面的限制,也不受初始条件和边界条件方面的限制[11],对线性与任意复杂的非线性问题均可适用。例如,对于碰撞现象的数值模拟,其本构方程中有关那些材料性能得到充分认识和表征情况下,对碰撞过程中发生的主要物理现象提出的一些判断结果,具有相当好的精度和效用。所以,它是加速近代科学技术进程的重要手段之一,应予高度重视。

有限差分法和有限元法的差别是:有限差分法是精确问题的近似解,而有限元法是近似问题的精确解。2种方法没有基本的数学差别,在某种情况下,有限元运动方程的离散形式是等价于有限差分法的运动方程。大量的工程问题是可按一维、二维处理的。为了科学计算本身的发展和实际工程问题的需求(如杆式弹斜击靶板问题),目前正在研究、开发和完善三维数值模拟。

半经验方法——主要通过近似分析和数值计算进行综合的设计研究方法。它将多种设计手段,即通过近似公式、一维编码、二维编码和试验,按照其精度提高的量级和所需的工作量进行有机组合,最终实现最佳设计。本法的关键是使用了不同等级的迭代设计。J. Carleone,P. C. Chou 和 R. Simpson 等人提出了具有一定通用性的综合法,其循环流程的主要步骤如图 1.8 所示。

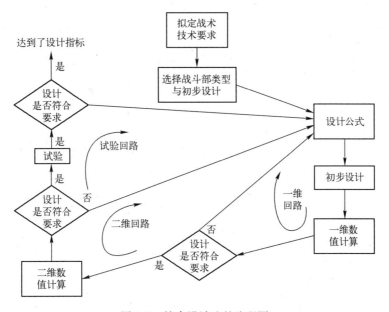

图 1.8 综合设计法的流程图

第一步拟定战术技术要求,即确定性能指标。

第二步选择适于达到性能指标的战斗部类型,继而选定初步设计作为迭代程序的起点。所用原始资料可以是其他武器系统的战斗部,亦可是以前经过试验研究过的战斗部,而最好是已得到试验数据和编码结果的战斗部。

第三步是选用设计公式。首先确定初步设计公式,然后用一维编码对其进行模拟。如果发现一维编码预示性能与简单算式预示性能差距大且不符合要求,则将此信息反馈给"设计公式",对公式进行修正,然后再进行另一次设计,可一直继续进行到得出满意的设计为止。

继而采用二维模拟计算。这个阶段的计算更为精确。如果二维模拟结果不符合要求,应将数据反馈给"设计公式",对公式中的经验系数与一维程序中的经验常数进行适当的修正。此过程一直继续到由二维回路提供满意的设计为止。

设计过程转到第三个阶段(试验回路),即可从事加工试验型战斗部并进行试验。如果试验不能满足性能指标,应将判断性试验数据返回到"设计公式",并将整个过程重复进行,直至获得满意的战斗部性能指标为止。

总之,这种设计思维方法是设计高效毁伤战斗部的有效途径,值得借鉴和推广。

参 考 文 献

[1] 葛雷逊·梅利尔,哈罗达·戈德剥,罗伯特·亨·赫姆霍斯. 导弹设计原理 第三卷 运用研究 战斗部发射. 屈其华,译. 北京:国防工业出版社,1958.

[2] Good K J W,等. 弹药. 丁世用,译. 北京:兵器工业出版社,1989.

[3] Голуъев ц с,Светлов в г. ПРОЕКТИРОВАНИЕ ЗЕНЦТНЫХ УПРАБЛЯЕМЫХ РАКЕТ [M]. Москва:Издателбство. МАИ,1999.

[4] EUGENE L FLEEMAN. 战术导弹设计. 张天光,周婵娟,宋振峰,等译. 中国空空导弹研究院,2003.

[5] 俄罗斯武器装备概览:第七卷 弹药. 北京:国防工业出版社,1998.

[6] 周兰庭. 火箭战斗部设计理论. 北京工业学院811教研室,1975.

[7] 张志鸿,周申生. 防空导弹引信与战斗部配合效率和战斗部设计. 北京:宇航出版社,1994.

[8] 于本水. 防空导弹总体设计. 北京:宇航出版社,1995.

[9] 谭国洪. 西方的钻地弹及其所用的炸药. 中国兵器工业第二零四研究所信息部,2000.

[10] 李德元,徐国荣,水鸿寿,等. 二维非定常流体力学数值方法. 北京:科学出版社,1987.

[11] 章冠人,陈大年. 凝聚炸药起爆动力学. 朱建士,水鸿寿,泰承森,审校. 北京:国防工业出版社,1991.

[12] [美]乔纳斯 A·朱卡斯. 碰撞动力学. 张志云,丁世用,魏传忠,译. 北京:兵器工业出版社,1987.

[13] 周培基,A K 霍普肯斯. 材料对强冲击载荷的动态响应. 张宝平,赵衡阳,李永池,译. 王礼立,校. 北京:科学出版社,1986.

第2章 目标特性分析

海湾战争、科索沃战争以及美英联军对伊拉克的战争表明,空袭与防空是攻防双方作战的先导,并主宰着战争的发展,贯穿着整个战争的全过程。从而逐步形成了当今的两大体系,即空袭体系和防空体系。

2.1 来袭目标威胁特征描述

防空体系的主要任务是防止空袭,保护陆上和海上等设施。而空袭体系是由多种空袭兵器(炮弹、导弹、火炮、火箭弹等)及一体化的指挥控制通信组成的体系,空袭体系中所用主要广义兵器(又称武器)有两大类,即飞机类和导弹类。飞机类目标又可分为:一类是硬杀伤的飞机,包括轰炸机、歼击轰炸机、强击机、歼击机、武装直升机;另一类是软毁伤为主的飞机,如预警指挥控制飞机、各种支援干扰机、战略与战术侦察机等有人驾驶空袭兵器,无人机亦会逐步广泛应用。

2.1.1 主要空袭飞机的作战任务

飞机是当今完成作战任务最主要的武器载体和发射平台。在历次的局部战争中,飞机发挥了重要作用。用于空袭作战的飞机种类很多,作战目的随机的类型有别,综合归纳飞机的作战任务如表 2.1[1,4]所列。

表 2.1 飞机的作战任务

战斗任务	目 的	作战半径	飞机类型	空中发射武器	防空系统的对抗措施
封锁空中援助	毁伤或破坏敌方的装备和兵力接近友军	近距离	直升机、无人机和固定翼飞机	反坦克导弹、炸弹、火箭弹和航空炮	轻武器射击,对火炮和近射程地对空导弹
远距离拦阻射击	毁伤或破坏敌方装备、供给和人员压向友军,运动的或临时固定安置的一般目标	中距离	固定翼飞机	重型的通用炸弹,反坦克导弹、子弹药或集束式炸弹	中、远程地对空导弹
压制敌方空防	削弱、毁伤或摧毁敌方的防空系统	中距离	固定翼飞机	电子技术,包括假目标(诱饵)技术和电子干扰,发射反辐射导弹对付防空区域,使其毁伤、破坏或至少制止其作用	中、远程地对空导弹,具体讲即从机部位下方攻击

战斗任务	目 的	作战半径	飞机类型	空中发射武器	防空系统的对抗措施
攻击飞机	毁伤或破坏敌方空军基地的地面飞机,破坏跑道达到阻止使用需要的周期	中、远程	固定翼飞机	重型普通炸弹和设计一种形成跑道弹坑的专用炸弹,如"迪朗达尔"	中、远程地对空导弹
海上攻击	毁伤或破坏为敌军供给或携带装备的商船。毁伤或破坏战舰,阻止舰上的进攻打击作用和减少商船的损耗	中、远程	固定翼飞机或直升机	反军舰导弹利用主动雷达导引、红外导引、反辐射导引。偶尔可用近距离武器如炸弹或战场导弹	中、远程舰发射面对空导弹,对付发射武器飞机和入境导弹。近距离面空导弹和海军炮对付入境导弹接近舰艇

一般飞机完成对目标作战要经历几个阶段,而各个阶段可表示如下:地面滑行和起飞;爬高和加速;在目标区域巡航;武器投放;逃躲机动和空中格斗;巡航基地;指定高空不定向的巡航;着陆和地面滑行。

假定飞机离开和返回同一基地,则从基地至目标的距离必须小于或等于飞机的作战半径。作战半径是随武器荷重、燃料量、巡航高度、巡航速度、发动机最大特性时间规定以及待机时间规定而变。如在空中加油,则作战半径就能明显增加。

在射击航空炮或发射导弹时,飞机加速能力和实现高过载机动转弯,就会直接影响其生存。显然,对于任何给定飞机,其性能大抵上随质量、高度和速度而变化。设计人员总是采取控制上述3个参数处于偏低的范围。

从表2.1可知,飞机作战半径和有效载荷是其极其重要的性能,因为它涉及作战时投入的飞机数和向目标投放的兵器量。为了便于对飞机毁伤等级效应的评价,做出正确的评估,则必须对飞机目标的外形飞行运动特性及有关技术性能作进一步的介绍,如表2.2[1]所列。

表 2.2　典型的飞机特性

目标类型[1]	翼展/m	翼面/m²	展弦比	净质量/kg	总质量/kg	内装油料/kg	发动机数/个	最大推力（WOA/B）/kg	加力最大推力（WA/B）/kg	单位质量单位时间内单位推力的耗油定额/kg(h·kg)⁻¹	作战半径/km
F-4	11.71	49.24	2.78	14061	26308	5904	2	5357	8124	0.86/2.0	1480
F/A-18	11.43	37.16	3.52	10455	22328	4778	2	4638	7238	0.77/—	740
F-16	9.43	27.87	3.20	7070	16057	3162	1	6524	10900	0.67/25	925
F-16E	10.43	61.62	—	7890	21770	3880	1	6660	10830	—	—
F-16/79	10.01	27.87	—	7730	17010	6230	1	5390	8160	—	—
A-10	17.53	47.01	6.59	11321	22680	4853	2	4216	NOA/B	0.36	463

目标类型①	翼展/m	翼面/m²	展弦比	净质量/kg	总质量/kg	内装油料/kg	发动机数/个	最大推力（WOA/B）/kg	加力最大推力（WA/B）/kg	单位质量单位时间内单位推力的耗油定额/kg（h·kg)⁻¹	作战半径/km
A-7B	11.81	34.84	4.00	8988	19051	4202	1	5533	NOA/B	0.63	463
Mig-23	8.17	28.00	2.38	—	18900	4600	1	—	12475	—	1300
Mig-25	13.95	—	3.50	—	37500	—	—	—	—	—	1300
Mig-29	11.50	—	—	—	16500	—	—	—	—	—	—
Mig-31	14.00	—	—	21825	41150	—	—	—	—	—	2100
SU-7	8.93	27.6	2.89	8620	13500	—	1	—	10000	—	250
SU-24	17.50	47.00	6.52	19000	41000	—	2	7800	11200	—	950/1100/1200
Mig-27	14.25	27.25	7.45	10790	20100	—	1	8000	11500	—	700
SaabAJ-37	10.60	46.00	2.44	—	20500	—	1	—	11800	—	1000
Harrier（GRMK3）	7.70	18.68	3.17	6139	11431	2295	1	—	NOA/B	—	666/370
Mirage2000	9.13	41.00	2.03	7500	17000	2957	1	5545	8970	0.87/2.1	1480

① 新型战机有：美制 F-22 和 F-35 战机（A、B、C 3 个型号），X-37B 空天战机；俄制 T-50 战机等

理解预期的投递范围，在于把武器标准射程和飞机终点飞行航迹与武器投弹点定量化结合起来。防空武器射程范围与陆上、海上攻击武器射程范围的比较如图 2.1 所示。

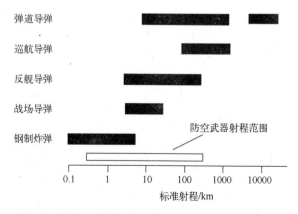

图 2.1　防空武器的射程范围和陆上、海上攻击武器标准
射程的比较横线表示每一类武器典型的大概射程范围

图 2.1 中包括了用作战飞机发射的大多数武器的投射距离和防空武器系统的距离。典型的炸弹投放范围的飞行分布图如图 2.2 所示。

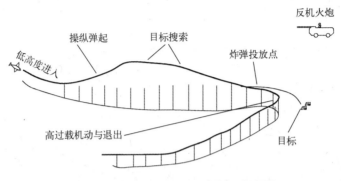

图 2.2　近距离武器投放飞机航空分布图

2.1.2　空面导弹特性

大多数空面导弹比炸弹和火炮弹丸具有较大的射程,空面导弹可用于战场的典型目标是坦克、反舰、反雷达和战略目标等。表 2.3 列出一些战场空面导弹的特性。

表 2.3　一些战场空面导弹特性

导弹	国家	目标	发射装置类型	制导式	长度 L_m/m	直径 D_m/m	发射质量/kg	战斗部质量/kg	最大射程/km	估计速度/(m/s)	最大飞行时间/s
HOT-2	法、德	坦克	直升机	光学跟踪导线制导	1.27	0.15	23.5	2.4	4	250	16
AT-6赛格	俄	坦克车辆	直升机	半主动激光或雷达制导	1.8	0.140	30	—	8	300	27
海尔法AGM-114	美	坦克车辆	直升机固定翼飞机	半主动激光红外制导	1.64	0.330	45	7.25	7	380	18
AS.30 和 AS.30L	法	硬目标	固定翼飞机	远距离跟踪/光学	3.89	0.342	520	240	11	510	22
马尾尔克AGM-65	美	坦克储藏库、桥梁、舰船	固定翼飞机	A/B 电视	2.49	0.305	210	56	20低/慢	—	—
				C/E 半主动激光	—	—	—	136	40高/快	—	—
				D/F/G 图像	—	—	—	56(D)	—	—	—
				红外	—	—	—	136(F.G)	—	—	—

有关战场武器空面的发射方法如图2.3所示。

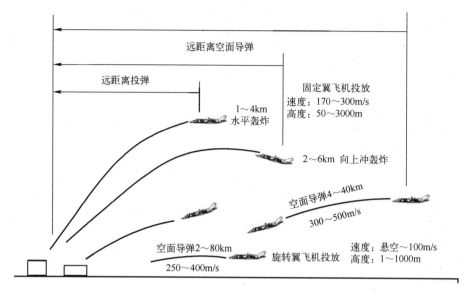

图2.3　战场武器发射方法

反舰导弹对舰船的严重威胁已引起了世界各国的广泛关注。有关反舰导弹的各种投射和瞄准方法如图2.4所示。

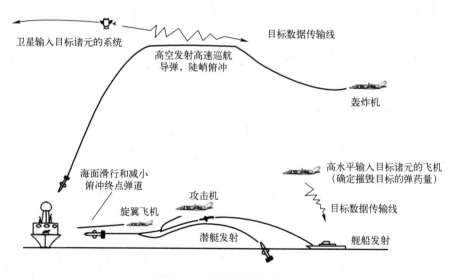

图2.4　反舰导弹发射方法

在探测军舰和船只时,海洋呈现为无地形障碍而相当一致的背景,与典型的战场目标相比,海上目标可在很大范围内发现,最普遍的搜索方法是靠雷达。许多反舰导弹在初期飞行段采用惯性制导,而在最后几千米采用末制导寻的,以获得最小的脱靶距离,其末制导系统中最常用的是主动雷达和被动红外搜索。

反舰导弹随着战争的需求,射程在不断延伸。按通常的射程分类属中程武器,其典型型号的主要数据如表2.4所列。基于这个原因,反舰导弹比战场导弹大,飞行时间亦较长。为了有效地对付反舰导弹,在舰船的防空系统设计时,应该考虑上述的主要因素。

表 2.4 反舰导弹特性

导　弹	国别	目标	发射平台类型	制导类型	长度 L_m/m	直径 D_m/m	发射质量/kg	战斗部质量/kg	最大射程/km	估计速度/(m/s)	最大飞行时间/s
海鸥	英	舰艇	直升机、固定翼飞机	半主动雷达制导高度表控制飞行高度	2.5	0.250	145	30	25	316	79
AM.39 飞鱼	法	舰艇	直升机、固定翼飞机	主动雷达(X波段)	4.69	0.350	655	165	50 低 70 高	316	158 221
AGM-84A 鱼叉	美	舰艇	固定翼飞机	主动雷达、高度表控制飞行高度	3.84	0.340	522	222	100	255	392
AS-6 王鱼	苏联	舰艇陆上雷达	固定翼飞机	惯性制导、中段主动或被动雷达寻的	10.70	0.900	4800	1000C[①] 350ktN[②]	700 高 250 低	850 408	823 612
AS-7 黑牛	苏联	舰艇陆上目标	固定翼飞机	无线电指令	3.30	0.300	300~400	100	10	204	—
AS-15-TT	法	小型舰艇	直升机	指令制导,高度表控制飞行高度	2.30	0.18 0.187	100	30	2~3(小) 15(大)	280	—
奥托马特	意、法	舰艇潜艇	直升机、固定翼飞机	巡航段惯性+无线电高度表、末段主动雷达	4.80	0.450	750	210	100~180	360	—
鸬鹚2	德	舰艇	固定翼飞机	巡航段惯性+无线电高度表、末段主动雷达	4.40	0.345	630	35	35	323	—
白蛉 X-41	俄	大型舰艇	固定翼飞机	惯导+主动雷达末制导	9.745	0.760	4500	320(或核)	250 高 150 低	1020	—
AL ANS (在研)	法、德	舰艇	固定翼飞机	惯导+主动雷达末制导	5.57	0.350	850	180	180(最小6)	850	—
注:① C—常规装药战斗部;② N—核装药战斗部											

22

反辐射导弹（ARM）是用于攻击各种雷达（炮瞄雷达、导弹制导雷达、预警雷达、相控阵雷达等）的专用导弹。它靠雷达的微波发射体（发射源）导引至被攻击的雷达站。利用杀伤爆破型战斗部的冲击波作用场和高速破片作用场毁伤雷达并杀伤操纵人员，使防空武器的雷达系统遭受结构破坏和功能毁伤。所以反辐射导弹严重地威胁着战场和海上环境条件下雷达系统的安全。

近年来突防性能良好的反辐射无人机在美、德、南非、法等国兴起。无人反辐射机能在短时间内有效地攻击雷达辐射源，覆盖、压制、摧毁对方防空体系。它是一种在徘徊中发起攻击的反辐射武器，具有地地（面面）、空地（空面）导弹的攻击特点，发射后不管，完全自主作战。典型的例子如以色列的"哈比"反辐射无人机。典型的反辐射空面导弹特性如表 2.5 所列。

表 2.5　反辐射空面导弹特性

导　弹	国别	目标	发射装置类型	制导方式	长度 L_m/m	直径 D_m/m	发射质量/kg	战斗部质量/kg	最大射程/km	估计速度/(m/s)	最大飞行时间/s
AST-122B（ALARM）	英	雷达	固定翼飞机直升机	捷联式惯导+被动雷达寻的	4.06	0.23	200	—	20	680	29
AGM-88A哈姆	美	雷达	固定翼飞机	被动雷达寻的	4.17	0.254	362	66	80	680	118
阿玛特（ARMAT）	法	雷达	固定翼飞机	被动雷达寻的	3.87	0.400	550	150	120	316	380
AS-9飞镖	苏联	雷达	固定翼飞机	惯性+被动雷达寻的	6.03	0.490	700	150	80~90	272	330

战略导弹是对付战略性的地面地下目标的重要武器。目前从空中、舰上发射的导弹均为各种各样的巡航导弹。巡航导弹就其本质而言，是一架靠少量空气吸入发动机获得远距离亚声速飞行的无人驾驶飞机。当前正在研发超声速飞行的巡航导弹。据资料报道，一般空面战略导弹的圆概率误差约为 9m~30m，有的已提高至 3m~6m。巡航导弹已经成为实施常规威慑和远程精确打击的主要力量。有关此类导弹的基本性能数据如表 2.6 所列。

表 2.6　典型的战略空面导弹特性

导　弹	国别	目标	发射装置类型	制导方式	长度 L_m/m	直径 D_m/m	发射质量/kg	战斗部质量/kg	最大射程/km	估计速度/(m/s)	最大飞行时间/s
AS-14/15撑杆	苏联	战略目标	固定翼飞机	惯性导航+地形匹配修正制导	—	—	—	热核弹头	1200	306	65
AGM-86A/BALCM	美	战略目标	固定翼飞机	惯性导航+地形匹配修正制导	6.3	0.600	1380	200ktN122.5	2500	224	178

2.1.3 面面导弹特性

面面导弹除与空面导弹一样可分为 4 类外,还应再加上弹道导弹。弹道导弹的应用和射程如图 2.5 表示。

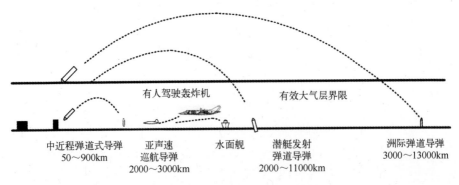

中近程弹道式导弹　　亚声速　　　水面舰　　潜艇发射　　　洲际弹道导弹
　50~900km　　　　巡航导弹　　　　　　弹道导弹　　　3000~13000km
　　　　　　　　　2000~3000km　　　　　2000~11000km

图 2.5　弹道导弹发射方法和射程

面面反舰导弹可以从陆上、舰上和潜艇上发射。洲际弹道导弹的射程有数千千米,用于打击战略目标。这种战略导弹多用核战斗部,其威力用 TNT 当量表示。每枚导弹的战斗部可以是单个整体式或子母式,子母式战斗部又可以分为集束式、分导式和机动式。战术和战略导弹采用子母式战斗部,可大大提高导弹的突防能力和攻击多目标的能力[2]。例如美制陆军战术导弹系统(ATACMS)MGM-140,共配置 6 种类型弹头,可分别用于攻击人员和轻型装备战斗部、反装甲战斗部、反硬目标战斗部、布雷战斗部、反机场战斗部和核战斗部。有关战术和战略导弹的主要性能参数如表 2.7 所列。

表 2.7　战术与战略弹道导弹

导　弹	国别	发射地点	目　标	制导方式	长度 L_m/m	直径 D_m/m	发射质量/kg	战斗部质量/kg	最大射程/km	估计速度/(m/s)	最大飞行时间/s
MGM-52C 长矛	美	地面	战术和战略、战场目标	惯性	6.14	0.56	1527	453C 100ktN	125	340	6.1
MGM-31A 潘兴Ⅱ	美	地面	战场	惯性制导+雷达末制导	10.5	1.00	7200	66.2~1360 (50ktN)	1800	3944	7.6
SS-1C 飞毛腿	苏联	地面	战场	惯性	11.58	0.91	6300	800	450	986	7.6
SS-N-8 Mod2	苏联	潜艇	战略	惯性	12.95	1.65	20400	750ktN (2)	8000	7038	18.9
SS-11Mod3	苏联	地面	战略	惯性	19.00	2.40	48000	100~300ktN (3)	13000	7480	29.0

24

（续）

导　弹	国别	发射地点	目　标	制导方式	长度 L_m/m	直径 D_m/m	发射质量/kg	战斗部质量/kg	最大射程/km	估计速度/(m/s)	最大飞行时间/s
三叉戟	美	潜艇	战略	惯性	13.50	2.11	39000	300~425ktN（10-15）	11000	7344	25
和平保卫者（MX）	美	地面	战略	惯性	21.60	2.34	88450	500ktN（10）	11000	7344	25.2

　　面面反舰导弹是重要的反舰武器之一，也是当今对舰船的主要威胁，例如1982年英阿马岛之战，阿用 MM-38 岸舰导弹击中重创了英"格拉摩根"号巡洋舰。这种导弹常用半穿甲战斗部，对装甲舰船具有很好的毁伤效应，若是厚装甲舰船，则可用聚能破甲爆破型战斗部，能取得很好的效果。有关面面反舰导弹的主要特性如表2.8所列。

表2.8　面面反舰导弹

导　弹	国别	发射位置	导引方式	长度 L_m/m	直径 D_m/m	发射质量/kg	战斗部质量/kg	最大射程/km	估计速度/(m/s)	最大飞行时间/s
捕鲸叉	美	舰艇	惯性+主动雷达末制导	4.60	0.34	681	222	100	255	392
战斧	美	舰艇	惯性+主动雷达末制导	6.248	0.517	1200	454	450	289	—
奥托马特（Ⅱ型）	意/法	舰艇、陆上	惯性+超视距制导+主动雷达末制导	4.46	0.40（前）0.46（后）	770	210（装药65）	180 60	306	588 196
企鹅2	挪威	巡逻艇	可编程惯性+伪成像红外导引头、激光高度表	3.00	0.28	340	120	27	272	99
SS-N-12 海妖	苏联	舰艇	惯性指令+中段指令修正+主动雷达末制导	11.7	1.00	5000	1000C 350ktN	550	750	733
SS-N-9	苏联	反潜轻巡洋舰、小型护卫舰、水翼艇、潜水艇	惯性或自动驾驶仪指令、红外或主动雷达	8.9	0.801	3000	500 200ktN（275）[①]	110	476	231
① 借助飞机中继制导距离										

2.2 目标的分类

所谓目标是指预定毁伤的对象。现代战争条件下,战场出现的目标多种多样,由于其技术含量高,特性极其复杂,如何有效地对付各种目标的鲁棒性是导弹和战斗部设计者面临的重要课题。目标可大(如建筑物、港口码头、仓库等)可小(如坦克、装甲车辆等)、可硬(如导弹发射井、指挥中心地下掩体、飞机掩体等)可软(如各种雷达站、载重卡车、铁路货运等),目标亦可为活动的(如战斗中的战术弹道导弹、坦克车辆和飞机等)或固定的(如桥梁、大型发电站等)。

一般来说,导弹武器系统不是用来对付一般目标的,而是用来对付性能相似的一小类高价值目标,导弹战斗部应服从于这个大局。为此,应将性能相似目标分成若干类,在主毁伤效应作用下,尽量能一次解决许多单个目标的毁伤问题,实现一发命中等于毁伤,这是战斗部的设计指导思想。

2.2.1 传统的目标分类

这种目标是以目标位置分类的,即分成空中、地面(水面)和地下(水下)等目标。这样分法至今仍颇为恰当,因为导弹战斗部毁伤同类中各种目标的手段、方法是相似的。例如空中目标在结构原理上同属一种航空飞行器,其易损性很相似,但与地面(水面)或地下(水下)目标相比是完全不一样的。

一、空中目标

空中目标可概括地分为重于空气和轻于空气两大类,前一类包括固定翼飞机、旋翼飞机、双用飞机、无人机、地面效应飞行器和各种导弹(如空空导弹、空地反辐射导弹和飞航式导弹等);后一类包括气球和飞艇(有半硬式、软式等结构)。重于空气的军用飞机、武装直升机等目标的特点是:目标尺寸小,速度高,机动性好,火力强,具有一定的防护能力和隐身等特性,我方雷达等手段难以发现。但此类目标存在着致命弱点,有易被毁伤的驾驶舱、发动机、燃料油箱系统、控制导引系统和武器装备(如炸弹、导弹、火箭弹和炮弹等)。对于空袭导弹如反辐射导弹,其要害部位是战斗部舱、导引头、控制舱、发动机舱及燃料舱等。

为了有效地打击空中目标,导弹武器系统应具备以下基本特性:雷达系统必须迅速搜索、发现、捕获、识别目标,拦截攻击目标时间应短,将投射弹药前敌机或弹道上的飞航导弹击毁。为此,反击导弹射程应大于敌机武器射程;反击导弹射高要高于敌机,反击导弹速度、机动性应大于目标的速度和机动性;反击导弹的战斗部毁伤半径应等于防空导弹的制导预估值,等于3σ脱靶距离(不计系统误差条件下),σ是导引系统的均方偏差,它是确保对目标毁伤效应值的重要参数,并直接影响毁伤目标的概率大小。防空导弹战斗部的发展应适应反导需求,即具有反机、反导的能力。据报导,俄第四代半的新型 S-400 地空导弹的毁伤效能,对飞机的毁伤概率不小于 90%,对弹道导弹的毁伤概率不小于 80%,对其他战斗部的毁伤概率不小于 70%。

二、地面(水面)和地下(水下)目标

人员、装甲车、火炮、战略弹道导弹发射井、运输阻塞点(桥梁、铁路车场、汽车停车场等)、建筑物(轻型、中型、重型和掩埋目标等)、防空武器(面空、舰空导弹、高炮、速射多管小高炮)、雷达站(如炮瞄雷达、制导雷达、警戒雷达、相控阵雷达等)、C^3I 系统、舰船、停机坪的飞机、直升机、战术弹道导弹/运输车、发射架等都是典型的目标。这还不是目标的全部,而且也不分先后。为了提高战斗部对目标的毁伤效能,对目标易损性的因素进行鉴别和考虑某些细节,进行定性和定量讨论是值得的,亦是战斗部工程设计者必须具备的基础知识和技能。

1. 人员目标

人员是一种相当复杂的目标,其面积约为 $0.42m^2$,人可依靠衣服、防弹衣、头盔和面罩等来保护自己。人可以处在暴露状态或躲在掩蔽物后,亦可为立姿、卧姿、运动状态或其他某种状态。人有骨头、肌肉、神经、动脉及明显的易损区。冲击波、杀伤小箭、破片等分别作用或联合作用,都会对人产生杀伤,毁伤程度与打击能量传递的数量和比率有关。以往常用毁伤力或杀伤力值的 80J 准则,此值缺乏生物学或物理学上的科学依据,美国结合战术使用提出 A-S 准则是比较科学的。

2. 坦克、装甲车辆目标

现代战场上坦克、装甲车辆仍是主要的交战目标。特别是坦克,它的火力、机动性和防护特性,使其至今仍不易失去效用。要使其丧失战斗力是项艰巨任务,尤其是加披挂反应装甲后。目前坦克正面的防护水平,苏联的 T80 抗动能穿甲能力为 500mm,抗聚能破甲能力为 650mm;美国的 M1A1 抗穿甲能力 450mm,抗聚能破甲能力为 700mm;德国的"豹"2 抗穿甲能力 400mm,抗聚能破甲能力为 650mm;英国的"挑战者"抗穿甲能力 450mm,抗聚能破甲能力为 570mm。

装甲人员输送车、机械化步兵战车都有装甲防护。一般轻型装甲车辆的装甲厚度,对于步兵战车,俄罗斯采用 20~30mm 装甲钢板,而美、法、日、荷等国选用铝合金装甲。运输车类一般采用 10~30mm 装甲钢板,但美国采用铝合金甲板,厚度随不同部位而设置,一般为 12~38mm。装甲防护能力常用面密度设计法,其设计原则是武器的穿甲威力和自身防护特性相匹配。

3. 装备目标

"装备"一词在本书中作为一种目标,它包括作战区的全部作战物资,软蒙皮车辆、飞机坪的停机,后勤装置及设施,各种火炮、防空导弹发射阵地设备,战术弹道导弹发射阵地设备,雷达站和电子通信设备等。这些目标较软,采用爆炸破片式杀伤型战斗部,能取得预期的毁伤效果。

4. 建筑目标

建筑物是一种显目的重要目标,从抗破坏能力强弱可分为轻型、中型和重型3种,如此划分的目的完全是为了对其合理地施展火力。有些飞机库、轻型仓库属于轻型结构;防御阵地建筑物及土木工事属于中型结构;而重型建筑物包括坚固支撑点、带盖掩体及桥梁等。

伊拉克的民防工事为钢筋混凝土结构,墙厚为1.2m,并用150mm厚钢板加固,面积为200m²可容纳500~700人。这种高抗爆结构掩体具有防核、防化、防火、防震和防冲击等功能。俄罗斯供最高领导层使用的特种掩体,抗破坏能力简称抗力≥6.87MPa(70kg/cm²)。一般应位于地下20~40m深处,而主要部门使用的一级掩体抗力为1.37~2.06MPa(14~21kg/cm²)。重要设施、工厂及大型公共场所(包括地铁、隧道)等掩体的抗力为0.98MPa(10kg/cm²)。

飞机掩体的混凝土壁厚为1.02m,顶棚加固厚度为1.2m,上有砂土伪装,整个厚度为3.7m,防爆门厚5~7.6cm,质量约40t,下设1m多深水垫,抵消轰炸时的冲击力,抵御凝固汽油弹武器袭击。在大门前距30m处设防爆墙,导弹很难攻击。而北约国家的飞机掩体,形状为拱形,外层为钢筋混凝土构成,内层为双层波纹衬,拱壁厚150~170mm,后壁厚为400mm钢筋混凝土结构,指挥中心的主体建筑是多层结构形式,外壳由钢筋混凝土筑成,能抗450kg以上炸弹的爆炸威力效应,例如法国巴黎三军参谋作战指挥中心为5层(地上3层,地下2层,深10m),均为钢筋混凝土结构。而日本的中央指挥部结构类似,其地下深度达30m。

5. 交通运输目标

主要是指重要的铁路火车站、桥梁等。桥梁是狭长目标,按等级分为:桥长500m以上为特大桥;单轨铁路桥宽仅8m,双轨铁路桥宽也只有12m,且很坚固,不易被摧毁。摧毁桥梁不在于其长度,而是要看桥墩之间的跨度,即一孔钢梁的长度。跨度相等的钢筋混凝土桥和铁桥相比,前者比后者要重,故更不易被掀掉,而要靠直接命中炸断。利用制导炸弹和空地导弹(如美制"白星眼"导弹),由于命中精度高,取得了预期的高毁伤效能。

6. 海军目标

海军目标主要是指各类舰艇、船坞、码头、油库及弹药库等目标。如何有效对付各类舰艇等目标是战斗部的首要任务。标准排水量在500t(或700t)以上的称为舰,500t(或700t)以下的称为艇;对于潜艇不论排水量大小,统称为艇。舰就是舰体、推进、武器弹药、保障等各系统的有机综合体,它具有完成战略、战术上规定的多项使命所必需的机动性、火力和生存力。现代舰上电子设备大增,弹药相对排水量约为3%,常规用燃料的相对质量约为15%,航母上燃料载量增加很大,相对质量为11.5%,非装甲、薄装甲舰量在增加说明舰船具有易爆、易燃、易损等特征。

舰船的外形尺寸随舰种、舰型不同而异,一般大型舰长为270~360m,宽度为

28m～34m，飞机飞行甲板可宽至 70m。

结构上为多层，由多个密封隔舱构成，并有向未毁舱强迫给水系统，确保舰体平衡，以防舰体倾覆。

舰船的装甲防护能力：一般大型水面舰舷部由多层组成，第一层厚为 70～75mm，第二层厚为 50～60mm，两层防护间隔为 2～3m；航母上甲板厚一般为 25mm、50mm、76mm，多数为 76mm，舰尾部厚为 38mm，舷部厚一般为 38mm、102mm、127mm，而且两头薄，中间部位厚；巡洋舰甲板厚为 50mm、76mm，舷部 38mm、114mm、127mm，厚薄布局仍是两头薄，中部厚。舰船材料：美国用的是结构钢号为 HTS、HY-80、HY-100（装甲结构）、HSLA-80 和 HSLA-100 等高强低合金钢。航母的服役期一般为 30 年，美国最大核动力"尼米兹"级航空母舰可能服役 50 年。

有关舰艇掩体目标，据资料报道，西欧与中东共有 10 个基地，港口建有地下山岩掩体和钢筋混凝土掩体，可容纳 100 多艘舰艇。瑞典在穆斯基奥岛开凿长×宽＝300m×15m 的地下隧道，可容纳 16 艘潜艇和导弹快艇。法国珞里昂海军基地建的钢筋混凝土掩体长×宽＝180m×150m，可容纳 20 艘潜艇和快艇。

2.2.2 点目标和面目标

这是将战斗部毁伤威力和目标大小联系起来的分类法。

一、点目标

所谓点目标是指目标尺寸≤0.2 倍战斗部威力半径的目标，或者说目标直径不大于连续破坏区的 0.2 倍。点目标的尺寸与攻击它的武器战斗部有效毁伤半径相比比较小（或很小）。例如在一次空袭中只要有一个空中目标突防对其投射一枚空袭武器，就有可能将其毁伤的地（水）面目标称为点目标。又如长江大桥虽很长，但仍属于点目标的范畴。另外，点目标和面目标是相对空袭武器的威力大小而言的，如一座城市对常规弹药轰炸来说不是个点目标，但对核战斗部来说就是一个点目标。防空体系要保卫的主要点目标有桥梁、核设施、指挥通信中心和单艘军舰等。

二、面目标（区域目标）

地（水）面区域目标有两类：一类是连续式区域目标，它处处需要保卫，如一座城市；另一类为分布式区域目标，在其范围内分布着许多需要统一保卫的小型目标，如油田、舰队等。

对于连续式区域目标，又可分为小型连续式区域目标和大型连续式区域目标。小型连续式区域目标是指它的范围比较小，可与空袭武器的命中点散布范围相比拟，空袭武器命中这种区域目标的概率较低。而大型连续式区域目标是指范围广大,远远大于空袭式武器的散布范围。

2.2.3 按抗侵彻能力分类

战斗部对目标介质碰撞过程中,被冲击的仅仅是典型目标的部件(或靶元),如坦克装甲和军舰靶板等,所以,一种简便的目标分类方法,涉及它们的相对厚度。分析战斗部与靶体的相互作用,确定靶厚判据是有实用意义的。对于薄靶板,战斗部与靶板作用过程中,在靶厚方向不存在应力和变形梯度。如在整个靶板(或接近)厚度侵彻过程中,靶板背面对变形过程有显著影响的,则称为中厚靶。战斗部显著地侵入靶之后,靶背面边界严重影响侵彻过程,称为厚靶。当战斗部在侵彻过程中,靶背面边界不会受到影响时,则称为半无限厚靶。

上述问题可以用应力波原理给予定量表示[4]

$$n = \frac{C_T}{C_W} \frac{L_W}{t_T} = \frac{C_T}{C_W} \frac{(L_W/D_0)}{(t_T/D_0)} \qquad (2.1)$$

式中:n——应力波在战斗部壳体、靶体中来回传播次数;

C_T——靶体中应力波速;

C_W——战斗部壳体中应力波速;

L_W——战斗部壳体长度;

t_T——靶体厚度;

D_0——战斗部直径。

当 $n>5$ 时,则为薄靶;当 $1<n<5$ 时,则为中厚靶;当 $n<1$ 时,则为厚靶。

研究侵彻机理的主要目的在于对靶体介质材料特征评价。侵彻能力是一个很重要的量度,对终点弹道有现实意义。选用同一类型的战斗部(或弹丸),对各种材料的侵彻情况进行比较,便可获得各种材料的抗弹性能的次序。以此侵彻能力为依据,可对靶材介质进行粗略分类,对于低阻抗(靶材密度与其声速之积)的目标物介质可用土壤为代表,中等阻抗的目标物介质可用混凝土和低强度的合金为代表,而高阻抗的目标物介质则可用高强度金属、合金和陶瓷等为代表。

图2.6是用同速度的一种类型战斗部(弹头)对3种目标介质侵彻的典型对比曲线,曲线下的面积表示弹头侵入目标介质内一定距离时所消耗的动能,而具体的力-距离曲线由给定的破坏和流动机理决定。根据动能消耗相同时的力-距离曲线,便可对各种材料的性能进行比较。曲线的2个重要参数是峰值阻力和涉及的距离。

针对来袭目标威胁特征的描述,进行目标的分类,内容涉及各类目标的多种特征,这些特征可概括为目标尺寸、形状、要害部件分布、机动性、飞行特性、空间环境位置、无线电波散射特性、红外辐射特性、火力以及防护能力等。对于某一种(或一类)的具体目标,上述内容可能会增或会减,应随目标不同而异。这些内容是战斗部方案论证、选择、建模、技术设计和引战配合设计的重要依据,对确定致毁模式和建立相应的毁伤准则是非常重要的,也为单发导弹对目标的毁伤概率计算创造了条件。

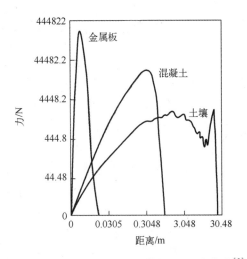

图 2.6　金属板、混凝土及土壤的力-距离曲线[3]

2.3　目标的易损特性

2.3.1　目标的易损性

目标遭受导弹(或其他武器)战斗部作用时失去正常功能的敏感性或反映各种毁伤元素对目标作战效能的影响程度,或者目标效能对各类毁伤元素的敏感程度称为目标的易损性。目标易损性越高,则受到打击时越易被毁伤,故目标易损性是目标软弱的程度,可用 V 表示如下:

$$V = \frac{\mathrm{d}E}{\mathrm{d}X} \tag{2.2}$$

式中:E——目标系统效能;用 $E = f(e_1, e_2, \cdots, e_k)$ 表示,其中 $e_1, e_2, \cdots, e_k$ 为目标效能,由 k 项组成;

X——毁伤元素的空间向量,$X = [x_1, x_2, \cdots, x_n]^{\mathrm{T}}$,其中 x_i 为第 i 种毁伤元素,X_j 为某一毁伤元素向量。

则

$$V = \frac{\mathrm{d}E}{\mathrm{d}X} = \begin{cases} \dfrac{\partial E}{\partial x_1} \\[2mm] \dfrac{\partial E}{\partial x_2} \\[1mm] \vdots \\[1mm] \dfrac{\partial E}{\partial x_n} \end{cases} \tag{2.3}$$

31

经某一毁伤过程后,目标性能的变化量定义为目标毁伤程度用 D_{T} 表示如下:

$$D_{\mathrm{T}} = \int V \mathrm{d}x = \iint \cdots \int \frac{\mathrm{d}\boldsymbol{E}}{\mathrm{d}\boldsymbol{X}} \mathrm{d}x_1 \mathrm{d}x_2 \cdots \mathrm{d}x_n \tag{2.4}$$

通过上述数学模型的描述,目标毁伤是指在毁伤元素的作用下,其部分或全部子系统部分或部件的功能失效而引起目标全部或部分功能失效。

由此可知,目标遭受毁伤的部位不同,其对整个目标功能的影响程度也不同。对于空中飞行器如飞机、导弹等,当某些部位受到毁伤时,对战机来说,会发生被击毁或丧失完成任务的能力,则称这些部位为飞机的易损要害部位或致命部位。飞机的易损要害部位如图 2.7 所示[5]。

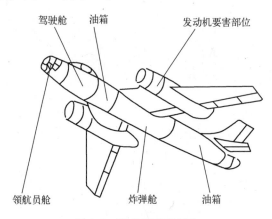

图 2.7　飞机的要害部位

图 2.7 说明,目标上的易损面积,由易损特性不同的各部分组成,如击穿易损面积、引燃易损面积和引爆易损面积等组成。以飞机为例,其易损要害部位面积,相对飞机总面积是小部分,在要害面积中油箱面积约占 50% 以上,说明高速破片击中油箱引起燃烧,进而诱发爆炸的可能性是很大的。任何飞行器无法承受由敌对环境引起的毁伤能力,常用 $P_{\mathrm{K/H}}$ 来衡量,有时称条件毁伤概率,是指飞行器被一种毁伤机理(冲击波超压、比冲量、弹丸或破片动能、冲量等)作用后被毁伤的概率。一架飞机被敌对环境所毁伤的容易程度可用 P_{K} 表示如下:

毁伤概率=敏感性×易损性=一次命中后杀伤概率

其表达式为

$$P_{\mathrm{K}} = P_{\mathrm{H}} \cdot P_{\mathrm{K/H}} \tag{2.5}$$

式中: P_{H} ——敏感性,是指飞机在完成任务中不能避免被毁伤和被击中的可能性。

$$P_{\mathrm{H}} = P_{\mathrm{A}} \cdot P_{\mathrm{DIT}} \cdot P_{\mathrm{LGD}} \tag{2.6}$$

式中: P_{A} ——表示威胁活动性,攻击飞机的威胁概率;

P_{DIT} ——表示飞行器(导弹)的探测、识别及跟踪的概率;

P_{LGD} ——导弹发射及开火、威胁传播物飞行、弹头撞击及爆炸,表示击中飞机的概率。

已知 P_K，则可方便地求飞机的生存能力 P_S，即 $P_S = 1 - P_K$。

2.3.2　易损性的影响因素

飞机的易损性和武器弹药的毁伤威力是 2 个同等重要而又密切相关的问题，它们是同一现象的攻防的 2 个不同研究侧面。故目标易损性的影响因素，实质上也是影响飞机存活率的主要因素——飞机结构和其部件的固有安全性（或称不易损性）。飞机还可能配备有抗破坏的防护装置，当其遭受毁伤因子（冲击波超压、比冲量、破片动能等）作用时，其抗破坏效能如何，这方面的数据要用实验来确定。所以，对飞机的防护性能或毁伤效果的评价一定要针对具体机种、机型。对单架飞机，若对驾驶员的杀伤公算为 100%，则飞机的毁伤也应为 100%。而对 4 引擎飞机，如某一发动机的毁伤公算为 100%，且未必能使整机坠毁。上述 2 种情况，可分别称为“单一易损部件”和“复合易损部件”，或两者混合。在分析和研究易损性时，常常涉及暴露面积和易损面积两个重要术语。暴露面积是指某一个部件形状在与来袭导弹战斗部（或火炮弹丸）飞行线垂直的平面上的投影面积。易损面积是指暴露面积与该面积内任意一次命中的条件毁伤概率的乘积。还应指出，这里要假定所有导弹（或弹丸）飞向暴露面积时的飞行轨迹是相互平行的。

2.3.3　经验分析方法的应用

对于飞机目标易损性特性进行综合分析时，基本上以飞机主要部件易损性数据为基础。经验数据得自试验场上对飞机进行试验。试验内容如下。

选定质量的裸装或包覆的爆炸装药在飞机结构、装满燃料油箱及各种类型发动机附近的外表面或内部爆炸。

用各种弹丸或导弹战斗部对飞机的全部要害构件进行实射。

对试验所取得的结果，应经相关专家认真鉴定。

试验法会受经济、人力等诸方面的约束和限制。经试验法所得数据有其局限性，但比较真实。涉及空中飞行速度、气动力、惯性力对构架的效应，可以采用数值模拟作出预示和工程预估。

“未来飞机”还是由构架、油箱、发动机等组成，对其进行试验并作相应修正，便可直接将数据用到新研制飞机上去。

下面介绍有关飞机部件的破坏效应。

一、构架破坏

构架是指结构和飞行控制部件。英、美等国曾做过试验造成同一等级的破坏试验，杀伤战斗部在飞机结构外部爆炸，所需炸药量大约是内部爆炸药量的 3~4 倍。在同等装药量条件下，动态火力比静态爆炸具有更大的破坏效应。带壳装药与裸装药相比,前者比后者降低了爆炸波强度,但其损失效能可由壳体破片的动能作用得到补偿。

二、气动破坏和气动弹性破坏

气动破坏来源于结构破坏或爆炸波诱发引起的流动模型改变,从而造成可控丧失或性能降低。

气动弹性破坏是结构破坏,诱发而降低结构构架承载能力,有关此方面有用数据报导几乎是0。

三、燃料系统起火破坏

燃料是飞机必带的能源,但遭致自身毁灭的可能性也是这个能源。据资料报导:0.4536kg裸装TNT炸药,在充满油的箱内爆炸时,摧毁了油箱但并未起火。枪弹或高速破片命中油箱时,可使油箱外部起火。如击中飞机蒙皮因微小铝粒子汽化形成闪光现象,并在击中后约2ms消失。如若击中厚铝件则将引发强闪光。

据报导国外曾以下列条件:高度0~18283m,在压力为101.325Pa~1.74kPa,温度在-55~15℃进行破片冲击模拟油箱引燃试验,结果表明,相当于4572m高度的压力下,燃油能引燃。当燃油温度为15℃时,引燃概率大约为50%。当高度为10km左右时的大气压下,引燃概率约为40%和20%。当燃油温度降至-55℃时,引燃概率进一步下降至20%和0%。说明高空引燃相当困难。另外,经验指出:当破片质量为6.48g,速度≥914m/s时击自封油箱,即可遭受毁伤。当破片质量为1.95g,速度≥609m/s,打击非密封油箱可导致毁伤。

四、发动机破坏

破片击中发动机可引起严重的破坏作用,会引起火灾,导致机构架严重破坏。

五、人员杀伤

乘员坐的增压舱是高空状态的必备条件,一旦战斗中增压舱破坏,会导致压强下降,将会引发致命后果。常用气体相对膨胀率来表示压降对人体内部气体剧烈膨胀程度,通常取值为RGE=2.3。

六、武备破坏

武器装备是指各种弹药、发射平台以及相应电器设备。据报导,裸装铸造的B炸药被破片击中后约$1\mu s$才爆。当压力P变化不大,爆速变化20%时的条件下,非均相炸药的起爆判据为$p^2 t_0 =$常数。其中时间t_0是冲击波阵面的脉宽。对高能混合炸药更一般的起爆判据是

$$p^n t_0 = 常数 \tag{2.7}$$

式中:$n > 2.3$。

2.3.4　目标的易损性预测

一、人员目标

战场上人员会遭到各种毁伤手段的杀伤,其中最重要的毁伤手段有破片、小钢箭、冲击波、化学和生物战剂,以及热辐射和核辐射等毁伤因子(或元素)。它们的效应不同,但最终目的都一样使人丧失战斗力。

破片、小钢箭等作用使人员丧失战斗力的判据如下。

1. 动能准则

寻找毁伤与杀伤等因素之间的定量或者定性的依存关系,这是弹药威力设计的依据。要想从理论上进行精确的定量描述,不仅困难,有时甚至不可能,目前仍是靠战斗经验和实弹试验。所以杀伤(毁伤)准则是在目标易损性分析基础上(包括经验的、试验的和理论的)获得的具体数量形式。

破片对人员目标的杀伤准则

$$P_{HK} = \begin{cases} 1 & \text{当 } E_d \geqslant 78J \\ 0 & \text{当 } E_d < 78J \end{cases} \tag{2.8}$$

式中:P_{HK}——目标被杀伤的条件概率,它与杀伤动能呈阶跃函数关系;

$E_d = \dfrac{1}{2} m v_{FS}^2$,$E_d$——动能;

　　m——破片、枪弹等的质量;

　　v_{FS}——破片、枪弹等与目标的着速。

这种判据缺乏物理、生物科学理念,但仍在使用。

2. 比动能准则

$$e_d = \frac{E_d}{\overline{A}} \tag{2.9}$$

式中:e_d——比动能;

　　$\overline{A}$——破片与目标遭遇面积的数学期望。

J. Sperrazza 研究得知,穿透皮肤所需最小速度 $v_1 = 70\text{m/s}$。并提出了与断面比重有关的模型。另外,对人员杀伤标准取 $e_d = 160 \text{ J/cm}^2$。

从本质上讲,E_d 与 e_d 相比都与破片质量和打击速度有关,但后者更科学,至于破片质量如何取,高速情况下,破片质量可小。通常用 $e_d = (1.27 - 1.47) \times 10^6 \text{ J/m}^2$ 反映损伤的不同程度。除此以外,有人曾提出过 11 个类似准则,均未得到应用推广。

3. A–S 准则

F. Allen 和 J. Sperrazza(1956)提出了考虑士兵的战斗任务(突击、防御、预备队和供应)和从受伤到丧失战斗力所需时间关系式。

$$P_{HK} = 1 - e^{-a(91.36m_F v_{FS}^{1.5} - b)^n} = 1 - e^{-a(9.17 \cdot 10^4 m_F v_{FS}^{1.5} - b)^n}$$ (2.10)

式中：m_F——破片质量(kg)；

v_{FS}——破片撞击速度(m/s)；

a,b,n——与人员目标的战斗部任务、毁伤情况有关的常数值，可见表2.9。

表2.9 与战斗人员任务、情况有关的 a、b、n 值

NO	说　明	a	b	n
1	防御 30s	8.877×10^{-4}	31400	0.45106
2	突击 30s 防御 5min	7.6442×10^{-4}	31000	0.49570
3	突击 5min 防御 30min 防御 0.5 天	1.0454×10^{-3}	31000	0.48781
4	供应 0.5 天 供应 1 天 供应 5 天 预备队 0.5 天 预备队 1 天	2.1973×10^{-3}	29000	0.44350

4. 冲击波

人员遭受爆炸冲击波的易损性主要取决于爆炸时伴生的峰值超压及持续时间和瞬时流动动压的幅度。冲击波伴随有急剧的压力突跃及压场作用损伤人体，如破坏中枢神经系统、震击心脏、致使肺部出血、伤害消化系统、破坏耳膜等。持续压力脉冲引起对人员的毁伤作用准则(判据)如表2.10所列。

表2.10 冲击波对人员的毁伤判据[8]

超压 $\Delta P/MPa$	比冲量 $I/(Pa \cdot s)$	损伤程度
0.0138 ~ 0.0276	$10^0 \sim 10^4$	耳膜失效 = 160dB
0.0276 ~ 0.0414	$10^0 \sim 10^4$	出现耳膜破裂 = 185dB
0.1035	$10^0 \sim 10^4$	50%耳膜破裂 = 195dB
0.138 ~ 0.241	—	死亡率为 1%
0.276 ~ 0.345	—	死亡率为 50%
0.379 ~ 0.448	—	死亡率为 99%

二、建筑物的毁伤准则

建筑物主要是指地面和地下建筑物。有关地面建筑物方面的毁伤等级有一些报导，而地下建筑物的破坏等级未见报导。建筑物的破坏主要是由炸药装药爆炸

引起的爆炸产物、冲击波超压、超压持续作用时间和冲量等因素引起的。地面建筑物的毁伤等级如表 2.11 所列。

表 2.11　地面建筑物的毁伤等级[9]

破坏等级分类	破坏情况
A 类	完全倒塌，化为碎石瓦砾
B 类	结构破坏，无法修复
C 类	严重毁坏，结构在修复前不能使用
D 类	结构损坏，但部分建筑可修复使用
E 类	结构未损坏，例如石膏被开裂、窗户破裂

三、舰艇目标的毁伤等级

舰艇目标的破坏主要来自导弹战斗部、鱼雷战斗部、水雷或特殊制导炸弹等的袭击，舰艇目标破坏与战斗部的装药量关系密切。以往经验如下：

战斗部在舰艇甲板上（或舷侧外部）爆炸时，威力半径 $R_K(m)$ 与装药量（TNT当量）$m_C(kg)$ 关系式为：$m_C = 2.667R_K^2$。

如在舰面建筑物内爆炸时，$m_C = 2.273R_K^2$。

如对鱼雷舱破坏时，$m_C = 1.667R_K^2$。

对舰面飞机破坏时，$m_C = (0.167 \sim 0.25)R_K^2$。

对军舰装备破坏时，$m_C = R_K^2$。

鱼雷战斗部接触舰船爆炸时，其破坏长度 $L_P(m)$ 的经验式为 $L_P \approx 0.85m_C^{\frac{1}{2}}t_K^{-\frac{1}{3}}$；其中 t_K 为舰船壳体厚（cm），m_C 为鱼雷装药 TNT 当量（kg）。如果计及破口周围的大量裂纹和凹陷，则破损长度 $L_Z(m)$：$L_Z \approx 1.1m_C^{\frac{1}{2}}t_K^{-\frac{1}{3}}$。当已知 t_K 时，则可求 L_P 或 L_Z 与 m_C 的关系[11]。

反潜艇时的破坏半径 R_K 与 m_C 的经验关系为：$m_C = 30 + 65R_K$，或者用 $R_K = 1.7m_C^{\frac{1}{3}}$ 估算。

舰艇的毁伤水平等级如表 2.12 所列。

表 2.12　舰艇的毁伤水平等级

毁伤等级分类	毁伤情况
A 类	舰艇下沉、断裂或因大火失控而弃船，完全丧失生命力
B 类	舰艇无作战、机动能力，漂浮水面，仍未下沉，属于基本丧失生命力
C 类	舰体或主要设备遭受破坏，未下沉，在 30min 内修复后，仍具有手动操作机动性和主要防御作战能力，具有基本生命力
D 类	舰体或主要设备遭受局部破坏，未下沉，在 30min 内修复后，仍可手动操作下的舰艇机动性和作战能力，具有完全的生命力

四、装甲车辆和非装甲车辆目标的毁伤等级

1. 装甲战斗车辆

聚能破甲装药战斗部、动能杆式弹、杀爆战斗部、电子干扰以及危害乘员的毁伤作用等，都能使装甲车辆受到不同程度的毁伤。坦克是典型的装甲战斗车辆，它具有攻防兼备特性。美国的关于装甲车辆毁伤（或有效破坏）等级，定义如下：M级毁伤——装甲战斗车辆丧失机动能力，使坦克瘫痪，乘员不能当场修复；F级毁伤——车辆主炮和机枪完全或部分丧失射击能力；K级毁伤——使车辆受到摧毁性的破坏，已无法修复。

这些等级也可视为车辆功能削减的等级。

通常以装甲战斗车辆抗各种弹药的能力来表示其易损性。为了准确评价命中弹、战斗部对坦克的破坏程度，必须要建立一套标准数据，借以给出由各种基本部件破损而造成的坦克破坏程度。标准评定项目如表 2.13 所列。

表 2.13 标准评定项目

部　件	零部件破坏时坦克的毁伤概率			部　件	零部件破坏时坦克的毁伤概率		
	M	F	K		M	F	K
弹药							
主炮			1.00				
榴弹			1.00	发动机室			
枪弹进入炮塔				发动机,传动装置	1.00		
作动管		0.15		油和冷却器	0.10		
枪弹打入驱动箱	0.20	0.10		燃料箱			1.00
枪弹打进装弹器		0.15		电池组	0.40	0.40	
枪榴弹弹箱	0.30	0.45					
人员				战斗室			
指挥员	0.30	0.30		无线电和联络装置	0.50	0.10	
炮手		0.20		火力控制系统	1.00		
装填手		0.15		传动控制			
驾驶员	0.10	0.10		加热器(利用液态冷却	1.00		
前炮手	0.10			剂)			
火炮				外部元件			
主炮和炮尾		0.80		前惰轮毂	0.50		
平衡机		0.80		履带	1.00		
高低机和方向机		0.80		传动链轮	1.00		
驻退机		0.80		末级传动机构	1.00		
联装机枪				履带导向器	0.10		
前机枪		0.10					

非装甲车辆是指向战斗部队提供后勤支援为主要任务的运输车辆,如卡车、牵引车以及运载工具的无装甲防护履带式车或轮胎式车辆。这类车辆不仅极易被各种反装甲手段摧毁,而且亦能被大多数杀伤武器毁坏。定量地测定其最低限度易损性的尺度是:车辆运行所必需的某个零件受到毁伤,而导致车辆停驶的时间超出某一规定时间,即可认为已遭到有效破坏。

车辆主要行驶部件如电气部分、燃料系统、润滑和冷却系统等,遭受打击时特别易损坏,称为最易失效部件。空中爆炸波对非装甲车辆的破坏程度可分级如下。

(1)快速毁伤——发动机在 5min 内停车;

(2)慢速毁伤——发动机在 5min~20min 内停车,超过 20min 后停车,则不视为慢速毁伤;

(3)不堪使用——由于爆炸波效应达不到(1)、(2)类的破坏,但破坏确已使车辆无法使用。

非装甲车辆对破片的易损性,是指各部件相对于一系列给定质量和速度破片的易损性。首先需要计算出车辆对于给定破片的飞行方向的暴露面积。凡是对给定质量和速度的破片穿透车辆外壳之后,容易遭受破坏的内部部件,其暴露面积均应加到该攻击方向的车辆总易损面积上去。可以认为以易损面积表示的车辆易损性,乃是构成易损区的一系列部件易损性的函数。

破片对非装甲车辆毁伤级别可分级如下。

A 级毁伤——能使车辆在 2min 内停车;

B 级毁伤——在 40min 内使车辆停车。

按照实射试验和上述定义,车辆中容易造成 A 级和 B 级毁伤的部分包括如下4 个系统。

(1)电器系统——配电器、线圈、定时齿轮、导电线路、变压器;

(2)燃油系统——汽化器、油泵、油管、滤油器;

(3)润滑系统——油盘、回油孔、油路、滤油器;

(4)冷却系统——散热器及连接软管、水箱。

电器系统中通常包括蓄电池和发电机,一般不大可能出现二者同时被摧毁的情况,只要其中之一保持完好,就足以保持车辆长时间行驶。

2. 终点毁伤威力的评定法

终点毁伤威力评定是确定车辆相对于指定毁伤手段的易损性结果的定量化。通过评定,人们才清楚目标的易损程度。两种车辆之间的相对易损性,或两种不同战斗部对某种特定目标的相对终点弹道效应,目前采用易损面积法来确定命中弹药对车辆的毁伤概率,是衡量终点效应常用的方法。

1)易损面积法概念

易损面积法应用于车辆时,易损面积是指一种小于目标暴露面积的计算面积,其命中概率等于目标被击中并被毁伤的概率。这里的"毁伤"一词系指部分或完全破坏。按照 M、F 和 K 级破坏分别计算易损面积。本法首先应用一些假设为前提条件,才能按易损面积来衡量射弹对目标的毁伤效应。

(1) 目标给定方位暴露面积上命中点呈均匀分布;

(2) 易损性小于 1,且易变化的一块较大面积,可用易损性为 100% 的一块较小面积来代替;

(3) 某些部件性能损坏率,可视为整个车辆的性能损坏概率。

用此法确定地面车辆的毁伤概率时,规定所求的是单发射弹(包括破片、实心弹……)毁伤目标的平均概率,而与打击目标的射弹数无关。此法不适于多重易损,即易损性适于一发射弹造成的,而与其他射弹造成的破坏无关。此时所得的平均概率才宜作为衡量目标易损性的量度。

2) 易损面积求法

首先,按给定攻击方向将目标暴露面积划分为若干易损性均等的单元区,如发动机、燃料、弹药等。有时也可将一个部件划分为几个单元,每个主单元又可进一步划分成若干防护程度均等的子区,如等厚和等倾角装甲保护子区。或者用已知的车辆侵彻数据和破坏数据,作为毁伤威力计算的初始输入数据,参照有关破坏程度评价表,从而将部件破坏转换成车辆性能的毁伤程度。

若已知特性的射弹命中子区造成了部分或完全的 M、F 或 K 级破坏数值,可由该子区暴露面积加权来确定。例如,一暴露面积为 $1m^2$ 的子区,预定能使车辆造成 0.4M 级的破坏,则该子区的 M 级易损面积为 $0.4(1×0.4)m^2$。

将各个子区的 M、F 和 K 级破坏的暴露面积相加,便得到车辆在该方位上的 M、F 和 K 级破坏的总易损面积。

为了评定对坦克的毁伤威力,可将其分为若干不同单元区,而后分别考虑射弹对每一单元区毁伤威力。这些单元区是处于给定方位下车辆暴露面积中的主要区域,对侵彻各单元区具有相同的易损性。这些单元区是:发动机舱(不含燃料);燃料箱(装满燃料);弹药(弹药支架及其堆放区);乘员舱(不计弹药暴露面积);悬挂系统和传动装置;炮管;装甲侧缘;除火炮和传动装置以外的外部部件。

每个单元还可细分为若干具有均匀防护能力的子区,每个子区均受有均匀或接近均匀保护,因而有相同的易损性。无论击中子区的任何部分贯穿概率皆相同,而且贯穿后该子区遭受的 M、F 和 K 级破坏也是均匀分布。

在终点效应研究的专著中[12,13],利用聚能装药等弹药,对装甲车辆(坦克的同义语)目标的射击试验,得到了部件破坏程度有关的终点弹道数据。破坏数据和侵彻数据可为已知单元区的终点毁伤威力鉴定提供输入数据。

利用已知单元区的穿孔直径、侵彻厚度等试验数据,便可根据文献[13]所提供的有关坦克部件的毁伤规律图线,主要有传动装置部件损坏率与聚能装药直径关系曲线;坦克燃料持续起火概率与穿孔直径的变化曲线;坦克主用武器弹药的起火概率随撞击弹药的破片数与穿孔直径的变化曲线;坦克平均 M 级和 F 级破坏(坦克乘员舱实射结果)随穿孔直径变化规律曲线等。有了各种响应区的破坏值后,可将位于该子区后方的每一个部件的 M、F 和 K 级破坏值(M、F、K 项中的各值为相互独立)相加,便获得了该子区的总的破坏值。例如 M_1 和 M_2 分别为子区后方 2 个部件使坦克遭受的 M 级破坏值,该子区总 M 级破坏值为

$$M = 1 - (1 - M_1)(1 - M_2) \tag{2.11}$$

上式中以 F 取代 M 就得到了 F 级破坏的类似关系式[17]。

如果以平均坦克破坏率为纵坐标,穿孔直径为横坐标,按照上述方法,美国给出了乘员舱被贯穿时造成的平均 $M_1 + K$,$F_1 + K$ 和 K 级破坏率 3 条曲线(计算结果),置于上述坐标系中。这些曲线可作为进行破坏程度评定时的输入数据[13]。

对于非装甲车辆的易损面积法,它是目标暴露面积与单个破片(或弹丸)平均毁伤概率之积。而装甲车辆的易损面积不包含单个破片(或弹丸)的概念。为便于分析,将目标视为一个或含几个易损部件的组合体。设 P_i 为命中第 i 个部件暴露面积上的毁伤概率,令 $(A_P)_i$ 为第 i 个部件无遮蔽部分的暴露面积,又假定部件互不重叠,则整个目标的易损面积 A_V 为

$$A_V = \sum_{i=1}^{n} P_i (A_P)_i = \sum_{i=1}^{m} (A_V)_i \tag{2.12}$$

上式表明,目标易损面积采取累加和的形式,其基本思路与装甲车辆易损面积计算方法相同。

上述分析法没有考虑精确射击与非精确射击之间的过渡点,非精确射击可采用易损面积法,而精确射击则可采用分布面积法,即适用于目标尺寸大于命中散布时的情况。所以易损面积法基本上是分布面积法的一种简化。按照分布面积法,每个具有均等防护能力的子区又被细分为若干命中概率相等的亚子区。每个亚子区都是与其子区相同的 M、F 和 K 级的破坏率,它是亚子区面积和在该区的命中概率的函数。

分布面积法定义认为命中点在目标表面上呈非均匀分布,对车辆发射高速、高精度射弹时即属此情况。将位于射流通道上的部件破坏与破片效应结合起来,用下式计算破坏的数值结果。

$$P_M = 1 - (1 - p_a)(1 - p_b) \cdots (1 - p_k) \tag{2.13}$$

式中:P_M——射弹对坦克造成的 M 级破坏百分率;

$p_a, p_b, \cdots, p_k$——每组部件导致的坦克损坏百分率,并且各值彼此是相互独立的。p_a 表示击中部件"a"形成 M 型破坏的百分数,其他依此类推。当已知多个部件毁伤后,对坦克车辆的机动能力毁伤(M级)或火力毁伤(F级),通过毁伤树分析,可求出对坦克的毁伤概率。

五、飞机目标

敌方各种军用飞机如歼击机(战斗机)、攻击机、歼击轰炸机、战略轰炸机、武装直升机和无人战斗机等,这些空中目标,仍然对我方有重大威胁,毁伤它们主要的硬毁伤手段是导弹战斗部或弹丸的爆炸作用,依靠冲击波效应、破片打击动能,达到某一标准时,可使其结构遭受破坏,继而丧失使用功能。

R. E. Ball 总结出的飞机毁伤水平等级标准,对战斗部的研制、效应评估有指导意义。其毁伤水平等级定义如下。

KK 毁伤:立即解体。

K 毁伤:命中 30s 内失控。

A 毁伤:命中 5min 内失控。

B 毁伤:命中 30min 内失控。

C 毁伤:飞机不能有效地完成预定攻击任务,但能返回基地,安全着落(又名使命毁伤)。一个重要前提是,战机在遭受毁伤后的 2.5min 内应丧失共计能力。

E 毁伤:飞机被击中后,仍能完成战斗任务,但不能执行下次预定的使命。

迫降毁伤:武装直升机被毁伤,必须着落,否则难免完全破坏。

Ball 叙述的毁伤等级虽然是针对飞机的,但对防空硬毁伤武器对付空面导弹交战的毁伤程度的分析和评价也有指导意义。

破坏飞机、导弹等空中目标涉及 3 种毁伤机理。

① 地空导弹或弹丸直接命中目标;

② 地空导弹战斗部、弹丸爆炸的高速破片命中目标;

③ 爆破型战斗部的爆炸引起的压强,强烈冲击目标。

虽然可能遇到上述 3 种机理,但不一定肯定能使目标遭毁伤,问题在于是否打击了目标致命(要害)部位,为此必须与目标的要害部件易损性联系起来。易损性是定义命中目标任一部位的毁伤(杀伤)概率。对于爆破效应定义的"命中"是指离战斗部起爆点某一特定距离,导致目标获得给定毁伤的水平。由于最常见的是破片效应,为此,应着重讨论战斗部破片的威胁易损性。

假设有个飞向目标的破片束,定义整个目标的投影面积是指垂直于破片束方向的面积为 A_p。实际目标由上百或上千个不同件组成,经充分研究威胁特征后,以确定目标的致命部件,同时要分别确定各个部件投影到欲打击的整个目标的投影面上的面积大小。

部件选择完全取决于所取得的毁伤水平。致命性的少数部件失效,将导致目标的击毁毁伤。

1. 致命性部件毁伤准则[15]

致命性部件确定后,则特定威胁下的每一种失效模式的毁伤准则必须确定。因为毁伤准则是对部件失效特性的特定描述和定量,一般是难知难定的。针对毁伤机理,具体的毁伤准则有 3 种:给定打击下的毁伤概率 P_{K/H_i};面积消除准则;能量密度准则。

1) P_{K/H_i} 函数

是部件在破片打击下的毁伤概率。对发动机应分无油区、燃油区、外部空闲空间,分别确定 P_{K/H_i},然后取平均值 $\overline{P}_{K/H_i}$,由于无大量数据支撑,只好用工程判断和试验综合而得的经验数据。例如当破片质量为 1.94g,打击速度为 1524m/s 撞击操纵杆时,其 $P_{K/H_i}=0.25$;若遇中间件阻挡减速为 914m/s 时,则 $P_{K/H_i}=0.2$。

2) 面积消除准则

指毁伤某个部件时,应从该部件上消除的面积的具体数值。此准则极适用于杆式破片和密集小破片的小间距打击状况。小间距打击产生的总的部件损伤远大于同样数量大间距打击产生单独损伤的总和。在每孔之间经常产生裂纹和花瓣状分裂叠加损伤,使部件结构的大量面积被破坏(消除)。结构类部件最好选用此准则。

3) 能量密度准则

部件毁伤被表示为暴露给冲击损伤机理的动能密度临界水平的最小部件表面积。

此准则适用于多次、小间距破片打击,对付结构类部件及较大部件如油箱、发动机等。对于某些部件破片质量不宜太小,低于某一质量,此准则就不再适用。

在低空条件下,冲击波的压力和冲量作用于飞机表面,在特定损伤水平下,有关压力和冲量的致命性数值亦要引起足够重视。另外,还要关注动力负载,此负载是由与飞机有关的爆炸冲击波中空气的速度所产生的。它是目标的拖曳负载,其损伤过程引起结构变形、悬臂结构的弯曲和撕裂,以及抛开任何没有可靠固定的附件(如机舱盖、天线等)。

2. 相对于非爆穿透物或破片的易损性

单枚破片打击引起飞机易损性,可用总的易损面积 A_V 表示,也可用给定随机打击下对飞机的毁伤概率 $P_{K/H}$ 表示。总之,易损面积既可用于飞机,也可用于其要害部件。

设 A_{V_i} 为第 i 个部件易损面积,而给定打击下的部件毁伤概率为 P_{K/H_i}

第 i 个部件的易损面积是指部件在垂直于损伤机理的发射线的平面的暴露面积 A_{P_i} 与部件在给定打击下的毁伤概率 P_{K/h_i} 的积。

$$A_{V_i}=A_{P_i} \cdot P_{K/h_i} \qquad (2.14)$$

式中:A_{P_i},P_{K/h_i} 均为方位角函数,故 A_{V_i} 亦随方位角而变。

应着重指出,飞机或部件的毁伤概率 P_K 加上飞机或部件的生存概率 P_S 永远等于 1。

当给一个作用打击飞机时,飞机或部件在打击下的生存概率为

$$P_{S/H}=1-P_{K/H} \qquad (2.15)$$

对飞机给定一个随机打击,第 i 个部件的毁伤概率 P_{K/H_i} 等于该部件被击中概率 P_{h/H_i} 和在部件上的给定打击的部件毁伤概率 P_{K/h_i} 之积,即

$$P_{K/H_i} = P_{h/H_i} \cdot P_{K/h_i} \qquad (2.16)$$

由式(2.14),得

$$P_{K/h_i} = \frac{A_{V_i}}{A_{P_i}} \qquad (2.17)$$

由于打击飞机位置是随机的,则 P_{h/H_i} 的表达式为

$$P_{h/H_i} = \frac{A_{P_i}}{A_P} \qquad (2.18)$$

式中:A_P——全机在垂直于威胁逼近方向的平面内的暴露面积。

作用于飞机上任何随机打击,第 i 个部件的毁伤概率为

$$P_{K/H_i} = \frac{A_{V_i}}{A_P} \qquad (2.19)$$

上式评估忽略了因打击产生部件功能降低及其复合损伤。亦不考虑毗邻部件如因起火引起的损伤。

1) 单次打击的易损性

利用失效树观点,毁伤式中的逻辑"与"和"或"语句可由部件毁伤来定义飞机的毁伤。

例如 N 个无余度致命性部件构成的飞机,可利用逻辑"或"语句。

(1) 无余度又无重叠部件飞机

飞机的毁伤可定义为无余度的部件1的毁伤或部件2的毁伤或者说部件 N 的毁伤。总之,任一致命性部件毁伤会导致全机毁伤,说明飞机生存全靠所有无余度部件的生存。

$$P_{s/H} = P_{s/H_1} \cdot P_{s/H_2} \cdots P_{s/H_N} = \prod_{i=1}^{N} P_{s/H_i} \qquad (2.20)$$

或写成

$$P_{s/H} = (1 - P_{K/H_1}) \cdot (1 - P_{K/H_2}) \cdots (1 - P_{K/H_N}) = \prod_{i=1}^{N} (1 - P_{K/H_i}) \qquad (2.21)$$

本模型假定部件被击中时才能被毁伤,而且无重叠部件。即一次击中仅能毁伤一个部件,故上式展开的积无用。由此可知,给飞机一次打击飞机毁伤的概率正好是飞机受到随机打击时每个致命性部件各项毁伤概率的简单和

$$P_{K/H} = P_{K/H_1} + P_{K/H_2} + \cdots + P_{K/H_N} = \sum_{i=1}^{N} P_{K/H_i} \qquad (2.22)$$

将式(2.19)代入式(2.22)得

$$P_{K/H} = \sum_{i=1}^{N} \frac{A_{V_i}}{A_P} = \frac{1}{A_P} \sum_{i=1}^{N} A_{V_i} \qquad (2.23)$$

按式(2.17)的易损面积概念,由式(2.23)可得出

$$P_{K/H} = \frac{A_V}{A_P} \qquad (2.24)$$

式中:A_V——飞机的易损面积, $A_V = \sum\limits_{i=1}^{N} A_{V_i}$

如果毁伤式中为驾驶员、燃料箱或发动机,则

$$P_{K/H} = P_{K/H_P} + P_{K/H_F} + P_{K/H_E} \qquad (2.25)$$

而

$$A_V = A_{V_P} + A_{V_F} + A_{V_E} \qquad (2.26)$$

其中,P,F,E分别代表驾驶员、燃料箱、发动机。根据式(2.14),单独部件的易损面积由式(2.27)给出。

$$\begin{cases} A_{V_P} = A_{P_P} \cdot P_{K/h_P} \\ A_{V_F} = A_{P_F} \cdot P_{K/h_F} \\ A_{V_E} = A_{P_E} \cdot P_{K/h_E} \end{cases} \qquad (2.27)$$

例:飞机无余度模型的假设值如表2.14所列。

表2.14 无余度模型

致命性部件	$A_{P_i}(m^2) \times P_{K/h_i} = A_{V_i}(m^2)$			P_{K/H_i}
驾驶员	0.3716	1.0	0.3716	0.0133
燃料箱	5.5742	0.3	1.6723	0.0600
发动机	4.6452	0.6	2.7871	0.1000
	$A_P = 27.8m^2$		$A_V = 4.831m^2$	$P_{K/H} = 0.1733$

(2)有重叠而无余度部件飞机

允许2个或更多个致命性部件以任何方式重叠。对重叠区打击后飞机仍生存,则射线上任一致命性部件都必须生存。重叠区遭到打击后飞机生存概率可用式(2.20)或式(2.21)同样形式给出。

$$P_{S/h_0} = P_{S/h_1} \cdot P_{S/h_2} \cdots P_{S/h_c} = \prod_{i=1}^{c} (1 - P_{K/h_i}) \qquad (2.28)$$

因为重叠区可能有多个致命性部件被一次打击损伤,多个部件损伤时不是互不相容的,故可用上式而不能用 $P_{S/H} = 1 - (P_{K/H_1} + P_{K/H_2} + \cdots + P_{K/H_N})$,它在重叠区内是无效的。

对于重叠区面积 A_{P_0} 可视作独立部件考虑,该部件遭受打击时的毁伤概率可定义为

$$P_{K/h_0} = 1 - P_{S/h_0} \qquad (2.29)$$

式中 P_{S/h_0} 是为式(2.28)计算的生存概率,从而,重叠区的易损面积 A_{V_0} 可由下式

给出。

$$A_{V_0} = A_{P_0} P_{K/h_0} \tag{2.30}$$

例:设燃油箱与发动机重叠面积为 $A_{P_0} = 0.9293\text{m}^2$,燃油箱的 $P_{K/h} = 0.3$。重叠的发动机取 $P_{K/h} = 0.6$,再设燃油箱可使损伤机理减速,但不足以改变发动机的 P_{K/h_0},因为 P_{K/h_0} 值与非重叠示例相同,任何对飞机易损面积减缩仅是由部件重叠引起的。因此,可根据式(2.28)~式(2.30)在重叠区的毁伤概率有

$$P_{K/h_0} = 1 - P_{S/h_0} = 1 - (1-0.3)(1-0.6) = 0.72$$

而 $A_{V_0} = A_{P_0} P_{K/h_0} = 0.6689\text{m}^2$

有重叠部件的飞机易损面积计算如表 2.15 所列。

表 2.15   有重叠部件的飞机易损面积

致命性部件	$A_{P_i}(\text{m}^2) \times P_{K/h_i} = A_{V_i}(\text{m}^2)$		
驾驶员	0.3716	1.0	0.3716
燃料箱	5.5742~0.92903	0.3	1.3936
发动机	4.6452~0.92903	0.6	2.2297
重叠区域	0.92903	0.72	0.6689
	$A_P = 27.87\text{m}^2$		$A_V = 5.0082\text{m}^2$

有重叠部件和发动机起火的飞机易损面积计算如表 2.16 所列。

表 2.16   有重叠部件和发动机起火的飞机易损面积

致命性部件	$A_{P_i}(\text{m}^2) \times P_{K/h_i} = A_{V_i}(\text{m}^2)$		
驾驶员	0.3716	1.0	0.3716
燃料箱	5.5742~0.92903	0.3	1.3936
发动机	4.6452~0.92903	0.6	2.2297
重叠区域	0.92903	0.93[①]	0.8361
	$A_P = 27.87\text{m}^2$		$A_V = 5.2003\text{m}^2$
① $P_{K/h_0} = 1 - (1-0.3)(1-0.9) = 0.93$			

应该指出,对无余度又无重叠部件的飞机、有重叠无余度部件飞机以及重叠区引起发动机燃烧时,其毁伤概率应提高至 0.9。3 种状态取同致命部件:驾驶员、燃料箱、发动机,其所得易损面积 A_V 是不一样的。

(3) 无重叠且有余度部件飞机

例如有驾驶员、燃油箱、发动机 1、发动机 2 等致命性部件。

飞机在给定随机打击下,生存概率模型是

$$P_{S/H} = P_{S/H_P} \cdot P_{S/H_F} \cdot (1 - P_{K/H_{E1}} P_{K/H_{E2}}) = (1 - P_{K/H_P}) \cdot (1 - P_{K/H_F}) \cdot (1 - P_{K/H_{E1}} P_{K/H_{E2}})$$

$$\tag{2.31}$$

若 $P_{K/H_P} = 1$，或 $P_{K/H_F} = 1$，或 2 个发动机的 $P_{K/H_{E1}} P_{K/H_{E2}} = 1$，则飞机被摧毁，$P_{S/H} = 0$。

将式(2.31)展开后得到

$$P_{S/H} = 1 - (P_{S/H_P} + P_{S/H_F}) + P_{K/H_P} \cdot P_{K/H_F} - P_{K/H_{E1}} \cdot P_{K/H_{E2}} + P_{K/H_P} \cdot P_{K/H_{E1}} \cdot P_{K/H_{E2}}$$

$$+ P_{K/H_F} \cdot P_{K/H_{E1}} \cdot P_{K/H_{E2}} - P_{K/H_P} \cdot P_{K/H_F} \cdot P_{K/H_{E1}} \cdot P_{K/H_{E2}} \tag{2.31a}$$

假定单次打击不能同时毁伤 2 台发动机，另外所有部件的毁伤为互不相容，因而所有部件的毁伤概率的积为 0。只有当驾驶员或燃油箱被毁伤时，才能使飞机毁伤，此时 $P_{K/H}$ 和 A_V 可用下式确定

$$\begin{cases} P_{K/H} = P_{K/H_P} + P_{K/H_F} \\ A_V = A_{V_P} + A_{V_F} \end{cases} \tag{2.31b}$$

对有余度部件但无重叠的飞机，其易损面积计算如表 2.17 所列。

表 2.17　无重叠的但有余度模型例子

致命性部件	$A_{P_i}(\text{m}^2) \times P_{K/h_i} = A_{V_i}(\text{m}^2)$			P_{K/H_i}
驾驶员	0.3716	1.0	0.3716	0.0133
燃料箱	5.5742	0.3	1.6723	0.0600
发动机 1	4.6452	0.6	2.7871	0.1000
发动机 2	4.6452	0.7	3.2516	0.1167
	$A_P = 27.87\text{m}^2$		$A_V = 4.8310\text{m}^2$ $P_{K/H} = 0.0733$	

飞机在给定随机打击下生存的概率为式(2.31)和式(2.31a)。在单次打击下不可能同时毁伤 2 台发动机，而所有部件的毁伤又互不相容，故所有部件毁伤概率的乘积为 0，因而只能是驾驶员或油箱被毁伤才会使飞机毁伤。与表 2.15 相比，易损性略有提高。

（4）有重叠的余度部件飞机

例如飞机有 2 台发动机，允许其有重叠，凡是 2 台发动机相重叠的面积区定义为重叠区。对于这种冗余飞机模型，则式(2.31b)给出的易损面积计算必须修正。因为在重叠区一次打击会同时毁伤 2 台发动机。破片穿透重叠区域的一次打击可能毁伤 2 台发动机进而毁伤飞机。为此，应把重叠区易损面积加到无余度致命部件中。实质上和重叠的无余度模型一样，这一重叠区域变为另一个致命性部件。在引用式(2.28)时计算方式可相同，但其细节还是有差别，必须做些修改，飞机在无余度部件的某重叠区受一次打击下的生存概率为

$$P_{S/h_0} = P_{S_1} P_{S_2} P_{S_3} \cdots P_{S_c}$$

若沿射击线的这些部件中有 2 个余度部件（如 2，3），它们的毁伤概率等于它们单独毁伤概率的积 $P_{K/h_2} P_{K/h_3}$，并假定亦会使飞机被毁伤。2 个部件不同时被毁伤的概率是 $P_{K/h_2} P_{K/h_3}$ 的补集，即飞机生存概率为 $(1 - P_{K/h_2} P_{K/h_3})$。此时式中的

$P_{S_2} P_{S_3}$ 必须用 $(1-P_{K/h_2} P_{K/h_3})$ 代替。按此可推广存在 3 个或更多个余度部件的重叠,甚至多组余度部件的重叠。例如,第一台发动机的重叠区的发动机 $P_{K/h}=0.6$,被重叠的发动机取 0.2(说明第一台减慢了损伤机理)。重叠发动机的飞机在重叠区受到一次打击生存概率为 $(1-0.6\times0.2)=0.88$,则飞机在重叠区受击的毁伤概率为 0.12。如若重叠面积设为 $0.93m^2$,则发动机重叠使易损面积升为 $2.16m^2$。

2)多次打击下的易损面积

任何战斗任务中,飞机被击中将遭受不止一次打击。假定这些打击在飞机上的分布是随机的。为便于说明,假设所有的打击均沿着平行的射击线从相同方向通过。

设第 i 个部件在飞机遭到 n 次随机打击下仍能生存的概率,等于部件在飞机遭 n 次打击中的每一次打击下的生存概率的乘积(P 上的横线表示为联合概率,在括号中的上标 n 表示打击的次数)。

$$\overline{P}_{S/H_I}^{(n)} = P_{S/H_i}^{(1)} \cdot P_{S/H_i}^{(2)} \cdot \cdots \cdot P_{S/H_i}^{(n)} = \prod_{j=1}^{n} P_{S/H_i}^{(j)} \tag{2.32}$$

式中: $P_{S/H_i}^{(j)}$ 是飞机遭受到第 j 次打击下第 i 个部件的生存概率

飞机受到第 j 次打击下,第 i 个部件的生存概率为

$$P_{S/H_i}^{(j)} = 1 - P_{K/H_i}^{(j)} \tag{2.33}$$

假设对所有 j, $P_{K/H_i}=$ const 时,则(2.32)式可写成

$$\overline{P}_{S/H_i}^{(n)} = \prod_{j=1}^{n} (1 - P_{K/H_i}^{(j)}) = (1 - P_{K/H_i}^{(j)})^n \tag{2.34}$$

对于飞机在 n 次打击下的生存概率可类似的求得如下:

$$\overline{P}_{S/H}^{(n)} = \prod_{j=1}^{n} (1 - P_{K/H}^{(j)}) \tag{2.35}$$

式中: $P_{K/H}^{(j)}$ ——飞机在第 j 次打击的毁伤概率,对所有 j 言, $P_{K/H}^{(j)}$ 可能是常数亦可能不为常数。

飞机经 n 次打击后的毁伤概率 $\overline{P}_{K/H}^{(n)}$ 是 $\overline{P}_{S/H}^{(n)}$ 的补集,即

$$\overline{P}_{K/H}^{(n)} = 1 - \prod_{j=1}^{n} (1 - P_{K/H}^{(j)}) \tag{2.36}$$

应该指出,一次射击击中了飞机,但未命中致命性部件,则易损面积和 $P_{K/H}$ 值保持不变。如果命中致命性部件,飞机才能被毁伤。对于有余度部件飞机,余度部件易损面积受到一次打击,飞机未被毁伤,但在第二次打击时的易损面积的 $P_{K/H}$ 将升高,因为已有一余度部件被毁伤。

常用的多次打击的理论分析方法有毁伤树图法-无余度模型和余度模型。

① 无余度模型如图 2.8 所示。

这里定义每个无余度致命性部件(P、F、E)的毁伤概率(P、F、E)互不相容,然后是飞机、非致命性的毁伤概率,$N=1-(P+F+E)$。显然要想建毁伤树,则必须求各个致命性部件打击下的毁伤概率。

48

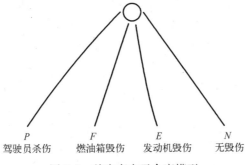

$$\begin{array}{cccc} P & F & E & N \\ \text{驾驶员杀伤} & \text{燃油箱毁伤} & \text{发动机毁伤} & \text{无毁伤} \end{array}$$

图 2.8　首次击中无余度模型

对于第二次打击后的毁伤树图如图 2.9 所示,如 PP 代表第一次打击杀伤驾驶员,而第二次打击也杀伤驾驶员。但应指出,一旦定义了首次打击下一个致命部件的杀伤概率,在后继所有打击该部件均被认为已在此概率下被杀伤(例如驾驶员不可能被杀伤 2 次)。再现任何分支对结果不增加任何的附加概率。可用下法检验杀伤概率总和。例如 $PP+PF+PE+PN=P(P+F+E+N)$,因为 $P+F+E+N=1$ 说明仍与首次打击计算概率 P 相同。有关飞机毁伤概率在二次打击下的附加值,主要取决于那些在首次打击下未被毁伤的致命性部件。很明显只有 N 在二次打击时才有意义。

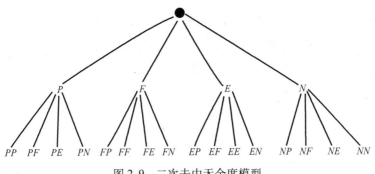

图 2.9　二次击中无余度模型

例:已知 $P_{K/H_P}=0.0133$, $P_{K/H_F}=0.0600$, $P_{K/H_E}=0.1000$

求:首次打击下,飞机毁伤概率及生存概率。

解:$\overline{P}_{K/H}^{(1)}=P_{K/H_P}+P_{K/H_F}+P_{K/H_E}=0.0133+0.0600+0.1000=0.1733$

而飞机的生存概率为

$$\overline{P}_{S/H}^{(1)}=1-0.1733=0.8267$$

扩展至第二次打击则飞机的杀伤概率为

$$\overline{P}_{K/H}^{(2)}=\overline{P}_{K/H}^{(1)}+N(P+F+E)$$

$$=0.1733+0.8267(0.0133+0.0600+0.1000)=0.3166$$

② 余度(冗余)模型如图 2.10 所示。

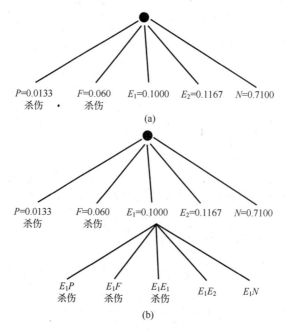

图 2.10 余度(冗余)模型
(a) 冗余模型,首次击中;(b) 冗余模型,二次集中部分。

图 2-10 中 N 为没有无余度部件被杀伤或者余度部件被杀伤(毁伤)的概率。此余度飞机模型的逻辑杀伤表达式为驾驶员、油箱或发动机 1 与发动机 2。因为第一次打击不能杀伤 2 台发动机。在图 2.10(a)中,飞机在第一次打击下的杀伤概率仅仅是无余度致命性部件(驾驶员和油箱)各自的杀伤概率的总和,因此其杀伤概率为

$$\overline{P}_{K/H}^{(1)} = 0.0133 + 0.0600 = 0.0733$$

图 2-10(b)表示发动机 1 在第一次打击下杀伤后,在第二次打击下杀伤事件的概率。这个次序表示在第一次打击下杀伤发动机 1,然后在第二次打击下杀伤驾驶员(0.0133)、油箱(0.0600)或发动机 2(0.1167)所致的附加的飞机杀伤概率。飞机的附加杀伤概率是由无余度致命性部件的杀伤产生的。

由发动机 2 杀伤产生的 5 个分支,以及由 N 产生的 5 个分支,也会影响累积杀伤。因而 2 次打击后,用下式代入有关数据可求 $\overline{P}_{K/H}^{(2)}$

$$\overline{P}_{K/H}^{(2)} = 0.0733 + E_1(P+F+E_2) + E_2(P+F+E_1) + N(P+F) = 0.1646$$

而

$$\overline{P}_{S/H}^{(2)} = 1 - 0.1646 = 0.8354$$

1 台发动机时 $\overline{P}_{S/H}^{(2)} = 0.6834$,而增加 1 台发动机 $\overline{P}_{S/H}^{(2)} = 0.8354$,显然多 1 台发动

机飞机生存力有显著提高。

3. 马尔可夫链法(马氏链法)

假设作用于飞机上的随机打击是一系列相互独立的事件,因而可模型化为马尔可夫过程。过程中将飞机定义为它能以 2 个或更多的状态存在,并且,飞机在第 $j+1$ 个打击下,从第 j 个打击下的非毁伤状态转换为毁伤状态的概率。

考虑飞机在 $1,2,\cdots,j$ 次打击下,存在于一些可能状态中的某个状态的概率的连续过程是依次基于飞机在第 $0,1,2,\cdots,j-1$ 个打击后存在于可能状态中的某个状态的概率,称为马氏链。第 j 个事件后的过程所得结果与事件的顺序是相互独立的。

由驾驶员、燃油箱和 2 台发动机组成的一架飞机,有 5 个不同状态存在。

状态 1:一个或更多的无余度致命件(如驾驶员或燃油箱)被毁伤,导致飞机毁伤,用 K_{nrc} 表示。

状态 2:仅有发动机 1 被毁伤,用 $K_{rc}1$ 表示。

状态 3:仅有发动机 2 被毁伤,用 $K_{rc}2$ 表示。

状态 4:发动机 1 与 2 均被毁伤,导致飞机毁伤,用 K_{rc} 表示。

状态 5:无余度致命件并且无任一发动机被毁伤,记为 nK。

上面的 K_{nrc} 和 K_{rc} 称吸收状态,不可能从这 2 个毁伤状态转化到其他任何 3 个非毁伤状态。

利用表 2.18 定义的余度飞机模型为例进行 $[T]$ 矩阵的计算。矩阵的每个元素代表从列位转到行位状态下的概率。

表 2.18　状态转换矩阵 T 的计算

转换概率(从这个状态①)					到这个状态
K_{nrc}	$K_{rc}1$	$K_{rc}2$	K_{rc}	nK	
27.8709	2.0439	2.0439	0	2.0439	K_{nrc}
0	22.5754	0	0	2.7871	$K_{rc}1$
0	0	23.0459	0	3.2516	$K_{rc}2$
0	3.2516	2.7871	27.8709	0	K_{rc}
0	0	0	0	19.7883	nK

$$T = \frac{1}{27.8709}$$

① 每列的和为 1

飞机以 K_{nrc} 状态转化为 K_{nrc} 状态概率为 1. (27.87/27.87),这是因为 K_{nrc} 是个吸收状态。从 $K_{rc}1$ 状态(发动机 1 毁伤)转化为 K_{nrc} 状态(无余度部件毁伤)的概率是两个无余度部件条件毁伤概率的总和,即 $P+F = (0.3716 + 1.6723)/27.87$。从 $K_{rc}1$ 转化为 $K_{rc}1$ (保持在 $K_{rc}1$)的概率是发动机 1 在飞机受到打击下的毁伤概率 E_1,以及该飞机剩下的其余面积的毁伤概率的总和,即 (2.7871 + 19.7883)/27.87。

从 $K_{rc}1$ 转化为 $K_{rc}2$ 为 0,因为第一台发动机毁伤后,第二台发动机毁伤被定义为状态 K_{rc}。因此,从 $K_{rc}1$ 到 K_{rc} 的状态转化是根据第二台发动机 E_2 杀伤的条件概率等。

将飞机在第 j 次打击后存在 5 个可能状态中每个状态的概率用一个向量 $\boldsymbol{S}^{(j)}$ 表示。

$$\boldsymbol{S}^{(j)} = \begin{Bmatrix} K_{nrc} \\ K_{rc}1 \\ K_{rc}2 \\ K_{rc} \\ nK \end{Bmatrix}^{(j)} \tag{2.37}$$

$\boldsymbol{S}^{(j)}$ 中各元素总和永远为 1,飞机必然存在 5 个状态中的某一个状态。

飞机在第 $j+1$ 次打击后处于 5 个状态中某一个状态的概率为

$$\boldsymbol{S}^{(j+1)} = \boldsymbol{T}\boldsymbol{S}^{(j)} \tag{2.38}$$

上式说明飞机按 $\boldsymbol{T}$ 从 $\boldsymbol{S}^{(j)}$ 转化为 $\boldsymbol{S}^{(j+1)}$。

在上例中,K_{nrc} 及 K_{rc} 规定为毁伤状态。而 n 次打击后飞机毁伤概率为

$$\overline{P}_{K/H}^{(n)} = K_{nrc}^{(n)} + K_{rc}^{(n)} \tag{2.39}$$

式中 $K_{nrc}^{(n)}$,$K_{rc}^{(n)}$ 分别为 n 次打击后飞机处于这 2 个状态的概率。

利用前面数值举例,研究第一次打击。第一次打击前,飞机完全处于 nK 状态。因此由式(2.38)得到

$$\boldsymbol{S}^{(1)} = \boldsymbol{T}\boldsymbol{S}^{(0)} = \boldsymbol{T}\begin{Bmatrix} 0 \\ 0 \\ 0 \\ 0 \\ 1 \end{Bmatrix}$$

$$= \frac{1}{27.8709}\begin{bmatrix} 27.8709 & 2.0439 & 2.0439 & 0 & 2.0439 \\ 0 & 22.5754 & 0 & 0 & 2.7871 \\ 0 & 0 & 23.0459 & 0 & 3.2516 \\ 0 & 3.2516 & 2.7871 & 27.8709 & 0 \\ 0 & 0 & 0 & 0 & 19.7883 \end{bmatrix}\begin{bmatrix} 0 \\ 0 \\ 0 \\ 0 \\ 1 \end{bmatrix} \leftarrow nK$$

$$= \begin{bmatrix} 0.0733 \\ 0.1000 \\ 0.1167 \\ 0 \\ 0.7100 \end{bmatrix} \begin{matrix} \leftarrow K_{nrc} \\ \\ \\ \leftarrow K_{rc} \\ \end{matrix}$$

因此,同前可得

$$\overline{P}_{K/H}^{(1)} = 0.0733$$

第二次打击时,则

$$S^{(2)} = TS^{(1)} = T \begin{Bmatrix} 0.0733 \\ 0.1000 \\ 0.1167 \\ 0 \\ 0.7100 \end{Bmatrix}$$

求得矩阵积为

$$S^{(2)} = \begin{bmatrix} 0.1413 \\ 0.1520 \\ 0.1793 \\ 0.0233 \\ 0.5041 \end{bmatrix} \begin{matrix} \leftarrow K_{nrc} \\ \\ \\ \leftarrow K_{rc} \\ \end{matrix}$$

在此应指出,S 的各种元素之和为 1。这样,向量 $S^{(2)}$ 结果指出驾驶员或燃油箱或者均被毁伤的概率为 14.13%,发动机 1 被毁伤的概率为 15.20%,发动机 2 被毁伤的概率为 17.93%,2 台均被毁伤的概率为 2.33%,非致命件被毁伤的概率为 50.41%,故第二次打击后,由式(2.39)得到

$$\overline{P}_{K/H}^{(2)} = K_{nrc}^{(2)} + K_{rc}^{(2)} = 0.1433 + 0.0233 = 0.1646$$

一般无冗余飞机的打击次数在 20 次以下的毁伤明显略高于有冗余的飞机。简化计算方法如下。

若已知飞机在一次打击下每个致命性部件的杀伤概率 $P_{K/H}$,略去单独部件在任何一次打击下杀伤的相互排斥性。则飞机遭受 n 次打击下毁伤概率的近似式如下。

对冗余部件飞机模型,可用式(2.31),得到在 n 次打击下的飞机生存概率为

$$\overline{P}_{S/H}^{(n)} = (1 - \overline{P}_{K/H_P}^{(n)})(1 - \overline{P}_{K/H_F}^{(n)})(1 - \overline{P}_{K/H_{E1}}^{(n)} \overline{P}_{K/H_{E2}}^{(n)}) \tag{2.40}$$

式中:$\overline{P}_{K/H_P}^{(n)} = 1 - (1 - P_{K/H})^{(n)}$;

$\overline{P}_{K/H_F}^{(n)} = (1 - P_{K/H})^{(n)} \quad \overline{P}_{K/H_F}^{(n)} = 1 - (1 - P_{K/H})^{(n)}$;

$\overline{P}_{K/H_{E1}}^{(n)} \cdot \overline{P}_{K/H_{E2}}^{(n)} = [1 - (1 - P_{K/H_{E1}})^n][1 - (1 - P_{K/H_{E2}})^n]$。

利用本模型所得计算结果,与前面的转换矩阵精确解相比有低也有高。例如对首次打击时的精确解 $\overline{P}_{K/H}^{(1)} = 0.0733$,而近似解 $\overline{P}_{K/H}^{(1)} = 0.0833$。

前面推导出 n 次打击下的累积毁伤概率,对飞机物理尺寸的依赖性很敏感。若 2 架飞机有相同的易损面积但有不同的暴露面积,有较大暴露面积的飞机将显

示出较低的易损性,因为它在 n 次打击下的累积毁伤概率将比有较小暴露面积的飞机低。但是,因为它较大,可能遭受更多的打击,说明它可能会更敏感。对设计的易损性评估和比较,最合理的量度是易损面积,对于无余度飞机,在给定打击下的毁伤概率和易损面积,对每次打击皆为常数。但是,对有冗余致命性部件的飞机并不正确。因为一个或多个余度部件损失概率的增大,一次打击的毁伤概率及其相应的易损面积随每一次打击而变化。为了计算多次打击下的易损面积,对每次打击必须计算一次打击下基于事件的毁伤概率。一般 n 次打击下飞机的生存概率由式(2.35)给出或者

$$\overline{P}_{S/H}^{(n)} = \overline{P}_{S/n}^{(n-1)}(1-P_{K/H}^{(n)}) \tag{2.41}$$

设飞机在前$(n-1)$次打击下生存,则经数学处理后得到

$$P_{K/H}^{(n)} = \frac{\overline{P}_{K/H}^{(n)} - \overline{P}_{K/H}^{(n-1)}}{1 - \overline{P}_{K/H}^{(n-1)}} \tag{2.42}$$

对于第 n 次打击下的易损面积,可利用式(2.42)和式(2.14)进行计算。

$$A_V^{(n)} = A_P \cdot P_{K/H}^{(n)} \tag{2.43}$$

4. 内爆式战斗部对飞机的易损性

大部分制导导弹在击中飞机后,有一个带触发引信的战斗部,会立即或稍迟一点爆炸。其结果会产生飞机内部和外部两种爆炸情况,均伴随着爆炸气体和破片向四周扩散。破片打击路线从炸点的位置以辐射状发散。位于辐射状破片射击线范围内的致命性部件都应评估,有关飞机的易损面积及飞机在给定一个打击下的毁伤概率均需计算。处理这类问题的方法有扩展暴露面积法和点爆炸法。现用图 2.11 说明如下。

① 扩展暴露面积法:飞行员的暴露面积可能是整个座舱,在座舱内爆炸和打击可能杀伤飞行员。

② 点爆炸法:在飞机表露面积之上加格子,假设战斗部爆炸在每个格子中。在每个方格之中包含一个随机的爆炸点,于是飞机的毁伤概率由每一个爆炸点来计算。这个毁伤概率涉及相邻的关键部位的相互位置、内部结构以及非致命性部件提供的阻挡效应。几个有余度的致命性部件可能被一发爆炸物所击毁。为此,必须用到有重叠部件状态的 P_{K/h_0}。

受一个随机打击飞机的毁伤概率 P_{K/H_b},可将每一个爆炸点上飞机毁伤概率相乘得到(用随机的射击击中爆炸点的概率 P_{H_b})。

$$P_{H_b} = A_b/A_p, \quad b = 1,2,\cdots,B$$

其中 B 是爆点或方格的数量,A_b 是每一爆点的周围小方格面积。(应指出尽管在 P_{K/H_b} 之中包括了方格之外的致命性部件,但计算中只用了小方格自己的面积。)飞机遭一个随机打击下的 $P_{K/H}$ 由下式确定。

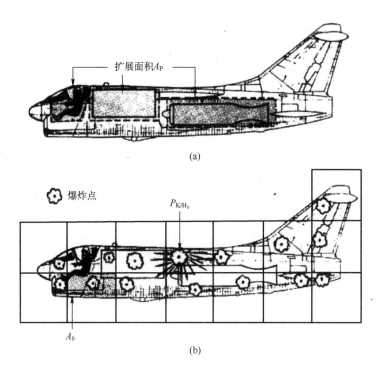

$$P_{K/H_b}$$

$$A_b$$

(b)

图 2.11 内爆式战斗部对飞机的易损性处理方法

（a）扩展暴露面积法；（b）点爆炸法。

$$P_{K/H} = \sum_{b=1}^{B} P_{H_b} P_{K/H_b} = \frac{1}{A_p} \sum_{b=1}^{B} A_b P_{K/H_b} = \frac{1}{A_P} \sum_{b=1}^{B} A_{V_b}$$

其中 A_b 是第 b 个方格的易损面积。

飞机的易损面积为

$$A_V = \sum_{b=1}^{B} A_b P_{K/H_b} = \sum_{b=1}^{B} A_{V_b}$$

说明飞机易损面积是每个单独的方格的易损面积之和。而且此面积一般大于破片打击下的易损面积,但不可能超过飞机的暴露面积。

5. 飞机对外爆炸式的战斗部的易损性

地空、空空导弹的战斗部对飞机目标的交会中,由于受制导精度的影响,常常采用外爆炸毁伤威胁方式。弹目交会图如图 2.12 所示。

爆炸瞬间,爆炸波先于破片,由于前者衰减快于后者,高速破片穿过爆炸波,是对机造成最重要的毁伤原因。脱靶量小时燃烧微粒和爆炸波也可能是重要毁伤原因。常用两步法研究飞机的易损性,一是飞机对爆炸波的易损性,二是飞机对破片等穿透物的易损性。为此均要与弹机之间遭遇条件联系起来。

（1）爆炸

飞机对外爆炸的易损性通常用达到某种毁伤水平的冲击波毁伤等高线(或称

55

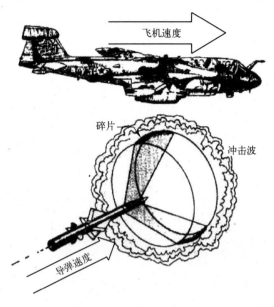

图 2.12　弹、目(水平运动的飞机)交会时爆炸情景

等值包线)来表示。即给出了一定装药量下,使某些飞机损坏的等高线和不同药量在相对于飞机的不同方位上使飞机完全损坏的临界超压和比冲量曲线,说明包线与炸药量遭遇条件等有关。对于外部爆炸时使飞机易损的致命性部件主要是飞机的结构框架和控制面。关键部位的临界毁伤判据可由结构和空气动力分析来推导。

（2）碎片等穿透物的作用

战斗部在飞机附近爆炸时如图 2.13 所示。

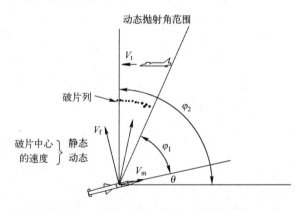

图 2.13　导弹与水平飞行飞机的遭遇图

飞机的全部暴露面积被均匀密度的破片扩散面所击中,破片被假定为沿平行路径运动以随机方式打击飞机。假设飞机的暴露面积 A_p 上的打击次数 n 为

56

$$n=\rho A_{\mathrm{P}} \tag{2.44}$$

式中:ρ——单位面积上的破片平均数量;

φ_1,φ_2——前后缘破片动态弹道线与弹轴间夹角。

在离炸点 r 距离上破片的飞散密度为

$$\rho = \frac{N}{2\pi r^2(\cos\varphi_1 - \cos\varphi_2)} \tag{2.45}$$

式中:N——战斗部的破片总数。

$$\varphi_i = \arctan\left[\frac{V_{\mathrm{m}}\sin\theta + v_{\mathrm{F}}\sin(\theta+\alpha_i)}{V_{\mathrm{m}}\cos\theta + v_{\mathrm{f}}\cos(\theta+\alpha_i) - v_{\mathrm{t}}}\right] - \theta \quad i=1,2 \tag{2.46}$$

式中:v_{t}——目标水平运动速度;

V_{m}——导弹的速度;

θ——导弹的俯仰角;

φ_i——动态抛射角;

v_{F}——战斗部静爆时的平均速度。

α_1,α_2 分别为战斗部的轴与静爆破片扩散的前后缘所成的角($\alpha_1 = 45° \sim 135°$, 由战斗部设计而定),破片到达飞机时的分布密度式中用 $r=R$ 来计算,R 是炸点至飞机(几何中心)的距离。

在 n 次(按式(2.44)计算)打击下飞机的毁伤概率 $P_{\mathrm{K/D}}$ 与一个方向遭 n 个随机打击下的概率 $\overline{P}_{\mathrm{K/H}}^{(n)}$ 类似。

飞机遭受一个爆炸中 n 个独立的随机打击所击毁的概率 $\overline{P}_{\mathrm{K/H}}^{(n)}$ 由式(2.36)求出。

$$\overline{P}_{\mathrm{K/H}}^{(n)} = P_{\mathrm{K/D}} = 1 - \prod_{j=1}^{n}(1 - P_{\mathrm{K/H}}^{(j)})$$

对于 $P_{\mathrm{K/H}}^{(j)}$ 值小时,可用下列近似式表示

$$\prod_{j=1}^{n}(1 - P_{\mathrm{K/H}}^{(j)}) = \exp\left(-\sum_{j=1}^{n}P_{\mathrm{K/H}}^{(j)}\right)$$

进一步

$$\sum_{j=1}^{n}P_{\mathrm{K/H}}^{(j)} = \sum_{j=1}^{n}A_{\mathrm{V}}^{(j)}/A_{\mathrm{P}}$$

再利用式(2.44),则得

$$P_{\mathrm{K/D}} \approx 1 - \exp\left(-\frac{\rho}{n}\sum_{j=1}^{n}A_{\mathrm{V}}^{(j)}\right)$$

令 $A_{\mathrm{V}}^{(j)}$ 对所有的打击均为常数,可进一步简化为

$$P_{\mathrm{K/D}} \approx 1 - \exp(-\rho A_{\mathrm{V}}) \tag{2.47}$$

典型的 $P_{\mathrm{K/D}}$ 函数如图 2.14 所示。

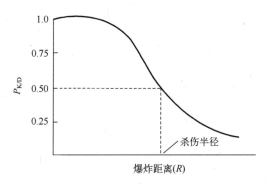

图 2.14　典型的 $P_{K/D}$-R 关系

　　每个 R 对应的 $P_{K/D}$,可能是 n 个在 R 距离上几个不同遭遇条件下 $P_{K/D}$ 的平均值。

2.4　敏　感　性

2.4.1　敏感性定义

　　敏感性是指飞机在完成任务中不能避免被毁伤和被击中的可能性。在遭遇战中飞机的敏感水平主要取决于环境、威胁和飞机。环境是指遭遇发生时的自然环境、威胁部署和活动、飞机飞行的路线和战术。威胁的特征包含威胁的性能、工作情况和杀伤力、飞机可探测的信号、干扰技术、飞机性能和自卫武器以及飞机本身相关的重要参数。总之,导弹击中目标(如直升机、战斗机等)的可能性越大,其敏感性就越高。对敏感性可理解为:被损伤机理命中的概率,即飞行器的敏感性。

　　敏感性包含三大内容:威胁活动性,用攻击飞机的概率 P_A 表示;飞行器的探测、识别及跟踪,用概率 P_{DIT} 表示;导弹发射、制导、威胁传播物飞行,战斗部撞击及爆炸,用击中飞机概率 P_{LGD} 表示。利用概率的乘法定理得到敏感性 $P_H = P_A \cdot P_{DIT} \cdot P_{LGD}$。有了敏感性 P_H 和易损性 $P_{K/H}$ 后,便可求一架飞机被敌对环境的杀伤容易程度,现用 P_K 杀伤概率表示。

　　P_K=杀伤概率=敏感性×易损性=$P_H P_{K/H}$(一次命中后杀伤概率)

　　而飞机的生存能力为 $P_S = 1 - P_K$。

2.4.2　影响敏感性的基本要素

　　有较多不同因素影响敏感性,其中有些确实难于模型化和定量化。为了更好地确认哪些因素、事件或要素是最重要的,哪些是次要的,应通过基本要素分析(EEA)。在 EEA 中,遭遇中时间序列或事件链的评估应详细地分析,从最终不希望出现的事件开始着手分析直至最初的事件。用 EEA 来确定环境中的基本要素与用失效树分析确定易损性的致命性部件相似。它们的分析都是从一件不希望发生的事件开始，然后确定哪些事件能够导致这件不希望发生的事件。

由于 EEA 涉及的学科内容很多，在众多事件和要素中，与战斗部、引信技术有关的内容是：冲击波和破片击中飞机效应；导弹战斗部在杀伤范围内爆炸问题；以及无线电近炸引信探测和识别飞机能力等。详细内容可查阅文献[15]。

2.4.3 敏感性评估

敏感性评估是对一次飞机和威胁的遭遇，一次或多次打击击中飞机的过程发生的事件和要素的顺序进行模型化。有 EEA 确认的重要事件和要素应包含在模型中。通常，事件分成 2 类。第一类是由那些与探测、跟踪、火力控制、导弹发射和制导、撞击弹丸或辐射束的作用有关事件等的组成。这样大量的要素和事件的模型化只能依靠计算机仿真来完成。只有少量的模拟，通常用较简单的评估或计算遭遇的各部分的方程组成。第二评估类型是由那些与近炸引信战斗部的引爆有关的事件和要素组成，其中有导弹和飞机间的终端遭遇的几何尺寸、引爆能力和威力特征量，产生和传播到飞机的毁伤机理。如飞机对冲击毁伤机理的易损性包含在第二类，则称为最终阶段评估分析。

在敏感性量度预测中，一个最重要的量度是导弹、弹丸和辐射束接近飞机特殊位置的最近点（CPA）的量度（脱靶量）。它在导弹外形研制中很重要，因为它影响到飞行性能以及匹配恰当战斗部的容积和质量。脱靶量本质上是一个误差。脱靶量越小，飞机越易被击中。飞机被击中的概率 P_H 取决于脱靶量和飞机在传播物方向上的物理特性参数及尺寸。其他重要的敏感性量度是飞机被探测的概率和伴随跟踪系统的误差。因为探测概率、跟踪误差和干扰器的作用很强烈地依赖于飞机信号的大小，所以确定飞机信号是敏感性评估中的核心部分；信号的大小是重要的敏感性量度。通常，脱靶距离是把目标上的瞄准点作为原点的三维空间坐标(x, y, z)的函数。不过多数评估采用简化的二维空间坐标(x, y)模型，甚至还有用一维坐标(r)的模型。现举例说明脱靶距离的物理和数学特征（图 2.15）。

拦截面是包含了从目标瞄准点到最接近点的脱靶距离矢量的平方，并垂直于传播物路径（相对于静止的飞机）。

在这个示例中，它是指的 x, y 平面。N 次射击与拦截平面相交于 N 个位置处(x, y)。

从飞机目标的瞄准点（坐标原点，常指飞机的质心）到任一个点(x, y)的距离就是那次射击的脱靶距离。

当 N 次射击时，在拦截平面的 x, y 方向，都存何一个(x, y)脱靶距离的平均值及方差。

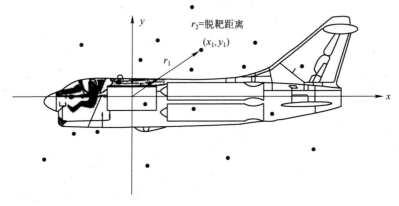

图 2.15 拦截飞机目标

样本的均值为 M_x, M_y。

$$M_x = \frac{1}{N} \sum_{i=1}^{N} x_i$$

$$M_y = \frac{1}{N} \sum_{i=1}^{N} y_i$$

样本方差为 S^2

$$S_x^2 = \frac{1}{N} \sum_{i=1}^{N} (x_i - M_x)^2$$

$$S_y^2 = \frac{1}{N} \sum_{i=1}^{N} (y_i - M_y)^2$$

其中 x_i, y_i 是指第 i 次射击的脱靶距离 x, y 的位置。上述总体和样本参量间有下列关系：

$$均值 \mu(总体) = M(样本)$$

$$方差 \sigma^2(总体) = \left(\frac{N}{N-1}\right) S^2(样本)$$

当 $N \gg 1$ 时,则 $\sigma^2 = S^2$。

假若能按我们的愿望有大量的 N 次实验,在面积 ΔS_i 范围内命中的次数用 Δn_i 表示。此时概率密度可取 $\frac{\Delta n_i}{\Delta S_i N}$ 的极限表示[16]。

如果每个平面里随机误差 (x, y) 分量是独立的,并为正态分布,则概率密度(即脱靶距离的频率分布) $\rho(x, y)$,可用二维正态分布形式来描述弹着点散布的概率密度函数

$$\rho(x, y) = f(x)f(y) = \frac{1}{2\pi\sigma_x\sigma_y} \exp\left(-\frac{(x-\mu_x)^2}{2\sigma_x^2} - \frac{(y-\mu_y)^2}{2\sigma_y^2}\right) \quad (2.48)$$

式中:μ_x,μ_y——x,y方向的均值(数学期望),或散布中心坐标,反映了导弹射击误差中系统误差的大小;

σ_x,σ_y——x,y方向的标准偏差。反映了导弹射击误差中随机误差的大小。

若2个平均值已知,并假设为0,而标准差已知且相等,则上式可简化为

$$\rho(r)=\frac{1}{2\pi\sigma_r^2}\exp\left(\frac{-r^2}{2\sigma_r^2}\right) \tag{2.49}$$

式中:r——从目标瞄准点开始的径向脱靶距离;

σ_r——环形标准偏差,$\sigma_r=\sigma_x=\sigma_y$。

如果有50%的射击落入环形脱靶距离内,则圆概率偏差为

$$CEP=R_{0.5}=\sqrt{2\ln 2}\sigma_r=1.774\sigma_r \tag{2.50}$$

一、总脱靶距离模型

脱靶距离主要取决于威胁系统精确跟踪飞机和制导能力。总的脱靶距离的标准偏差 σ_m 与2个相互独立时的方差有关,表达式为

$$\sigma_m=(\sigma_t^2+\sigma_g^2)^{\frac{1}{2}} \tag{2.51}$$

式中:σ_m——总脱靶距离标准偏差;

σ_t^2——跟踪误差的方差;

σ_g^2——火力控制/制导脱靶距离方差。

假设角度跟踪误差和火力控制/制导误差均为圆形对称,并忽略距离跟踪误差,则总的径向脱靶距离标准偏差 σ_r 为

$$\sigma_m=\sigma_r=(R^2\sigma_a^2+\sigma_g^2)^{\frac{1}{2}} \tag{2.52}$$

式中:σ_a——角度跟踪误差在径向上的标准偏差;

R——至目标距离。

二、传播物(如破片、EFP 等)击中飞机的概率

飞机被传播物击中的概率 P_H 与飞机投影到截击平面上的形状或范围,以及脱靶距离分布函数有关。通常,在拦截面上的范围通过二维函数 $L(x,y)$ 来定义,一个传播物击中这架飞机的概率可用下式积分求得。

$$P_H=\iint_L\rho(x,y)\mathrm{d}x\mathrm{d}y \tag{2.53}$$

若飞机(拦截平面上呈现面积为 A_P)的形状被假定为边长为 x_0,y_0 的"靶盒",即 $A_P=x_0\cdot y_0$。再设瞄准点在盒子中心,P_H 可由下式给出

$$P_H=\int_{-\frac{y_0}{2}}^{\frac{y_0}{2}}\int_{-\frac{x_0}{2}}^{\frac{x_0}{2}}\left(\frac{1}{2\pi\sigma_x\sigma_y}\right)\exp\left(-\frac{(x-\mu_x)^2}{2\sigma_x^2}-\frac{(y-\mu_y)^2}{2\sigma_y^2}\right)\mathrm{d}x\mathrm{d}y \tag{2.54}$$

因上式的近似解析解不存在,但可用数值解。为此,利用高斯或卡尔顿(Carlton)函数来规定飞机的区域。

仅限于当 x,y 定义的位置处在飞机的物理区域内飞机才能被击中,处在飞机边界外的 x,y 对应位置是脱靶。现引入一个击中函数 $H(x,y)$(定义了给定传播物位置 x,y 击中目标的概率),则式(2.53)被改写为

$$P_\mathrm{H} = \int_{-\infty}^{\infty} \int_{-\infty}^{\infty} \rho(x,y)H(x,y)\mathrm{d}x\mathrm{d}y \tag{2.55}$$

其中,

$$\int_{-\infty}^{\infty} \int_{-\infty}^{\infty} H(x,y)\mathrm{d}x\mathrm{d}y = A_\mathrm{P}$$

为了使式(2.53)与式(2.55)相对应,作以下规定:

当 x,y 位于飞机周边内时,$H(x,y)=1$;

当 x,y 位于飞机周边外时,$H(x,y)=0$。

因 $H(x,y)$ 具有特殊形式的分界特性,有时则称为 Cookie-Cutter 击中函数。在卡尔顿方法中 $H(x,y)=1$ 取形式

$$H(x,y) = \exp\left(\frac{-\pi x^2}{x_0^2}\right) \exp\left(\frac{-\pi y^2}{y_0^2}\right) \tag{2.56a}$$

上式参数 x_0 和 y_0 均与飞机暴露面积相关的缩放比例参数,其暴露面积的表达式为

$$A_\mathrm{P} = \int_{-\infty}^{\infty} \int_{-\infty}^{\infty} \exp\left(\frac{-\pi x^2}{x_0^2}\right) \exp\left(\frac{-\pi y^2}{y_0^2}\right) \mathrm{d}x\mathrm{d}y = x_0 y_0 \tag{2.56b}$$

有关给定的方形盒子飞机的大圆径切割和卡尔顿打击函数作为 x(这时 $y=0$)的函数可用图 2.16 表示。

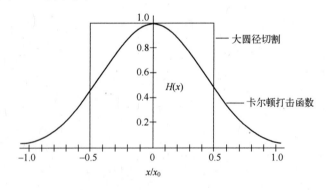

图 2.16 大圆径切割和卡尔顿打击函数

应该指出,卡尔顿打击函数给出的在脱靶量大于飞机尺寸时的打击的概率非零。另外,卡尔顿打击函数消除了大圆径切割打击函数相互排斥的特征。这里清楚表明,用大圆径切割打击函数,飞机要么被传播物击中,要么未被击中;反之,用卡尔顿打击函数,对于一切有限的脱靶距离飞机被击中的概率总是非零值。将式

(2.56a)代入式(2.55),而 $\rho(x,y)$ 用二维正态分布表示,则 P_H 表达式可以积分,利用式(2.56a)积分得到

$$P_H = \frac{A_P}{(2\pi\sigma_x^2 + x_0^2)^{\frac{1}{2}}(2\pi\sigma_y^2 + y_0^2)^{\frac{1}{2}}}\exp\left(-\frac{\pi\mu_x^2}{2\pi\sigma_x^2 + x_0^2} - \frac{\pi\mu_y^2}{2\pi\sigma_y^2 + y_0^2}\right) \qquad (2.57a)$$

假定飞机是正方形,则 $x_0 = y_0$,式(2.57a)可变成

$$P_H = \frac{A_P}{(2\pi\sigma_x^2 + A_P)^{\frac{1}{2}}(2\pi\sigma_y^2 + A_P)^{\frac{1}{2}}}\exp\left(-\frac{\pi\mu_x^2}{2\pi\sigma_x^2 + A_P} - \frac{\pi\mu_y^2}{2\pi\sigma_y^2 + A_P}\right) \qquad (2.57b)$$

若上式中等号右边第二项指数中的自变量的平均值相对小,或标准偏差大或飞机暴露面积非常小,这个指数函数近似等于1,则下式成立

$$P_H = \frac{A_P}{(2\pi\sigma_x^2 + A_P)^{\frac{1}{2}}(2\pi\sigma_y^2 + A_P)^{\frac{1}{2}}}$$

若 $\sigma_x = \sigma_y = \sigma$,则可简化为

$$P_H = \frac{A_P}{2\pi\sigma^2 + A_P}$$

假定脱靶距离分布是关于瞄准点圆形对称情况,那么飞机暴露面积可认为是半径为 r_0 的圆。

对于大圆径切割打击函数,P_H 为

$$P_H = \int_0^{r_0}\int_0^{2\pi}\frac{r}{2\pi\sigma_r^2}\exp\left(-\frac{r^2}{2\sigma_r^2}\right)drd\theta$$

$$= 1 - \exp\left(-\frac{r_0^2}{2\sigma_r^2}\right) = 1 - \exp\left(-\frac{A_P}{2\pi\sigma_r^2}\right) \qquad (2.58)$$

对于圆形卡尔顿打击函数

$$H(r) = \exp\left(-\frac{r^2}{r_0^2}\right)$$

$$A_P = \int_0^{2\pi}\int_0^{\infty}r\exp\left(-\frac{r^2}{r_0^2}\right)drd\theta = \pi r_0^2$$

因此,对于圆形卡尔顿打击函数

$$P_H = \int_0^{2\pi}\int_0^{\infty}\frac{r}{2\pi\sigma_r^2}\exp\left(-\frac{r^2}{2\sigma_r^2} - \frac{r^2}{r_0^2}\right)drd\theta = \frac{A_P}{2\pi\sigma_r^2 + A_P} \qquad (2.59)$$

当 r_0 比 σ_r 小时,大圆径切割和卡尔顿的 P_H 式可简化为

$$P_H \approx \frac{A_P}{2\pi\sigma_r^2}, \text{ 当 } 2\pi\sigma_r^2 \gg A_P \text{ 时。} \qquad (2.60)$$

2.5 目标生存力评估

虽经威胁分析、易损性评估和敏感性评估,尚需对目标(飞机、导弹等)的生存能力作出评估。通常用单发命中的杀伤概率进行评估。影响单发导弹杀伤概率涉及导弹制导精度、引信配合效率、战斗部威力、目标易损性和弹目交汇条件等多种因素。目前常用的算法有:概率密度积分法或解析法;蒙特卡洛法(求毁伤概率的平均值作为导弹的单发杀伤概率)。

单发导弹杀伤目标的概率定义为[15]

$$P_{\text{kss}} = \int_{-\infty}^{\infty} \int_{-\infty}^{\infty} \rho(x,y) P_{\text{F}}(x,y) V(x,y) \mathrm{d}x\mathrm{d}y \qquad (2.61)$$

式中:$\rho(x,y)$——弹道脱靶量分布函数,每个平面里的随机误差分量是独立的,且为正态分布规律;

$P_{\text{F}}(x,y)$——战斗部触发概率;

$V(x,y)$——杀伤函数,飞散破片速度与截击平面交于 x,y 时,引起目标的杀伤概率。

上式需要用解析法或数值积分法才能求解,如果毁伤曲线对所有起爆方向是对称的(即目标易损性在各个方向是一样的),此时,二维规律 $\rho(x,y)$ 可用一维散布 $\rho(r)$ 代替,$V(x,y)$ 可用起爆半径 $V(r)$ 表示。对于有关瞄准点的对称误差距离分布,P_{F} 为常数,而引信截止距$>r_{\text{c}}$ 条件下,应用环形 Cookie-Cutter 杀伤函数,可得

$$P_{\text{kss}} = \left[1-\exp\left(-\frac{r_{\text{c}}^2}{2\sigma_r^2}\right) \right] P_{\text{F}} \qquad (2.62\text{a})$$

若无引信截止范围,对环形卡尔顿杀伤函数可表示为

$$P_{\text{kss}} = \left[-\frac{r_0^2}{2\sigma_r^2+r_0^2} \right] P_{\text{F}} \qquad (2.62\text{b})$$

若引信截止范围,对环形卡尔顿杀伤函数,则

$$P_{\text{kss}} = \frac{r_0^2}{2\sigma_r^2+r_0^2} P_{\text{F}} \left[1-\exp\left(-\frac{2\sigma_r^2+r_0^2}{2\sigma_r^2 r_0^2}\right) r_{\text{c}}^2 \right] \qquad (2.62\text{c})$$

式中:r_0——与战斗部杀伤半径 r_{c} 有关的比例参数,即 $r = r_0 = R_{0.5}$ 时,$P_{\text{K/D}} = 0.5$(见图 2.14),给出 $r_0 = 1.2r_{\text{c}}$;

σ_r——径向脱靶距离标准差。

用简化解析法在一些假设条件下亦可得单发杀伤概率式为

$$P_{\text{kss}} = \int_0^{\infty} \frac{r}{\sigma_r} \exp\left(-\frac{r^2}{2\sigma_r^2} \right) \left[1 - \exp\left(-\frac{r_{\text{w}}^2}{r^2} \right) \right] \mathrm{d}r$$

上述积分可用 Hankel 函数表示

$$P_{kss} = 1 - \frac{\sqrt{2}\,r_w}{\sigma_r} K_1\left(\frac{\sqrt{2}\,r_w}{\sigma_r}\right) \qquad (2.63)$$

式中：$K_1(r)$——一阶 Hankel 函数，由文献【18】以表格形式给出；

$\quad r_w$——战斗部特征半径。

当 $r = r_w$ 时，其杀伤概率 $P_D(r_w) = 0.632$，设 $P_D(r) = 0.5$，则得到 $r_w = 0.8326 r_{0.5}$，在计算中应确保 P_{kss} 不低于 95%，为此要求 $\frac{r_w}{\sigma_r}$ 比值大于等于 3。

参 考 文 献

［1］ Robert H M. Macfadzean. Surface-Based Air Defense System Analysis. Boston：Artech House，1992.

［2］ 刘桐林. 世界导弹大全. 北京：军事科学出版社，1988.

［3］ Marvin E. 巴克曼. 终点弹道学. 李景云，周兰庭，李禄荫，等，译. 北京：国防工业出版社，1981.

［4］ 钱伟长. 穿甲力学. 北京：国防工业出版社，1984.

［5］ 李廷杰. 防空导弹武器系统射击效率. 北京：北京航空学院出版社，1987.

［6］ 刘荫秋，保荣本，田惠民，等. 创伤弹道学概论. 北京：新时代出版社，1985.

［7］ 魏惠之，朱鹤松，汪东晖，等. 弹丸设计理论. 北京：国防工业出版社，1985.

［8］ 周兰庭，王淼勋. 关于创伤的判据. 北京：北京理工大学，1985.

［9］ Kinney，G F，Graham K J. Explosive Shocks in Air. 2nd ed. New York：Springer-Verlag，1986.

［10］ 黄柏桢. 飞航导弹战斗部与引信. 北京：宇航出版社，1995.

［11］ 黄震中. 鱼雷总体设计. 西安：西北工业大学出版社，1987.

［12］ 美国陆军器材. 终点效应设计. 李景云，习春，于骐，译. 北京：国防工业出版社，1988.

［13］ ［美］陆军装备部. 终点弹道学原理. 王维和，李惠昌，译. 北京：国防工业出版社，1988.

［14］ 周兰庭. 火箭战斗部设计理论. 北京：北京工业学院 811 教研室，1975.

［15］ R E Ball. The Fundamentals of Aircraft Combat Survivability Analysis and Design. New York，1985.

［16］ ［苏］ю x 维米舍夫. 导弹制导原理. 科技情报通讯编译室，1975.

［17］ 郭仕贵，张朋军，刘云剑，等. 地雷爆破装备试验技术. 北京：国防工业出版社，2011.

［18］ 张志鸿，周申生. 防空导弹引信与战斗部配合效率和战斗部设计. 北京：宇航出版社，1994.

［19］ Ю В ЧУЕВ，П М МЕЛЬНИКОВ，С И ПЕТУХОВ，Г Ф СТЕПАНОВ，Я Б ШОР. ОСНОВЫЙ ССЛЕДОВАНИЯОПЕРАЦИЙВ ВОЕННОЙ ТЕХНИКЕ. ИЗДАТЕЛЬСТВО《СОВЕТСКОЕ РАДИО》МОСКВА-196.

第3章 新型聚能战斗部

3.1 概　　述

现代主战坦克的武器装备、装甲防护和机动性等有显著的改进和提高。20 世纪 70 年代前,坦克的装甲主要是均质装甲,是靠增加装甲厚度的办法来提高其防护能力,显然会使坦克过重而使机动性降低,因而受到限制。当时破甲战斗部的发展是提高其破甲深度、确保穿透坦克首上装甲后具有一定后效作用,平均破甲水平 $\dfrac{\overline{L}_m}{d_e} = 5.0$ 左右, $\overline{L}_m$ 是平均破甲深度, d_e 是装药口径。装药口径断面至装甲靶间的距离称为炸高,炸高最佳的值 $H_{op} = (2.0-3.0)d_e$[1-3]。

二十世纪六七十年代出现了间隙装甲、"乔巴姆"式复合装甲,且成为主战坦克主要装甲结构形式。复合装甲的结构材料有金属、非金属夹层(见表 3.1)。与等重的均质钢装甲相比,厚度大增,其非金属材料对金属连续射流、断裂射流干扰很大,与均质装甲相比坦克的抗破甲能力大增(见表 3.2),因而使得制式聚能破甲战斗部的破甲能力受到了严重影响而下降。另外,对动能弹的抗弹能力约提高了 2 倍。为了适应坦克目标性能的提高,对聚能破甲战斗部在战术技术方面提出了新的要求,需采用一些新技术、新工艺和新型的高能炸药。为了增大炸高,确保射流的稳定性和准直性,延长射流开始断裂的时间,提出了采用精密炸药装药、精密药型罩和精密装配战斗部等技术。80 年代对精密战斗部技术进行了大量的试验研究,其研究成果得到了广泛应用,使破甲水平大大提高。此时,中大口径聚能破甲战斗部的破甲水平达到 $\dfrac{\overline{L}_m}{d_e} = 8.0$ 左右(实验室试验已达到了 10), $H = (5.0-7.0)d_e$。即使在 $H = (15-20)d_e$ 时,破甲侵彻深度仅下降 30% 左右。

表 3.1　第三代典型坦克采用的复合装甲材料[1,2]

型号	结构材料及厚度/mm	装甲倾角 /(°)	水平厚度 /mm
T-72	厚装甲(80 钢)+非金属夹层(105 玻璃钢)+薄装甲(20 钢)车体上甲板 204 复合/68°,车体前下甲板 80°/60° 两侧甲板 70 加裙板,后部甲板 45	68	500
T-80	复合甲板 400~500,车体前上甲板 200°/22°,车体前下甲板 100°/30°,两侧甲板 60~80 加裙板,后部甲板 30~40,底部甲板 100	68	400~500

型号	结构材料及厚度/mm	装甲倾角/(°)	水平厚度/mm
M1	薄装甲（钢）+混合夹层（尼龙、陶瓷、钛合金）+厚甲板（钢）	68~70	550~600
挑战者	乔巴姆（钢+陶瓷+铝合金+钢）	65	550
豹2	薄装甲（钢）+非金属夹层（陶瓷、板胶）+厚装甲（钢）	68~70	550~600
梅卡瓦	间隔化（钢、陶瓷、板胶）	65	800

表 3.2　装甲抗弹能力

坦克型号	抗破甲弹能力（mm 厚轧制均质钢板）	抗穿甲弹能力（mm 厚均质钢板）
豹2	700	400
挑战者	800	500
M1	750	350
M1A1	1000	400
M1A1（贫铀型）	1300	600
T-72M	900	450
T-80	1060	500
FST-1	1200	550
FST-2	1500	700

　　从表 3.1、表 3.2 提供的装甲结构及抗破甲、穿甲性能数据来看，显然，会给现有国、内外导弹、火箭弹型号的聚能破甲战斗部的破甲能力构成了威胁。特别是在 20 世纪 80 年代初出现了爆炸反应装甲（ERA），成为当代坦克广泛采用的新型特种装甲。以色列入侵黎巴嫩时首先使用了外挂式爆炸反应装甲，以数十辆的代价击毁对方坦克 500 余辆，显示了爆炸反应装甲抗弹防护的有效性。反应装甲是由 2 层薄金属板之间夹入一层钝感炸药而构成，一般三层厚度匹配为 3mm+3mm+3mm，或 5mm+5mm+5mm，将这样形成的单元装于金属盒内（可以放两层反应装甲，亦可倾斜放置），用螺栓将金属盒固定在坦克需要防护的位置。当聚能战斗部的聚能金属射流撞击反应装甲时，钝感炸药层被引爆，利用爆炸引起反应装甲的前板和后板的破坏作用，以及爆轰产物的破坏作用，使射流产生横向干扰效应，破坏了射流的稳定性，使其不能穿透主装甲。从试验得知，一些对均质靶足以有效破甲能力的战斗部，在对带反应装甲的均质靶作用时，其一代反应装甲可使红箭—73 反坦克导弹战斗部的穿深损失 70%，新 40 火箭聚能战斗部的穿深损失 90%，红箭-8 反坦克战斗部的穿深损失 60%，高初速 105mm 破甲弹的穿深损失 35%，说明这种反应装甲对破甲效应战斗部具有 350mm~400mm 穿深的抗弹能力，但对杆式动能穿甲弹无干扰能力。而第二代反应装甲既能抗破甲弹又可防杆式动能穿甲弹，对杆式动能穿甲弹的穿深损失达 16%~67%。显然，复合装甲加反应装甲可对穿、破甲战斗部构成致命的威胁。目前国内外对反应装甲技术正在不断深入研究，我国已有多种结构形式的反应装甲，对抗穿破甲战斗部都有不同程度的干扰效应。

国外的反应装甲及使用情况如表3.3所列。

表 3.3　国外反应装甲及使用状况

国别	型号	反应装甲		坦克安装及状况		
		长×宽×厚	质量/kg	坦克	反应装甲块数/块	质量增加/t
美国	M₁	304mm×304mm×51mm	8.6	M60A3	M1-51	ˋ1
	M₂	304mm×456mm×51mm	12.7		M2-45	
苏联	K-5	250mm×151mm×70mm	—	T-80	111	1.8
	K-1	203mm×102mm×51mm		T-72	200	1~2
				T-64B	<200	1

有关反应装甲的结构、类型和安装方式如图3.1和图3.2[4]所示。

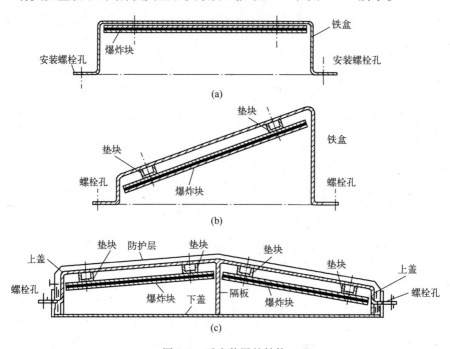

图 3.1　反应装甲的结构

（a）平板型；（b）倾斜型；（c）倒 V 型。

图 3.2　安装在炮塔上的反应装甲

（a）T-64B 坦克炮塔反应装甲；（b）T-80 坦克炮塔反应装甲。

反坦克导弹是近、中程反坦克武器中一种重要武器,能够有效打击复合装甲和反应装甲组合型坦克目标,特别在远的有效射程上它是唯一有效武器,仅需 1 发~2 发导弹便能击毁目标,而直接毁伤破坏坦克是由导弹的战斗部来完成的。目前,世界上共研制了近百种反坦克导弹,第一代战斗部的聚能射流穿透装甲厚度已从400~500mm 提高到 700mm(第二代)。第三代新型破甲战斗部(如串联式聚能装药破甲型),破甲威力有大幅度提高,对均质装甲的静破甲威力穿深可达1300~1400mm。与此同时,正在研发新型的攻击坦克顶部的击顶战斗部,进行直接或越顶攻击技术。国外正在研究 ATGW-3、ATGW-3/MR、ATGW-3/LR 等更先进的反坦克导弹,反甲技术必将随着目标和导弹的发展而发展。

随着精确制导等技术的发展和应用,反坦克导弹正朝着发射后不管方向发展,成为发现即命中的高新技术弹药,如表 3.4 所列。

表 3.4 若干典型反坦克导弹战斗部威力

导弹名称	国别	射程/km	弹重/kg	弹径/mm	静破甲深度/mm	静破甲深度/弹径	制导方式
幼畜	美国	48	210	305	1300	4.26	电视、红外成像激光制导
海尔法	美国	8	36.3	178	1200	6.74	激光半主动
海尔法改	美国	10	—	178	1200	6.74	激光半主动,毫米波
FOG-M	美国	10	45	152	1200	7.89	电视红外成像/光纤传输
玻利菲姆	德、法	10	75	180	1200	6.67	电视/光纤传输
沃斯普	美国	20	61.4	205	1200	5.85	主动毫米波雷达制导
蜂蛇	以色列	8	50	170	1200	7.06	电视/无线电传输
火舌	以色列	26	—	170	1200	7.06	激光半主动
斯派勒尔	俄罗斯	8	—	135	1000	7.41	激光半主动/主动毫米波
阿达茨	美、瑞士	8	51	152	1100	7.24	激光驾束/指令
铜斑蛇	美国	20	62	155	1100	7.10	激光半主动

3.2 金属聚能射流形成理论与主要参数的计算

3.2.1 Birkhoff 等的定常理论

Birkhoff 等人(1948 年)首次系统地阐述聚能装药射流形成理论[5,7,11]。

该理论建立的基本假设:药型罩在爆炸载荷作用下,因爆压远大于罩材强度,故罩材强度可不计,将罩材视作无黏、不可压流体,认为是稳定压力模型;药型罩各处的压合速度 v_0 大小相同,但方向不同;罩在变形过程中其母线长度保持不变。

形成金属射流的临界条件:聚能装药起爆后,在爆炸载荷作用下,罩壁受压闭合。罩壁在动坐标中以相对速度(应小于罩材声速)流向撞击点,击后分成两股流,向相反方向流动,一股为杵体,另一股形成高速射流。一般罩壁在轴线碰撞时,碰撞点压力大于 10 倍罩材动屈服极限时,才能形成射流,并作流体处理。

根据上述 Birkhoff 等人假设条件如图 3.3 所示压合过程的几何图形,金属射流的主要参数方程

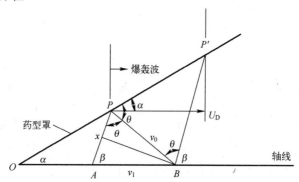

图 3.3 压合过程的几何图形

$$v_j = \frac{D_e}{\cos\alpha}\sin\,(\beta-\alpha)\left[\csc\beta+\cot\beta+\tan\left(\frac{\beta-\alpha}{2}\right)\right] \tag{3.1}$$

$$v_s = \frac{D_e}{\cos\alpha}\sin\,(\beta-\alpha)\left[\csc\beta-\cot\beta-\tan\left(\frac{\beta-\alpha}{2}\right)\right] \tag{3.2}$$

式中:v_j,v_s——射流和杆体的速度;

$D_e = U_D$——炸药爆速;

α——锥角的半角,锥角 = 2α;

β——压垮(压合)角。

按质量守恒和锥轴上动量守恒原理得到

$$m = m_j + m_s \tag{3.3}$$

$$m_j = \frac{1}{2}m(1-\cos\beta) \tag{3.4}$$

$$m_s = \frac{1}{2}m(1+\cos\beta) \tag{3.5}$$

式中:m_j——形成射流的药型罩质量;

m_s——形成杵体的药型罩质量;

m——单位长度药型罩质量。

由式(3.1)、式(3.2)可知,当 α 减小时,β 也减小,但 v_j 增加。

当 $\alpha \to 0$ 时,v_j 接近最大,$v_j = D_e\left[1+\cos\beta+\tan\left(\frac{\beta}{2}\right)\right]$。而当 $\alpha \to 0$ 和 $\beta \to 0$ 时,则 $v_j = 2D_e$。由此说明射流速度不可能超过 2 倍爆轰速度值。另外,当 $\alpha \to \beta \to 0$ 时,$v_s \to 0$。应该注意,当 $\alpha \to 0$ 时,药型罩接近一个圆筒形。圆筒形药型罩能够产生

低质量、高速射流。

一种特殊情况是,假设爆轰波阵面的运动方向垂直于锥形罩表面移动,此时爆轰波将同时冲击所有药型罩表面,这时 $\beta = \alpha$,则射流和杆体速度分别为

$$v_{\mathrm{j}} = \frac{v_0}{\sin \alpha}(1 + \cos \alpha) \, , \ v_{\mathrm{s}} = \frac{v_0}{\sin \alpha}(1 - \cos \alpha)$$

式中:v_0——罩壁压垮速度。

本稳态模型可用来预测锥形药型罩(或楔形药型罩)的定常射流和杆体的速度,以及其射流质量和杆体质量。

3.2.2 PER 准定常理论

PER 理论是由 Pugh、Eichelberger 和 Rostoke (1952) 3 位学者对 Birkhoff 等人稳态理论进行修正、改进、提出的一个非稳态射流形成理论。本理论假设锥形(或楔形)罩壁的压合速度是从罩顶至罩底逐渐变化而降低的。图 3.4 表示压垮速度为变量时药型罩压合过程,显示了速度变化效应。随着 β 增加,射流速度降低。QNJ 为直线,β^+ 为定常压合角。β 压合(压垮)角大于 β^+。

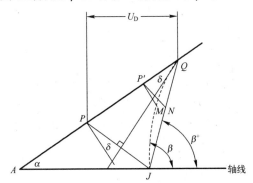

图 3.4　压垮速度为变量时药型罩的压合过程

用图 3.5 来描述药型罩微元压合速度矢量。

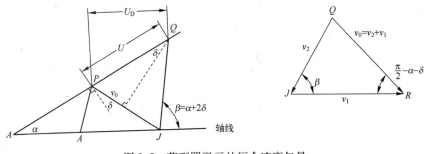

图 3.5　药型罩微元的压合速度矢量

71

图中表示罩微元压垮速度运动方向不是垂直于罩表面,而是偏离法线一个小的 δ 角(称泰勒角)直线方向运动。

$$\sin\delta=\frac{v_0}{2U} \quad \text{或} \quad \delta=\arcsin\left(\frac{v_0}{2U}\right) \tag{3.6}$$

另外,QJ 平行 $\overline{PA}$,$QJ=\overline{PQ}=U$,$U=U_D/\cos\alpha$。

PER 理论提供的射流主要参数方程为

$$v_j=v_0\csc\frac{\beta}{2}\cos\left(\alpha+\delta-\frac{\beta}{2}\right) \tag{3.7}$$

$$v_s=v_0\sec\frac{\beta}{2}\sin\left(\alpha+\delta-\frac{\beta}{2}\right) \tag{3.8}$$

当 $\beta=\beta^+=\alpha+2\delta$ 时,这些公式与 Birkhoff 等人提供的射流和杆体速度公式完全一致。将泰勒方程式代入得

$$v_j=v_0\csc\frac{\beta}{2}\cos\left(\alpha-\frac{\beta}{2}+\sin^{-1}\frac{v_0}{2U}\right) \tag{3.9}$$

$$v_s=v_0\sec\frac{\beta}{2}\sin\left(\alpha-\frac{\beta}{2}+\sin^{-1}\frac{v_0}{2U}\right) \tag{3.10}$$

上述方程对 v_0 是常数或 v_0 是变数都是正确的。

利用质量守恒和罩轴线上动量守恒定律得到[5-7]

$$\mathrm{d}m=\mathrm{d}m_j+\mathrm{d}m_s$$

$$\frac{\mathrm{d}m_j}{\mathrm{d}m}=\sin^2\frac{\beta}{2} \tag{3.11}$$

$$\frac{\mathrm{d}m_s}{\mathrm{d}m}=\cos^2\frac{\beta}{2} \tag{3.12}$$

式(3.11)、式(3.12)与定常理论式(3.4)、式(3.5)是等同的。所不同的是方程(3.9)~方程(3.12)描述了锥形药型罩各微元的速度和质量的分配,并与锥顶角 2α、爆速 $D_e=U_D=U\cos\alpha$ 以及压合角 β 和压合速度 v_0 有关。其 β 和 v_0 将随不同罩微元而改变。所以 β 值的计算较麻烦。

处理实际工程问题时,是将药型罩以及对应的炸药装药划分成若干微元(环形的),只要求在微元内满足定常条件,上述公式均可适用,而各微元之间允许 v_0、β、δ 等参数可变。此法定义为"准定常方法"。

根据聚能效应理论专著可知,利用图 3.6 中的 M 的柱面坐标 (r,z)(见图 3.6),P' 的坐标 $(x\tan\alpha,x)$,运用爆轰波对锥罩的作用时间,列出 z,r 方程,并计算 $r=0$ 处的 $\frac{\partial r}{\partial z}$ 的斜率是 $\tan\beta$。再利用泰勒关系式,便可确定压垮角 β[5,8,9]。

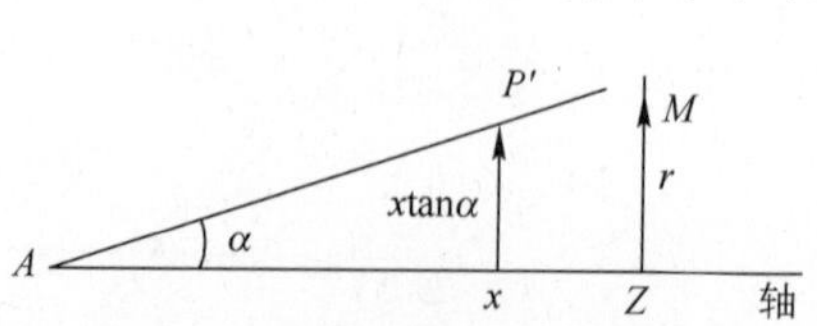

图 3.6 罩微元的坐标方向图

$$\tan\beta = \frac{\sin\alpha + 2\sin\delta\cos(\alpha+\delta) - x\sin\alpha[1-\tan(\alpha+\delta)\tan\delta]\dfrac{v_0'}{v_0}}{\cos\alpha - 2\sin\delta\sin(\alpha+\delta) + x\sin\alpha[\tan(\alpha+\delta)+\tan\delta]\dfrac{v_0'}{v_0}} \tag{3.13}$$

因为 $2\delta = \beta^+ - \alpha$,可进一步简化

$$\tan\beta = \frac{\sin\beta^+ - x\sin\alpha[1-\tan(\alpha+\delta)\tan\delta]\dfrac{v_0'}{v_0}}{\cos\beta^+ + x\sin\alpha[\tan(\alpha+\delta)+\tan\delta]\dfrac{v_0'}{v_0}} \tag{3.14}$$

其中 v_0' 是 v_0 对 x 的偏导数。对锥顶角 2α 不大的药型罩,其压合速度从罩顶至罩底逐渐减小,所以 $v_0' < 0$,而 β 大于 β^+。

关于 v_0、v_j、v_s、m_j、m_s、δ 和 β 7 个未知数,PER 理论仅提供了 6 个方程。为求解 7 个未知数,还需引入一个新的方程。若罩微元压合速度能求,则其他参数可按有关方程求解。

一、压合速度 v_0

压合速度 v_0 的确定,目前有一些近似理论方法,如有效装药绝热压缩法、平板抛射法、给定压强系数法等。下面提供其结论公式。

有效装药绝热压缩法模型[6]:本法主要应用瞬时爆轰、有效装药、运动方程等概念和原理,利用泰勒角(或变形角)= 0,罩微元 i 的压合速度为

$$v_{0i} = \frac{D_e}{2}\sqrt{\frac{1}{2} \cdot \frac{t_{ei}\rho_e}{t_i\rho_j}\left[1-\left(\frac{t_{ei}}{t_{ei}+h_i}\right)^2\right]} \tag{3.15}$$

式中:v_{0i}——罩 i 微元压至对称轴的速度;

t_{ei}——i 微元的有效装药厚度;

ρ_e——装药密度;

t_i——i 微元药型罩厚度;

ρ_j——罩材密度;

h_i——罩 i 微元闭合到轴线的距离;

D_e——炸药爆速。

当泰勒角 $\delta \neq 0$ 时

$$v_{0i} = \frac{D_e}{2}\sqrt{\frac{1}{2} \cdot \frac{t_{ei}\rho_e}{t_i\rho_j}\left[1-\left(\frac{t_i\cos\dfrac{\beta_i+\alpha}{2}}{l_{mi}\sin\alpha + t_{ei}\cos\dfrac{\beta_i+\alpha}{2}}\right)^2\right]} \tag{3.16}$$

式中:l_{mi}——i 微元的罩母线长度。

圆管和平板抛射模型如图 3.7 所示。

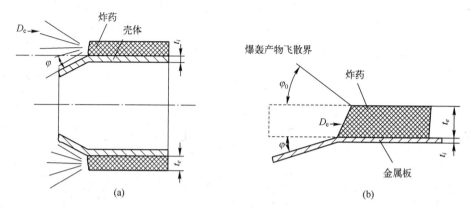

图 3.7　圆管和平板模型

(a) 圆管模型;(b) 平板模型。

2 种模型均为近似确定圆管或平板在爆炸载荷作用下,建立变形$\left(\dfrac{\phi}{2}\right)$角模型来等同药型罩的压合时的偏转角 δ。应用泰勒模型 $v_0 = 2U_e \sin\dfrac{\phi}{2}$ 便可求压垮速度 v_0。圆管模型形式 $\dfrac{1}{2\delta} = \dfrac{1}{\phi_0} + k\rho_j\left(\dfrac{t_i}{t_e}\right)$,其中 ϕ_0、k 与所用炸药类型和爆轰波在罩面的入射角(i_0)而定的经验常数。φ_0 是爆轰产物的飞散角,δ 是药型罩变形角。一般取 $k = 0.25\text{cm}^3/\text{g}$,$\varphi_0 = 23°$。另外比值 $\dfrac{t_i}{t_e}$ 也可以用 $\dfrac{A_i}{A_e}$ 表示,A_i 和 A_e 分别为药型罩和装药的横截面积。在确定 δ 角后,再利用式(3.6)和由一维轴向爆轰所得关系式 $U = \dfrac{D_e}{\cos\alpha}$ 即可求 v_0(或 v_{0i})。

v_0(或 v_{0i})在压合过程中,因罩材体积不可压缩,从而引起罩微元压合历程中罩内表面压合速度大于该微元的平均压合速度,为此应修正。

在 PER 模型中假设罩微元被瞬时加速到轴线上,如图 3.8(a)所示。Eichel-berger(1955 年)提出在有限时间内罩的加速度是个常数的修正意见如图 3.8(b)所示。

G. Randers-Pehrson(1977)提出了新的 δ 计算公式,他们认为罩在爆压作用下是理想不可压流体;加速方向总是垂直金属变形表面;罩厚可忽略,按此假设建立了以指数形式给出的药型罩速度变化过程(见图 3.8(c))。

图 3.8 中,$t_0 = t_0(x)$ 是爆轰波扫过罩上 x 处微元时间,τ 是加速特性时间常数,v_0 表示最大压垮速度。Chou 等人(1981)在 Randers-Pehrson 的假设条件下,导出了 δ 角的解析计算式。

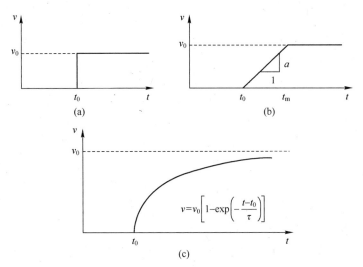

图 3.8　药型罩的加速历程

（a）瞬时加速;（b）恒定加速;（c）指数加速(周和费利斯,1986)。

$$\delta = \frac{v_0}{2U} - \frac{1}{2}\tau v_0' + \frac{1}{4}\tau' v_0 \tag{3.17}$$

式中 v_0'、τ' 表示关于拉格朗罩坐标 x 的微分,表明 δ 角不仅与 v_0,U,τ,v_0' 有关,而且还与 τ' 有关。显示压垮速度梯度 v_0' 和加速延滞过程 τ' 对 δ 角的影响。

二、压合角

由式(3.14)可知,对于某一微元(i)来说,其 $\left(\dfrac{\partial v_0}{\partial x}\right) \neq 0$ 可直接推得 β

$$\tan\beta_i = \frac{\sin(\alpha+2\delta_i) - x_i\sin\alpha[1 - \tan\delta_i\,\mathrm{tg}(\alpha+\delta_i)]\dfrac{v_0'}{v_0}}{\cos(\alpha+2\delta_i) + x_i\sin\alpha[\tan\delta_i + \tan(\alpha+\delta_i)]\dfrac{v_0'}{v_0}} \tag{3.18}$$

式中 v_0' 是罩微元在运动前 v_0 对 x 的导数。本式是在一定假设前提下导出的理论公式,计算结果与实验值相比,必然会有误差。

下面介绍适用锥形罩的一个实用经验式。

$$\beta_i = \mathrm{e}^t \tag{3.19}$$

式中:t——指数,对有隔板取 $t_{有}$,对无隔板取 $t_{无}$。

当有隔板时:

$t_{有} = -0.0352\alpha(\lambda-0.28)^2 + 0.026\alpha + 2.465(\lambda-0.152)^2 + 3.08$,$(40° \leqslant 2\alpha \leqslant 80°)$

当无隔板时:

$t_{无} = -0.1\alpha(\lambda-0.228)^2 + 0.029\alpha + 4.49(\lambda-0.16)^2 + 2.83$,$(32° \leqslant 2\alpha \leqslant 80°)$

$$\tag{3.20}$$

式中:α——金属罩半锥角(°);

  λ——药型罩微元所在位置的相对值,$\lambda = \dfrac{x_i}{H} = \dfrac{l_i}{l_m}$,其中 H 为罩锥高,x_i 为罩微

    元至罩顶的距离,l_m 罩母线长,l_i 罩微元长。

三、射流微元的初始参数[5,9,10]

当罩微元在中心轴压合挤出射流微元后,射流微元将沿轴线方向自由运动。每个射流微元形成的时刻、位置都不相同;另外速度分别不均,存在速度梯度,导致运动射流的相对伸长。为了计算整个金属射流,必须首先确定射流微元的一些初始参量。首先建立坐标系,定义为

t——时间坐标,从起爆开始时刻计算。

x——任一罩点(或质点)的初始位置,又称为物质坐标,如图 3.9(b)所示。

$\xi_0(x)$,$t_0(x)$——罩点 x 聚合于轴线并成为射流的初始位置和相应的时刻。称为罩点 x 的聚合坐标。

$\xi(x_1,t)$——罩点 x 形成射流后,在任一时刻($t > t_0(x)$)的运动位置。显然 $\xi(x,t_0(x)) = \xi_0(x)$。

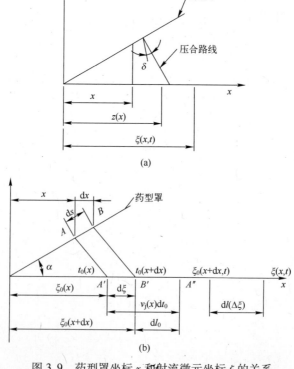

(a)

(b)

图 3.9　药型罩坐标 x 和射流微元坐标 ξ 的关系
(a) 罩点的聚合位置;(b) 药型罩坐标与射流坐标之间的关系。

1. 罩点的聚合坐标 $\xi_0(x)$, $t_0(x)$

图 3.9(a)中坐标 x 为轴向药型罩微元位置,坐标 ξ 为射流位置,即爆轰波经罩顶后,罩微元任一时刻 t 射流微元的位置为

$$\xi(x,t) = Z(x) + (t-t_0)v_j(x) \tag{3.21}$$

式中:t_0——坐标为 x 的药型罩微元刚好达到轴线上的时间,$t_0 = T(x) + T^*(x)$,

$\quad\quad T(x)$ 是爆轰波经罩顶到达 x 处罩微元的时间;$T^*(x)$ 为罩微元从罩上运动至轴线所经历的时间;

$\quad Z(x)$——射流形成位置;

$\quad v_j(x)$——射流速度,是药型罩位置的函数;

$\quad\quad \xi$——药型罩位置和时间的函数。

应注意,在反向速度梯度区域外,具有较小的 x 值的药型罩微元总是出现在具有较大 x 值的微元前面,如用增量表示,则应变率为

$$E(x,t) = \lim_{x_2 \to x_1} \frac{\Delta\xi - \Delta\xi_0}{\Delta\xi_0} = \lim_{x_2 \to x_1} \frac{\xi(x_2,t) - \xi(x_1,t)}{\xi(x_2,t_0) - \xi(x_1,t_0)} = \left[\frac{\dfrac{\partial\xi}{\partial x}(x_1,t)}{\dfrac{\partial\xi}{\partial x}(x_1,t_0)}\right] - 1$$

在这个极限中 $t_0 = T(x_1) + T^*(x_1)$。所以,对任何一个 x,都可写成

$$E(x,t) = \left[\frac{\dfrac{\partial\xi}{\partial x}(x,t)}{\dfrac{\partial\xi}{\partial x}(x,t_0)}\right] - 1 \tag{3.22}$$

$$T(x) = \frac{x}{U_D} = \frac{x}{D_e}$$

$$T^*(x) = \frac{x\tan\alpha}{v_0\cos(\alpha+\delta)}$$

$\dfrac{\partial\xi}{\partial x}$ 可通过对式(3.21)求偏微分得到

$$E(x,t) = \frac{\left[t - T(x) - T^*(x)\right]v_j'}{Z'(x) - \left[T'(x) + T^{*'}(x)\right]v_j} \tag{3.23}$$

2. 射流微元的初始长度 $\mathrm{d}l_0(x)$

在图 3.9 的罩上取邻近 2 点 A、B,对应的罩微元 AB 起始母线长为 $\mathrm{d}s$。爆轰波首先作用于 A 点,提前聚合于 A',并以速度 $v_j(x)$ 向前运动,待 B 点聚合于 B' 时,已领先一段距离至 A'' 处,则 $\overline{A''B'}$ 即为射流微元的初始长度 $\mathrm{d}l_0(x)$。而相邻点的聚合时间差为 $\mathrm{d}t_0(x) = t_0(x+\mathrm{d}x) - t_0(x) = t_0'(x)\mathrm{d}x_0$,聚合位置的微分是 $\mathrm{d}\xi_0(x) = \xi_0'(x)\mathrm{d}x$,则射流微元的初始长为

$$\mathrm{d}l_0(x) = v_j(x)\mathrm{d}t_0(x) - \mathrm{d}\xi_0(x) = (v_j t_0' - \xi')\mathrm{d}x \tag{3.24}$$

利用微分原理上式可简化为

$$dl_0(x) = l_0'(x)dx$$
$$l_0' = v_j t_0' - \xi_0'$$

（3.25）

上面的 $t_0'(x)$ 及 $\xi_0'(x)$ 可用下列方程式求导获得

$$\xi_0(x) = x + r(x)\tan(\alpha+\delta)$$

$$t_0'(x) = \frac{r(x)}{\cos(\alpha+\delta)v_0} + \tau_0(x)$$

其中 $\tau_0(x)$ 时刻指罩开始受爆轰波作用并压垮，以压合速度 $\bar{v}_0(x)$ 聚于轴点 A' 处。对应轴的位置为 $\xi_0'(x)$：

$$\left.\begin{array}{l} \xi_0'(x) = 1 + r'\tan(\alpha+\delta) + r\sec^2(\alpha+\delta)(\alpha+\delta)' \\[2mm] t_0'(x) = \tau_0'(x) + \dfrac{r'}{\cos(\alpha+\delta)v_0} - \dfrac{rv_0'}{\cos(\alpha+\delta)v_0^2} + \dfrac{r\tan(\alpha+\delta)}{\cos(\alpha+\delta)v_0}(\alpha+\delta)' \end{array}\right\}$$

（3.26）

其中 τ_0' 及 $(\alpha+\delta)'$ 要根据具体装药结构来确定。对有厚板的聚能装药，可按文献[10]提供的公式求解 r'、t_0'、α' 和 δ'。

3. 射流微元的初始速度梯度 $\gamma_0(x)$

射流按一维运动时，其头部速度高、尾部低，存在速度梯度。按下式定义为

$$\dot{\gamma}_0(x) = \frac{v_j(x) - v_j(x+dx)}{dl_0} = -\frac{dv_j}{dl_0}$$

（3.27）

引入式（3.24）的结果得到

$$\gamma_0(x) = \frac{v_j'}{v_j' t_0 - \xi_0'}$$

（3.28）

v_j' 可按式（3.7）求导而得

$$v_j'(x) = \frac{v_0'}{\sin\left(\dfrac{\beta_0}{2}\right)}\cos\left(\alpha+\delta-\frac{\beta_0}{2}\right) - \frac{v_0\cot\left(\dfrac{\beta_0}{2}\right)}{\sin\left(\dfrac{\beta_0}{2}\right)}\cos\left(\alpha+\delta-\frac{\beta_0}{2}\right)\left(\frac{\beta_0}{2}\right)'$$

$$+ \frac{v_0}{\sin\left(\dfrac{\beta_0}{2}\right)}\sin\left(\alpha+\delta-\frac{\beta_0}{2}\right)\left(\alpha+\delta-\frac{\beta_0}{2}\right)'$$

（3.29）

有关 α'，δ' 可根据几何关系及泰勒公式求得，而 $(\beta_0)'$ 可用 β_i 式求导得到。当计算所得 γ_0 值为正，表示射流头部速度高，运动的射流微元将伸长；反之则缩短。按速度梯度的定义，可求射流微元长度

$$dl_0(x) = -\frac{v_j'}{\gamma_0(x)}dx$$

（3.30）

PER 理论表明，射流从头至尾的速度单调地减少。相对初始微元位置而言，射流速度梯度是负值，而相对射流微元位置则为正值。罩顶附近的微元在未达到

78

最终压合速度前便在轴线上碰撞了,从而造成射流速度的减小,以致射流速度梯度相对罩位置变成正值,称为反向射流速度梯度。在罩顶区域,每个射流微元都较前一个微元具有更高的速度,因而造成射流质量堆积,形成射流头部。

4. 射流微元的半径 r_j 和杆体半径 r_s

假设射流微元为圆形截面,而流动为定常不可压缩(密度为常数)状态,则 x 处环形罩微元的质量为

$$dm = 2\pi\rho_j t_i x \tan\alpha \frac{dx}{\cos\alpha}$$

而原始锥形罩单位长度上射流微元的质量为

$$\frac{dm}{dx} = 2\pi\rho_j t_i x \frac{\tan\alpha}{\cos\alpha} = \frac{2\pi\rho_j t_i r_{li}}{\cos\alpha}$$

式中:r_{li}——罩微元的半径。

由射流微元的质量可知

$$\frac{dm_j}{dm} = \frac{\dfrac{dm_j}{dx}}{\dfrac{dm}{dx}} = \sin^2\frac{\beta}{2}$$

所以

$$\frac{dm_j}{dx} = \frac{dm}{dx} \cdot \frac{dm_j}{dm} = \frac{2\pi\rho_j t_i x \tan\alpha}{\cos\alpha}\sin^2\frac{\beta}{2} = \frac{2\pi\rho_j t_i r_{li}}{\cos\alpha}\sin^2\frac{\beta}{2}$$

而射流微元长 $d\xi$ 的质量为

$$dm_j = \pi r_j^2 \rho_j d\xi, \text{ 或 } \quad \frac{dm_j}{dx} = \pi\rho_j r_j^2 \left|\frac{\partial\xi}{\partial x}\right|$$

这里 $\dfrac{d\xi}{dx}$ 取绝对值是因为 $d\xi$ 和 dx 的方向相反,则得射流微元的半径为

$$r_j = \left[\frac{2t_i x \tan\alpha}{\cos\alpha} \cdot \frac{\sin^2\left(\dfrac{\beta}{2}\right)}{\left|\dfrac{\partial\xi}{\partial x}\right|}\right]^{\frac{1}{2}} \tag{3.31}$$

下面介绍预估射流半径和杆体半径的经验公式。

$$r_j = \sin\alpha \frac{\sqrt{t_i r_1}}{\varphi_{\alpha 1}} \tag{3.31a}$$

$$r_s = \cos^2\alpha\sqrt{2t_1 r_1} \tag{3.31b}$$

式中:r_j——射流半径(mm);

α——罩半锥角(°);

$\bar{t}_i$——罩平均壁厚(mm);

r_1——罩口部外半径(mm);

$\varphi_{\alpha1}$——罩材和罩锥角的函数,对连续射流 $\varphi_{\alpha1}=2\sim3$;对非连续射流 $\varphi_{\alpha1}=1$。

5. 初始金属射流

初步工程设计时在罩母线上划分20个~30个微元,当最后一个罩微元汇聚轴线时,则全部金属射流形成完毕。通过各射流微元的计算,即得到整个初始参量及其分布。因为射流内有内聚力和射流速度梯度,所以影响着对各射流微元的运动。现假定射流自由运动中其质点间无互相影响,各自按 $v_j(x)$ 做惯性运动。

对射流长度的计算,应考虑射流形成拉伸过程中头部速度高、尾部速度低的特点。为了确保计算精度,这里采用求射流微元的方法。将所求射流微元的长度 Δl_{ji} 相加,便得到射流的总长 l_j。

1)根据装药结构,确定有效装药[6,10-12]。

假设炸药瞬时爆轰,稀疏波沿装药表面的内法线方向向产物内部传播;产物以稀疏波的初始交界面为刚性边界作定向膨胀,以此确定有效装药量。罩的压垮闭合是有效装药作用的结果。常用装药剖面图的各个角平分线来确定有效装药,如图3.10所示。

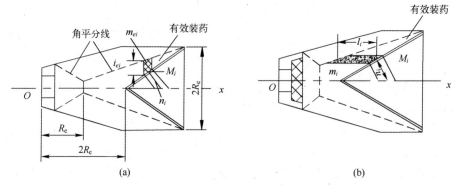

图 3.10 有效装药确定图

(a)无隔板药柱;(b)有隔板药柱。

药型罩微元的压垮速度,可通过其运动方程求解

$$M_i \frac{\mathrm{d}v_{0i}}{\mathrm{d}t}=S_i P_i$$

炸药爆轰产物的状态方程为

$$P_i=\bar{P}_{\mathrm{H}}\left(\frac{l_i}{l_i+n_i}\right)^3=\frac{1}{8}\rho_e D_e^2\left(\frac{l_i}{l_i+n_i}\right)^3$$

式中:M_i——药型罩 i 微元质量;

v_{0i}——药型罩 i 微元的压合变形瞬时速度;

S_i——药型罩 i 微元的受压作用面积;

l_i——作用于罩 i 微元的有效装药高度(由计算图中直接量得);

n_i——罩 i 微元运动至对称轴所走的距离(由图中量得);

m_i——作用于 i 微元药型罩上的有效炸药质量 $m_i = S_i l_i \rho_e$;

ρ_e——炸药的密度;

p_i——瞬时爆轰时,作用于药型罩微元爆炸产物的瞬时压力;

$\overline{P}_H$——瞬时爆轰时爆炸产物的初始压力,$\overline{P}_H = \dfrac{1}{2} \cdot \dfrac{1}{4}\rho_e D_e^2 = \dfrac{1}{8}\rho_e D_e^2$,其中 D_e

是炸药的爆速。

将上述 2 个方程适当处理后得到

$$
\begin{cases}
v_{0i} = \dfrac{D_e}{2}\sqrt{\dfrac{1}{2}\left(\dfrac{m_i}{M_i}\right)\left[1 - \dfrac{1}{\left(1 + \dfrac{n_i}{l_i}\right)^2}\right]} = \dfrac{D_e}{2}\sqrt{\dfrac{1}{2}\left(\dfrac{l_i\rho_e}{\delta_M\rho_M}\right)\left[1 - \dfrac{1}{\left(1 + \dfrac{n_i}{l_i}\right)^2}\right]} \\
m_i = S_i l_i \rho_e \\
M_i = S_i \delta_M \rho_M
\end{cases}
\tag{3.32}
$$

其中,S_i、l_i 和 ρ_e 分别为药型罩 i 微元上的有效装药面积、高度和炸药密度;S_i、δ_M(即 t_i)和 ρ_M 分别表示药型罩 i 微元上罩的承载面积,罩的厚度和其密度。

2) 药型罩 i 微元形成的射流速度 v_{ji}。

将 v_{0i} 压垮速度代入式(3.7)或式(3.9)可求得药型罩 i 微元形成的射流速度 v_{ji}

$$
v_{ji} = \dfrac{1}{\sin\dfrac{\beta_i}{2}} \cdot \dfrac{D_e}{2}\sqrt{\dfrac{1}{2}\left(\dfrac{l_i\rho_e}{\delta_M\rho_M}\right)\left[1 - \dfrac{1}{\left(1 + \dfrac{n_i}{l_i}\right)^2}\right]}
$$

在罩顶部 $\dfrac{m_i}{M_i}$ 比值大,而 n_i 小,v_{0i} 加速时间短。在罩口附近 $\dfrac{m_i}{M_i}$ 比值小,但 n_i 大,故罩的两端射流速度小,中间部位射流速度大。在罩口部边缘附近因稀疏波的干涉效应产生角裂不形成聚能射流。

药型罩射流全长 l_j。罩形成射流全长等于各微元形成射流之和,为此,必须先求罩 i 微元形成射流长 Δl_{ji}。

3) 罩 i 微元位置 $x_i, x_{i+1}, r_i, r_{i+1}$ 的确定

罩 i 微元变形到锥轴后由 ξ_i, ξ_{i+1} 确定。

A 点移至 A_1 点时,爆轰波由 A 传到了 C_1。

B 点移至 B_1 点时,爆轰波由 B 传到了 C_2。

B 点总是滞后 A 点到达锥轴。当爆轰波扫过 C_1 点后,A_1 点就开始运动,A_1 点运动总时间是 $t_1 + t_2 - t_3$。

爆轰波由 A 到 B 的时间:$t_1 = \dfrac{x_{i+1} - x_i}{D_e}$

爆轰波由 B 到 C_2 的时间: $t_2 = \dfrac{x_{i+1}\tan\alpha}{v_{0i+1}\cos(\alpha+\delta_{i+1})}$

爆轰波由 A 到 C_1 的时间: $t_3 = \dfrac{x_i\tan\alpha}{v_{0i}\cos(\alpha+\delta_i)}$

A_1点自由运动距离等于 $v_{ji}(t_1+t_2-t_3)$, 而射流在 v_{ji} 作用下拉伸长度为

$$\Delta l_{ji} = v_{ji}(t_1+t_2-t_3)-(\xi_{i+1}-\xi_i)$$

按图 3.11 中几何关系可确定

$$\xi_{i+1} = x_{i+1}+r_{i+1}\tan(\alpha+\delta_{i+1})$$

$$\xi_i = x_i+r_i\tan(\alpha+\delta_i)$$

将 ξ_{i+1}, ξ_i 代入 Δl_{ji} 中得到

$$\Delta l_{ji} = v_{ji}\left\{\frac{x_{i+1}-x_i}{D_e}+\tan\alpha\left[\frac{x_{i+1}}{v_{0i+1}\cos(\alpha+\delta_{i+1})}-\frac{x_i}{v_{0i}\cos(\alpha+\delta_i)}\right]\right\} \tag{3.33}$$
$$-\left[(x_{i+1}-x_1)+r_{i+1}\tan(\alpha+\delta_{i+1})-r_i\tan(\alpha+\delta_i)\right]$$

4）药型罩射流的初始全长 l_j

$$l_j = \sum_{i=1}^{n}\Delta l_{ji}$$

5）射流的速度梯度 γ_0

$$\gamma_0 = \left(\frac{\partial v_j}{\partial l_j}\right)_i = \frac{v_{j,i}-v_{j,i+1}}{\Delta l'_{j,i}} = 800\text{m/s}\sim1000\text{m/s}$$

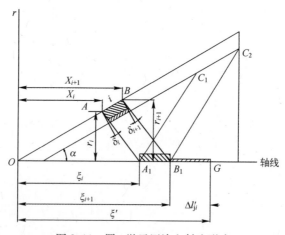

图 3.11 罩 i 微元压垮和射流形成

对锥形药型罩,当射流速度梯度每毫米大于 90m/s 时,会出现不稳定射流。对半球形药型罩,每毫米射流的速度梯度小于 46m/s 左右时,射流是稳定的。稳定的射流具有较稳定的穿破甲深度。

3.2.3 射流形成理论的扩展

PER 理论模型是基于圆锥形药型罩,锥角、罩厚不变、起始爆轰波为平面波。贝尔曼(Behrmann,1973)提出了一般化药型罩和起爆点改变的情况。此时射流速度方程与 PER 理论相同。

$$v_j = v_0 \csc \frac{\beta}{2} \cos\left(\alpha + \delta - \frac{\beta}{2}\right) = \frac{v_0}{\sin\dfrac{\beta}{2}} \cos\left(\alpha + \delta - \frac{\beta}{2}\right)$$

对于一般化模型,沿罩表面爆轰波速度为

$$U = \frac{U_D}{\cos i(x)} = \frac{D_e}{\cos i(x)} \tag{3.34}$$

式中:$i(x)$——爆轰波阵面法线与该点罩面切线的夹角(见图 3.12)。而泰勒公式的普遍形式为

$$\sin\delta = \frac{v_0 \cos i(x)}{2U_D} \tag{3.35}$$

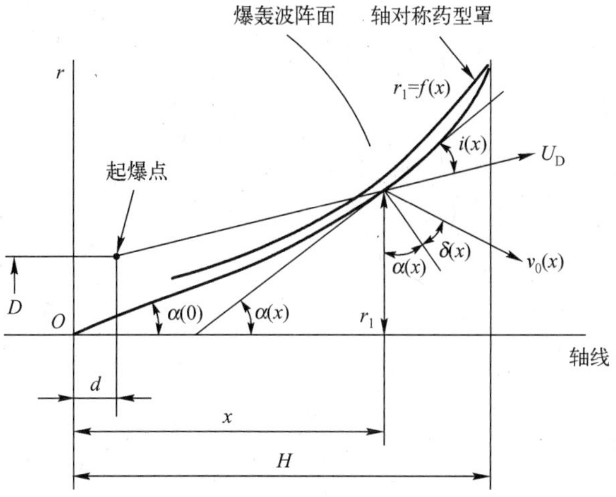

图 3.12　一般化轴对称聚能装药结构(贝尔曼,1973)

按 Behrmann(1973)研究定义的图形(见图 3.12),可推导得到

$$\tan\left[\alpha(x) - i(x)\right] = \frac{r_1 - D}{x - d} \tag{3.36}$$

$$T(x) = \frac{1}{U_D} = \left[(x-d)^2 + (r_1-D)^2\right] \tag{3.37}$$

$$r(x) = r_1(x) - v_0(x)\left[t(x) - T(x)\right]\cos\left[\alpha(x) + \delta(x)\right] \tag{3.38}$$

$$Z(x) = x + v_0(x)\left[t(x) - T(x)\right]\sin\left[\alpha(x) + \delta(x)\right] \tag{3.39}$$

式中: r_1——坐标 x 处的药型罩半径;

T——爆轰波阵面到达 x 处药型罩罩面的时间;

t——罩上点 x 运行到某一半径 r 的时间;

Z——与 x 相应的坐标。

在任一给定时间 t,压合角 β 的正切定义为在时间 t 为常数时 r 对于 Z 的偏导数。方法与 PER 理论一样。

当罩上点 x 处微元到达轴线时,在 $r=0$ 处存在所研究的压合角。由式(3.38),在 $r=0$ 处相应的时间为

$$t-T=\frac{r_1}{v_0\cos(\alpha+\delta)} \qquad (3.40)$$

由式(3.38)、式(3.39)先求 $\dfrac{\partial r}{\partial x}$,$\dfrac{\partial z}{\partial x}$,再求 $\dfrac{\partial r}{\partial z}\Big|_{r=0}=\tan\beta\big|_{r=0}$

$$\tan\beta\big|_{r=0}=\frac{\tan\alpha+r_1\left[(\alpha'+\delta')\tan(\alpha+\delta)-\dfrac{v_0'}{v_0}\right]+v_0T'\cos(\alpha+\delta)}{1+r_1\left[(\alpha'+\delta')+\left(\dfrac{v_0'}{v_0}\right)\tan(\alpha+\delta)\right]-v_0T'\sin(\alpha+\delta)} \qquad (3.41)$$

$$\delta'=\tan\delta\left(\frac{v_0'}{v_0}-i'\tan i\right) \qquad (3.42)$$

$$i'=\alpha'+\frac{\cos^2(\alpha-i)}{x-d}\left[\tan(\alpha-i)-\tan\alpha\right] \qquad (3.43)$$

$$T'=\frac{x-d}{U_d^2T}\left[1+\tan(\alpha-i)-\tan\alpha\right] \qquad (3.44)$$

式中带"撇"号表示变量对 x 的微分。

由方程(3.33)、方程(3.34)和方程(3.41)~方程(3.44)以及 PER 理论中的微分质量方程(3.11)、方程(3.12),构成了一套用于计算一般对称性聚能装药射流参数的方程组。

以上仅有 4 个计算射流(杵体参数除外)的基本方程,实际存在 $\mathrm{d}m_j/\mathrm{d}m$、$\beta$、$v_j$、$v_0$ 和 δ 等 5 个未知数,为此,需引入炸药与金属相互作用的 Gurney 模型或其他半经验公式等,才能全部求解。

3.2.4 黏-塑性射流形成理论

本理论假设:射流视为不可压缩流体,并利用一种与速率有关的黏-塑性材料本构方程,且为线性关系,$\sigma=\sigma_y+\mu\dot{\varepsilon}$,其中 σ 为动态流动应力,σ_y 为罩材静态屈服应力,μ 是动态黏度系数,$\dot{\varepsilon}$ 是冲击载荷下的应变率。Godunov 等人所建立的模型是关于凝聚(黏塑性)射流形成准则是雷诺数 $Re>2$[9,13],即

$$Re = \frac{\rho_M t_M v_2 \, \sin^2 \beta}{\mu(1-\sin\beta)} \qquad\qquad (3.45)$$

式中:ρ_M——罩材密度;

t_M——罩材厚度,$t_M = \delta_M = t_i$;

β——压合角;

v_2——罩材无黏性流动速度。

当 $Re = 2$ 时,可得罩材临界流动速度

$$v_c = \frac{2\mu(1-\sin\beta)}{\rho_M t_M \sin^2 \beta} \qquad\qquad (3.46)$$

当 $v_2 > v_c$ 时,令形成凝聚不会产生扩散射流;反之,将不形成凝聚射流。从有射流状态向无射流状态转变必然有一个临界压合角 β_c。在此 β_c 有可能形成非凝聚射流。

对非定常流状态,驻点(碰撞点)的速度(PER 模型、黏-塑性模型均适用)为

$$v_1 = \frac{2U\sin\delta\cos(\beta-\alpha-\delta)}{\sin\beta}$$

对 PER 模型药型罩的相对流动速度

$$v_2 = \frac{2U\sin\delta\cos(\alpha+\delta)}{\sin\beta}$$

对于黏-塑性模型来说,当 $Re > 2$ 条件下,则药型罩的流动速度可采用 Godunov 等人和 Walters 提出的表达式,即

$$v_2^* = v_2 \left(1 - \frac{2}{Re}\right)^{\frac{1}{2}} \qquad\qquad (3.47)$$

当动力黏度系数 $\mu = 0$ 时,$v_2^* = v_2$。

在本模型中射流与杵体速度分别为

$$v_j = v_1 + v_2^*$$

$$v_s = v_1 - v_2^*$$

对于定常和非定常的黏—塑性模型,当设定动力黏度系数 $\mu = 0$ 时,即可得 PER 模型。在 2 个模型中,都存在

$$v_j + v_s = 2v_1$$

对于黏-塑性凝聚射流形成的判据如下。

Godunov 等人的 $Re > 2$;

Mali 等人的 $Re = 5$ 或 10;

Chou 等人的平面轴对称碰撞后射流形成准则是:

对于亚声速压合,$v_2 < C$ 形成凝聚射流;

对于超声速压合,$v_2 > C$,如果 $\beta > \beta_c$ 随罩材而异,会形成射流,但射流不凝聚。对于 $\beta < \beta_c$ 为超声速压合,则不会形成射流。其中 C 为罩材的体积声速,对于紫铜

85

$C = 4760\text{m/s} \sim 5000\text{m/s}$。

总之，应保证下列方程成立，即罩壁在轴线发生碰撞时，撞击压力超过其10倍动态屈服极限(σ_y^D)时，才能形成射流。

$$v_0 > \frac{1}{\cos\beta}\sqrt{\frac{5\sigma_y^D}{\rho_M}}$$

要想形成良好射流，则压合速度应满足下列方程

$$\frac{1}{\cos\beta}\sqrt{\frac{5\sigma_y^D}{\rho_M}} < v_0 < C\tan\beta$$

3.3 破甲深度计算

3.3.1 流体力学理论

聚能射流具有高速和梯度特性，射流与靶板碰撞期间产生压力远大于材料的屈服强度。所以射流、靶材强度和黏度可忽略不计，因此可应用不可压、无黏的流体动力学理论。

一、定常理论

设射流长度为l，密度为ρ_j，速度为V_j，侵彻密度为ρ_t的半无限靶板。

应用伯努利（Bernoulli）方程描述射流对靶板的侵彻。对恒速射流的破甲时间为$t = \dfrac{l}{V_j - u}$，破甲深度为$L = ut$。

按方程$\dfrac{1}{2}\rho_j(V_j - u)^2 = \dfrac{1}{2}\rho_t u^2$，由图3.13（b）中可知侵彻靶板时受到侵蚀的射流。假定射流后部碰撞靶板时瞬时达到稳态，且侵彻停止。利用上述方程可得定常侵彻模型表达的侵彻深度（即密度定律）。

$$L = l\sqrt{\frac{\rho_j}{\rho_t}} \tag{3.48}$$

后经 Pack 和 Evans 研究扩展适用于断裂射流在内的侵彻深度

$$L = l\sqrt{\frac{\lambda\rho_j}{\rho_t}} \tag{3.49}$$

式中：λ——与射流性态有关常数，对连续射流 $\lambda = 1$；对断裂射流 $\lambda = 2$，说明 λ 在 1~2 之间，它显示射流断裂到达的程度；

ρ_j——射流质量除以包括射流段间隙在内的射流总的体积所得的平均射流密度；

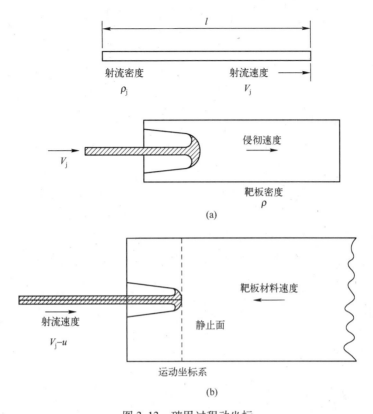

图 3.13　破甲过程动坐标

（a）射流侵彻；（b）在以侵彻速度 u 运动坐标系中射流侵彻。

l——包括射流的间隙在内的射流总长度。

考虑靶板强度对侵彻的影响，Pack 和 Evans 用一项无因次修正项 $\dfrac{Y}{\rho_{\mathrm{j}} V_{\mathrm{j}}^2}$（又名为 Best 数或固体雷诺数）。$Y$ 是靶材的屈服极限 $Y = \sigma_{\mathrm{s}}$。得到

$$L = l \sqrt{\frac{\rho_{\mathrm{j}}}{\rho_{\mathrm{t}}}} \left(1 - \frac{\alpha_1 \sigma_{\mathrm{s}}}{\rho_{\mathrm{j}} V_{\mathrm{j}}^2} \right) \tag{3.50}$$

式中：α_1——常数，与射流、靶板材料密度有关的函数。

对于钢靶板，修正项 $\dfrac{\alpha_1 \sigma_{\mathrm{s}}}{\rho_{\mathrm{j}} V_{\mathrm{j}}^2}$ 可大到 0.3，说明强度效应可使侵深减小达 30%。Klamer(1964) 通过铜罩聚能装药射流，对均质装甲板的侵深比软钢板低 10%～15%。Pugh(1944) 试验结论是：对装甲板侵深比软钢板侵深小 20%。

二、准定常理论

射流具有头部速度快、尾部速度慢的特性，这种速度分布难于按定常破甲处

理。所以不能直接利用伯努利方程,但其小段射流微元还是可以认为速度不变,仍可利用伯努利方程,对此定义为准定常条件。如果侵彻全程作定常处理,除炸高和射流的速度分布外、决定侵深与时间曲线的唯一条件是 v_j 和 u 的关系。

Allison 和 Vitali 等人假设存在一个虚拟源,为所有射流发出的点源,射流长度为 0。虚拟源的近似值可从各射流微元在空间的线性速度分布获得,如图 3.14 所示。

图 3.14 中,x 是轴向距离,O 是药型罩底,时间坐标 t 以爆轰波至罩底端面距离为 0。从虚拟点 $A(t_a,b)$ 出发的每一直线的斜率对应每一射流微元的速度,H 是炸高。B 点是射流头部与靶板的遭遇点。BCD 线是破甲穿孔随时间而加深的曲线,该曲线上每一点的斜率即为该点的侵彻速度。曲线上任意点 C 的侵彻深度为 $L(t)$,其切线斜率为 u,AC 的斜率是相应的侵彻射流微元的速度 v_j,侵彻到 D 停止,D 点对应的是最大侵彻深度 L_{max}。若为恒速射流,则 BC 变成了直线,因射流速度是慢慢下降的,故为曲线[13]。

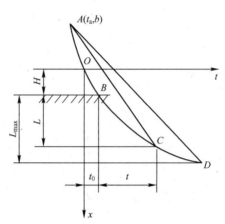

图 3.14 射流侵彻准定常理论计算图

从虚拟点 $A(t_a,b)$ 出发的射流,射流速度分布如图 3.14 可知

对某 C 点,破深为 L,破甲时间为 t,则

$$(t_0+t-t_a) = L-H-b \tag{3.51}$$

对 t 求导,因 $H-b$ 为常数,且 $\dfrac{\mathrm{d}L}{\mathrm{d}t}=u$,则得

$$v_j+(t_0+t-t_a)\frac{\mathrm{d}v_j}{\mathrm{d}t}=u \tag{3.52}$$

积分

$$\int_{t_0-t_a}^{t_0+t-t_a}\frac{\mathrm{d}t}{t}=-\int_{v_{j0}}^{v_j}\frac{\mathrm{d}v_j}{v_j-u}$$

$$t_0+t-t_a=(t_0-t_a)\,\mathrm{e}^{\int_{v_{j0}}^{v_j}\frac{\mathrm{d}v_j}{v_j-u}} \tag{3.53}$$

式(3.53)代入式(3.51)得到

$$L=(t_0-t_a)v_j\mathrm{e}^{-\int_{v_{j0}}^{v_j}\frac{\mathrm{d}v_j}{v_j-u}}-H+b \tag{3.54}$$

将射流分成一些小段,对每个小段射流,可视作速度不变,利用定常理论可求 v_j-u 关系式。

$$u = \frac{v_j}{1 + \sqrt{\dfrac{\rho_t}{\rho_j}}}, \quad e^{-\int_{v_{j0}}^{v_j} \frac{dv_j}{v_j - u}} = \left(\frac{v_j}{v_{j0}}\right)^{-1 - \sqrt{\frac{\rho_j}{\rho_t}}}$$

其中 v_{j0} 是射流头部速度。因为 $(t_0 - t_a)v_{j0} = H - b$，所以

$$L = (H - b)\left[\left(\frac{v_{j0}}{V_j}\right)^{\sqrt{\frac{\rho_j}{\rho_t}}} - 1\right] \tag{3.55}$$

此即准定常理想不可压流体的破甲深度计算式。从式可知,破深与 $(H-b)$ 成正比; $\dfrac{v_{j0}(\text{头})}{v_j(\text{尾})}$ 比值越大,破深越大。射流密度大有利于穿深增加,可作为选罩材的依据。

因为 $t_0 + t - t_a = (t_0 - t_a)e^{\int_{v_{j0}}^{v_j} \frac{dv_j}{v_j - u}} = (t_0 - t_a)\left(\dfrac{v_{j0}}{v_j}\right)^{1 + \sqrt{\frac{\rho_j}{\rho_t}}}$

所以

$$\frac{v_{j0}}{v_j} = \left(\frac{t_0 + t - t_a}{t_0 - t_a}\right)^{\frac{1}{1 + \sqrt{\frac{\rho_j}{\rho_t}}}} \tag{3.56}$$

从而得到

$$L = (H - b)\left[\left(\frac{t_0 + t - t_a}{t_0 - t_a}\right)^{\sqrt{\frac{\rho_j}{\rho_t}}\frac{1}{}} - 1\right] \tag{3.57}$$

式(3.55)和式(3.57)仅考虑了射流速度分布和炸高等对破甲深度的影响。

下面介绍 DSM(Dipersio,Simon 和 Merendino)理论计算射流侵彻靶板深度的经验公式。他们以 Allison 和 Vitali 的理论为基础,提供了下列 3 种情况的侵彻深度计算。

情况 1——小炸高连续射流的侵彻深度计算。

$$\begin{cases} L(v_{jmin}) = S\left[\left(\dfrac{v_{j0}}{v_{jmin}}\right)^{\frac{1}{\gamma}} - 1\right] \\ \gamma = \sqrt{\dfrac{\rho_t}{\rho_j}} \end{cases} \tag{3.58}$$

式中:S——虚拟点起至靶板面之间距离,S 的边界条件为 $0 \leqslant S < v_{jmin}t_b\left(\dfrac{v_{jmin}}{v_{j0}}\right)^{\frac{1}{\gamma}}$;

v_{j0}——射流头部到达靶板速度;

v_{jmin}——侵彻靶板材料的最小射流速度;

t_b——射流断裂的时间。

89

情况 2——中等炸高,部分连续射流,部分断裂射流的侵彻深度计算。

$$L(v_{jmin}) = \left\{ \frac{(1+\gamma)(v_{j0}t_b)^{\frac{1}{1+\gamma}} - S^{\frac{\gamma}{1+\gamma}} - v_{jmin}t_b}{\gamma} \right\} - S \tag{3.59}$$

式中:S 的边界条件为 $v_{jmin}t_b\left(\dfrac{v_{jmin}}{v_{j0}}\right)^{\frac{1}{\gamma}} < S < v_{j0}t_b$。

情况 3——大炸高,完全是断裂的射流。此时炸高的范围为 $v_{j0}t_0 < s < \infty$。

$$L(v_{jmin}) = \frac{(v_{j0} - v_{jmin})t_b}{\gamma} \tag{3.60}$$

式中:t_0——从虚拟点开始(时间为 0)射流头部运动至靶板平面的时间。

对上述一些结果进行处理后,可得到侵彻靶板内深度 L 时那点的射流速度 v_L。例如连续射流的式(3.58)可变成

$$v_L = v_{j0}\left(\frac{S}{L+S}\right)^{\gamma}$$

从试验数据分析比较得知,小炸高甚至达 3 倍装药直径时,侵彻公式给出值与实验结果有良好的一致性。大炸高时,公式给出值高于测量值,这是因射流性能下降和非对称摆动所造成的。并指出精密装药形成的射流能按良好的直线运动。射流质点不会发生明显的翻滚、减速和质量消失现象。因为 v_{jmin} 不是恒定值,有人提出了终止侵彻的新准则。即最小侵彻速度 u_{jmin},试验发现不同炸高射流在侵彻停止时的侵彻速度 u 是个常数。通过给出一条侵彻变化过程的平滑曲线,可近似得到断裂射流时的侵彻速度。在侵彻终止处,这条曲线斜率将是个常数 u_{min},并与炸高无关。标准装药时 $u_{min} = 1.0\text{km/s}$,由于用 u_{min} 代替 v_{jmin} 改进了侵彻深度的公式。新公式的计算侵深并与实验数据相比取得了令人满意的一致性。

情况 1 时($T < t_b$,T 为侵彻结束时的时间)

$$L = S\left[\left(\frac{v_{j0}}{(1+\gamma)u_{min}}\right)^{\frac{1}{\gamma}} - 1\right] \tag{3.61}$$

其 S 的范围为

$$0 \leqslant S < (1+\gamma)u_{min}t_b\left(\frac{(1+\gamma)u_{min}}{v_{j0}}\right)^{\frac{1}{\gamma}}$$

情况 2 时($t_0 < t_b \leqslant T$)

$$L = \frac{(1+\gamma)(v_{j0}t_b)^{\frac{1}{1+\gamma}} - S^{\frac{\gamma}{1+\gamma}} - \sqrt{(1+\gamma)u_{min}t_b\ (v_{j0}t_b)^{\frac{1}{1+\gamma}}S^{\frac{\gamma}{1+\gamma}}}}{r} - S \tag{3.62}$$

其 S 的范围为 $(1+\gamma)u_{min}t_b\left[\dfrac{(1+\gamma)u_{min}}{v_{j0}}\right]^{\frac{1}{r}} < S < v_{j0}t_b$

情况 3 时($t_b < t_0 \leqslant T$)

侵彻开始前,射流已呈颗粒状时的侵彻深度为

$$L = \frac{v_{j0}t_b - \sqrt{u_{min}t_b(v_{j0}t_b + \gamma S)}}{\gamma} \tag{3.63}$$

其 S 的范围为 $v_{j0}t_b < S \leqslant \dfrac{v_{j0}t_b}{\gamma}\left(\dfrac{v_{j0} - u_{min}}{u_{min}}\right)$

关于侵彻过程的射流总长近似值从方程(3.61)、(3.62)、(3.63)乘以 γ 获得。

实验发现,侵深随靶板强度或硬度的增加而减少。对侵彻不起作用的后部射流会积聚在孔的底部。后部射流陷入前面射流产生的小孔内,起到了"阀门"效应。上述各式中,用最小速度 v_{jmin} 和 u_{min} 的准则,而对射流侵深随炸高而下降的物理原因未作说明。DSM 理论的局限性是需事先确定 u_{min}。

试验测量得知,高速射流侵彻早期阶段应用方程(3.48)或(3.49)预测深度还是较精确的。但在侵彻后期,射流速度变慢时,靶板和射流强度起了显著作用。在式(3.49)中应增加一个强度项,即

$$\lambda \rho_j (v_j - u)^2 = \rho_t u^2 + 2\sigma \tag{3.64}$$

式中:$\sigma = \sigma_t - \sigma_j$,其中 σ_t,σ_j 分别为靶板和射流的塑性变形阻抗,是个待定常数,通常取靶板和射流屈服强度的 $1 \sim 3$ 倍。对于某装甲钢 $\sigma = 5.22$ 万巴[14]。

当 $u = 0$ 时,对应的射流速度为临界射流速度,由式(3.64)得到

$$v_{jc} = \sqrt{\frac{2\sigma}{\lambda \rho_j}} \tag{3.65}$$

当 $\lambda = 1$ 时为连续射流,则由式(3.64)解得侵彻速度为

$$u = \frac{1}{1-\gamma^2}\left\{ v_j - \left[\gamma^2 v_j^2 + (1-\gamma^2)\frac{2\sigma}{\rho_j} \right]^{\frac{1}{2}} \right\} \tag{3.66}$$

因为 $L(t) + S = tv_j$,对 t 取微分,由于 S 是常数,所以可解得

$$\frac{dL(t)}{dt} = u$$

所以

$$\int_{t_0}^{t} \frac{dt}{t} = -\int_{v_{j0}}^{v_j} \frac{dv_j}{v_j - u} \tag{3.67}$$

将式(3.63)代入式(3.64)积分,并考虑连续射流的特点,则得

$$\int_{v_{j0}}^{v_j} \frac{dv_j}{v_j - u} = -\frac{\Gamma_0}{\Gamma}\ln\left[\frac{\Gamma + \sqrt{\Gamma^2 - (1-\gamma^2)v_{jc}^2}}{\Gamma_0 + \sqrt{\Gamma_0^2 - (1-\gamma^2)v_{jc}^2}} \right]^{-\frac{1}{\gamma}} \tag{3.68}$$

将式(3.68)代入式(3.57)得到

$$
\begin{cases}
L = (t_0 - t_a) v_j \dfrac{\varGamma_0}{\varGamma} \left[\dfrac{\varGamma_0 + \sqrt{\varGamma_0^2 - (1-\gamma^2) v_{jc}^2}}{\varGamma + \sqrt{\varGamma^2 - (1-\gamma^2) v_{jc}^2}} \right]^{-\frac{1}{\gamma}} - H + b \\[3mm]
\varGamma_0 = -\gamma^2 v_{j0} + \left[\gamma^2 v_{j0}^2 + (1-\gamma^2) v_{jc}^2 \right]^{\frac{1}{2}} \\[3mm]
\varGamma = -\gamma^2 v_j + \left[\gamma^2 v_j^2 + (1-\gamma^2) v_{jc}^2 \right]^{\frac{1}{2}}
\end{cases}
$$

上式即为考虑强度效应非定常不可压流体的侵彻深度公式。其中 v_{jc} 与射流的性态、射流材料、靶板材料等有关,当 $v_{jc} = 0$ 时,该式就变成理想流体力学式(3.55)。

由试验结果经数学处理得到靶板强度 σ_b 和射流侵彻临界速度 v_{jc} 之间的关系式为

$$ v_{jc} = 0.97 + 0.562 \cdot 10^{-4} \sigma_b + 1.285 \cdot 10^{-7} \sigma_b^2 $$

式中:σ_b——靶板材料强度极限(MPa),对 45 钢 $\sigma_b = 598\text{MPa}$,对 603 钢 $\sigma_b = 980\text{MPa}$;

v_{jc}——对应 σ_b 的射流侵彻临界速度(mm/μs)。

大量破甲试验研究认为,对射流可人为地将其分为高速段和低速段两部分,其分界点的射流速度定义为特定速度(Specific Velocity)v_{js}。对于 603 装甲钢和铬刚玉靶板,其 $v_{js} \leqslant 4.5\text{mm/μs}$,对玻璃钢靶板 $v_{js} \leqslant 4.3\text{mm/μs}$。当射流速度为 $v_j > v_{js}$ 时,则射流破甲过程遵循理想不可压流体的规律;当 $v_j < v_{js}$ 时,则应考虑靶材力学性能对破甲的影响。

对于累积射流微元侵彻深度的确定,现用 L-t 关系式如下。

$$
L = \begin{cases}
v_{j0} t_0^{\frac{\gamma}{1+\gamma}} t^{\frac{1}{\gamma+1}} - (H-b), & (t \leqslant t_s) \\[3mm]
v_{j0} t_0^{\frac{\gamma}{1+\gamma}} t^{\frac{1}{\gamma+1}} - (H-b) - a_1 (t-t_s)^2, & (t \geqslant t_s)
\end{cases} \tag{3.69}
$$

式中:t_0——射流头部微元经炸高到靶面的时间,减去虚拟点源坐标的时间(t_a);

t——为 t_0 加累积射流微元侵彻时间之和的时间;

a_1——考虑靶板强度、韧性以及射流弯曲、断裂和失稳等对破深影响的经验系数,由试验确定[15];603 钢靶板,$a_1 = 0.0015\text{mm/μs}^2$;铬刚玉靶板,$a_1 = 0.003\text{mm/μs}^2$;玻璃钢靶板,$a_1 = 0.0014\text{mm/μs}^2$;

H——炸高(mm);

b——虚拟点源的坐标(mm);

t_s——与 v_{js} 的射流微元侵彻靶材时相对应的时间,$t_s = \left(\dfrac{v_{j0}}{v_{js}} \right)^{\frac{\gamma+1}{\gamma}} t_0$。

例:已知一破甲战斗部的射流参数:$v_{j0} = 7.56\text{mm/μs}$,虚拟点坐标 $b = -20\text{mm}$,炸高 $H = 164\text{mm}$,求 t_s。

解：对于 603 钢靶材

$$t_s = \left(\frac{v_{j0}}{v_{js}}\right)^{\frac{\gamma+1}{\gamma}} t_0 = \left(\frac{v_{j0}}{v_{js}}\right)^{\frac{\gamma+1}{\gamma}} \frac{H-b}{v_{j0}} = \left(\frac{7.56}{4.5}\right)^{\frac{\sqrt{7.8/8.9}+1}{\sqrt{7.8/8.9}}} \cdot \left(\frac{164+20}{7.56}\right) = 71.05 \mu s$$

同理可得，对于铬刚玉，$t_s = 90.21 \mu s$。对于玻璃钢，$t_s = 147.28 \mu s$。

由上述数据（t_s），并以式（3.68）为基础，考虑靶材强度和射流失稳等因素影响，利用射流对 3 种靶材的大量试验所得数据，经数学处理后，得出分别适合 3 个靶材的半径经验解析式，以此再归纳成解析通式，即适合低速段射流侵彻不同靶材的 L-t 半经验式（见式（3.69）的第二式）。

对式（3.69）的后部分微分得到

$$\frac{\mathrm{d}L}{\mathrm{d}t} = v_{j0} t_0^{\frac{\gamma}{\gamma+1}} \cdot \frac{1}{\gamma+1} t^{-\frac{\gamma}{\gamma+1}} - 2a_1(t-t_s)$$

即

$$u = \frac{1}{\gamma+1} v_{j0} \left(\frac{t_0}{t}\right)^{\frac{\gamma}{\gamma+1}} - 2a_1(t-t_s) \tag{3.70}$$

将 $v_j = \left(\frac{t_0}{t}\right)^{\frac{\gamma}{\gamma+1}} v_{j0}$ 代入式（3.69），则

$$u = \frac{\gamma}{\gamma+1} v_j - 2a_1(t-t_s)$$

当 $u=0$ 时的射流速度称为临界破甲速度 v_{jc}，从而得到

$$v_{jc} = 2a_1 \left(\frac{\gamma+1}{\gamma}\right)(t-t_s) \tag{3.71}$$

当 $u=0$ 时，破深达到最大。用式（3.70）可求得各种靶板最大破深对应的破甲时间。再应用式（3.71）可得不同靶材的临界破甲速度。研究得知：603 钢的临界破甲速度为 $1.8 mm/\mu s \sim 1.9 mm/\mu s$；铬刚玉靶材的临界破甲速度约为 $2.6 mm/\mu s$；玻璃钢的临界破甲速度为 $3.5 mm/\mu s \sim 3.7 mm/\mu s$。

应指出，完全按理论获得的 v_{jc} 值偏低。但根据 L-t 曲线可算出侵彻停止点的射流最小速度（v_{jmin}），约为 v_{jc} 的 2 倍。因为原来由侵彻速度 $u=0$ 所定义的 v_{jc} 值，未考虑射流的堆积和断裂作用，而实际侵彻过程中，由于射流的堆积效应，使射流速度还未降至 v_{jc} 值以前，侵彻已停止，故 v_{jmin} 为堆积临界速度。

三、断裂射流的侵彻计算

式（3.59）和式（3.60）已能计算部分断裂和全部断裂射流的侵深，但有些细节尚未交代，现讨论如下。

射流性态（连续或断裂）对侵彻影响很大。由于射流断裂现象非常复杂，影响因素较多，为便于研究，假定侵彻剩余射流在某时刻 t_b 同时断裂。

Chou 等人曾根据断裂射流的脉冲 X 光照片确定断裂点的方法,并认为聚能射流的断裂主要是材料的塑性失稳造成,而塑性失稳主要受材料强度和流动应力所控制,以示区别表面张力引起的流体射流失稳。

1. 计算断裂射流的侵彻模型[16-18]

射流断裂时间和断裂位置的确定,假设不考虑射流的颈缩过程,射流延伸至断裂点时,立即断开;射流断裂前后的速度分布不变;射流断裂后各微段的长及速度不变。

图 3.15 中,S_1,S_2 分别为射流微段 1 和 2 的长度,速度分别为 v_{j1},v_{j2},t_x 时刻,微段中点位置分别为 l_{t1},l_{t2},两微段断裂点为 (t_b,l_b),(t_a,b) 为射流虚拟点坐标。

微段 1 下端的运动轨迹为

$$v_{j1}(t-t_a) = l-b-\frac{1}{2}s_1$$

微段 2 上端的运动轨迹为

$$v_{j2}(t-t_a) = l-b+\frac{1}{2}s_2$$

微段 1,2 的交点即为断裂点

$$t_b = \frac{s_1+s_2}{2(v_{j2}-v_{j1})}+t_a$$

$$l_b = \frac{s_1 v_{j2}+s_2 v_{j1}}{2(v_{j2}-v_{j1})}+b$$

$$v_{j1} = \frac{l_{t1}-b}{t_x-t_a}$$

$$v_{j2} = \frac{l_{t2}-b}{t_x-t_a}$$

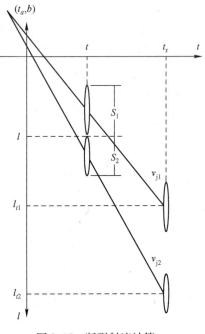

图 3.15   断裂射流计算

将 v_{j1},v_{j2} 代入 t_a,l_b 式中得

$$t_b = \frac{(s_1+s_2)(t_x-t_a)}{2(l_{t2}-l_{t1})}+t_a \tag{3.72}$$

$$l_b = \frac{s_1(l_{t2}-b)+s_2(l_{t1}-b)}{2(l_{t2}-l_{t1})} \tag{3.73}$$

若已知射流的虚拟点坐标,有一张 t_x 时刻的断裂射流脉冲 X 光照片,测量各微段的长度和位置,代入式(3.72)、式(3.73)中即可求得 t_b 和 l_b。

2. 断裂射流侵彻深度计算

实验表明射流断裂点的分布是相当紊乱的,断裂点有很大随机性。

设 (t_{b1},x_1),(t_{b2},x_2) 是射流断裂点,如图 3.16 所示,其对应的射流微段速度为

v_{j1} , v_{j2} ,两点间的断裂曲线为直线。其中微段 B 在点 (t,x) 断裂,速度为 v_j ,令 ϕ 为断裂线与 x 轴的夹角,则

$$t = (x_2 - x)\tan\phi + t_{b2}$$

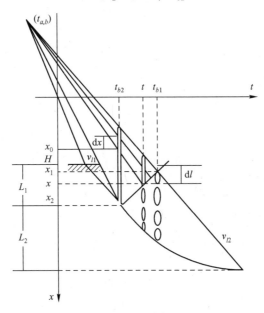

图 3.16　断裂射流侵彻计算

研究微段 B 在点 (t_{b2}, x_a) 的情况,此时微段长为 $\mathrm{d}x$,两端速度差为 $\mathrm{d}V_j$,则

$$x_a = v_j(t_{b2} - t_a) + b$$

对其微分,得

$$\mathrm{d}x_a = \mathrm{d}x = -(t_{b2} - t_a)\mathrm{d}v_j$$

微段 B 向前运动时,不断拉伸至 (t,x) 点断裂时的长为 $\mathrm{d}l$,以后不再伸长,从相似三角形得到

$$\mathrm{d}l = \frac{t - t_a}{t_{b2} - t_a}\mathrm{d}x = -\frac{(x_2 - b)\tan\phi + t_{b2} - t_a}{1 + v_j\tan\phi}\mathrm{d}v_j$$

准定常理论的侵彻深度为

$$\mathrm{d}L = \frac{u}{v_j - u}\mathrm{d}l$$

考虑材料强度的准定常侵彻流体理论时, v_j 和 u 的关系为

$$u = \frac{1}{1 - \gamma^2}\left[v_j - \sqrt{v_j^2\gamma^2 + (1 - \gamma^2)v_{jc}^2}\right]$$

其中 $\gamma^2 = \dfrac{\rho_t}{\rho_j}$ 。

将 $\mathrm{d}l$, u 代入 $\mathrm{d}L$ 式中,积分限从 v_{j1} 至 v_{j2} 得下列断裂射流侵彻深度 L 的近似计

算式。

$$\frac{L}{(x_2-b)S+t_{b2}-t_a}=$$

$$\frac{1}{s^2V_{jc}^2+\gamma^2}\left\{\begin{matrix}\dfrac{\sqrt{\gamma^2}}{s}\left[\dfrac{1}{2}(sx+1)^2-2(sx+1)+\ln(sx+1)\right]+sb\sqrt{\gamma^2}\ln(sx+1)-\dfrac{s\sqrt{\gamma^2}}{2}x^2\\[2mm]-\left(\dfrac{sh\sqrt{\gamma^2}}{2}-sB\sqrt{\gamma^2}\right)\ln(x^2+B)^{\frac{1}{2}}+x\sqrt{\gamma^2}+\left(\dfrac{h}{2}-B\right)\sqrt{\dfrac{\gamma^2}{B}}\arctan\dfrac{x}{\sqrt{B}}\end{matrix}\right\}_{v_{j2}}^{v_{j1}}$$

$$-\frac{B}{BS^2+1}\left[\left|s\ln\frac{1+sv_{j1}}{\sqrt{B+v_{j1}^2}}+\frac{1}{\sqrt{B}}\arctan\frac{v_{j1}}{\sqrt{B}}\right|-\left|s\ln\frac{1+sv_{j2}}{\sqrt{B+v_{j2}^2}}+\frac{1}{\sqrt{B}}\arctan\frac{v_{j2}}{\sqrt{B}}\right|\right]$$

式中:x 为积分变量,括号右侧的角标为上、下限

$$\gamma=\frac{\sqrt{\rho_\tau}}{\sqrt{\rho_j}},\quad s=\tan\phi,\quad h=\left(\frac{1}{\gamma^2}-1\right)v_{jc}^2,\quad B=\frac{v_{jc}}{\gamma^2}\text{。}$$

上式仅适用于 $0°<\phi<90°$ 情况。当 $\phi=0°$ 或 $\phi=90°$ 时为特殊情况,需另行处理。铜罩形成射流对钢靶侵彻情况,$\gamma^2=\dfrac{\rho_t}{\rho_j}=0.8765\approx0.88$,$v_{jc}=1.15\text{mm/}\mu\text{s}$。

而连续射流和断裂射流侵彻总时间为

$$t=\frac{1}{v_{j2}}(H-b+L_1+L)-t_0+t_a \tag{3.74}$$

式中:v_{j2}——t 时刻到孔底的射流速度;

$\quad H$——炸高;

$\quad t_0$——射流头部到达靶面时间;

$\quad L_1$——t_{b2}时刻连续射流的侵彻深度;

$\quad L$——断裂射流侵彻深度。

四、射流断裂的论述

国外一些学者利用线性方程模拟了射流流动应力与射流密度的比值控制射流失稳的增加,比值小引起射流颈缩慢,反之比值大颈缩较快,易发生断裂。对于铜射流的比值$=0.15\text{km/s}$。另外认为射流断裂时间与初始扰动的振幅有关,若能降低聚能装药制造的公差,提高装药组分的均匀性亦能延迟断裂,降低射流材料的屈服强度亦可延迟断裂时间。

射流稳定性条件

$$\frac{\lambda_0}{2r_0}<\frac{\pi}{2} \tag{3.75}$$

式中:λ_0——扰动射流初始波长;

96

r_0——射流的无扰动初始半径；

Chou 和 Flis 从量纲分析和一维计算得到了射流无量纲断裂时间的表达式，当射流颈缩程度为 0.3 时，表达式形式为

$$\overline{t_b} = 3.75 - 0.125\,\overline{\eta_0} + \frac{1}{\overline{\eta_0}} \tag{3.76}$$

式中：$\overline{t_b}$——无量纲射流断裂时间；

$\overline{\eta_0} = \dfrac{\eta_0 r_0}{C_p}$ 为无量纲应变率，其中 η_0 为射流初始应变（拉伸）率，$\eta_0 = \dfrac{\Delta v}{\Delta X}$（$\Delta v$ 在 ΔX 内速度变化）由射流形成理论求得。

$\eta_0 = \dfrac{v_0}{L_0}$，$v_0$ 是射流运动端速度，L_0 是初始射流长度。

$C_p = \sqrt{\dfrac{\sigma_s^d}{\rho_0}}$，$\sigma_s$ 是单轴拉伸条件下的动态流动应力，ρ_0 是罩材密度，C_p 是波速。

$\overline{t_b} = \dfrac{t_b C_p}{r_0}$ 为无量纲断裂时间，其中 t_b 为断裂时间。

射流的动态屈服强度并不是定值。一些典型材料的动态屈服强度：铜的 $\sigma_s^d = 2 \times 10^8\,\mathrm{Pa}$；电解韧铜（ETP）的 $\sigma_s^d = 2 \times 10^8\,\mathrm{Pa}$；无氧高纯度铜（OFHC）的 $\sigma_s^d = 2.7 \times 10^8\,\mathrm{Pa}$；铝的 $\sigma_s^d = 1 \times 10^8\,\mathrm{Pa}$。

射流断裂时间另一种量纲形式为

$$t_b = \frac{r_0}{C_p}\left(3.75 - 0.125\,\frac{\eta_0 r_0}{C_p} + \frac{C_p}{\eta_0 r_0}\right) \tag{3.76a}$$

上述模型可知，射流不会瞬时断裂，是呈现一种断裂时间分布的。

利用一维稳态射流理论给出的临界波长 $\lambda_{0\mathrm{crit}}$ 可预测射流段的数目。

设 $\mathrm{d}\xi$ 为射流微元的长度，则该射流微元形成的射流段数目为 $\dfrac{\mathrm{d}\xi}{\lambda_{0\mathrm{crit}}}$，射流段的总数目为

$$N = \int_{l_0} \frac{1}{\lambda_{0\mathrm{crit}}} \mathrm{d}\xi \tag{3.77}$$

当 $\overline{\eta_0} > 0.03$ 时，可根据射流断裂时间和射流质点的位置图线确定 $\lambda_{0\mathrm{crit}}$ 为

$$\overline{\lambda_{0\mathrm{crit}}} = \frac{\lambda_{0\mathrm{crit}}}{r_0} = 0.6807\,\overline{\eta_0}^{-0.9879} \tag{3.78}$$

从式（3.78）可见，利用射流断裂后射流段之间的速度差可估算 $\sqrt{\dfrac{\sigma_s^d}{\rho_0}}$。当指数 0.9879 近似取 1 时，则式（3.78）又写成

$$\eta_0 \lambda_{0crit} = 0.6807 \sqrt{\frac{\sigma_s^d}{\rho_0}} \qquad (3.79)$$

式中：$\eta_0 \lambda_{0crit}$——射流段之间的速度差，可从 X 射线照相中测量得到。

五、复合靶与均质钢靶的破深等效计算

射流侵彻复合靶的机理与侵彻均质钢靶相比是有差异的。但从防护能有效性，寻找彼此之间的等效抗侵能力，对战斗部威力设计，将有重要实际意义。解决射流侵彻非金属靶材和装甲钢（603）靶材间的等效抗破甲能力计算，目前有定常理想流体计算法和 L-t 曲线计算法。

1. 定常理想流体计算法

引用理想不可压，流体推导的破甲方程式（3.48），$L = l\sqrt{\dfrac{\rho_j}{\rho_1}}$ 求同一种射流作用不同靶材的破深。

若射流分别侵彻密度为 ρ_{t1}，ρ_{t2} 2 种靶材 I 和 II，则得

$$L_I = \sqrt{\frac{\rho_{t2}}{\rho_{t1}}} L_{II} \qquad (3.80)$$

式中：$\sqrt{\dfrac{\rho_{t2}}{\rho_{t1}}}$——2 种靶材之间的破深等效折算系数。

例如，某坦克装甲为复合靶结构形式，面板（20mm）与背板（80mm）为均质装甲钢，中间为玻璃钢层厚 36mm，铬刚玉层厚 68mm，玻璃钢的密度为 1.85g/cm³，铬刚玉的密度为 3.81g/cm³，钢的密度为 7.8g/cm³，试求玻璃钢、铬刚玉对应的等效均质装甲钢厚度。

对于玻璃钢：$L_1 = \sqrt{\dfrac{1.85}{7.8}} \times 36 = 17.5 (\text{mm})$

对于铬刚玉：$L_1 = \sqrt{\dfrac{3.81}{7.8}} \times 68 = 47.5 (\text{mm})$

对于 204mm 厚复合靶转换成均质装甲钢靶的厚度时，等于面板厚加等效均质装甲钢厚和背板厚之和，即

$$L = 20 + 17.5 + 47.5 + 80 = 165 (\text{mm})$$

由于计算选用定常理论，而实际射流长不是定值，另外未考虑靶强度影响，因而所求结果量值比实际试验测量值偏高一些。但作为初步设计预估来说还是有意义的。

2. L-t 曲线计算法

本法与上述定常理论法相比，由于本法有实验基础，又考虑了靶板强度效应，故本法相对前法而言，具有较好的精度。仍按前例提供的参数，计算破深结果为

$L = 152\text{mm}$，显然低于前值 165mm。取它们的平均值略高一点，即 160mm 均质钢等效靶是较适宜的。

L-t 计算法所用理论，对射流仍然选用不可压缩理论，射流速度呈线性分布，而且是理想射流。对于钢质靶板，当射流速度大于 2 倍临界破甲速度时，则可视其为流体；当射流速度小于 2 倍临界破甲速度时，应考虑强度影响。对于非金属靶层，则始终可将其视为流体。有关本法的详细建模和计算步骤可参阅有关文献[6,15]。

3.3.2 破甲深度的经验计算法

基于压合速度、有效装药、射流破甲终止的临界条件和外壳等多种复杂因素的影响，目前尚无准确的破甲理论公式。根据大量试验数据，经数学处理，得到一些经验式。

在工程设计中，有些简便实用的经验计算法，虽然有些局限性，但仍然深受广大工程人员的欢迎。下面介绍几个典型的经验公式。

一、静破甲深度经验式之一

$$L_{\text{m}} = \eta_1\left(\frac{0.5d_{\text{k}}}{\tan\alpha} + H_{\text{y}}\right) \tag{3.81}$$

式中：L_{m}——静破甲平均深度（m）；

η_1——经验系数，与药型罩和靶板材料有关，对紫铜罩装药结构，为装甲钢靶板时，η_1 为 1.7，45 钢靶板时，η_1 为 1.76；

α——药型罩的半顶角；

d_{k}——药型罩口部的内径；

H_{y}——有利静炸高。

$H_{\text{y}} = K_1 K_2 K_3 d_{\text{k}}(\text{m})$，其中 K_1 取决于罩锥角系数，对于制式破甲战斗部，下列数可供参考：

2α	40°	50°	60°	70°
K_1	1.9	2.05	2.15	2.2

最理想炸高时，$2\alpha = 40°$ 时，$K_1 = 3.5$；$2\alpha = 60°$，$K_1 = 3.8$。

K_2 是与射流侵彻目标介质临界速度 v_{jc} 有关系数，铜质射流侵彻装甲钢的 $v_{\text{jc}} = 2100(\text{m/s})$，相应的 $K_2 = 1$；对于 45 钢靶，则 $K_2 = 1.1$。

K_3 是与炸药爆速 D_{e} 有关的系数，$K_3 = \left(\dfrac{D_{\text{e}}}{8300}\right)^2$，其中 8300 为 8321 炸药的爆速，若装药的 $D_{\text{e}} = 8300\text{m/s}$，则 $K_3 = 1$，装甲钢靶板，则 $K_2 = 1$。在此特殊条件下，式（3.81）可简化。最后得到

$$L_m = 1.7\left(\frac{0.5}{\tan\alpha} + K_1\right)d_k \tag{3.82}$$

令 $K = 1.7\left(\frac{0.5}{\tan\alpha} + K_1\right)$，则

$$L_m = K \cdot d_k \tag{3.83}$$

有关 K 值选取下列数据可供参考。

2α	40°	50°	60°	70°
K	5.6	5.3	5.13	5

二、静破甲深度经验式之二

引用定常流破甲理论，结合制式聚能战斗部装药结构试验数据，进行数学处理得到的破甲深度式为

$$L_m = \psi_0 l_M \tag{3.84}$$

式中：ψ_0——射流的利用系数；

l_M——药型罩母线长度。

考虑炸药的爆压影响，则式(3.84)改写为

$$L_m = \left[\psi_0 + \Delta\psi(p)\right] \cdot l_M$$

其中 $\Delta\psi(p) = K(p - p_0)$，$K = 0.019$。

而 p_0 为建立经验式试验用炸药的爆压，p 为任意炸药的爆压。针对装药结构中有无隔板情况，经实验和总结已建立了 ψ_0 与 $\Delta\psi$ 之间的关系式。

对有隔板时：

$$\psi_0 = -0.706 \times 10^{-2}\alpha^2 + 0.593\alpha - 4.45$$

$$\Delta\psi(p) = 0.475 \times 10^{-7}\rho_e D_e^2 - 5.39$$

对无隔板时：

$$\psi_0 = 0.0118 \cdot 10^{-2}\alpha^2 + 0.106\alpha + 1.94$$

$$\Delta\psi(p) = 0.250 \cdot 10^{-7}\rho_e D_e^2 - 2.24$$

以上关系式中原单位为 $L_M(\mathrm{mm})$，$l_M(\mathrm{mm})$，$\alpha(°)$，$\rho_e(\mathrm{g/cm^3})$，$D_e(\mathrm{m/s})$，经变换处理得到

$$L_{my} = \chi(-23.18\alpha^2 + 33.98\alpha + 0.475 \cdot 10^{-10}\rho_e D_e^2 - 9.84)l_M \tag{3.85}$$

$$L_{mw} = \chi(0.3874\alpha^2 + 6.073\alpha + 0.250 \cdot 10^{-10}\rho_e D_e^2 - 0.50)l_M \tag{3.86}$$

式中：L_{my}，L_{mw}——带有和不带隔板的静破甲平均深度(m)；

α——药型罩的半锥角(rad)；

l_M——药型罩的圆锥部母线长(m)；

ρ_e——炸药装药密度($\mathrm{kg/m^3}$)；

D_e——炸药爆速($\mathrm{m/s}$)；

χ——与罩材、加工方法和靶材有关的破甲影响系数(见表3.5)。

表3.5 系数χ之值

药型罩	紫铜车制		紫铜冲压		钢冲压	铝车制	玻璃
靶板	碳钢	装甲钢	碳钢	装甲钢	装甲钢	装甲钢	装甲钢
χ	1.00	0.88~0.93	1.10	0.97~1.07	0.71~0.79	0.40~0.49	0.22

对于炸药装药,当装药密度在$\pm0.01(\mathrm{g/cm^3})$范围内变化时,依实测爆速修正,$D_e=D_实+3500(\rho_e-\rho_实)$,其中$D_e(\mathrm{m/s})$为对应$\rho_e(\mathrm{g/cm^3})$的计算爆速。$D_实(\mathrm{m/s})$为对应装药密度$\rho_实(\mathrm{g/cm^3})$的实测爆速,可由炸药性能手册查得。对于梯黑炸药,其爆速计算式为$D_e=5060(1.13)^{\bar{\Gamma}}\rho_e^{0.67+0.04\bar{\Gamma}}$,其中$\Gamma$指数是黑索金和梯恩梯装药质量比值$\bar{\Gamma}=0.50~0.75$。

对半球形药型罩装药结构的破甲深度可用下列经验式估算

$$L_m=K_c\cdot K_t\cdot K_m(1.56d+0.187H) \tag{3.87}$$

式中:L_m——破甲平均深度(mm);

d——半球形药型罩直径(mm);

H——炸高(mm),$H\leqslant5d$;

K_c——装药成分修正系数;以THL炸药为准,则其他炸药装药的K_c如表3.6所列。

表3.6 不同炸药的K_c值

炸药装药成分	THL	THLL-5	"MC"	TNT
K_c	1.0	1.05	1.14	0.92

K_t——药型罩热处状态修正系数,从装填THL试验发现,罩的退火状态对破甲深度有影响,以未退火罩作为比较标准,取$K_t=1$,则退火罩对破深的修正系数$K_t=0.97$,罩的2种状态破深相差约为2%~4%。

K_m——靶板材料强度的修正系数。大量试验表明,对高强工具钢的破深比普通碳素钢要降低18.5%。各种靶板强度与45普通碳素钢强度($\sigma_b=45~60\mathrm{kg/cm^2}$或$\sigma_b=4.4~5.9\mathrm{MPa}$)的比值称为靶板相对强度,对应的$K_m$系数值如表3.7所列。

表3.7 不同靶板相对强度的K_m值

靶板相对强度	1.0	1.69	2.28	2.79	2.95
K_m	1.0	0.94	0.78	0.69	0.62

除破甲深度威力参数外,还有破孔口直径$D(\mathrm{mm})$和破孔体积$V(\mathrm{cm^3})$2个重要威力参数,这对反舰快速进水,使舰艇倾翻下沉是相当重要的。

靶板上破孔口部直径 D 的经验式为

$$D = 0.707d \tag{3.88}$$

式中: D——靶板破孔口部直径(mm)。

靶板内聚能破孔体积 $V(\text{cm}^3)$ 的平均值经验式为

$$V = 0.3d^3 \tag{3.89}$$

三、其他经验估计公式

下列一些公式只能用来初步预测、判断所设计装药结构是否合理可行。

$$L_m = \psi_y l_M \sqrt{\frac{\rho_j}{\rho_t} \frac{\sigma_j}{\sigma_t}} \tag{3.90}$$

式中: l_M——锥面形成线长度;

ψ_y——与药型罩材料及锥角有关的系数,对断裂射流 $\psi_y = 1$,对于连续射流 $\psi_y = 2 \sim 3$,对于软铁罩 $\psi_y = 3$,锥角大小对 ψ_y 影响很大;

σ_j——射流材料强度;

σ_t——靶板材料强度。

$$L_m = (2 \sim 3)D_c \tag{3.91}$$

式中: D_c——装药直径。

$$L_m \approx 3.55d_k \tag{3.92}$$

式中: d_k——球形罩内直径(cm)。

$$L_m = \frac{175}{2\left(\dfrac{h}{d}\right)^2 - 6\dfrac{h}{d} + 9.45} \sqrt{\pi R_c^2 \rho_e \frac{20\sqrt{R^2 + h^2} - 5h + 8R}{60}} \tag{3.93}$$

式中: h——药型罩高度(cm);

R_c——装药半径(cm);

ρ_e——炸药装药密度(g/cm³);

d——药型罩底部直径(cm)。

本式适用于钢质药型罩,是在罩壁厚选取 0.035d,装填炸药 T/H/30/70 试验得到。

$$L_m = \frac{q_W}{K_s} \tag{3.94}$$

式中: L_m——静破甲深度(m);

q_W——战斗部质量(kg);

K_s——由试验确定的系数,对中型反坦克导弹战斗部, $K_s = 3 \sim 5$,对重型的反坦克导弹战斗部 $K_s = 5 \sim 7$。

$$L_m \approx (0.7 \sim 1.0)m_c \tag{3.95}$$

式中:m_c——装药质量(kg)。对柱状装药结构 L_m 取下限,对收敛型装药结构则取上限;

L_m——静破甲平均深度(m)。

以上所有公式均为聚能射流对钢质靶侵深效应,如果用同一种装药结构和试验条件不同的介质,形成孔径不一样,对下列 3 种介质形成的孔径比为

钢靶:水泥靶:黏土 = 1:1.57:5。

四、楔形聚能爆破型装药结构战斗部的毁伤效应

楔形(线性)聚能装药结构的战斗部(如美制"白星眼"制导导弹)爆炸后,会产生强烈的高速金属射流切割刀作用和爆破作用。这里主要介绍射流切割效应。

有关这方面的理论研究,德夫诺(Defourneaux)和苏联的谢赫吉尔最早提出 V 形装药的基础理论模型,苏舒科,克留柯夫(Б. И. Шехгер. Л. А. Шушко,С. Л. Крысков. ФГВ 1977),斯巴尔克斯(F. N. Sparkes)提供了宝贵的切割钢板所用的条状楔形装药尺寸,图 3.17 为等厚壁 V 形罩聚能切割器。

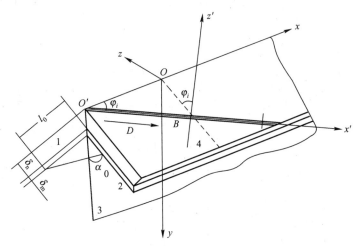

图 3.17 线性装药聚能切割器

1—装药;2—切割罩;3—对称平面;4—横截面。

切割罩装药从 O' 点起爆,爆轰波为平面波,以 D_e 沿 $O'x'$ 方向传播,它与棱线的夹角为 φ_i,当 $\varphi_i = 0°$ 时,爆轰波沿 $O'x'$ 传播,当 $\varphi_i = 90°$ 时,波从装药的棱线上垂直向下传播。当 $0° < \varphi_i < 90°$ 是,为斜向爆轰,研究罩压垮形成刀射流应在此条件下进行。下面分别求等药厚结构和变药厚结构(见图 3.18)的切割靶板的能力。

1. 等药厚聚能切割器的切深度计算[23,51,52]

下面直接提供射流切割刀对靶板的切割深度公式

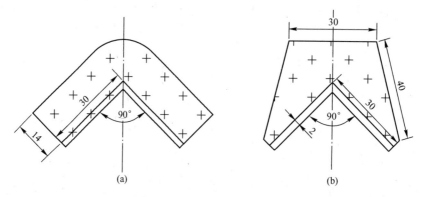

图 3.18 聚能装药切割器结构

（a）等药厚结构；（b）变药厚结构。

$$L_P = \frac{v_j^2 - v_{jc}^2}{v_j^2 + v_{jc}^2} l \cos\theta \tag{3.96}$$

式中：v_j——射流（刀刃）速度；

v_{jc}——侵彻速度 $u=0$ 时的射流速度，低于 v_{jc} 射流无切割作用；

$v_{jc} = 0.97 + 0.551 \times 10^{-3}\sigma_b + 1.243 \times 10^{-5}\sigma_b^2$（mm/μs），其中 σ_b 是靶板强度极限
（kg/mm²）；

θ——射流刀刃偏转角；

l——恒速射流长度。

射流沿纵向各断面有相同的速度，故射流不延伸，但罩径强烈塑变后，射流长
应大于射流母线长。

$$l = (1 + \delta_s) l_0 \tag{3.97}$$

式中：l_0——罩母线长；

δ_s——罩材延伸率；

l——射流长度。

2. 变药厚聚能切割器的切深度计算

试验得知，采用同药量，相同切割罩，选用变厚度装药结构，射流沿纵向形成速
度梯度而使侵彻深度大增，最大增至 30%，为此，计算对靶切深必须考虑梯度的影
响。并假设装药厚从顶部至底部按线性递减。各微元形成射流沿纵向也按线性规
律减小，从理想流体力学理论出发，先求罩顶和罩底射流的偏转角 θ_a，θ_b 取平均值
作为变厚度装药切割器射流偏转角，其刀射流的切割深度为

$$L_P = \left[(t_0 - t_a) v_j \frac{v_{j0}^2 + v_{jc}^2}{v_j^2 + v_{jc}^2} - H + b \right] \cos\theta \tag{3.98}$$

式中：t_0——射流头部到靶表面的时间；

（t_a，b）——射流在纵向的虚拟点源的坐标；

H——炸高；

v_{jc}——射流临界速度；

v_{j0}——射流头部速度。

实验结果与计算表明，切割刀头部的平均速度为 3000~4000m/s，尾部的平均速度为 1000~2000m/s。在适当炸高范围内，罩厚为 1~2mm 形成的切割刀可切透 8~12mm 普通钢板。罩厚为 4mm 时，其射流切割刀可切透 20~30mm 厚的普通钢板。

楔形装药或环形聚能装药在军民工业领域应用较多。如空空"麻雀"导弹的战斗部，其连续杆两端与壳体的分离是靠管形圈的切割器完成的。又如助推火箭与主火箭的分离机构是靠爆炸环形切割器来完成的，并能圆满地保证快速同步分离。再如根据聚能效应原理，设计一定形状聚能槽，按一定规律排列，制成带许多聚能槽的塑料衬套，装入战斗部壳体内，并装填高能炸药，装药爆炸后，靠聚能槽效应，切割壳体，形成形状大小基本一致的有效破片，此项技术俗称炸药柱表面刻槽，以获得可控破片（美制"响尾蛇"导弹战斗部便是这种结构）。

典型的线性切割器的结构装置如图 3.19 所示。

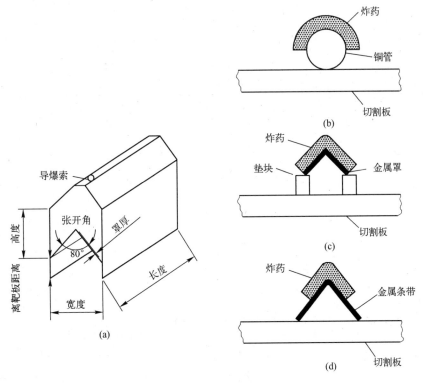

图 3.19　典型线性切割器结构示意图

（a）线型装药切割器；（b）、（c）、（d）各种形状的线型切割索（CLC）横截面结构。

105

切割不同厚度钢板所用线型切割器(切割索)的尺寸如表3.8所列。

表3.8 切割不同厚度钢板所用切割器尺寸

钢板厚度/mm	1cm长上炸药量/g	装药药柱尺寸/mm			
		宽	高	罩厚	炸高
16.00	3.6	19.8	10.6	0.84	10.6
19.05	5.1	23.8	12.7	0.99	12.7
25.40	9.1	31.8	17.0	1.32	17.0
38.10	20.5	47.7	25.4	1.98	25.4
50.80	36.5	63.5	33.8	2.64	33.8

一般子母式战斗部或航空子母式炸弹的开舱,可用切割索来完成。切割索的切割能力如表3.9所列。

表3.9 切割器的切割能力

CLC/g/m	切割材料厚度/mm				
	软钢	铝合金	软木	硬木	玻璃纤维
10	2	3	25	25	3
25	3	6	28	50	
40	5	10	76	56	
80	10	12			
100	12	14			
120	13	16			
180	15	20			

3.4 聚能破甲战斗部的威力设计

破甲战斗部对付的主要目标是高价值的坦克,除了要求战斗部有足够的破甲能力,还要求射流在贯穿装甲后具有相应的后效作用,以破坏坦克内部机构和设备,杀伤乘员,使坦克丧失战斗力。为此,要求射流破甲稳定性好,对各种干扰因素的敏感性低。这些性能与战斗部的装药结构、药型罩和壳体有关,还与炸高、目标材料特性等有关。进行战斗部威力设计(破甲深度、穿透率、破甲后效)时,必须进行综合考虑。

3.4.1 装药结构设计

装药结构设计包括炸药类型选择、药柱形状尺寸和隔板的配置等。

一、炸药的选择

聚能破甲战斗部的炸药装药是压缩药型罩使其闭合形成射流的能源,故其装药结构的好坏以及所用炸药性能对破甲效应影响极大。研究表明,破甲深度与炸药性能(密度、爆速、爆压、爆热以及单质药如 HMX ,RDX 的药粒粒度直径大小等)关系密切,用式(3.99)表示

$$\frac{L_P}{d_k} = a_0 P_{C-J} \sqrt{\rho_e Q} + b_0 \qquad (3.99)$$

式中:L_P——对装甲靶的穿深;

d_k——药型罩口部内径;

P_{C-J}——爆轰波阵面压力;

ρ_e——炸药的密度;

Q——炸药的爆热;

a_0, b_0——与装药结构有关的经验常数。

从式(3.99)可见,破甲战斗部选用炸药应具有高爆压、高能量性能,除此之外,炸药还应具有高安定性、低酸值、低易损性,以及良好的相容性和工艺性,以获得可靠、较高的破甲深度。

由式(3.99)启发可知穿深与爆压是正比关系,则得

$$L_P = a P_{C-J} \qquad (3.100)$$

式中:a——常数;

P_{C-J}——$P_{C-J} = \dfrac{1}{K+1}\rho_e D_e^2$,而 $D_e = A\rho_e^{\alpha_1}$,其中 A, α_1 是与炸药性质有关的常数,则得

$$P_{C-J} = \frac{1}{K+1}\rho_e A^2 \rho_e^{2\alpha_1} = \frac{aA^2}{K+1}\rho_e^{1+2\alpha_1} = \kappa\rho_e^{C_1}$$

其中,$\kappa = \dfrac{aA^2}{K+1}$,$K$ 是爆轰产物多方指数,$C_1 = 1+2\alpha_1$。

以上说明,穿深 L_P 与爆压 P_{C-J} 成正比关系,通过一些转换,可知穿深是装药密度的幂函数关系,ρ_e 微小变化直接影响穿深,表面上是密度,实质上是隐含着爆速。对装药轴向最大密度差应控制在 7‰ 左右,而径向密度差应控制在 1‰ 左右。

由于炸药的可压性和压制工艺条件,压制密度只能达到理论密度的 96% 左右,故很难获得最大的穿深值。经对 8701、2761 等炸药的不同密度对应的穿深试验得到

$$\frac{L_P}{d_k} = 2.18\rho_e^{2.2}$$

对于不同的装药结构,可用结构修正系数给予修正

$$\frac{L_\text{P}}{d_\text{k}} = 2.18 K_\text{s} \rho_\text{e}^{2.2}$$

式中：K_s——装药结构修正系数。

对于带隔板的装药结构，均用主、副药柱形式，主药柱的密度应高一些，副药柱密度不宜过大，要与引信的起爆能相协调，确保易于起爆，从而使主药柱迅速稳定爆轰，这有利于传爆序列的可靠性和破甲威力的稳定性。

炸药应选择能量高的类型，有利于产生较快的射流速度，较高的射流动能、较深的破甲深度。常用的炸药如表 3.10 所列。

表 3.10　常用的聚能破甲战斗部装药炸药

炸药名称	密度/g·cm⁻³	爆速 D_e/m·s⁻¹	爆压/MPa	冲击密度/%	装填工艺
梯黑 50/50	1.690	7600		44~48	注装
梯黑 40/60	1.726	7888	27690	40	注装
钝化黑索金	1.670	8498	26960	32	压装
HD-6	1.711	8374		25	压制
钝化梯黑 50/50	1.672	7509		40	注装
LX-14	1.835	8830	35000		压装
PBXW-110	1.750	8480	31500		注装
2701	1.795	8594		0~12	压装
2721	1.811	8745		12~40	压装
H851	1.830	8849①	35820①		压装
8701	1.722	8425	29600		压装
①——计算值					

二、药柱形状及尺寸设计

典型的药柱形状如图 3.20 所示。药柱的主要特征尺寸有药柱直径 d_e，药柱长度 H_e，罩顶药厚 S，药柱圆柱部长 h_z，以及锥部与圆柱衔接处的收敛角 θ_s 等。

药柱直径与破甲穿深是密切相关的。随着药柱直径的加大，破甲深度和孔径呈线性递增。装药直径 d_e 的确定依据是药型罩口径。当装药直径一定时，增大药型罩口径，破甲深度逐渐增加。药型罩口径应尽可能接近或等于装药直径，以满足所要求的破甲深度。装药直径的确定，还应考虑装药工艺，以调整药型罩口径与装药直径的比值。注装时，比值应取得小一些，以确保装药充满两者间的间隙。对压装药柱，应随带罩与不带罩压药有所不同；带罩压药时，药柱直径应略大于罩口部直径。而不带罩压药时，为保证口部不缺边，应适当增加口部装药厚度。下列经验可供设计时参考。

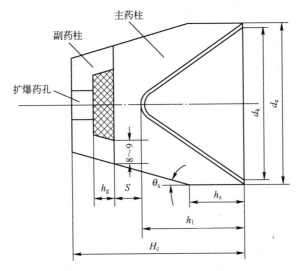

图 3.20　主、辅药柱收敛型装药形状

注装法装药时,$d_e = d_1 + (3 \sim 5)$（mm）。

不带罩压药时,$d_e = d_1 + (2 \sim 4)$（mm）。

带罩压药时,$d_e = d_1 + (0.5 \sim 0.7)$（mm）。

其中:d_1——药型罩外口径。

随着药柱长度的增加,则破甲深度增加;但当药柱长度超过药柱直径一定倍数,破深增值已不明显。根据"有效装药"原则[6,10,12],即压垮药型罩影响射流形成的那部分装药体积大小。对于有隔板波形控制器装药结构,可取 $H_c < 1.5d_e$,而对无隔板的装药结构,则可取 $H_c \approx 2h_1$,其中 h_1 是药型罩的高度。

有时为了提高破甲威力,但又受口径限制,只能设计超口径破甲战斗部,此时,对提高弹的性能是有利的,这里涉及收敛角 θ_s,通常取 $\theta_s = 10° \sim 12°$。另外装药圆柱段长 h_z 不能太削弱,应确保有效装药,满足预期的破甲效应。通常 $h_z \geqslant 25mm$ 或者 $h_z = h_1$,以减弱战斗部壳体对破甲的影响。

$$主药柱高 = h_1 + S$$

式中:h_1——药型罩的外高;

　　　S——药型罩顶层药高,$S = \gamma_3 d_k$,其中 γ_3 与锥角 2α 有关。γ_3 与 2α 的关系如表 3.11 所列。

表 3.11　γ_3 与 2α 关系

$2\alpha/(°)$	40	50	60	70
γ_3	0.2	0.21	0.22	0.23

三、主药柱小端直径的确定

在罩顶药层厚和隔板直径确定后,主药柱小端直径确定应着重考虑爆轰波的稳定传播、装药工艺以及发射强度安全性等要求。隔板边缘药厚太薄,易引起掉药缺边,破坏药柱完整性。为保证稳定爆轰,主、辅药柱应紧密贴合可靠。为此,主药柱小端直径确定,可按下列经验关系估算。

$$主药柱小端直径=隔板最大直径+2e$$

e 是隔板最大直径处的装药厚度,对于以 RDX,622 为主的黏结炸药,压装时隔板边缘装药厚取 $e=3.5\text{mm}\sim7.0\text{mm}$,对于 RDX 和 TNT 的混合炸药注装时 e 不小于 7mm。

副药柱高等于隔板厚加扩爆药高,主、副药柱组合后成圆柱截锥形,截锥的锥角应与隔板协调,确保炸药稳定爆轰,故药厚应不小于 6mm~8mm。常用压制工艺压制成的药柱其感爆和扩爆性能较理想。

3.4.2 隔板设计

一、隔板的作用

隔板的作用在于改变爆轰波的传播方向,控制爆轰波形成,提高炸药能量利用率和改善有效药量的合理分配。加强对药型罩的压力,增大聚能射流的速度梯度,最终导致破甲威力的提高。加隔板与不加隔板相比,破甲威力前者可提高 15% 左右,个别可提高 30%。故国内、外破甲战斗部均有隔板,如图 3.21 所示。

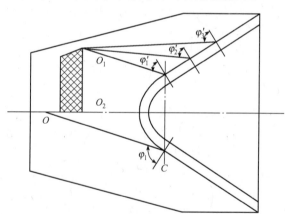

图 3.21 同一聚能战斗部,有无隔板的爆轰波波形传播

当聚能破甲战斗部中无隔板时(见图 3.21 下半部分),爆轰波从起爆点 O 开始,按球面波传播至药型罩的 C 断面时,作用角为 φ_1,φ_1 是波传播方向与罩面垂线的夹角。图 3.21 的上半部分,同样以 O 点为起爆点,则爆轰波仍以球面波向外扩展,当其绕过隔板传到隔板和炸药相接触的 O_1 点时,将以 O_1 点为爆源,爆轰波则以新的球面波压向药型罩。

为什么 O_1 点起爆早于 O_2 点呢?原因是隔板内冲击波的传播速度比炸药中爆

110

速慢。所以加隔板获得了环形起爆波形,其特点是中峰弱、边峰强的环形爆轰波,从而改变了罩的受力方向,为聚能射流的形成、拉伸,创造了有利条件。

显然,有隔板时,同一断面 C 处的作用角 $\varphi_1' < \varphi_1$(无隔板作用角),而爆轰波对罩作用压力为

$$P = P_{C-J}\left[1 + \frac{37}{27}\cos^2\phi\right]$$

式中:φ——爆轰波对药型罩罩面的作用角,φ 小则作用压力就大。

由图可知,罩的表面罩顶部受益最大,以后逐渐沿母线减小。从而克服了无隔板时所造成的顶部速度小,出现射流不稳定现象,改善了射流形成条件。

二、隔板材料

隔板材料直接影响隔爆能力和爆轰波形。选材应紧密结合隔板作用机制,一些低声速、低密度、隔爆功能好,并且有一定强度的惰性材料可作为首选用料,如厚纸板、石墨、塑料、软木等。厚纸板适用于低爆速的装药中;塑料具有一定隔爆性能,强度较好,工艺生产简便,国内常用 FS-501 压塑料,其密度为 1.24g/cm^3;国外用软木粉加胶模压而成的软木隔板,其密度为 0.4g/cm^3,这对减轻战斗部质量是很有利的。

除上述材料外,还可用低速炸药制成活性隔板,如 $TNT/Ba(NO_3)_2$,25/75,$TNT/PVAC$,95/5 等。这类活性隔板本身是炸药,有别于惰性隔板时的冲击引爆性态,从而增加了爆轰波的稳定性,也提高了射流的稳定性。

三、隔板的形状和尺寸

实际应用的隔板有下列典型结构形状,圆柱形、圆锥形、球缺形和其他的组合,如图 3.22 所示。

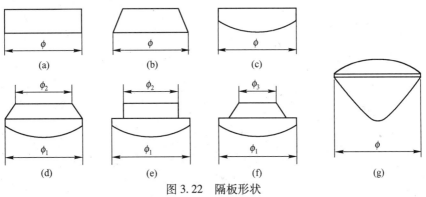

图 3.22　隔板形状

(a) 圆柱形;(b) 圆台形;(c) 圆柱—球缺形;

(d) 圆台—圆柱—球缺形;(e) 组合形;(f) 组合形;(g) 卵形。

隔板直径 d_g 可用下式估算。

$$d_g = k \left[d_1 + \frac{2r_p(1-k)}{k} \right] \qquad (3.101)$$

式中: d_1——药型罩口部直径;

　　 r_p——平顶罩罩顶半径;

　　 k——隔板投影所包围的药型罩母线相对长度,一般隔板直径投影在罩母线

　　　　　长度上为 2/3 左右。$k = \dfrac{d_g - 2r_p}{d_1 - 2r_p}$,对圆柱形药柱 k 取 0.76~0.88;对圆

　　　　　柱与截锥形药柱 k 取 0.53~0.62。试验得知 k 值不宜低于 0.5。

圆台形隔板锥角 2θ 通常取 18°~50°,锥角取大一些,在压制药柱时炸药流动,改善压药的均匀性,有利于爆轰波的传播对称性,还有利于爆轰传播路程缩短,提高板介质中冲击波速度。

隔板厚度 S_g 应与选材相匹配,隔板过厚会影响射流头部速度提高,隔板过薄则达不到预想效果。目前可按爆轰波传播路线进行粗略计算确定,或者根据大量试验统计取得有效结果按经验选取

$$\frac{S_g}{d_g} \leqslant 0.30 \sim 0.48$$

3.4.3　药型罩设计

药型罩是聚能破甲战斗部射流形成的母体,是核心关键零件,直接影响射流形成及破甲效应。药型罩设计涉及药型罩结构形状、罩锥角、壁厚以及罩材等的选择。

一、药型罩的形状

常用的药型罩有锥形、半球形、喇叭形和双锥形等(见图 3.23)。理论研究表明罩的母线长形成射流亦长,破甲威力就大。若用同口径为准相比,其母线长的次序是:喇叭形-锥形-球形。按射流头部速度高低为准,其次序是:喇叭形罩($v_{j0} = 9000$m/s)—锥形罩($v_{j0} = 7000$m/s)—半球形罩($v_{j0} = 4000$m/s)。

二、药型罩主要参数

1. 锥角 2α

锥角对金属射流的形成机理和破甲效能都有严重影响。锥角较小时,形成射流头部速度较高且速度梯度大,有利于提高破甲深度。但射流质量较小,又不利于破甲。如果锥角小于 30°,射流的稳定性变差。锥角增大,射流质量增加,射流头部速度较低,但稳定性好,且破孔直径增大,后效作用亦好。锥角大至 75°以上,射流形成过程会发生新变化。当锥角大于 90°后,罩在变形过程中发生翻转,会出现

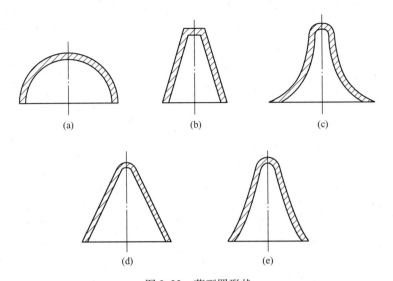

图 3.23　药型罩形状

（a）半球形；（b）平顶圆锥形；（c）喇叭形；（d）锥形；（e）双锥形。

反向射流,罩的主体形成 EFP,其破甲深度降低,但孔径很大,对付薄装甲结构目标,可取得令人满意的效果。

一般破甲战斗部药型罩锥角通常在30°~60°范围内选取。下限适用于炮用破甲弹,而上限适用于中、大口径的导弹破甲战斗部。总之,选 2α 时要随具体情况而定。

装药结构无隔板时,或小口径战斗部,或者为不旋转的战斗部,锥角宜选用35°~44°;装药结构有隔板时,或低转速战斗部,锥角可选取 50°~70°。

在小炸高 $\left(\dfrac{H}{d_k} \leqslant 2\right)$ 时,锥角宜选取 40°~60°,可提高破甲深度。在较大炸高 $\left(\dfrac{H}{d_k} \geqslant 5\right)$ 时,锥角可选取 100°~140°,此时已不形成射流而翻转形成 EFP,初速能达 1500m/s~3000m/s,其炸高对穿甲效应的敏感性已不明显。

2. 药型罩厚度 δ_M（或 t_M）

药型罩最佳壁厚与罩材、锥角、直径、有效装药量等多种因素有关,一般由实验确定。对铜制药型罩的壁厚取 $\delta_M = (0.03 \sim 0.04)d_k$,对于 60°锥角紫铜罩,则 $\delta_M = (0.015 \sim 0.025)d_e$（或罩口外径）,其中 d_e 是罩口部装药直径;对铝制罩 $\delta_M = (0.02 \sim 0.06)d_k$;对钢制罩 $\delta_M = (0.01 \sim 0.03)d_k$。

当药型罩壁呈平缓的斜锥形,即锥顶处厚而罩底部分薄,简称变壁厚。如果罩壁带锥度形成药型罩顶部薄、底部厚,这种罩被称为反向变壁厚。

3. 药型罩壁厚变化率 Δ

壁厚变化率是指单位母线长度上壁厚差。Δ 的变化范围可参考下列经验值选取。

当 $2\alpha = 35° \sim 45°$ 时, $\Delta < 1.0\%$

当 $2\alpha = 50° \sim 70°$ 时, $\Delta = (1.1 \sim 1.2)\%$

实验证明,罩壁厚变化率 Δ 若取负值,此即顶壁厚而底壁薄,会使破深降低。大炸高时,一般不宜用变壁厚罩,此时形成射流速度梯度大,易使射流拉断,使破深下降。

4. 药型罩顶部形状

罩顶部形状常见的是圆弧形,其次是平顶形。现有设计经验认为罩顶圆弧半径取 $(0.1 \sim 0.15)d_k$ 左右为好。在研制新产品药型罩时,初步求锥顶圆弧外半径可用下列半经验公式

$$R_n = 0.33 d_k \frac{\sin \dfrac{\alpha}{2}}{\sin \dfrac{3\alpha}{2}}$$

而锥顶圆弧的半径 $R_m = R_n - \delta$, δ 是罩圆弧部的壁厚。

罩顶为平顶形时,平顶直径大小应控在适当范围,则平顶构形对破甲威力才无显著影响,如美制 106mm 无坐力炮破甲弹即为 $\phi 18$mm 平顶结构。

三、药型罩的材料

选罩材应能形成具有韧性、平直度、黏聚性、有利的速度梯度、射流粗重、快速不间断或断裂时间长等的正常射流,并有较强的破甲威力,为此,要求罩材塑性好,密度大,体积声速高,晶粒要细化,形成射流过程中不汽化。符合这些要求的材料有紫铜、生铁、铝合金等。粉末冶金罩的破甲深度低于同种材料的冲压罩或车制罩,但其有突出优点,不形成整体杵,故在石油射孔弹中广为应用。

利用药型罩直径为 30mm,装填 TNT/RDX 50/50 炸药,药柱质量为 100g,在此同样条件改变药型罩材料,进行破甲效应试验,结果如表 3.12 所列。破甲数据显示铜具有很好的特性。

表 3.12 罩材与破甲性能

药型罩材料	密度/g·cm^{-3}	硬度/BHN	延伸率/%	熔点/℃	破甲深度/mm
铜	8.9	35	50	1083	123
铸铁	7.8	140	0.5	1527	110
低碳钢	7.8	110	28	1250	103
铬钼钢	7.8	190	12	—	90
铝	2.7	20	30	658	72

3.4.4 起爆传爆序列

起爆传爆序列对破甲有重要影响。实际也就是引信对破甲的影响。除引信作用时间对动炸高有明显影响外,引信的雷管起爆能量、导引传爆药、传爆药等也对破甲威力的稳定性有直接影响。对所用传爆药(这是个总称,实际含传爆药、导爆药、扩爆药、继爆药等)设计的基本要求是:合适的敏感度,能被起爆元件可靠起爆,比主装药有高的冲击波感度;足够的威力,能可靠起爆后继装药,爆速要大于主装药爆速;足够的安全性,一切传爆药要通过8项安全性试验,按 GJB2178(传爆药安全性试验方法)进行。一般传爆药量与起爆能力关系如表3.13所列。

表 3.13 传爆药量与起爆能力

传 爆 药			爆炸熄灭长度/mm
药量/g	直径/mm	高度/mm	
8	24	11.8	54
12	24	17.1	60
16	24	21.5	69
20	24	27.8	74
25	24	34.5	78
35	24	48.0	81

一般传爆药的密度=(90%~95%)理论密度。传爆药尺寸的高径比对输出能量有很大影响,特别是直径影响更大。引信中实际使用传爆药柱的高径比=0.3~1.5。传爆药量大小通常取战斗部主装药量的0.5%~2.5%。传爆管壳底厚应控制在0.8mm~1.2mm。传爆药柱的起爆能力 N_{id} 对 TNT 及 B 炸药的关系为

$$N_{id} = 283.8h^{-1.156}$$

式中:N_{id}——传爆药柱起爆能力(J/mm^2);

h——起爆深度(mm)。

应该指出,炸药柱间的起爆状况与两药柱接触面积有关。传爆药柱对被发药柱的有效冲击起爆能量式为

$$E = \frac{1}{\rho_e D_e} \int_0^{t_c} p^2(t)\,dt$$

式中:t_c——冲击波衰减至 P_c 所经时间;

ρ_e——炸药的初始密度;

D_e——炸药的爆速;

115

P_c——被发炸药临界起爆压力。

衰减脉冲冲击起爆能量的计算[21,22]

$$N = \beta_e E = \frac{\beta_e}{\rho_e D_e} \int_0^{t_c} p^2(t)\,\mathrm{d}t$$

式中：β_e——热点起爆面积效应系数，与主发药柱、被发药柱、起爆深度有关。β_e
越大，单位面积获得热点越多，热量传播越多，越易爆轰。

常用炸药临界起爆压力 P_c 值如表 3.14 所列。

表 3.14　常用炸药临界起爆压力 P_c 值

炸　药	密度/g · cm^{-3}	临界起爆压力/GPa
PETN	1.60	0.91
PETN	1.40	0.25
PBX-9404	1.84	6.45
注 TNT	1.65	10.40
压 TNT	1.60	5.00
RDX	1.45	0.28
HNS I	1.60	2.50
HNS II	1.60	2.32
CompB-3	1.73	5.63

为了控制传爆药柱与聚能成型装药药柱之间可靠起爆形成对称的爆轰波形，国外"米兰"、"霍特"反坦克导弹战斗部成功地应用了起爆中心调整器。典型的调整器结构形式如图 3.24 所示，其中图 3.24 （b）、（c）、（d）的原理是利用高、低爆速炸药的配合调整爆轰波形，当偏心 2.8mm 起爆时，爆轰波前锋与轴线处的时间差为 0.04μs，实现了波形完全对称。

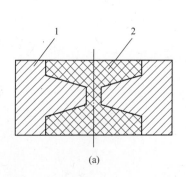

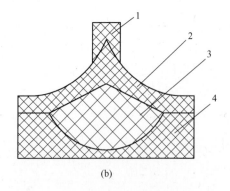

(a)　　　　　　　　　　　　　　　　(b)

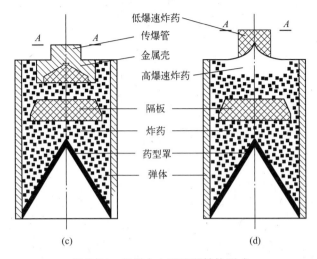

图 3.24　起爆中心调整器结构形式

（a）调整器；（b）起爆中心调整器；（c）起爆调整器；（d）起爆调整器。

1—调整气体；2—炸药。　　1—特屈儿；2—TNT/RDX—15/85；3—隔板；4—主装药。

3.4.5　静、动破甲试验

一、静破甲试验

1. 主要目的

初步设计的聚能装药结构是否合理，破甲威力能否达到预想结果或战技指标要求，须经静破甲检验。经验告诉人们，一般要经多次反复修改试验才能达到预想要求。

2. 静炸高确定

静炸高 H_F（或 H）是指聚能装药罩口部断面至试验靶板的距离，如图 3.25 所示。

试验结果表明，静炸高 H_F 对破甲深有一定影响。H_F 增加有利射流伸长，也有利破甲深度增加。但过分增加 H_F，射流产生径向分散和摆动现象，过度延伸拉长的射流产生断裂，反而使破深下降。为此，要确定使射流延伸拉长至接近最佳长度，获得破甲最深时的炸高，常称最佳炸高 $H_{F.OPT}$。实际该值是个区间，取其下限对设计减重有利。一般炸高 $H_F=(2\sim5)$ 倍口径。实际战斗部的炸高是动炸高，是在战斗部作用状态下的炸高。它是经动态试验汇合各种因素符合破甲战技指标条件下的炸高。静炸高可取 $H_F=H_Y$，利用式（3.81）求之。

3. 靶板

靶板材料强度和密度是影响破甲威力的重要因素。通常选用装甲钢模拟坦克的防御能力，北约选用 3 层模拟靶结构如图 3.26 所示。

对靶材的力学性能要求：强度为 900~1190MPa，延伸率为 20%，硬度 $HB=277\sim$

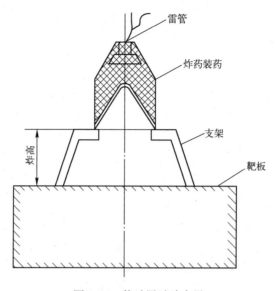

图 3.25　静破甲试验布局

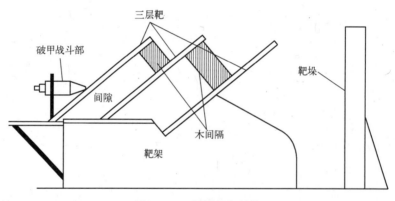

图 3.26　3 层模拟靶结构

286,靶板按需求选择。靶板结构设置应结合战斗部指标要求选择。最常用的是倾斜设置的多层间隙靶。图 3.26 中用于模拟从侧面攻击坦克的情况。第一层板代表坦克的裙板,接着是间隙;第二层板代表负重轮或悬挂系统,后为第二间隙;第三层板代表车体。下面是北约国家关于破甲战斗部及杆式动能穿甲弹的验收标准(见图 3.27)。

图 3.27 中括号内数据指杆式动能弹的威力验收指标。靶板面与水平面之夹角为 25°。俄 T-80 坦克的倾斜角为 22°,从而得图中靶板法线与水平面之夹角为 65°(68°)。第一层 10(9.5)mm 薄装甲(Hd$_B$2.86),第二层 25(38)mm 厚为 100HB 中硬度钢板,第二层 80(76)mm 厚的中硬度装甲钢板,300HB(Hd$_B$3.5)。杆式穿甲弹威力验收标准将稍作修改,将层间间距由 305mm 改为 330mm,各层靶厚分别

118

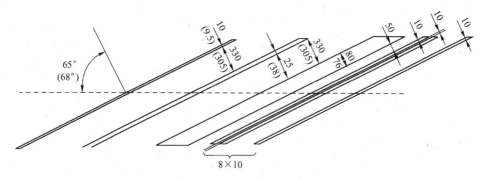

图 3.27　北约国家有关破甲战斗部及杆式动能弹威力验收标准

改为 10mm,40mm,80mm(即按 1:4:8 选用),这一改进称为重型 3 层间隔靶板。3 层间隔靶是从实用的多层间隔装甲抽象出来的靶板。多层间隔装甲的间隔可以用空气、水或油料充填,比如 2 层间隔之间充 100mm 厚燃料层,能相当于 25mm 厚装甲钢的抗弹能力。以色列的梅卡瓦坦克,燃油箱层厚 300mm,相当于坦克前装甲增厚 75mm,从而大大削弱了弹的威力,提高了乘员的生存率。有关其他靶板设置模式如表 3.15 所列。

表 3.15　靶板设置的其他模式

靶板设置 靶板情况	Ⅰ		Ⅱ			Ⅲ	
	主靶	后效靶	一靶	二靶	后效靶	主靶	后效靶
靶面与水平面夹角/(°)	68(65)	68(65)	65	65	65	68	68
靶厚/mm	180	10	40	100	10	204	10
靶板材料	526 钢板	普通钢板	42CM	42CM	普通钢板	681 复合靶	普通钢板
间距/mm	50		120(一、二靶) 50(二靶后效靶)			50	

4. 静破甲深度

静破甲深与罩的锥角、炸药装药的爆速以及射流临界破甲速度等有关。可用式(3.81)进行计算。

1)静破甲试验量确定原则和试验目的

试验发数应按试验性质和试验目的的要求而定。对于探索性或单因素影响方面的试验通常取 3 发~5 发;若涉及多因素,则正交设计要求每个水平至少取 5 发试验数据;对产品交验,试验抽样数 n 则与批量 N 大小有关。由概率论原理可知,其 N 与 n 的对应关系如下:

$N \leqslant 150$ 发　　　　　　　　　　$n = 10$ 发

151 发 $\leqslant N \leqslant 300$ 发　　　　　　$n = 12$ 发

301 发 $\leqslant N \leqslant 600$ 发　　　　　　$n = 14$ 发

601 发≤N≤1500 发   n=20 发

2）静破甲试验结果的评定

评定静破甲试验结果好坏是破甲深度、破甲率和破甲深度的散布值。其破甲深度应达到威力设计的期望值，用来度量这个样组数据的重心位置。还可将样组中最大数据减去最小数据，得出这批数据的范围，用来度量它们的离散程度。破甲孔形要求基本圆整，进口处孔径大小应达药型罩口部内径的1/3，出口处孔径应大于罩口内径的1/10。如果靶板上出现大喇叭形孔、重叠孔，偏孔均属异常现象应检查设计与制造工艺。

3）静破甲威力试验 Q_i 规则验收标准[12]

$$Q_i = \frac{\bar{L}_i - 272}{\sqrt{\dfrac{\sum\limits_{i=1}^{n}(L_i - \bar{L})^2}{n-1}}} = \frac{\bar{L} - 272}{S} \tag{3.102}$$

式中：$\bar{L}$——平均破甲深度（含后效靶在内），$\bar{L} = \dfrac{b}{1000} + k + 1.282\theta$，$b$ 为动破甲规定的靶板厚，θ 为着角，k 为含后效在内的动静破甲差，对整块均质靶 $k=100\text{mm}\sim140\text{mm}$，对多层间隔靶 $k=350\text{mm}\sim450\text{mm}$，1.282 是指动破甲穿透概率为 90° 时，静破甲必须保证的破甲厚度修正系数。

S——标准偏差，$S = \sqrt{\dfrac{\sum\limits_{i=1}^{n}(L_i - \bar{L})^2}{n-1}}$，$n$——一组试验发数；

L_i——任意一发试验战斗部的破甲深度；

272——3 层主靶厚由（10+25+85）/cos65°计算得到。

当 $Q_i \geq 0.7$ 时，表明试验战斗部静破甲威力合格。

二、动破甲试验

是指用发射装置发射或模拟方式发射导弹战斗部状态下的破甲试验。动破甲是接近产品实战要求的破甲综合性试验。本试验是在静破甲试验达到战技指标和战斗部结构设计完成后的试验。

1. 意义

与静破甲试验比，本试验要考验战斗部、引信、自发射至碰靶条件下的可靠性和作用正确性。特别是破甲威力应满足设计要求，故适用于新型号研制定型、产品批生产交验、引战配合、结构工艺改进试验等。

2. 动炸高确定

动炸高是指战斗部药型罩口部至战斗顶端（相当于目标）的距离。炸高适宜增加有利射流拉伸,有利提高破甲威力,否则,反而使破深下降。目前,仅用的是正常炸高,实际产品设计很难采用最大破深对应的炸高。通常按现有制式战斗部设计经验选取炸高(H_T):

当锥角 $2\alpha < 50°$ 时,可取 $H_\mathrm{T} = (2.0 \sim 2.5)d_\mathrm{e} = (2.0 \sim 2.5)CD$。

当锥角 $2\alpha > 50°$ 时,可取 $H_\mathrm{T} = (2.5 \sim 3.0)d_\mathrm{e}$。

或用经验式确定

$$H_\mathrm{T} = 2d_\mathrm{e} + V_0 t$$

其中,V_0 是导弹着速,t 为从导弹碰到目标传爆序列工作的时间;对压电引信 $t \leqslant 50\mu\mathrm{s}$,对机械着发引信 $t = 200 \sim 350\mu\mathrm{s}$,$d_\mathrm{e}$(或 CD)是药型罩口部药柱直径。

习惯上,也有用导弹口径倍数来表示炸高:如"陶"式导弹破甲战斗部炸高 = 0.83 倍口径;"米兰"战斗部炸高 = 1.9 倍口径;"米兰"-Ⅱ战斗部炸高 = 2.4 倍口径;"改霍特"-Ⅱ战斗部炸高 = 1.47 倍口径。

3. 动破甲试验模式

常用模式:一是用火箭橇模拟法,二是用火箭沿双钢丝绳滑动法。试验弹应等重于实弹,战斗部的着靶速度、过载系数与着角等应符合技术条件要求。另外,亦可用带战斗部实弹。这种方案常结合全弹的飞行试验和闭合回路试验一起进行。

4. 试验数量确定

设计过程的动破甲试验,一般每组为 5 发~10 发,生产验收试验,抽样量视生产批量而定,世界各国不尽相同,我国与俄罗斯均按批抽 10 发作动破甲试验,西欧国家对反坦克导弹的试验抽样数 n 随生产批量而定:当批量 $N \leqslant 250$ 发时,n 取 9 发作全程飞行试验,其中 4 发弹(内含 2 发无包装箱)经运输、振动等试验后进行射击,另外 5 发用于直接射击,结合全弹飞行试验取 3 发~5 发为动破甲试验。当 $250 < N < 400$ 发时,n 取 15 发作飞行试验,其中 4 发经运输、振动后进行射击,另 11 发直接射击,结合飞行试验而进行动破甲 4 发~6 发。

5. 试验结果评定

评定标准:在规定着角 65° 或(68°)和规定靶设条件下破甲穿透率应不小于 90%。

3.5 破甲战斗部的外壳结构设计

战斗部外壳由壳体、风帽和一些附件组成,如图 3.28 所示。

一般它们的设计是在静破甲威力达标基础上,或按数值模拟计算结果达到预想指标的前提下,才进行战斗部的外壳结构设计。

结构设计的任务:安置聚能装药,并与风帽、引信等件可靠连接构成战斗部系统,从结构上确保合理炸高,既有气动外形好,又有射流形成拉伸空间,以利提高破甲深度;同时要求件与件连接结构简单,组装方便快捷,适宜批生产。

从图 3.28(a)可知,战斗部外壳的风帽有加强筋增加刚度,风帽前端有防滑帽结构,风帽壳体均由高强塑料制作,我国采用 FX-530。压电晶体沿风帽大端圆柱部径向分布,以提高其碰撞目标时的作用可靠性。

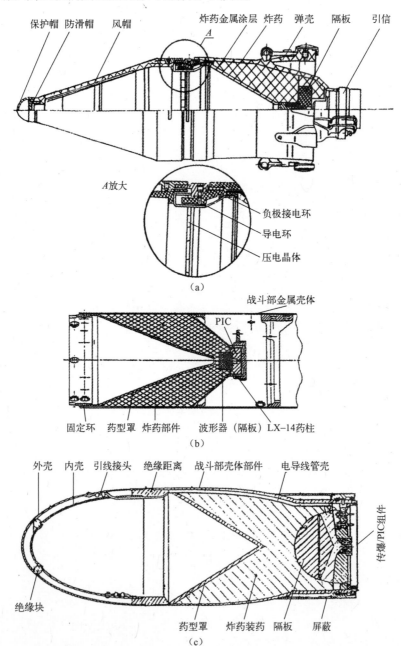

（a）

（b）

（c）

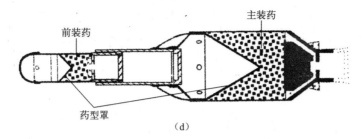

图 3.28　典型导弹破甲战斗部结构

（a）"赛格"导弹战斗部；（b）"HELLFIRE"导弹战斗器；（c）"MILAN"导弹战斗部；（d）串联装药战斗部。

3.5.1　风帽设计

风帽的功能在于保证导弹的气动外形和战斗部的有利炸高,风帽的形状对于超声速导弹主要用来减小激波阻力,设计成尖而长的流线形,以降低弹形系数;对于亚声速导弹,主要是减小升力力矩,提高对导弹的可控性。

目前常用风帽的形状有截锥柱形、瓶形、圆弧（半球）形、圆弧与柱的组合形[3,10]。

风帽的长度应比静炸高增长 15 ~ 30mm。若为压电引信,风帽长可按下式估算

$$H = H_F + V_C t \times 10^{-3} (\text{mm})$$

式中:H——风帽长(即动炸高);

　　H_F——静炸高(mm);

　　V_C——导弹着靶速度(m/s);

　　t——弹碰到目标传爆序列工作的时间。

3.5.2　壳体设计

壳体的功能是固定聚能装药和引信起爆装置,也是连接风帽和发动机并具有良好气动外形的承载构件。

对壳体形状,其内腔应与聚能装药配合,应考虑涂层(涂漆等)厚度,发射时壳体要承受装药和风帽的惯性力,因此必须有足够强度、刚度以确保安全。聚能装药战斗部发射时,壳体要承受轴向惯性力 F_Z 以及装药对壳体的径向压力 P_r。

$$F_Z = nG_n$$

$$P_r = \frac{\mu_c}{1-\mu_c} \cdot \frac{nC_n}{\pi r_n^2}$$

式中:n——发射过载系数;

　　G_n——某任意 $n-n$ 断面以前的战斗部质量;

　　μ_c——装药的波桑系数;

123

C_n——n-n 断面前的装药质量;

r_n——n-n 断面处的装药半径。

因此,n-n 断面壳体的应力为

轴向应力 $\sigma_Z = -\dfrac{nG_n}{\pi(R_n^2 - r_n^2)}$

径向应力 $\sigma_r = \dfrac{\mu_c}{1-\mu_c} \cdot \dfrac{nC_n}{\pi r_n^2}$

切向应力 $\sigma_\tau = \dfrac{P_r r_n}{\delta_s}$

式中:δ_s——n-n 断面处的壳体壁厚。

由于壳体一般用较薄的塑性材料或高强塑料制造,故可用第四强度理论校核强度。在三向应力作用下,n-n 断面上的相当应力为

$$\sigma_n = \sqrt{\sigma_Z^2 + \sigma_r^2 + \sigma_\tau^2 - \sigma_Z\sigma_r - \sigma_Z\sigma_\tau - \sigma_r\sigma_\tau}$$

壳体强度条件为

$$\sigma_n \leqslant \sigma_{0.2}$$

某导弹战斗部壳体-炸药系统所用材料力学性能如下,可供新设计时参考:壳体材料为 FX-530:抗弯强度 $\sigma_{uz} = 147\text{MPa}$;抗压强度 $\sigma_C = 117\text{MPa}$;杨氏弹性模量 $E_s = 1245\text{MPa}$;

波桑系数 $\mu_s = 0.16$;密度 $\rho_s = 1.8\text{g/cm}^3$。

炸药为 662-2015:杨氏弹性模量 $E_e = 1127\text{MPa}$（11500kgf/cm^2）;波桑系数 $\mu_e = 0.4$;密度 $\rho_e = 1.76\text{g/cm}^3$（说明:下标 s 代表壳体,下标 e 代表炸药）。

有关各零件间连接强度,可参考机械零件中的螺纹强度进行计算。

3.6 导弹总体对破甲战斗部总体参数设计要求

3.6.1 导弹总体的要求

战斗部总体参数包含战斗部质量、质心位置、赤道转动惯量和极转动量等 4 个参数。它们直接影响着导弹的总体性能,如导弹弹道性能的优劣。为此,战斗部总体参数的设计,必须满足导弹总体提出的要求,这一点对其他类型的导弹战斗部的设计有普遍的意义。

3.6.2 战斗部总体参数设计

总体参数设计所应用的理论、方法和表达式如下:

一、战斗部质量 m_W

$$m_\mathrm{W} = \sum_{i=1}^{N} m_{L_i} \qquad (3.103)$$

式中:m_W——战斗部质量(kg);

m_{L_i}——某 i 零件质量(kg);

N——战斗部包含的零件数;

$$m_{L_i} = \left[\sum_{i=1}^{n} V_i - \sum_{i=1}^{m} U_i \right] \frac{\rho}{1000}$$

式中:V_i,U_i——某零件单元体的外形和内形体积;

n,m——某零件单元体的外形、内形个数;

ρ——零件的密度($\mathrm{g/cm^3}$),除以 1000 是克与千克之间单位换算关系。

二、战斗部质心位置 X_c

$$X_\mathrm{c} = \frac{\sum_{i=1}^{N} \boldsymbol{M}_{L_i}}{m_\mathrm{W}} \qquad (3.104)$$

式中:X_c——战斗部质心距底切面或顶端距离;

$\boldsymbol{M}_{L_i}$——某零件 i 的重量矩;

$$\boldsymbol{M}_{L_i} = \left[\sum_{i=1}^{n} V_i X_i - \sum_{i=1}^{m} U_i X_i \right] \frac{\rho}{1000}$$

X_i——某零件单元质心至战斗部底切面或顶端距离。

三、赤道转动惯量 $\boldsymbol{B}$

$$\boldsymbol{B} = \sum_{i=1}^{N} \boldsymbol{B}_{L_i} \qquad (3.105)$$

式中:$\boldsymbol{B}$——战斗部赤道转动惯量;

$\boldsymbol{B}_{L_i}$——零件的赤道转动惯量

$$\boldsymbol{B}_{L_i} = \left[\sum_{i=1}^{n} \boldsymbol{B}_{V_i} - \sum_{i=1}^{m} \boldsymbol{b}_{U_i} \right] \frac{\rho}{1000}$$

式中:$\boldsymbol{B}_{V_i}$——某零件外部轮廓单元体对战斗部重心轴的赤道转动惯量;

$\boldsymbol{b}_{U_i}$——某零件内腔单元体对战斗部重心轴的赤道转动惯量。

四、战斗部的极转动惯量 $\boldsymbol{A}$

$$\boldsymbol{A} = \sum_{i=1}^{N} \boldsymbol{A}_{L_i} \qquad (3.106)$$

式中:A——战斗部极转动惯量;

A_{L_i}——战斗部某零件极转动惯量

$$A_{L_i} = \Big[\sum_{i=1}^{n} I_{A_i} - \sum_{i=1}^{m} I_{a_i} \Big] \frac{\rho}{1000}$$

式中:I_{A_i}——某零件外部轮廓单元体的体积极转动惯量;

I_{a_i}——某零件内腔单元体的体积极转动惯量。

3.7 爆炸反应装甲与串联战斗部

爆炸反应装甲(ERA)与串联战斗部是装甲和反装甲之间对抗的产物和新技术,有关它们之间的作用原理、评价判据和技术设计等问题介绍如下。

3.7.1 反应装甲

爆炸反应装甲简称反应装甲(Reactive Armour),有时称爆炸装甲(Explosive Armour)。它的结构原理以 BZH-2 型反应装甲为例,如图 3.29 所示。

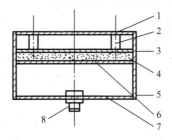

图 3.29　BZH-2 型反应装甲结构示图

1—护板;2—定位块;3—上板;4—炸药层;5—侧板;6—下板;7—底板;8—螺栓,螺母。

反应装甲是由 2 块金属薄板和 1 块炸药板组成的系统。当聚能射流作用引爆后,2 块金属薄板将沿板法线方膨胀向相反方向飞散,与射流发生碰撞连续地阻击射流,加上爆轰加重对射流的干扰,导致射流扭曲和偏转,甚至使射流断裂,使射流破甲威力严重下降。一般上、下板的飞散速度 V_P 在各点的值大小不一样,这与爆轰的非瞬时性,固连约束状况,稀疏波以及板的膨胀、变形、侵蚀等因素有关。V_P 大小取决于炸药层厚薄,通常 $V_P = 200 \sim 700 \mathrm{m/s}$,此值可用格尼公式求出。反应装甲对射流的干扰过程如图 3.30 所示。

上述过程可用 X 射线照相摄制下来。

上述作用过程,用国内研制的 BZH-2 型反应装甲作了试验。试验表明,BZH-2 型反应装甲能严重干扰聚能射流,导致战斗部破甲威力降低 52% ~ 70%。与国外装备的 BLAZER 反应装甲抗破甲性能相当,可供考核研制串联战斗部时使用。表 3.16 数据是 BZH-2 型反应装甲对某些战斗部的射流干扰效应试验结果。

126

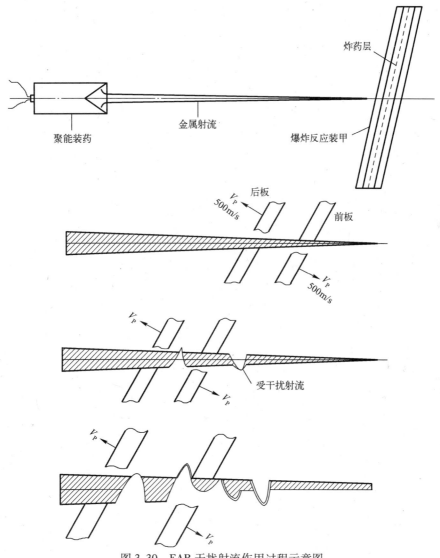

图 3.30　EAR 干扰射流作用过程示意图

表 3.16　BZH-2 型反应装甲对聚能射流的干扰试验效应结果

弹号	弹　种	靶　型	试 验 结 果
1	某原型战斗部	180mm/65°	透,深 400mm
2		BZH-2+180mm/65°	未透,深 190mm
3		BZH-2+180mm/65°	未透,深 134mm
4		BZH-2+180mm/65°	未透,深 194mm
5	A 型战斗部	北约 3 层靶	透,后效 5 块
6		BZH-2+北约 3 层靶	二靶未透,二靶深 26mm

说明爆炸反应装甲是一种高效干扰聚能射流破甲效应的有效手段。我国已研制成功3代反应装甲，在此技术领域现又有新的突破和创新。

有关射流受板断续干扰力学模型和射流受板作用连续干扰的理论模型，国内外曾作了一些探索性研究[26]。有人提出射流干扰度概念来描述反应装甲对射流的综合效应，现介绍如下。

一、射流干扰度

为了评价受爆炸反应装甲干扰后射流断裂和偏转的综合效应，提出了射流干扰度的概念，是指射流受反应装甲干扰后，射流单位长度上的射流段数与连续干扰段射流平均偏转角的指数函数的乘积，用 I_d 表示。

$$I_d = \frac{Ie^\phi}{l} \tag{3.107}$$

式中：l——爆炸装甲干扰完时刻的射流长度；

I——受爆炸装甲干扰后射流分裂的段数；

ϕ——连续干扰段射流的平均偏转角。

研究得知，影响射流干扰度的主要因素有射流头部速度、射流速度分布、射流入射角、炸高和板速。I_d 值越大，爆炸反应装甲对射流干扰越严重。

二、射流对炸药的引爆机制

由于引爆炸药有重要的军事应用价值，所以有关炸药的热起爆或冲击起爆深受重视，而射流引爆炸药的判据是 $v_j^2 d_j =$ 常数，非均相炸药的冲击起爆判据是 $p^2 t_0$ 常数，简要介绍如下。

$$v_j^2 d_j = K \tag{3.108}$$

式中：K——对确定的反应装甲，则 K 为常数，故称炸药的敏感系数。此判据是
Held(1968)归纳射流引爆裸装炸药大量试验提出的判据（或称临界条件），其中，v_j 是射流速度，d_j 是射流直径，后来 Made 和 Chick 又提出炸药的临界起爆判据

$$v_j^2 d_j \rho_j^{\frac{1}{2}} = 常数 \tag{3.109}$$

式中：ρ_j——射流密度。

几种炸药的 $v_j^2 d_j$ 值如表 3.17 所列。

表 3.17　一些炸药的 $v_j^2 d_j$

炸　药	PBX9404	PBX9502	Comp. B	Comp. B-3	压装 TNT
密度/g·cm^{-3}	1.844	1.894	1.70	1.65	1.52
$V_j^2 d_j$(mm^3/μs^2)	16±2	127±5	5.8	29	13

Chick 和 Frey 研究了有覆盖炸药的射流引爆问题,例如射流引爆有覆盖 B 炸药,其结果如表 3.18 所列。

表 3.18　射流引爆有覆盖 B 炸药时的临界参数

装药口径/mm	射流材料	$v_j/(mm \cdot \mu s^{-1})$	$U_p/(mm \cdot \mu s^{-1})$	d_j/mm	$\rho_j/g \cdot cm^{-3}$
38	铜	5.2	3.6	1.5	8.93
38	铝	5.4	3.0	2.5	2.7
81	铜	3.6	2.5	3.0	8.93

用 3mm 钢板覆盖 PBX 型塑性炸药($\rho_e = 1.41 g/cm^3$),当 $v_j^2 d_j > 53.12 mm^3/\mu s^2$ 时,可正常引爆。对国外 SX_2 炸药,$v_j^2 d_j > 64 mm^3/\mu s^2$ 可稳定起爆(供参考)。应该指出覆盖板影响很大。Chick 和 Frey 提出两种临界引爆判据是

$$\begin{cases} U_p^2 d_j = 常数 \\ v_j^2 d_j = 常数 \end{cases} \tag{3.110}$$

式中:U_p——射流侵彻速度,用其表征引爆参数,实质上已隐含有射流速度和密度对引爆的影响,故与上述方程二者无本质差别。

Walker 和 Wasley 根据一维飞板的冲击实验结果,提出下列冲击引爆能量方程

$$E_c = Put = P^2 t/\rho_e U_s = 常数 \tag{3.111}$$

式中:P——输入冲击波压力;

u——输入冲击波所产生的粒子速度;

U_s——输入冲击波速度;

ρ_e——炸药的初始密度;

t——冲击波作用时间。

对于某种确定炸药,则上式可写成典型的冲击波引爆判据

$$P^2 t = 常数 \tag{3.112}$$

James 修正了板冲击引爆的临界能量方程,利用杆冲击起爆,计及稀疏波效应,冲击波压力作用时间 $t = d/2c$,其中 d 是杆径,c 是声速(稀疏波传播速度),约等于 3/5 炸药的爆速。

对于一般高能混合炸药的起爆判据是

$$P^n t = 常数 \tag{3.113}$$

式中:n——P 的指数,$n > 2.3$。这与 Frey,Howe 等人的试验值 $n = 2.6 \sim 2.8$ 是接近的。

炸药装药的引爆过程,实质上是炸药受外界激发的一种快速化学反应压力增长过程。炸药能否被引爆,确实涉及多个因素的影响。实验和数值模拟结果表明,射流撞击参数、炸药的物理和化学性质、装药方式及炸药的覆盖层等都是影响射流引爆过程的主要因素。设计聚能串联战斗部前级战斗部必须考虑上述影响因素。

3.7.2　串联装药战斗部设计

为了对付带爆炸反应装甲(ERA)的坦克目标串联装药战斗部是一种有效的技术途径。目前,按作用原理可分两大类:一类为穿-破式2级串联装药战斗部,弹碰目标时,第一级利用弹本身高速或特殊弹头结构(如EFP)穿爆反应装甲,通过一定的延时,使第二级主装药形成射流击穿主装甲。如果ERA不爆,则避免了ERA对主射流的干扰。

另一类为破-破式2级串联装药战斗部,当导弹碰击目标时,由于一级装药射流倾斜地冲击ERA,引爆其炸药,炸药爆轰使ERA的金属板沿法线方向向外运动和破碎,经延期待ERA破片飞离弹轴后,第二级装药主射流在无干扰情况下,顺利地击穿主装甲[24,25]。

总之,不论取何种结构形式,一定要解决第一级装药的爆炸不应对第二级装药造成破坏和变形,此即隔爆延时问题。

下面介绍破-破式2级装药战斗部的设计技术。

一、前置(一级)战斗部分离面至目标的最小距离确定

目的是防止ERA的金属板与分离面后部分相碰撞对后置二级战斗部着靶姿态产生影响。

由于导弹着靶惯性力远大于战斗部风帽抗力,可认为导弹受的阻力、前置装药和ERA作用在导弹上的压力不会影响导弹运动速度。

假设:H_I——分离面至目标的最小距离;

　　　$\sum T$——前置装药起爆至ERA金属板完全飞离射流通道时间;

　　　V_{ms}——导弹着靶速度。

由图3.31中的几何关系可求得

$$H_I \geqslant \left(\frac{h_4}{\cos\theta} - \frac{\delta}{\sin\theta} \right) + V_{ms} \sum T \qquad (3.114)$$

式中:h_4——ERA金属板长度(装药长度);

　　　δ——ERA药盒至面板距离;

　　　θ——ERA与水平面的夹角。

二、后置二级战斗部最佳炸高确定

炸高曲线是在一定概率条件下绘制的,即同一条炸高曲线上具有相同的破甲率。

按惯例,不同炸高时的破甲深度的平均值绘制成的炸高曲线,仅反映破甲率为50%时破甲深度随炸高的变化律。

取不同破甲率,在同一组试验值中,可得多条炸高曲线。

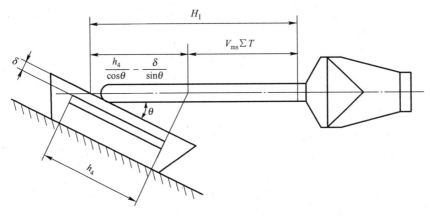

图 3.31 串联战斗部与 ERA 的相对位置

由概率论可知

$$L_P = \bar{\mu} - K_a \sigma$$

式中：L_P——一定概率下的破甲深度；

$\bar{\mu}$——某一炸高下一组破甲深度的均值；

σ——某一炸高下，一组破甲深度的标准偏差；

K_a——概率系数，由高斯分布函数积分得到，可按要求选用(见表 3.19)。

表 3.19　概率系数

破甲概率	50%	60%	70%	80%	90%
K_a	0	0.253	0.542	0.842	1.282

对于破甲率为 90%，则炸高曲线(图 3.32)的破甲深度为

$$L_{90} = \bar{\mu} - 1.282\sigma$$

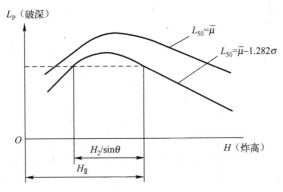

图 3.32　炸高-破甲深度曲线

(在相距 $H_2/\sin\theta$ 上有相同破甲深度)

串联战斗部的炸高设计步骤:在不同炸高下各做一组静破甲试验;用统计法分别求不同炸高下破甲深度均值 $\bar{\mu}$ 及标准偏差 σ;用上式分别计算不同炸高下破甲率为 90% 的破深 L_{90};用 L_{90} 和相应炸高绘制炸高曲线;用多项式逼近法列出炸高曲线回归方程

$$L_{90}=a_0+a_1 H^{\frac{1}{2}}-a_2 H^2$$

式中: H——炸高;

a_0,a_1,a_2——系数。

分别将 $H=H_{\text{II}}$ 和 $H_{\text{II}}=H-H_2/\sin\theta$ 代入上式中, $L_1=a_0+a_1 H_{\text{II}}^{\frac{1}{2}}-a_2 H_{\text{II}}^2$, $L_2=a_0+a_1\left(H_{\text{II}}-\dfrac{H_2}{\sin\theta}\right)^{\frac{1}{2}}-a_2\left(H_{\text{II}}-\dfrac{H_2}{\sin\theta}\right)^2$。

令 $L_1=L_2$ 求解,便可解得最佳炸高。其中, H_{II} 是最佳炸高; H_2 是反应装甲厚度。

三、串联战斗部的延迟时间确定

延迟时间是指一、二级战斗部起爆的间隔时间。实际要考虑,延迟时间有个合理范围,工程设计时从中选择最佳点($t_{\min}<t_{\text{op}}<t_{\max}$),选择依据是二级战斗部的性能特点,并由炸高曲线来确定。若 $t_{\text{op}}>t_{\max}$,则取 $t_{\text{op}}=t_{\max}$;若 $t_{\text{op}}<t_{\min}$,则应加长连接杆或用非触发引信解决 t_{op} 。

1. 最佳延迟时间(t_{op})设计

当分离面至目标的最小距离 H_1 和二级战斗部最佳炸高 H_{II} 确定后,则可按图 3.33 参量关系求最佳延迟时间计算式

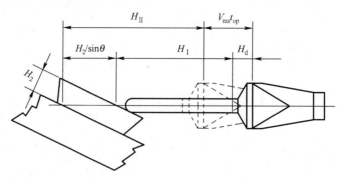

图 3.33 t_{op} 确定用图

$$t_{\text{op}}=\frac{H_1+H_{\text{d}}+\dfrac{H_2}{\sin\theta}-H_{\text{II}}}{V_{\text{ms}}} \tag{3.115}$$

式中:H_d——一、二级战斗部分离面至二级装药药型罩口部长度;

H_2——ERA 的厚度。

根据最佳炸高设计原则,若目标不挂 ERA 时,为确保二级战斗部对主装甲具有相同破甲能力和稳定性能,炸高位于升弧段上$\left(H_{\mathrm{II}}-\dfrac{H_2}{\sin\theta}\right)$,着靶瞬间二级战斗部的罩口部至目标距离为 H_1+H_d,此时延迟时间为

$$t_{op}=\frac{H_1+H_d-\left(H_{\mathrm{II}}-\dfrac{H_2}{\sin\theta}\right)}{V_{\mathrm{ms}}} \tag{3.116}$$

此式说明 t_{op} 仅与最佳炸高有关,而与目标是否带 ERA 无关。

2. 最小延迟时间 $t_{\min}$ 计算(见图 3.34)

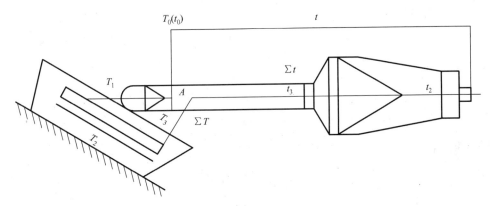

图 3.34 $t_{\min}$ 计算用图

$t_{\min}$ 确定,是按一级装药起爆时刻为零点。

设一级装药起爆至 ERA 金属板完全飞离射流通道 A 点时间为 $\sum T$,二级射流头部至 A 点时间为 $\sum t$,满足二级射流头部不与 ERA 金属板交汇的条件为

$$\sum t \geqslant \sum T$$

因为

$$\sum t=t+t_2+t_3$$

$$t \geqslant \sum T-t_2-t_3$$

式中:t_2——二级装药起爆至爆轰波到达二级药型罩顶的时间,$t_2=\dfrac{L_2}{D_2}$;

L_2——二级装药爆轰波从起爆点开始,绕过隔板距离;

D_2——二级炸药装药的爆速;

t_3——二级战斗部射流从罩顶运动至 A 点时间，$t_3 = \dfrac{H_3 + H_4}{v_{j2} + v_m}$；

H_3——二级战斗部药型罩高度；

H_4——二级战斗部罩口至 A 点距离，$H_4 = V_m \sum T$；

v_{j2}——二级射流头部速度；

v_m——导弹运动速度。

对不等式取等号，即可获得近似最小延迟时间

$$t_{min} = \frac{v_{j2}}{v_{j2} + v_m} \sum T - \left(\frac{L_2}{D_2} + \frac{H_3}{v_{j2} + v_m} \right)$$

由于 $v_{j2} \gg v_m$，$\sum T \gg \left(\dfrac{L_2}{D_2} + \dfrac{H_3}{v_{j2} + v_m} \right)$，所以，

$$t_{min} \approx \sum T \tag{3.117}$$

上式说明，t_{min} 值主要取决于 ERA 特性，并随其特性而变化，过分强调 t_{min} 的准确性意义不大。

3. 最大延迟时间的确定

最大延迟时间计算不考虑目标上有 ERA 存在，串联战斗部二级装药部分不与靶板相撞击。其最短距离为

$$h_{min} = \frac{d_w}{2\tan\theta}$$

式中：d_w——串联战斗部最大直径；

θ——靶板与水平面之夹角。

设串联战斗部最大直径前端至二级装药型罩口部的长度为 h_{cy}，则临界炸高 $H_{cr} = h_{min} + h_{cy}$，此时，仍可用图 3.33 中有关参数，将 $H_{II} - \dfrac{H_2}{\sin\theta}$ 换成 H_{cr} 即可。

$$t_{max} = \frac{H_1 + H_d - H_{cr}}{v_m} = \frac{H_1 + H_d - \left(\dfrac{d_w}{2\tan\theta} + h_{cy} \right)}{v_m}$$

因为 $H_d \approx h_{cy}$，故上式可简化为

$$t_{max} = \frac{H_1 - \dfrac{d_w}{2\tan\theta}}{v_m} \tag{3.118}$$

经上述一系列的设计计算表明，串联装药战斗部设计的核心技术关键是选择一级装药部件长度和确定最佳延迟时间。这样才能有效地对付带或不带 ERA 的北约重型 3 层间隔靶的击穿，并有一定的破甲后效。

3.8 EFP 形成机理

EFP(Explosively Formed Progectiles)是指利用爆炸能使金属板变形形成一个连续的侵彻体,并同时加速到很高速度(初速达 2km/s ~3km/s),是一种不用火炮发射而获得的高速爆炸成形弹丸或爆炸成形侵彻体[29]。

这种原理原先仅用于开矿,到 20 世纪 70 年代中期,此项技术引起了军方的关注,在引入炸高概念后,明显提高了 EFP 对靶标的毁伤效应,因而在原有的战斗部技术中融入了 EFP 技术。在反甲战斗部中出现了新型的 EFP 战斗部,它是一种定向能战斗部,是聚能破甲战斗部的家族成员之一。但与锥形药型罩装药战斗部相比,两者的形成机理和破甲机理是完全不同的。但都是用来对付装甲目标最有效的弹药。另外,EFP 战斗部对装甲目标的破坏作用也不同于靠应力波效应的碎甲战斗部。典型的 EFP 战斗部如图 3.35 所示。

随着 EFP 技术的研究不断深化和发展,人们对其物理现象和本质的描述已经有个比较确切的认识。过去曾经使用过这样或那样的名词术语,如自锻破片(Self Forging Fragment)、米斯兹内—沙尔丁(Misznay - Schardin)装药、质量聚焦装置(Mass Focus Device)、"P"装药(P-Charge)、弹道盘(Ballist Dish)、大锥角聚能装药(Wide-Angle Shaped Charge)以及爆炸成形侵彻体(Explosively Formed Penetrator)等。从图 3.35 可知,EFP 战斗部由金属药型罩(或药型罩)、壳体、爆炸装药和起爆序列等组成。炸药装药爆炸后,爆炸产物产生足够压力加速药型罩使之几乎同时形成一根杆或其他所需的形状。EFP 将以超过 2000m/s 的速度撞击命中靶板,传递近亿万瓦功率的机械能。

EFP 的概念在某种意义上讲不是新的,实际上,很早以前 Wood(1936)用具有空穴的雷管在爆炸时发现,在雷管端部空穴处的铜罩,炸后铜罩形成小弹丸,并以很高的速度抛射出去,能运行很远距离仍呈凝聚形式。

EFP 最终成为众所周知的 Misznay - Schardin 效应。当年 Misznay 在德国(1944)曾用直径 300mm 和 400mm 的铁药型罩做过试验,Misznay 证明了这种效应,其药型罩是具有一定曲率的等壁厚结构,后来发现这种装药结构不适宜大炸高(指爆炸装药罩端面至靶标之间的垂直距离)条件下的侵彻毁伤。后来 Held 进行了大锥角药型罩壁厚渐变的聚能装药的试验研究,称之为"P"装药。这种装药结构虽然很短,但仍能形成凝聚弹体,且在很远距离上还能摧毁装甲目标,说明 EFP 在弹道上保存速度能力很强。

在 1970 年中期,EFP 技术已建立起来,主要成就表现为以下 3 个方面:①能成功模拟 EFP 装置的流体编码技术,它为设计者提供了快速改变药型罩形状的能力;②高精度的计算机数字控制技术(CNC)进步,由此保证了制造药型罩的加工精度;③EFP 技术在陆、海、空等弹药、导弹战斗部技术系统中有广阔的应用远景,

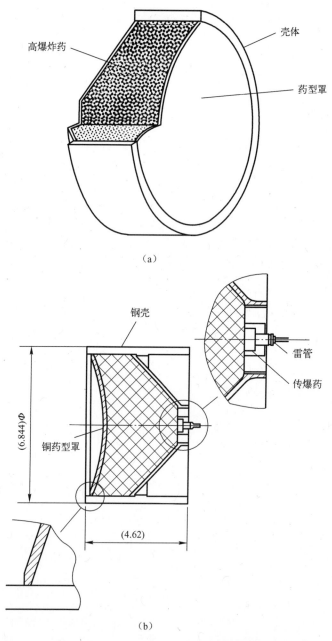

高爆炸药

壳体

药型罩

（a）

钢壳

雷管

传爆药

铜药型罩

$(6.844)\Phi$

(4.62)

（b）

图 3.35　2 个典型的 EFP 战斗部示意图

（a）典型的 EFP 战斗部外形；（b）典型的 EFP 战斗部装药结构。

加快了 EFP 技术的深入研究和迅速发展。研究表明，所有实际的 EFP 形状，如坚实的球体、长杆、空心杯和锥形喇叭杆等可通过改变药型罩形状和壁厚经爆炸成形得到。

EFP 战斗部自 1975 年以来已应用于 2 个主要方面,即大炸高条件下的传感器(敏感探测器)子弹药(如 SADARM 末敏弹)和中等炸高接近目标上空飞行的导弹上(如 TOW2B 导弹战斗部)。如图 3.36 所示。

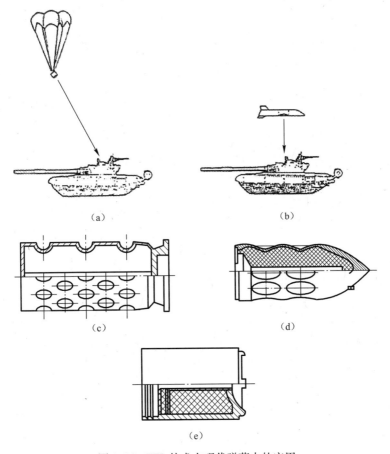

图 3.36　EFP 技术在现代弹药中的应用

(a) 大炸高如 SADARM 末敏弹攻击坦克;(b) 近炸高如 Tow-2B 导弹战斗部上,攻击坦克目标顶装甲;

(c)"罗兰特"防空导弹战斗部,打击空中目标;(d)"鸬鹚"反舰导弹战斗部,打击军舰目标;

(e) SAM-7 超低空防空导弹战斗部,打击空中目标。

应用于武器弹药的具体型号还有:俄制 SAM-7 超低空导弹战斗部,端部带有球缺罩结构,能形成短粗 EFP;西德防空导弹"罗兰特",在战斗部弹体上均布 60 个铝球缺药型罩;德制"鸬鹚"反舰导弹,其战斗部上均布了 16 个大锥角药型罩;西德在 155mm 炮弹上设计了大锥角炮弹弹丸;1976 年美陆军除发展 SADARM 外,又发展了 STAFF 敏感弹药;西德和法国还将 EFP 技术应用于反坦克侧甲雷上。近年来又出现了多个杆体战斗部和聚焦的多个杆体战斗部,它们主要用于反器材的燃烧子弹药上,对付轻型装甲、软目标等的毁伤效果好。

从 EFP 技术发展演变历史看,曾采用各种名称,而从本质上讲,它们均为聚能破甲装药的变种,但其与聚能装药锥形药型罩的内表面形成高速射流(Jet)和罩的外表面形成慢速杆体(Slug)的机理是完全不一样的。当药型罩半锥角增大时,向内压合部分显著减少,相应地射流和杆体间速度差也随之减小,其变化规律如图 3.37 所示。

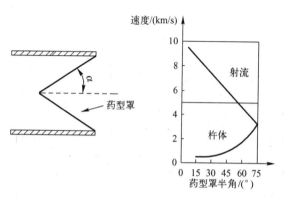

图 3.37 射流和杆体速度是锥角的函数

Held 从试验中发现,当半锥角接近 75° 时,射流和杆体具有接近相同的速度,从图 3.37 中可清楚地看出,在这样的大锥角药型罩条件时,在高爆轰压强作用下,药型罩将快速急剧翻转变形形成 EFP。随着不同药型罩形状的装药,则形成 EFP 的参数是不一样的,如图 3.38 所示[30]。

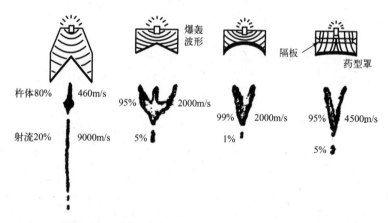

图 3.38 聚能装药与不同药型罩形状的 EFP 战斗部

根据动量守恒原理,并考虑炸药和药型罩之间的相互作用,炸药爆轰后,爆轰冲击波通过炸药冲击药型罩,冲击波后是高压爆炸气体产物。现研究药型罩上一个微元,其厚度为 h,如图 3.39 所示[31,32]。

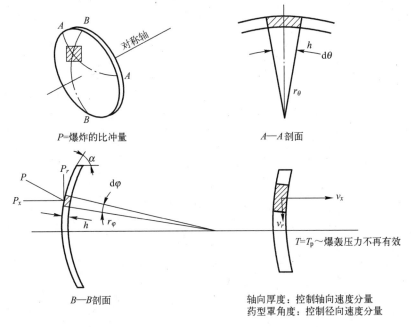

P=爆炸的比冲量

A—A 剖面

B—B 剖面

T=T_p~爆轰压力不再有效

轴向厚度：控制轴向速度分量
药型罩角度：控制径向速度分量

图 3.39　EFP 药型罩的微元影响爆炸冲击效果

设该微元表面积 dA 为

$$dA = r_\theta r_\phi n d\theta d\phi \tag{3.119}$$

式中：r_θ,r_ϕ——微元的曲率半径；

$\bar{n}$——微元的单位法向矢量。

当冲击波经过该微元上时，作用在微元上的气体产物压力 $p=p(t)$ 将使其加速。由于气体产物内的压力衰减非常迅速，所以炸药和药型罩相互作用的总有效时间很短，在大多数情况下约为 10μs 的量级。这种相互作用将导致向药型罩微元传递冲击量 $\boldsymbol{P}$，并使药型罩微元获得一最终速度 $\bar{v}$，即冲量为

$$\boldsymbol{P} = \int p dA dt = v \cdot dm \tag{3.120}$$

式中：dm——微元的质量，可表示为 $dm=\rho h n dA$。

为了简化讨论轴对称或二维药型罩表面的情况，其原理法则可作估算应用，并易被扩展，三维药型罩亦一样。其基本矢量可写成分量形式

$$\begin{cases} \boldsymbol{P}=P_x\boldsymbol{i}+P_r\boldsymbol{j} \\ \boldsymbol{v}=v_x\boldsymbol{i}+v_r\boldsymbol{j} \\ \boldsymbol{n}=\boldsymbol{i}\sin\alpha+\boldsymbol{j}\cos\alpha \end{cases} \tag{3.121}$$

式中：x,r——轴向和径向分量；

$\boldsymbol{i},\boldsymbol{j}$——$x$ 和 r 方向上的单位矢量。

因此，各自的速度分量为

$$
\begin{cases}
v_x = P\,\dfrac{\sin\alpha}{\rho h\mathrm{d}A} \\[2mm]
v_r = P\,\dfrac{\cos\alpha}{\rho h\mathrm{d}A}
\end{cases}
\tag{3.122}
$$

可见,整个药型罩的最终图形也就是 EFP 的形状,将由沿药型罩的这些速度分量分步给出。因此,对于一给定的初始药型罩外形,就会产生一定形状的 EFP。而更改药型罩形状可通过改变药型罩的半锥角和厚度来实现。

3.8.1　战斗部外形和侵彻体形状

由图 3.35 可知,典型的 EFP 战斗部由金属壳体、高能炸药和金属药型罩等组成,有的还带有隔板或波形成形器(VESF)零件,其目的是使 EFP 战斗部总体结构更紧凑,并提高 EFP 的穿甲效能。壳体不仅为炸药和药型罩提供装填的容器而且具有保护作用,另外壳体结构质量可增加炸药爆炸冲量的作用时间,从而增加传递给药型罩的总能量。

设计 EFP 战斗部时,要求其壳体、炸药装药和药型罩都应确保对称性,否则,由炸药爆炸产生的爆炸产物的非均匀性将导致爆炸冲量的不平衡,从而造成 EFP 的严重不对称性变形。就对称的壳体、装药和药型罩而言,当改变壳体厚度限制炸药量时,最终形成的 EFP 形状和速度会有明显差异。图 3.40 表示具有相同药型罩而钢壳厚度分别为 10mm 和 5mm 的 EFP 装药和爆炸后形成的 EFP 形状。图 3.40 中显示,壳体厚度为 10mm 的装药结构形成的 EFP 稍短,速度为 2.57km/s,而 5mm 厚壳体的装药结构形成的 EFP 稍长,速度为 2.43km/s,显然,其速度比 10mm 壳厚下的 EFP 低 5.4%,说明药型罩的设计与周围壳体质量是密切相关的,而且对其质量的对称性非常敏感。

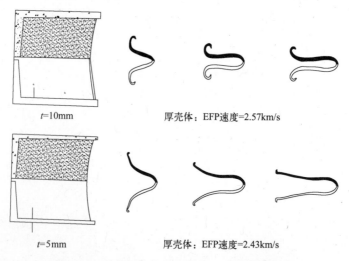

t=10mm　　　　　　厚壳体:EFP速度=2.57km/s

t=5mm　　　　　　厚壳体:EFP速度=2.43km/s

图 3.40　炸药限定改变壳厚对 EFP 形状的影响

炸药装药的密度和几何形状亦是非常重要的。炸药性能的对称性会严重影响EFP的对称性。如果药型罩两侧炸药密度一侧高于另一侧,那么对所形成的EFP形状和速度的影响将与上述描述的非对称性战斗部具有相同的作用,由于作用在罩上的爆轰波速度不平衡,导致罩歪曲变形或损坏。炸药装药的长径比 L/D(或L_c/D_c)对 EFP 也有重要的影响,当 L/D 增加时,EFP 的动能增加,直至达到一固定值。例如,装药直径为 117mm 的战斗部,内装铜制药型罩,炸药装药的长径比 L/D与 EFP 动能的关系曲线如图 3.41 所示。

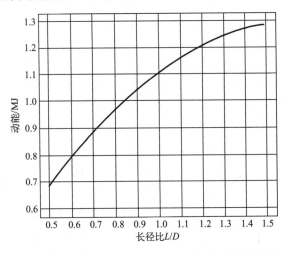

图 3.41　炸药装药长径比 L/D 与 EFP 动能的关系曲线

从图 3.41 中曲线变化规律可知,随着 L/D 的增加,EFP 的动能增加,当 $L/D=$1.5 时曲线变得平坦了,说明 $L/D \approx 1.5$ 时为最合适。$L/D \approx 1.5$ 的装药空间究竟够不够,根据 AUTODAYN 2D 流体编码对点起爆和带 VESF 起爆进行数值模拟结果,以及实验研究表明,$L/D \approx 0.75$ 时已足够了。

药型罩外形和结构模式选择的主要依据是欲打击目标的要求和整个武器系统的战斗任务。通过改变药型罩外形和壁厚,可以形成各式各样的 EFP 形状。已研究获得的 3 种形状实心球、长杆和喇叭杆。早期的设计主要集中在实心球的 EFP,然而随着目标抗破坏性能的提高,实心球已不能适用对付重型装甲,但对付轻型装甲仍是非常有效的,例如球形 EFP 应用在类似多个破片式战斗部上,以攻击空中飞行器和地面轻型装甲目标,如图 3.42 所示。

实心球可由 2 种方法形成:一是聚焦法。药型罩压合过程中,使整个药型罩材料朝向一个共同点聚焦,如图 3.43 所示。二是 W 折叠法,通过药型罩的设计,使之在变形过程中截面形成一个 W 形状,即使得药型罩逐渐向自身上压合,如图3.44 所示。图 3.43 和图 3.44 均为二维流体编码模拟图形。由 Kivity 和 Tzur 利用 EPIC 编码和 X 射线照相得到。

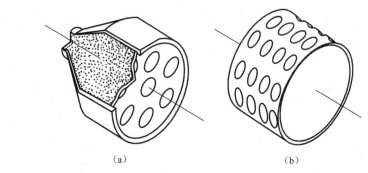

（a） （b）

图 3.42　用于攻击轻型装甲的多个 EFP 战斗部

（a）聚焦式多个 EFP；（b）大面积覆盖式多个 EFP。

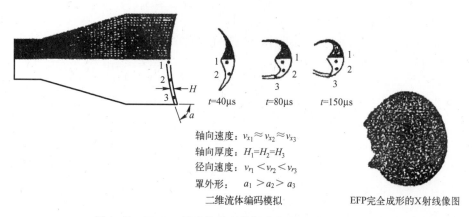

图 3.43　EPIC 二维流体编码模拟聚焦法过程的球形 EFP

　　如果药型罩压合的速度太快，或者径向速度太大，那么都将造成药型罩材料的轴向流动，并引起 EFP 拉伸变成杆并可能导致破断裂成若干碎片。然而，无论用哪种方法形成 EFP，都与药型罩材料的动力学性能和战斗部结构密切相关。

　　由于高速长杆对装甲的侵彻深度是侵彻体长度和密度的函数，所以对重型装甲的毁伤，长杆形的 EFP 比球形的 EFP 更有效。

　　杆状 EFP 有 2 种形成方法：向前折叠和向后折叠。在向前折叠的模式中，药型罩边缘加速在前，罩中心加速在后，并同时被驱动向对称轴运动，这样，最终使药型罩边缘变为杆的前端，而罩的中心变为杆尾。通常，在向前折叠的方法中，杆状 EFP 在尾部不形成稳定的喇叭状扩张部分。所以，向前折叠模式可产生形成非常坚实的长杆 EFP。由于存在较高的轴向拉伸和径向压合，故要保持超过 1m 或 2m 长的单一侵彻体是很困难的。在向后折叠的模式中，药型罩中心加速在前，罩边缘加速在后，并同时被驱动向对称轴运动，所以药型罩将发生翻转。长杆 EFP 无论有无稳定的扩张部分，都可以用此种方法形成。向后折叠模式对形成气动稳定的EFP 非常合适，因为通常头部都很对称，而其尾部呈空心扩张型，由此可使重力中

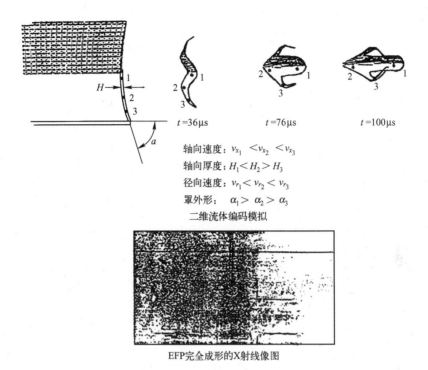

$t=36\mu s$ $t=76\mu s$ $t=100\mu s$

轴向速度：$v_{x_1} < v_{x_2} < v_{x_3}$

轴向厚度：$H_1 < H_2 > H_3$

径向速度：$v_{r_1} < v_{r_2} < v_{r_3}$

罩外形：$\quad \alpha_1 > \alpha_2 > \alpha_3$

二维流体编码模拟

EFP完全成形的X射线像图

图 3.44　利用 W 折叠法,经 EPIC 编码模拟的 EFP

和完全成形的 EFP X 光摄影图的比较

心前移,有利于飞行稳定。另外,由于径向压合不如向前折叠厉害,所以更有可能形成单一杆状侵彻体。而向前折叠模式在对称轴处更容易造成空腔,由此原因降低了 EFP 对靶板的侵彻能力。这 2 种不同类型的杆体如图 3.45 所示。

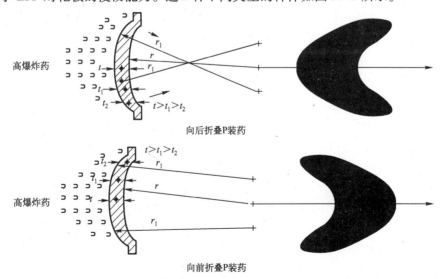

图 3.45　向后、向前折叠弹丸(侵彻体)之间的比较

143

3.8.2 理论模型

一、EFP 的材料动力学模型

EFP 药型罩的原始罩结构如图 3.46 所示。

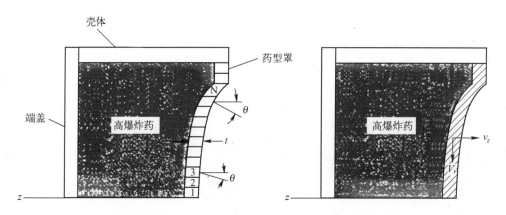

θ 与 t 沿药型罩而改变

图 3.46 EFP 药型罩的初始几何结构

　　理想的 EFP 是通过拉伸形成的杆弹,而且药型罩材料特性刚好应低于材料的塑性屈服应变极限。由此完成了一根加速指向目标的长杆。EFP 的形成可通过罩壁厚(t)和凸面角(θ)来调整。t 和 θ 对罩的每个单元是可变的。由于爆炸驱动,爆炸压力波冲击药型罩,使罩开始以 v_r,v_z 速度分量加速 EFP,在此过程中罩开始压合拉伸,只要不产生断裂和破碎,冲击加工硬化和流动应力之间的参量关系到 EFP 的压合和形状,杆的拉伸变形功可近似估算。压合过程中,EFP 拉伸确定的应力、应变方程的建模,如图 3.47 所示。

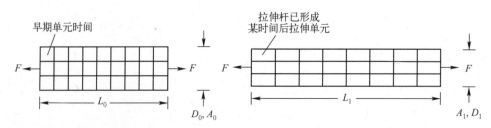

图 3.47 EFP 拉伸过程压合定义的应力、应变模型

　　材料包括屈服强度 σ_y、t_0 时刻的长度 L_0 和直径 D_0,横截面积为 A_0。EFP 短时拉伸后长为 L_1,新的面积和直径分别为 A_1 和 D_1,此时对数应变增量为[33]

$$d\varepsilon = \frac{dL}{L_1} \tag{3.123}$$

从 L_0 到 L_1，EFP 材料被拉伸的总应变为

$$\varepsilon = \int_{L_0}^{L_1} \frac{dL}{L_1} = \ln\frac{L_1}{L_0} \tag{3.124}$$

而 EFP 从 L_0 拉伸到 L_1 的塑性功 dW 由下式求得

$$dW = FdL = \frac{A_0 L_0}{L_1}\sigma_y dL \tag{3.125}$$

总功可表示为

$$W = A_0 L_0 \sigma_y \int_{L_0}^{L_1} \frac{dL}{L_1} = A_0 L_0 \sigma_y \ln\frac{L_1}{L_0} \tag{3.126}$$

将此总功方程式修改为材料的单位体积功

$$\overline{W} = \frac{W}{A_0 L_0} = \sigma_y \ln\frac{L_1}{L_0} = \sigma_y \varepsilon \tag{3.127}$$

在爆炸形成侵彻体过程中，罩材要经受各种各样的条件，例如，温度范围可能为环境温度至 1000K，应变可达 300%，应变率可达 $1.0\times10^5 \mathrm{s}^{-1}$，罩形成的 EFP 全部时间约为 $400\sim500\mu\mathrm{s}$。所以要想精确地模拟具有任意角度的药型罩形成 EFP 的过程，将需要了解复杂的材料本构关系和更好的材料模型。式(3.127)中的材料屈服应力可用 Johnson-Cook 弹塑性方程模型。本模型将 Von-Mises 流动应力作为应变、应变率和温度的函数。定义为[34-36]

$$\sigma_y = [A + B\varepsilon^n][1 + C\ln\dot{\varepsilon}^*][1 - (T^*)^m] \tag{3.128}$$

式(3.128)等号右边第一项是室温时准静态应力应变关系，第二项是应变率的影响，第三项是环境温度影响，反映高温环境所引起的试件材料的热软化效应。

式中： ε——等效塑性应变；

$\dot{\varepsilon}^* = \dfrac{\dot{\varepsilon}}{\dot{\varepsilon}_0}$——无因次塑性应变率，其中 $\dot{\varepsilon}_0 = 1.0\mathrm{s}^{-1}$，相当于准静态试验；

A、B、C、n 和 m——材料常数，A 近似等于试件材料的静态屈服极限；B，n 反映试验材料的应变硬化特性；C 是一个量纲化的应变率敏感系数；

T——相应的温度，表达式为 $T^* = \dfrac{T - T_0}{T_{\mathrm{melt}} - T_0}$，其中 T 为环境温度。T_0 为材料的初始温度，通常取 300K 室温，T_{melt} 为材料的熔化温度。应用时 T 必须大于 T_0。

Johnson-Cook 模型的流动应力与应变关系如图 3.48 所示。

方程(3.128)中的参数如表 3.20 所列。

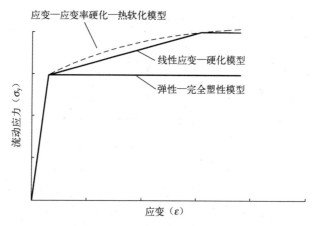

图 3.48 Johnson-Cook 流动应力—应变模型

表 3.20 方程(3.128)中的参数

材料	参数 $\sigma=[A+B\varepsilon^n][1+Cln\dot{\varepsilon}^*][1-(T^*)^m]$								
	硬度/洛氏	密度/(kg/m³)	比热(J/kg·K)	熔化温度/K	A/MPa	B/MPa	n	C	m
高导无氧铜	F-30	8960	383	13.56	90	292	0.31	0.025	1.09
药筒黄铜	F-67	8520	385	1189	112	505	0.42	0.009	1.68
镍200	F-79	8900	446	1726	163	648	0.33	0.006	1.44
工业钝铁	F-72	7890	452	1811	175	380	0.32	0.060	0.55
卡彭特电工钢	F-83	7890	452	1811	290	339	0.40	0.055	0.55
1006 钢	F-94	7890	452	1811	350	275	0.36	0.022	1.00
2024-T351 铝	B-75	2770	875	775	265	426	0.34	0.015	1.00
7039 铝	B-76	2770	875	877	337	343	0.41	0.010	1.00
4340 钢	C-30	7830	477	1793	792	510	0.26	0.014	1.03
S-7 工具钢	C-50	7750	477	1763	1539	477	0.18	0.012	1.00
铝合金 007Ni0.03Fe	C-47	1700	134	1723	1506	177	0.12	0.016	1.00
Do-75Ti	C-45	1860	447	1473	1079	1120	0.25	0.007	1.00
高硬钢	—	7830	—	1777	1510	569	0.22	0.003	1.17

二、EFP 的形成及参数计算模型

要想 EFP 的形状优良、长径比大、飞行稳定、侵彻能力强,选择药型罩是关键。目前 EFP 药型罩的设计选择球缺罩、大锥角罩和类似的其他形状罩几乎是差不多。大量试验和计算表明,单纯的等壁厚大锥角罩,或单纯的等壁厚球缺罩,很难形成优良的 EFP。

建立模型的目的是求罩上每一点的速度。下面研究任一罩微元在爆炸载荷作用下的加速问题。压垮速度 V_0 由两部分组成,在靠近对称轴部分的加速的过程可

认为是平板加速过程,而靠近边缘部分的加速过程则主要是与圆柱壳体的加速过程相近。则压垮速度的一般表达式为[9,10]

$$v_0 = f(\varphi)v_P + g(\varphi)v_C \tag{3.129}$$

式中,$f(\phi)$ 和 $g(\phi)$ 是药型罩切点的法线与 x 轴的函数(见图3.49)在整个药型罩上应满足

$$f(\phi) + g(\phi) = 1$$

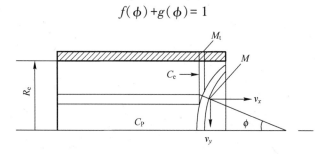

图 3.49 药型罩压垮计算图形

并用正弦函数表示

$$f(\phi) = 1 - \sin\phi$$

$$g(\phi) = \sin\phi$$

对平板加速由格尼公式(Gurney)可得到压垮速度为 v_P

$$v_P = \sqrt{2E}\left[\frac{\left(1+2\dfrac{m}{C_P}\right)^3 + 1}{6\left(1+\dfrac{m}{C_P}\right)} + \frac{m}{C_P}\right]^{-\frac{1}{2}} \tag{3.130}$$

式中:E——Gurney 能量;

m——药型罩微元质量;

C_P——与罩微元对应的装药质量,即被定义为药型罩微元沿轴向投影的管形装药。

圆柱壳体的加速过程选用 Chanteret 的管形炸药-金属压垮公式

$$V_C = \sqrt{2E}\left[\left(\frac{R_e^2 - R_i^2}{R_x^2 - R_i^2}\right)\frac{m}{C_e} + \frac{1}{6}\right]^{-\frac{1}{2}} \tag{3.131}$$

式中:R_i——炸药的内半径;

R_e——炸药的外半径;

C_e——药型罩微元到外壳所对应的炸药质量;

R_x——假想的炸药内部刚性面的半径,定义为

$$R_x^3 + 3R_x\left[(R_e + R_i)\frac{\rho_e}{\rho_{CJ}}\left(\frac{m}{C_e}R_e + \frac{m_t}{C_e}R_i\right) + R_iR_e\right] - 3(R_e + R_i)R_iR_e\left[\frac{2}{3} + \frac{\rho_e}{\rho_{CJ}}\left(\frac{m}{C_e} + \frac{m_t}{C_e}\right)\right] = 0 \tag{3.132}$$

147

式中:ρ_e,ρ_{CJ}——分别为炸药初始密度和稳定爆轰密度(C-J 密度);

$\quad\quad m_t$——对应的外壳质量。

由式(3.132)可解出 R_x。

以上方程仅给出了罩上各点压垮速度的大小,没有定出方向。为此,必须求压垮角,即压垮速度方向和切点法线之间的夹角 δ,此值是经 HEMP 程序计算的结果,通过回归,再加修正,由 P. C. Chou 等于1981年在 Randers-Pehvson 的假设条件下导出了 δ 的解析算式

$$\delta=\frac{v_0}{2U}-\frac{1}{2}v_0'\tau+\frac{1}{4}\tau'v_0 \tag{3.133}$$

式中:τ——罩上某点的特征加速时间;

$\quad\quad U$——爆轰波扫过药型罩速度;

$\quad\quad v_0$——最大压垮速度;

$\quad$撇号——表示沿药型罩的微分。

$$\breve{U}=\frac{D_e}{\cos\gamma} \tag{3.134}$$

式中:γ——爆轰波阵面与球缺罩(或药型罩)切线方向的夹角,对于球面爆轰波,γ

$\quad\quad$值可参考文献[37]求出;

$\quad\quad D_e$——炸药装药的爆速。

至此就能计算药型罩上每一点的压垮速度和方向。对于等壁厚的球缺药型罩,罩半径=装药直径,以及等壁厚的大锥角(130°)条件,按上述理论模型进行计算,计算结果如图 3.50 所示。

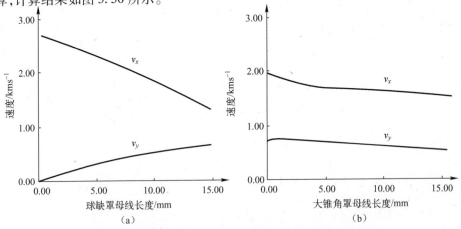

图 3.50 两种等壁厚不同形状药型罩压垮速度的分布规律

(a)球缺药型罩的压垮速度 v_x 和 v_y 沿罩母线分布;

(b)大锥角(130°)药型罩压垮速度 v_x 和 v_y 沿罩母线的分布。

计算表明,2 种罩沿垂直轴方向的速度 v_y 分量变化规律不同。对于大锥角罩的速度分量 v_y,由罩中心至边缘是逐步减小的,而对于球缺罩中心至边缘是逐步由小到大增加的,速度变化梯度较为明显。变化发展趋势两者正好相反,且变化规律与罩材改变无关。变化规律说明它们的 EFP 的形成机制压垮过程是有区别的。沿轴线方向的压垮速度 v_x 两者变化趋势均为从大变小,差别在于它们的速度梯度,这种梯度差的大小会直接影响到 EFP 成形过程中的长细比的大小。

由于球缺罩的 v_x 梯度大,因而在 EFP 不发生断裂的前提下,有利于提高伸长度。另外,从 v_y 大小来看,在接近边缘压缩大,显然易造成长细比好的 EFP。当压缩不够时,易形成中空形的 EFP。

对于大锥角罩则不同,由于 v_x 梯度小,在变形成形过程中,EFP 不易被拉长,另外在头部 v_y 远大于球罩 v_y,致使罩头部压缩过大,形成射流和杵体时而其尾部压缩不够,无法合拢。显然成形不如球缺罩好。

理论计算和大量试验结果表明,大锥角等壁厚罩,罩头压缩大,尾部压缩不够,加之拉伸速度梯度较小,难形成外形、性能好的 EFP。球缺等壁厚罩,翻转形成有较好头部和伸长,但尾部不易形成有利于飞行的尾形,仅形成一个扩张部。

3.9 EFP 的气动特性

EFP 是大锥角(130°~150°)药型罩或球缺药型罩在爆炸载荷下翻转变形产生的,原来的内表面变成外表面,原来的外表面则变成内表面。并在爆炸气体产物的继续作用下,逐步向轴线压缩,最后形成一束较粗的 EFP。并具有一系列特性,如形状的不对称,以及大攻角和典型的高、超声速效应,故有较强的非线性特性。EFP 的飞行性能有其特殊性,其攻角幅值较大,影响空气阻力和着靶姿态,导致直接影响侵彻能力和对目标的毁伤概率。关于 EFP 的气动特性研究,可通过典型的 EFP 模型进行风洞试验确定正面阻力系数 C_x,升力系数 C_N 和俯仰力矩系数 C_{mz} 等,以及飞行马赫数和攻角之间的变化规律,这对指导 EFP 战斗部药型罩设计,求解 EFP 的外弹道性能主要参数以及飞行稳定性具有极重要作用。下面以球头—圆柱—扩张尾裙形体组成的 EFP 为例,在空气中以极高速飞行时,可用高、超声速气流环绕形体流场特征来描述,如图 3.51 所示。

图中详细表示了冲击波的发生、形成分离区的开始以及重新连接的指向。在回流面区域的分离流及流动转角成为尾流的控制,是依赖于附面层条件和冲击波引起的压力场。对于分离流区域的范围要关注两点:一是马赫数、攻角以及扩张尾裙部分上流体动压的强力作用;二是受冲击波穿过空气路径的强度效应影响。

图 3.52 给出了 2 种 EFP 几何图形模型,以此为例作为研究空气阻力、飞行稳定性等因子作用。由于其相互干扰特性是非线性的。故图中所列数据不宜外推获取几何图形。图中所指头部、圆柱、扩张部空气动力特性的对比,其圆柱长与直径

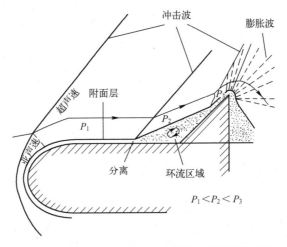

图 3.51　高、超声速气流环绕球头—圆柱—扩张尾裙的流动图

之比为 1.0~4.0,并假定扩张部分表面积与参考表面积之比为 8.62,而马赫数为 6。

当前有 2 种原则可供设计时选用,一是选外形时,应具有低阻特性;二是所选外形应具有足够静、动稳定性,EFP 形状不仅有对称性而且对初始俯仰和偏航速率具有最小的敏感性。从数据可知,在零攻角时,增加扩张角,就增加了阻力系数,增加了法向力系数导数,并使压心后移。在 2 种圆柱长与直径之比情况下,对于扩张角 10° 和 20° 时,锥形弹体前部呈现的阻力系数和稳定性值与钝头形几乎相差不大,但是,对于 30° 扩张角时,显然是优先选择钝头空气动力特性为好。

实际上,扩张稳定体的力和力矩,均受到:①由于轴向形状变化与流动特性引起的附面层分离;②弓形冲击波影响着扩张部分附近的动压;③弓形冲击波—扩张部/冲击波交汇效应等影响。试验数据已表明,钝头部的头部轴向力作用增加。由于减少了弹体附近的动压,故对减小扩张部轴向力作用有益,但其径向动压梯度增加超过了锥形头部。而当扩张部角度增加时,扩张部便进入接近常动压区至高能量状态。有关 30° 扩张角受到较高阻力已在图 3.52 中说明。

至于每个 EFP 的扩张部折损至何种程度,问题更复杂。若其对称性足够差,将导致修整(平衡)角不为 0,将偏离其平面弹道或发生翻滚。所以,总的撞击靶误差来源于两个方面,即由瞄准误差引起的初始扰动,其随距离线性增加,另一方面为由于不对称引起的飞行不稳定,其随距离二次方增加,如图 3.53 所示。因此,扩张部应设计成提供适当稳定性,而不对称性应保持至最小。有关 EFP 尾裙或尾翼形状大小,可用新型特殊药罩结构设计和先进的工艺实现。

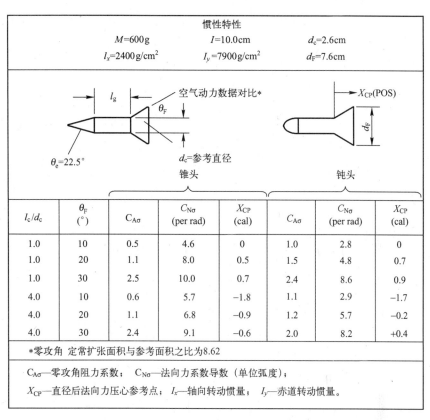

l_c/d_c	θ_F (°)	锥头			钝头		
		$C_{A\sigma}$	$C_{N\sigma}$ (per rad)	X_{CP} (cal)	$C_{A\sigma}$	$C_{N\sigma}$ (per rad)	X_{CP} (cal)
1.0	10	0.5	4.6	0	1.0	2.8	0
1.0	20	1.1	8.0	0.5	1.5	4.8	0.7
1.0	30	2.5	10.0	0.7	2.4	8.6	0.9
4.0	10	0.6	5.7	−1.8	1.1	2.9	−1.7
4.0	20	1.1	6.8	−0.9	1.2	5.7	−0.2
4.0	30	2.4	9.1	−0.6	2.0	8.2	+0.4

*零攻角 定常扩张面积与参考面积之比为8.62

$C_{A\sigma}$—零攻角阻力系数； $C_{N\sigma}$—法向力系数导数（单位弧度）；

X_{CP}—直径后法向力压心参考点； I_x—轴向转动惯量； I_y—赤道转动惯量。

图 3.52　典型的 EFP 惯性特性和空气动力数据

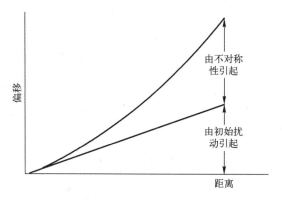

图 3.53　不对称性和初始扰动对飞行弹道的影响

3.10　EFP 战斗部工程设计方法

EFP 战斗部的设计和其他类型的战斗部设计方法一样,常常用综合设计法,即采用理论计算、试验验证和数值模拟三位一体的设计方法。其目的在于设法从物理本质上了解研究对象,使试验次数减少到最低限度,获得高效的设计成果。这里主要介绍工程设计方法[39-41]。

3.10.1 形成 EFP 的必要条件

一、锥形或回转双曲线形药型罩应具有足够大的锥角

由聚能效应理论可知,射流速度和杆体速度之比为

$$\frac{v_j}{v_s} = \cot\frac{\beta}{2}\cot\frac{\alpha}{2} \tag{3.135}$$

在爆炸载荷作用下,若要求药型罩形成 EFP,则应使射流和杆体合而为一,即 $v_j = v_s$,则下式成立

$$\cot\frac{\beta}{2}\cot\frac{\alpha}{2} = 1 \tag{3.136}$$

式中:α——药型罩半锥角;

β——药型罩压垮角。

若将 β 角经验式外推,则压垮角可按下列关系式确定

$$\begin{cases} \beta = e^t \\ t = -0.1\alpha(\lambda - 0.228)^2 + 0.02\alpha + 4.49(\lambda - 0.16)^2 + 2.83 \end{cases} \tag{3.137}$$

式中:λ——药型罩微元所在位置的相对值。

考虑到大锥角药型罩约 73% 的直径有效,故 λ 的有效区间定为 0~0.73 较为合适。当取 $\lambda = 0.36$ 时,代入式(3.137),求解得知药型罩锥角为 137° 时的装药结构不会产生金属射流,而可能形成射流和杆体合一的 EFP,此结论与试验结果是相符的。当 $2\alpha = 80° \sim 120°$ 时,其形成物态、速度和穿孔情况仍具有明显的射流特性。只有当 $2\alpha = 130° \sim 160°$ 或更大(180°)时的几何形状才形成 EFP,如图 3.54 所示。

二、初步设计时,药型罩几何形状与尺寸的选择

对等壁厚大锥角药型罩:$2\alpha = 130° \sim 140°$ 时,可取壁厚 $\delta_1 = (0.055 \sim 0.060)d_k$,$d_k$ 是药型罩口部内径。如特殊需要,锥顶要开中心孔,则孔径 d_1 可取 $(11 \sim 12\%)d_k$。3 种 EFP 大锥角药型罩和 3 种球缺药型罩的设计如图 3.55 所示。

通过实验得知,封顶罩所形成的 EFP,径向收缩好,但其前端出现严重破碎,使空气阻力加大。等壁厚空顶罩,不仅径向收缩好,而且罩材损失小,所形成的 EFP 具有良好的外形。

对于球缺药型罩的设计几何参数[41]:

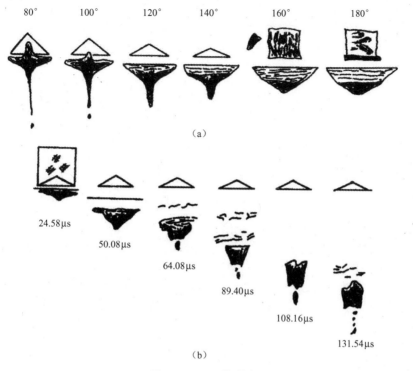

图 3.54　EFP 的形成

(a) EFP 形成与 2α 的关系;(b) EFP 形成过程(脉冲 X 射线摄影)。

设 R 为药型罩曲率半径;d_k 为罩直径,图 3.56 中球心坐标$((h-R),0)$,h 为球缺高度,则球缺药型罩方程为$(x+R-h)^2+y^2=R^2$,则

$$y=R\left[1-\left(1-\frac{h}{R}+\frac{x}{R}\right)^2\right]^{\frac{1}{2}} \tag{3.138}$$

将点 $A\left(0,\dfrac{d_k}{2}\right)$ 值代入上式得到

$$R=\frac{d_k}{2}\left[1-\left(1-\frac{h}{R}\right)^2\right]^{-\frac{1}{2}} \tag{3.139}$$

球缺药型罩的斜率为

$$\dot{y}=-\left[\frac{1}{\left(1-\dfrac{h}{R}+\dfrac{x}{R}\right)^2}-1\right]^{-\frac{1}{2}} \tag{3.140}$$

或变为

$$\frac{h}{R}=1-\left(\frac{\dot{y}^2}{1-\dot{y}^2}\right)^{\frac{1}{2}}+\frac{x}{R} \tag{3.141}$$

153

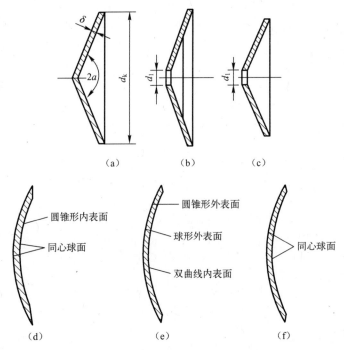

图 3.55 3 种大锥角药型罩和 3 种球缺药型罩的设计

（a）等壁厚封顶罩；（b）变壁厚孔顶罩；（c）等壁厚孔顶罩；
（d）弹道盘；（e）双曲线形药型罩；（f）均匀厚度的球形药型罩。

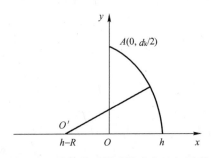

图 3.56 球缺药型罩参数确定几何图形

过球缺药型罩口部作外切锥，其锥角为 2α，令其等于 137°；参照大锥角情况约有 $0\sim0.73d_k$ 部分形成 EFP，因此其口部锥角的下限应使 $\dfrac{2y}{d_k}=0.73$ 处的锥角为 137°，按此条件确定口部锥角为 120°。由此获得 $2\alpha = 120° \sim 137°$，将此代入式（3.141）与式（3.139）确定球缺药型罩的曲率半径。

$$R = (1.00-1.36)d_k \tag{3.142}$$

如果 R 大于式（3.142）给出的值可能不形成 EFP；反之，R 小于式（3.142）给出的值可能有一部分材料形成射流，从而降低了药型罩的 EFP 成形率。在此也应指出,式(3.142)提供的值与罩材有关,对于铜药型罩形成 EFP 条件为 $R \approx (1.4-1.5)d_k$;对于低碳钢药型罩形成 EFP 条件 $R \approx (0.8-1.1)d_k$。

三、药型罩壁厚设计

在实验基础上,由流体力学原理,假设罩在爆轰压作用下为不可压,建立了 EFP 的半径经验判别式

$$\delta_{(x,k)} = \delta_0 \left[1-k\frac{d_k-2x}{R_0}(1-\mathrm{e}^{-\frac{\mu h_x}{R_0}})^{-2} \right] \tag{3.143}$$

式中:$\delta_{(x,k)}$——药型罩在自锻过程中的厚度随坐标 x 及飞行距离 h_x 的变化关系;

δ_0——药型罩初始厚度;

d_k——药型罩底面直径;

R_0——药型罩内曲面坐标的初始半径;

x——位于药型罩底面上并以底面中心为原点的坐标;

k 和 μ——与材料性质有关的系数,对于 T_2 紫铜药型罩取 $k=1.25, \mu=1.35$,对于钢药型罩取 $k=0.8, \mu=0.85$,μ 为质量比(等于罩质量/炸药质量)。

罩的厚薄要适宜,薄时要薄到足以被加速到 2000~2500m/s 的速度;厚时要厚到炸药爆炸时不被炸裂,或甚至不能成形。对于等壁厚大锥角药型罩其厚度的选择通常取 $\delta_l=(0.06~0.15)d_k$。对于变壁厚药型罩,其罩厚度分布与 EFP 成形关系很大,根据试验统计及数值模拟分析,给出下列经验式、即形成翻转型 EFP 的药型罩厚度应满足下列设计准则

$$\frac{\delta_W}{\delta_T} > 0.6$$

式中:δ_T——药型罩中心对称点的厚度;

δ_W——药型罩边壁厚度。

之所以如此设计,目的是使前后微元速度差不宜过大,避免产生断裂。根据试验可知:对于延性好的铜药型罩,$\frac{\delta_W}{\delta_T}=0.8~1.0$ 时,EFP 成形好;对于延性较差的钢药型罩,$\frac{\delta_W}{\delta_T}=0.6~0.8$ 时,EFP 成形好。

随着 $\frac{\delta_W}{\delta_T}$ 比值的减小,则 EFP 前后微元速度差(Δv)增加。当速度差超过 0.25km/s 时,则将形成断裂杆体。恰当的 $\frac{\delta_W}{\delta_T}$ 时,对应的 $\Delta v \approx 0.05~0.18$km/s 则将形成球形 EFP,对应 $\Delta v \approx 0.18~0.25$km/s 时,则将形成杆型 EFP。详细情况如图 3.57 所示。

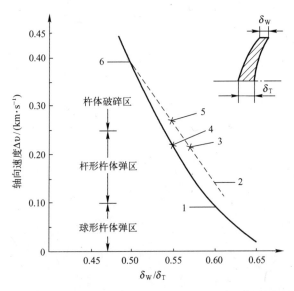

图 3.57　变壁厚药型罩的厚度分布、轴向速度差对 EFP 性能特性的影响
1—设计曲线;2—修正曲线;3—通过 TEMPS(一维程序)迭代周
期修改后的设计;4—初步设计;5—初步设计的 TEMPS 结果。

3.10.2　药型罩材料

适于制造 EFP 药型罩的材料,要求有较好的塑性和较大的密度。塑性状态好的材料对 EFP 成形有利。目前应用的材料有紫铜、低碳钢和铝等材料。这些材料对冲击波具有不太敏感特性,能保持正向的加工硬化功能。金属在动载荷下的塑性常与其晶格有关,立方晶格的金属性能优于六方晶格的金属。近年来正在研究和发展铀钛合金、铀铌合金、铁镍钨合金、钽金属以及钼金属等材料在药型罩上的应用[14]。当药型罩的材料改变时,药型罩的结构也应作相应的改变(如锥角、壁厚等),才能确保药型罩的闭合、翻转,从而形成 EFP。在带"P"装药结构的反舰导弹战斗部上,建议药型罩选用 $10Mn_2$ 钢或 20 钢为好,这样既能有好的 EFP 威力性能,又能确保强度和焊接工艺性。

3.10.3　炸药

高能炸药的质量对 EFP 形成及其速度有很大的影响。国外广泛应用 RDX 与紫铜罩相匹配。国内使用 RDX/TNT 系列装药与罩相匹配。随着 RDX 含量的增加,EFP 速度加大,侵彻装甲能力提高。但应指出,当铜罩的等效塑性应变大于1.96 或最大主应力等于 250MPa 时,易发生断裂。TNT/RDX 50/50 装药与钢罩相匹配效果较好。目前用 LX-14(内含 HMX95%)炸药与钽药型罩配合应用于 SA-DARM 战斗部结构上。高能炸药选用平面或者环形起爆比点起爆效果好。国外对不同爆轰波形发生器进行了研究,生产了一种特殊的新型波形控制器 VESF。改变 VESF 与主装药间距,可产生不同爆轰波形状。与同直径相同罩形、质量的点起爆装药结构比,对于相同装药长度,用 VESF 可提高 EFP 的能量;对于不同装药长度,用 VESF 可保持 EFP 能量不变,并可缩短装药结构长度。这对战斗部的质量、威力设计是非常有利的。其试验结构如图 3.58 所示。

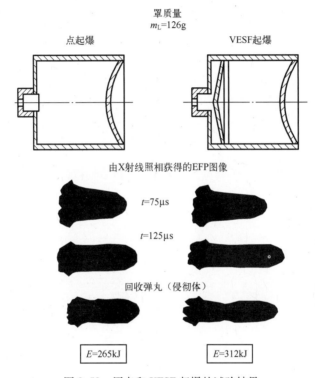

图 3.58 用点和 VESF 起爆的试验结果

图 3.58 说明,起爆的压力场是很重要的,直接影响其 EFP 形成的最终速度和能量的大小。Blache 和 Weimann 等人用图 3.59 模型试验所得结果如表 3.21 所列,可供工程设计时参考。

表 3.21 由点和 VESF 起爆等效的试验结果

L_C/mm	L_D/mm	能量/kJ		能量增加 /%
		点起爆	VESF 起爆	
82	2	270	293	8.5
84	4	273	299	9.5
86	6	277	320	15.5
88	8	281	336	19.6

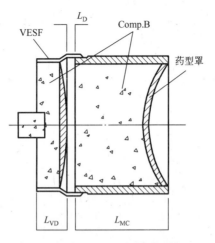

图 3.59　点和 VESF 起爆试验模型

装药结构：$\dfrac{\phi 83}{\phi 75} \times L_{\mathrm{C}}$（装药长度）；$L_{\mathrm{MC}}$ 为主装药长度；L_{VD} 为 VESF 长度；L_{D} 为 L_{VD} 和 L_{MC} 之间的距离。

另外 Blache 等人改变 VESF 装置型式，同时确保 VESF 和主装药间距不变。试验如图 3.60 所示，试验结果如表 3.22 所列。

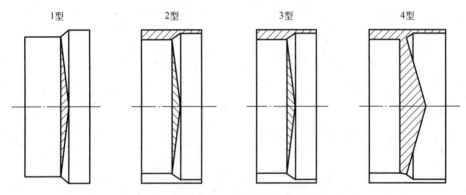

图 3.60　用四种型式的 VESF 装置的试验结果

1 型—制成一个钢零件；2 型—制成两个零件固定在一起；

3 型—外壳为塑料，飞板用钢制；4 型—制成一个塑料体。

表 3.22　图 3.60 试验结果

VESF	能量 E/kJ
1 型	316
2 型	317
3 型	307
4 型	291

3.10.4 壳体

壳体是与传递炸药爆轰能量空间和时间密切相关容器,壳体的重要性在于其直接影响到 EFP 的主要性能。通常,壳体厚度或强度增加,则 EFP 质量增加,EFP 速度增加,EFP 动能增加,它们之间的增加关系是非线性的,而且 EFP 的形状也在不断变化着。当壳壁厚度达到一定值后,有关参数增长就不明显了。壳厚如何选取应结合具体工程问题,综合战斗部战术技术指标适当确定。

壳体材料的选择可根据战术技术指标要求来选择,美国的 SADARM 战斗部的壳体是选择优质钢材作为壳体。

EFP 能否在其尾端改扩张部为尾翼,引起了研究者的关注。据资料和国内研究报导,使 EFP 在自锻过程中直接形成尾翼的研究有新的进展,采用壳体局部周围内周期性的质量不对称性,使 EFP 形成尾翼。其原理是使壳体膨胀时变化的爆炸冲量,适合罩在周围方向上的轻微变化。壳体膨胀时,较重部分比其较轻部分运动迟缓,与厚壳相邻的罩区域,产生压力加载时间长,压强高,之后此罩区运动比它相邻区稍快,导致罩圆周期性地起皱,最终导致 EFP 后部起皱形成尾翼。这样的外形结构,其阻力显然小于带裙式尾部的结构,且飞行稳定性好。

3.10.5 EFP 长度的预估

国外通过罩材性能的动态试验和模拟,在接近标准装药结构时,提供了下列经验式[43]

$$l_\mathrm{P} = 0.8 l_\mathrm{c} \left(\frac{R_1}{0.8} \right)^{-1.5} \left(\frac{\delta_1}{3.5} \right)^{-1} \left(\frac{m_\mathrm{s}}{31.5} \right)^{0.05} \tag{3.144}$$

式中:l_P——EFP 的长度;

l_c——装药长度(mm);

R_1——实测装药直径(75mm)的药型罩曲率半径(mm);

δ_1——药型罩厚(mm);

m_s——壳体质量(kg)。

试验表明,对于直径为 46mm,$R_1 = 40$mm 的罩厚为 3.5mm 时,铜罩形成的 EFP 长达到 80mm,钢罩的 EFP 长较铜罩的短一些。

国内试验得到了类似的结论式,可供威力设计时参考[44]。

$$\frac{l_\mathrm{P}}{d_\mathrm{EFP}} = 8.9 \times 10^{-6} \left(\frac{\delta_1}{d_\mathrm{c}} \right)^{-4.2} \left(\frac{R_1}{d_\mathrm{c}} \right)^{-0.81} \tag{3.145}$$

$$K_\mathrm{r} = 7.6 \left(\frac{\delta_1}{d_\mathrm{c}} \right)^{-0.94} \left(\frac{R_1}{d_\mathrm{c}} \right)^{-0.61} \tag{3.146}$$

式中:d_EFP——EFP 的直径;

d_c——炸药装药直径;

K_r——EFP 的质量占药型罩原质量的百分比(简称成形质量百分比)。

3.10.6 EFP 的速度

假设 EFP 的药型罩每一微元的运动是由炸药一维抛掷的结果,因而可不计侧面稀疏波的影响,另外假设微元之间彼此无影响。

设被抛罩微元质量为 M_i,面积为 S,则加速运动方程为

$$M_i \frac{dv}{dt} = SP \tag{3.147}$$

一维条件下,药柱垂直金属表面爆炸时,作用于刚性金属表明的压力随时间变化的规律为

$$P = \frac{64}{27} P_{CJ} \left(\frac{l}{D_e t} \right)^3 \tag{3.148}$$

式中:P_{CJ}——C-J 面压力;

D_e——炸药爆速;

l——炸药装药长度;

t——爆轰波作用时间。

按式(3.148)可以作出 $\frac{P}{P_{CJ}} \sim D_e t$ 变化曲线。当 $t = \frac{l}{D_e}$ 时,压力最大,$P_m = \frac{64}{27} P_{CJ} = 2.37 P_{CJ}$。实际金属并非刚体,表面受压达不到这么大,J. O. 厄克曼对 B 炸药-紫铜的计算结果为 $P_m = 1.68 P_{CJ}$,B 炸药的 $P_{CJ} = 27.2 GPa$。而紫铜的屈服强度为 90MPa,显然 B 炸药的 C-J 压力远大于紫铜的屈服强度,所以材料一定会产生屈服现象。

厄克曼等人对斜爆轰与金属(紫铜、铁、铝等)壁的作用进行了计算。例如,B 炸药与紫铜壁作用时,冲击点的最大压力 P_m 随角 φ 变化关系为

$$P_m = (\cos\varphi + 0.68) P_{CJ} \tag{3.149}$$

式中:φ——罩面与爆轰波阵面切线之间的夹角。

如果将 φ 角分为 2 个范围:$0° \leqslant \varphi \leqslant 55°$;$55° \leqslant \varphi \leqslant 90°$,可参考求 P_m 值[17]。计算结果发现,一般来说,随着 φ 角的增加,P_m 将下降,在 φ 角大于 55° 后更为显著。式(3.149)唯一不足之处是未考虑马赫反射,所以在 φ 角大于 60° 时,就会带来误差。比较式(3.148)和式(3.149)得到

$$P = (\cos\varphi + 0.68) P_{CJ} \left(\frac{l}{D_e t} \right)^3 \tag{3.150}$$

将式(3.32)代入式(3.29)积分得到速度表达式为

$$v = \frac{1}{8} (\cos\varphi + 0.68) \frac{m_{ei}}{M_i} D_e \tag{3.151}$$

式中:$\frac{m_{ei}}{M_i}$——装药与药型罩微元质量比。

160

对于球缺药型罩,式(3.151)中该速度是指向球缺的曲率中心,如图 3.61 所示。

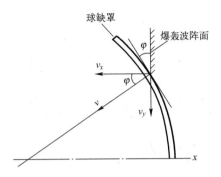

图 3.61 EFP 微元的轴向和径向速度

微元的轴向速度为

$$v_x = \frac{1}{8}(\cos\varphi + 0.68)\mu \frac{m_{ei}}{M_i} D_e \cos\varphi \tag{3.152}$$

微元的径向速度为

$$v_y = \frac{1}{8}(\cos\varphi + 0.68)\mu \frac{m_{ei}}{M_i} D_e \sin\varphi \tag{3.153}$$

其中

$$\mu = 1.34 - 0.49 \frac{H_c}{R_c} \left(\frac{H_c}{R_c} = 1.0 \sim 2.1 \right)$$

式中:φ——爆轰波阵面与药型罩微元夹角;

$\dfrac{m_{ei}}{M_i}$——装药与药型罩微元质量比;

H_c——计算微元对应的装药高度;

R_c——装药半径;

μ——实际装药对一维装药的修正,此即药型罩各微元之间实际存在着的牵制作用对孤立微元抛掷影响的修正。

研究表明,球缺药型罩轴向速度的计算值与实测结果符合较好。另外,罩首尾微元的轴向速度差与回收 EFP 情况相比,当轴向速度差低于 442~579m/s 时就能基本成形,增加药型罩中部厚度,则可迅速降低首尾微元速度差。

有关点爆轰驱动金属片速度求解问题,目前常用二维数值模拟方法求解,并辅以实验予以修正。对于一些近似解法,由于一些假设与实际罩形拉伸增速机制难于协调一致,所以,所求 EFP 速度值偏高,有的能高达 30% 左右。

根据实验测试统计可获得经验公式,这对估算 EFP 的平均速度是方便的。经验公式为[39]

$$\overline{V} = 1 - \frac{1}{0.016\eta + 0.22\sqrt{\eta} + 1} \tag{3.154}$$

式中：$\overline{V}$——无量纲量，$\overline{V}_{无量纲量} = \dfrac{V_{有量纲量}}{D_e}$，其中 D_e 是炸药的爆速；

η——$\eta = \dfrac{16}{27}\dfrac{m_c}{M_1} = \dfrac{16}{27}\dfrac{\rho_e l}{\rho_1 \delta_1}$；

m_c——装药质量；

M_1——药型罩质量；

ρ_e——炸药密度；

ρ_1——药型罩材料密度；

l——装药长度；

δ_1——药型罩厚度。

式(3.154)计算结果与实验测试值符合度好，误差低于 5%；药型罩与自锻成形侵彻体的质量之比（EFP 质量/药型罩质量），可达到 0.91（铜罩）~0.94（钢罩）；EFP 的长径比可达到 1.92（铜罩）~1.46（钢罩）。

3.10.7　多 P 装药战斗部的初步设计

上述 EFP 的形成条件，药型罩形状、厚度、材料等的选择，EFP 速度的计算和 EFP 长度的预估等，这些内容的分析讨论将为深入研究 P 装药模型和多 P 装药战斗部的初步设计奠定了基础。P 装药战斗部的核心零件是药型罩，可以模仿为具有内外半径 r_2 和 r_1 的圆盘，单个 P 装药药型罩如图 3.62 所示。

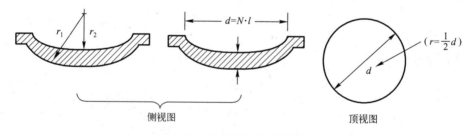

图 3.62　变形前 P 装药药型罩

P 装药战斗部就是 EFP 形状的方案。每个 P 装药含有比 EFP 小的纵横比。这些形成弹（侵彻体）的形态可为球形或者为小长径比 $\left(\dfrac{L_{EFP}}{d_{EFP}}\right)$ 的杆。一个用于反击 TBM 的装药战斗部整个组件如图 3.63 所示。

设 d 为 P 装药的直径，药型罩厚度为 δ_1，射弹的纵横比定义为 N，药型罩轮廓弧形分别用 R_1 和 R_2 确定。单个 P 装药可视为等厚度的圆形杯。数学表达式可用来定义 P 装药几何形状和尺寸，并作为规定质量的函数。一个圆柱形战斗部模型如图 3.64 所示。

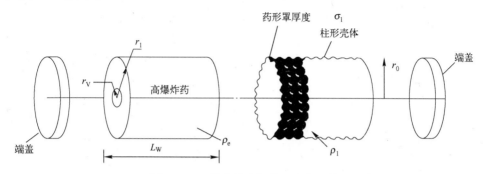

图 3.63　P 装药战斗部药型罩等组件

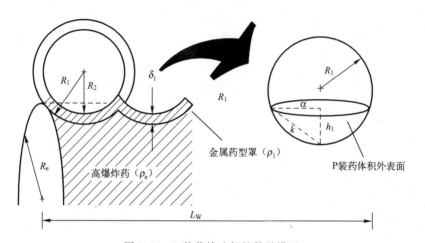

图 3.64　P 装药战斗部的数学模型

R_e 是战斗部炸药的半径,而 h_1、r 和 k 是根据战斗部体积和质量要求的 P 装药尺寸的物理量。L 是战斗部的长度,ρ_1 和 ρ_e 分别为药型罩和炸药的密度。一个 P 装药药型罩可以模仿为 R_1 的球,而另一个球具有半径 R_2 而位于第一罩的上面。单个 P 装药的体积由不同的 2 个体积来表示。单个 P 装药的体积是指受限的体积部分为

$$V=\frac{1}{3}\pi\left[h_1^2(3R_1-h_1)-h_2^2(3R_2-h_2) \right] \tag{3.155}$$

其中下标 1,2 表示球的外和内,P 装药罩厚度就是 R_1 和 R_2 之间的差,其中

$$\delta_1=R_1-R_2 \tag{3.156}$$

射弹的表面面积的计算是随着 P 装药几何形状而改变的,令 S 等于侧面面积(球面部分),则

$$S=2\pi R_1 h_1=\pi k^2 \tag{3.157}$$

式中

163

$$k = (2\pi R_1 h_1)^{\frac{1}{2}} \tag{3.158}$$

因为

$$h_2 = h_1 - \delta_1$$

则可得质量为

$$M_1 = \frac{1}{3}\pi\rho_1\{h_1^2[3(R_1-R_2-\delta_1)]+\delta_1\{\delta_1[3(h_1-R_2)-\delta_l]+6h_1R_2\}\} \tag{3.159}$$

式中：ρ_1——药型罩材料的密度。

首先应估算 P 装药体积，然后乘以材料密度，即得到单个射弹（EFP）的质量。下一步则计算爆炸装药总重，为此必须首先预估战斗部上总的射弹数量，以便确定炸药体积。沿战斗部长度 P 装药的数量为

$$N_F = \frac{L_W}{N\delta_1} \tag{3.160}$$

估算围绕战斗部的射弹数量为

$$\downarrow N_F \approx \frac{2\pi(R_e-h_1)}{N\delta_1} \tag{3.161}$$

战斗部上总的射弹数近似为

$$N_{FT} = \frac{2\pi L_W(R_e-h_1)}{N^2\delta_1{}^2} \approx N_F \downarrow N_F \tag{3.162}$$

炸药装药总量为

$$m_c = \pi R_e^2 L_W \rho_e - \frac{2}{3}\frac{\pi^2 L_W(R_e-h_1)h_1^2\rho_e}{N^2\delta_1^2}(3R_1-h_1) \tag{3.163}$$

估算药型罩质量总量为

$$w_1 \approx \frac{\pi\rho_1 N_{FT}}{3}\{h_1^2[3(R_1-R_2-\delta_1)]+\delta_1\{\delta_1[3(h_1-R_2)-\delta_1]+6h_1R_2\}\} \tag{3.164}$$

以上计算表明，P 装药总数，以及药型罩和炸药量，可随射弹的纵横比而改变，P 装药直径为

$$d = N\delta_1 \tag{3.165}$$

式中

$$2r = N\delta_1 \tag{3.166}$$

P 装药半径为

$$r = \frac{N\delta_1}{2} = \frac{N}{2}(h_1-h_2) \tag{3.167}$$

而药型罩的厚度为

$$\delta_1 = \frac{2r}{N} \tag{3.168}$$

164

因为初始的外半径 R_1 是知道的,而 P 装药质量是随 R_2 而变的,故 h_2 值可由下式求得

$$h_2 = h_1 - \left(\frac{2r}{N} \right) \qquad (3.169)$$

药型罩厚度可视为 P 装药数和侧面积 S 的函数而求得。

$$\delta_1 = \left[\frac{L_W (2\pi R_e R_1 - S)}{N^2 N_{FT} R_1} \right]^{\frac{1}{2}} \qquad (3.170)$$

3.10.8 EFP 的外弹道特性

P 装药爆炸形成的 EFP 以高速运动攻击距炸点 800 倍～1000 倍装药直径(d_c)处的装甲目标。这里可效法破片飞行弹道求解 EFP 在空气中的飞行衰减规律,假设高速 EFP 飞行时间短,重力效应影响弹道降可忽略,近似看成直线弹道,速度下降主要由空气阻力所致。根据空气动力学原理和边界条件可推得[48]

$$v_x = V_0 e^{-Kx} = v_0 \exp(-Kx) \qquad (3.171)$$

式中: v_0 ——EFP 的初速;

v_x ——对应飞行距离 x 的速度;

K ——EFP 的速度衰减系数,与空气密度,EFP 的质量、形状、迎风面积和飞行速度等有关, $K = \dfrac{C_x \rho_a S_{EFP}}{2M_{EFP}}$,其中 C_x 为 EFP 的阻力系数, ρ_a 为空气密度, S_{EFP} 和 M_{EFP} 分别为 EFP 的迎风面积和质量;

x ——EFP 的飞行距离。

亦可实测不同炸距处的速度,求其算术平均值 $\overline{V}_x$,即

$$\overline{v_x} = \sum_{i=1}^{n} \frac{v_{xi}}{n} \qquad (3.172)$$

式中: n ——试验发数。

假定 $v_x = \overline{v}_x$,则可给出 x 的赋预值,求 V 和 K。

将试验数据利用最小乘法的线性回归原理处理,结果如下

$$v_x = 2044.63 \exp(-0.000961x) \qquad (3.173)$$

即式(3.171)中, $v_0 = 2044.63 \text{m/s}$; $K = 0.000961 \text{m}^{-1}$ 。

式(3.173)对各个炸距处的速度相对误差不超过 4.26%,故可满足工程应用。

根据马赫数的定义可知

$$Ma = \frac{v_x}{C}$$

式中: C ——某点处的声速; $C = 20.5\sqrt{T}$,其中 T ——气温(K)。

则得

$$Ma = 0.049875v_x T^{-\frac{1}{2}}$$

按照 EFP 的作用环境(如 300m 高度下,环境温度 20℃),则

$$Ma = 0.002914v_x \tag{3.174}$$

将式(3.173)代入式(3.174)得到

$$Ma = 5.958052\exp(-0.000961x) \tag{3.175}$$

由 K 定义即可得到 EFP 的空气阻力系数 C_x。

1. EFP 的质量 M_{EFP} 确定

由爆炸形成的 EFP 质量很难一致,至目前为止,尚无精确的理论计算模型,主要以回收试验统计值确定。

根据特定试验条件回收所得的 EFP 统计平均值其经验式为

$$M_{EFP} = 0.68M_1 \tag{3.176}$$

说明 EFP 质量的散布一般约占药型罩质量的 68% 左右。药型罩设计得好,其EFP 形成质量百分比可提高。

2. EFP 的迎风面积 S_{EFP} 确定

通过 EFP 对靶板的穿孔平均值可求得。对于大锥角药型罩只有 $0\sim73\%d_K$ 部分形成 EFP,在此可理解 EFP 的最大直径不大于药型罩口部直径 d_K 的 73%,下面的迎风面积 S_{EFP} 公式可供设计时参考。

$$S_{EFP} = 0.4185d_K^2 \tag{3.177}$$

式中:d_K——药型罩口部直径(m)。

3. 迎风阻力系数 C_x 的确定

有 M_{EFP}、S_{EFP} 及 K 等数据,按照式(3.53)中的 K 值表达式即可确定 C_x 值。从试验实测和计算比较来看,只能大致符合。在近似计算时,可取 $C_x = 1.51$。

3.10.9 EFP 的侵彻威力

一般 EFP 的速度为 1500m/s~3000m/s,而其质量大小是随 EFP 战斗部结构而改变。EFP 对目标(或靶标)的作用效应,是 EFP 命中速度、质量和断面密度的函数。侵彻靶板能力主要与其打击比动能有关。在适当炸高下,对钢板的最佳穿深约为 1 倍~2 倍装药直径,而且孔形较大,一般孔径 $\approx(1.2\sim1.5)$ 倍 EFP 的直径,EFP 直径 $\approx(0.4\sim0.5)$ 倍药型罩直径。国内外对 EFP 进行了广泛的试验研究,特别是德、法研究所(ISL),对球缺形和大锥角药型罩的 EFP 装药结构作了大量试验,研究成果已被应用到弹药武器上。据报导,9kg 的地雷,试验表明,可穿透 50m 处的 60mm 厚的装甲钢。

由于 EFP 的初速段所处范围是 1500m/s~3000m/s,加上 EFP 本身结构的特殊性态,使得碰撞侵彻过程变得十分复杂,用一般方法难于描述过程中物理力学参

数的变化。所以至今尚无精度较好、工程实用的解析穿甲模型。为此,国内外广泛采用行之有效的数值模拟方法,进行 EFP 装药结构的优化设计和侵彻效应的研究,然后以少量试验检验数值计算精度,并逐步完善提高数值模拟的计算精度,确保与实验值符合程度达到一定精度误差要求。

目前常用的数值模拟计算程序国外有:TOODY Ⅱ-A、HEMP、DISCO、EPIC(二维)、TEMPS(一维)、TODEP、DYNA-2D、EPIC-3 (三维)和 AUTODYN-2D 等;国内有 DEFEL 和 EP2D 等[49,50]。

参 考 文 献

[1] 王颂康.现代弹箭与装甲防护技术.北京:兵器工业出版社,1994.

[2] 王颂康,朱鹤松,等.高新技术弹药.北京:兵器工业出版社,1997.

[3] 周兰庭.火箭战斗部设计理论.北京工业学院,1975.

[4] 弹药技术高级研讨班.专辑.中国兵器工业总公司继续教育中心.北京理工大学机电工程系,1997

[5] (美)沃尔斯特·威廉·普,朱卡斯·乔纳斯·埃.成型装药原理及其应用.王树魁,贝静芬,等译.北京:兵器工业出版社,1992.

[6] 王儒策,赵国志.弹丸终点效应.北京:北京理工大学出版社,1993.

[7] 聚能现象的理论与实验研究.袁伯珍,李宁生,刘泽仁,等,合译.北京:国防工业出版社,1957.

[8] 北京工业学院八系《爆炸及其作用》编写组.爆炸及其作用(下册).北京:国防工业出版社,1979.

[9] J.Carleone,(ed).Tactical Missile Warheads.Vol.155,Progress in Astronautics and Aeronautics,AIAA,Washington,DC,1993.

[10] 魏惠之,等.弹丸设计理论.北京:国防工业出版社,1985.

[11] 罗伟华,吴学贵,李志刚,等.轻型破甲弹设计.北京:兵器工业出版社,1990.

[12] 赵文宣.终点弹道学.北京:兵器工业出版社,1989.

[13] 郑哲敏.关于射流侵彻的几个问题.兵工学报,1980.

[14] 刘汉卿.复合靶的破甲计算及实验分析//破甲机理资料汇编(二),1981.

[15] 恽寿荣,高凤霞.断裂射流的侵彻计算.兵工学报,1983.

[16] 李德君,李景云.聚能装药的破甲威力计算//1983 年破甲技术会议资料三,1983.

[17] 高举贤.破甲深度计算方法//《破甲技术文集》编辑组.破甲技术文集.北京:国防工业出版社,1982.

[18] МАЛаврентьев.умн12.вып.1957(4).

[19] 刘乃生.中国人民解放军海军司令部.反舰导弹战斗部论文集,1993.

[20] 蔡瑞娇.火工品设计原理.北京:北京理工大学出版社,1997.

[21] 章冠人,陈大年.凝聚炸药起爆动力学.北京:国防工业出版社,1991.

[22] 李景云,李德君.聚能切割器的初步研究//中国兵工学会弹药学会.破甲文集,1984(4).

[23] 吴学贵,胡烘波,周律,等.串联战斗部参数设计.弹箭与制导学报,1994(2).

[24] 胡洪波.串联战斗部目标靶选择.弹箭与制导学报,1996(3).

[25] Б В Войцеховский,В Л Истомин.ДИНАМИЧЕСКАЯ АНТИК МУЛЯТИВНАЯ ЗАЩИТА. ФГВ.Т.36,No6 ,2000.

[26] 赵文宣.弹丸设计原理.北京工业学院出版社,1988.

[27] 兵器卷编委会. 国防科技名词大典.(兵器).北京:兵器工业出版社,原子能出版社,航空工业出版社,2002.

[28] M Held.The Shaped Change Potential.20TH International Symposium on Ballistics.Orlando.FL .23–27 September,2002.

[29] 弹药.丁世用,译.北京:兵器工业出版社,1989.

[30] J Carleone,(ed).Tactical Missile Warheads.Vol.155,Progress in Astronautics and Aeronautics, AIAA,Washington,DC,1993.

[31] 隋树元,王树山.终点弹道学.北京:国防工业出版社,2000.

[32] Johnson W.Impact Strength of Materials.Edward Arnold,1972.

[33] 胡时胜,郭勇,胡秀章,等.铀合金动态力学性德研究//爆炸与冲击.vol,No1.Jan,1993,1(1).

[34] 金属在大变形、高应变率合高温条件下的模型和数据.慈明森,译.顾余金,审校.弹箭技术, 1998(3).

[35] Richard M Lloyd.Conventional Warhead Systems Physics and Engineering Design.Volume179, Progress in Astronautics and Aeronautics.1998.

[36] 何顺录,鲁春,蒋建伟,等.半球罩聚能装药的射流形成及参数计算//中国兵工学会弹药学会.破甲文集,1987.

[37] 陶钢,石连捷,朱鹤荣.自锻破片战斗部药型罩设计探讨.弹箭与制导学报,1995(3).

[38] 刘文翰.球缺药型罩自锻破片弹丸近似计算理论.爆炸波与冲击波,1991(2).

[39] 李景云.自锻破片装药药型罩变形机理分析及自锻破片轴向速度分布计算.北京工业学院八系,1981.

[40] 彭庆明.自锻破片战斗部设计理论//中国兵工学会弹药学会.破甲文集,1984.

[41] 程淑桢.自锻破片药型罩材料的试验研究.中国兵工学会弹药学会.破甲文集,1987.

[42] 材料性能的动态试验与模拟.周员升,译.张润贵,审校.弹箭技术,1994(2).

[43] 贾光辉,等.扁平结构自锻破片成形研究.弹箭与制导学报,1999.

[44] 彭庆明.自锻破片战斗部设计方法的讨论.弹箭技术,1994(1).

[45] 刘文翰,李良忠,于川,等.气动外形良好的自锻弹丸设计实验探讨.爆轰波与冲击波,1994(4).

[46] Miller S.The Maximum Obtainable Elongation in Explosively Formed Projectiles(EFP).11th Int Symp on Ballistics,1984.

[47] 慈明森.SFF 的外弹道特性分析//中国兵工学会弹药学会.破甲文集,1987(5).

168

［48］何顺录,李录荫.自锻破片技术的研究现状和未来发展//科技资料.北京工业学院资料室,1984.

［49］李润蔚.药型罩及壳体结构参数影响 EFP 成形的数值计算研究.弹箭与制导学报,1996(3).

［50］曹柏桢.飞航导弹战斗部与引信.北京:宇航出版社,1995.

［51］J S 林哈尔脱,J 培尔逊.金属在脉冲载荷下的性态.李景云,周兰庭,等,译.北京:国防工业出版社,1962.

第4章 新型杀伤战斗部

4.1 概 述

杀伤战斗部是现役装备中最常见、应用最广泛的一类战斗部。其特点是应用爆炸方法产生高速毁伤元素，利用它对目标的高速撞击、洞穿、引燃和引爆作用毁伤目标。实战表明，这种类型的战斗部作为对付空中、地面活动的低生存力目标以及有生力量具有良好的毁伤效果，对付空中目标的杀伤战斗部类型可用图4.1来描述[1,3]。

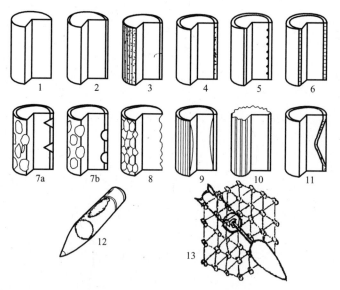

图4.1　常规装药杀伤战斗部类型

1—爆破型；2—光滑壳体型；3—外刻槽型；4—内刻槽型；

5—带花纹塑料衬套炸药刻槽型；6—预制破片型；

7—多个聚能装药型(7a为锥形罩型，7b为杯形罩型)；8—多"P"装药型；

9—连续杆型；10—切割装药型；11—定向型；12—可定向型；13—集束型。

在破片式和连续杆式战斗部之间，还有离散杆(或膨胀杆)式切割型杀伤战斗部。另有一种新发展型称为可瞄准战斗部，这种战斗部的特色是在目标方向上可增强其破片速度，称为速度增强战斗部；或者可获得10倍的较高命中密度(与一般破片式杀伤型战斗部相比),称为质量聚焦战斗部(见图 4.2)[1,2]。

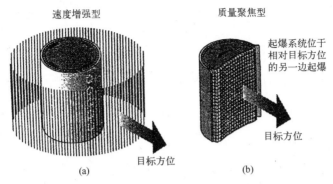

速度增强型　　　　　　　质量聚焦型

起爆系统位于
相对目标方位
的另一边起爆

目标方位

目标方位

(a)　　　　　　　　(b)

图 4.2　可瞄准战斗部

(a) 速度增强战斗部;　(b) 质量聚焦战斗部。

　　若弹目遭遇时相对速度很高,则在目标呈现面积上,其毁伤元素(如破片)散开图必须有效地提供足够的命中密度,依靠群集破片使目标遭受破坏。这种集多个毁伤元素命中拦截战术弹道导弹(TBM)的战斗部技术原理 Held 已有详细论述[3]。近年来,动能杆战斗部(KE-Rod Warhead)技术引起了弹药界的关注,它为设计者提供了创新型战斗部。这种战斗部能有效地攻击和摧毁来袭弹道导弹。该战斗部针对 TBM 能展散大量的高密度杆毁伤元素,并具有侵彻较厚的或硬度较大的目标有效载荷,这一理念正在成为较普遍的共识。与常规杀爆战斗部相比,其含义大不相同。现代的杀爆战斗部,其高抛射速度模型中所用的爆炸载荷系数(m_c/m_s)通常近似取 1,破片最大速度接近等于弹目交汇的相对速度。如果设计者改变战斗部外形结构,并取低的 m_c/m_s 值,则会有较多金属质量(m_s)充当高密度侵彻体展散在目标的方向,此即称为动能杆战斗部,或者称弹幕装置战斗部(Curtain-Hanger Warhead)。依靠弹目的接近速度,提供引起目标灾难性毁伤所需动能。这种装置射向目标方向的金属质量高出杀爆战斗部约 16 倍~20 倍。两种战斗部反击 TBM 的作用原理的比较可用图 4.3(a)表示。下面用示例来说明动能杆战斗部的高效性。有质量为 136kg 的杀爆战斗部,取 $m_c/m_s=1$,此时炸药和金属(毁伤元素)分别各占 68kg。真正射向目标的金属仅占 10% 左右(约 6.8kg),其余 90%(61.2kg)是无效的。若采用动能杆战斗部结构,占总质量的 80% 可用于炸药和金属侵彻体,射向目标的金属质量比杀爆战斗部高出 16 倍多。动能杆飞散图形角可达 35°~50°(与初始的总杆数有关)。

　　大多数杀爆战斗部从导弹抛射的破片速度为 1828m/s~3048m/s。战斗部配用前视引信或固定角引信,而动能杆战斗部探测目标仅用前视引信,该引信利用制导信息发现和跟踪目标,预测战斗部炸点处在 7.62m~60.96m。影响炸点位置的主要参量是脱靶量、接近速度以及杆的最大抛射速度。

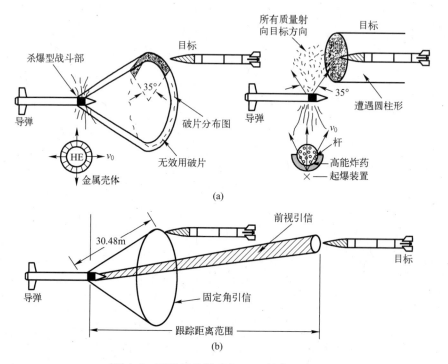

图 4.3　两种战斗部反击 TBM 的作用原理

(a) 杀爆战斗部(左)和动能杆战斗部(右)的比较；

(b) 前视引信和固定角引信探测方案的比较。

杀伤战斗部适配前视和固定角引信,低速动能杆战斗部适配前视角引信。

由于杆速低(约为 30~150m/s),所以动能杆战斗部抛射大量杆侵彻体比杀爆战斗部要早得多。不管采用何种引信,均应提前抛射杆形成弹幕等待目标遭遇,毁伤目标。有关 2 种引信间的探测原理可见图 4.3(b)。

动能杆战斗部的单杆形状有圆柱形、六角形等,后者对战斗部体积利用率有明显优点。杆条排列均采用多层结构,其战斗部结构类型图示,杆的抛射作用过程的描述,以及初速预估模型等内容可参阅文献[5]。下面给出一个外表面上有瞄准装药密封动能杆战斗部的说明简图(见图 4.4)。

本章主要讨论破片式杀伤型战斗部的基本理论、结构、杀伤破片等的参数设计,以及毁伤目标的威力计算和评估,即重点研究有关战术导弹武器系统彼此密切相关的性能指标(鲁棒性、战斗部杀伤力、脱靶距离)中之一的战斗部杀伤力。研究战斗部设计时,应以目标特性(阻抗特性、易损要害面特性、运动特性、战斗特性等)为依据。由于这类问题涉及极其复杂的目标易损特性,而目标易损特性是随目标更新不断发展而改变的变量,要靠大量试验数据为基础,才能对目标毁伤作出较为科学的评价,所以杀伤战斗部设计是一个创造性和反复迭代的过程。特别是方案论证设计是无止境的,也没有一个单一的正确答案,但它却是个关键性问题,

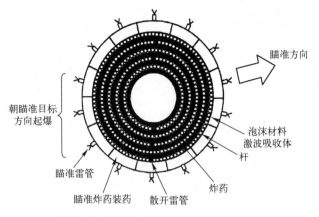

图 4.4　外表面上有瞄准装药密封的动能杆战斗部的说明

是一个高度集成过程,为此,最好的解决办法是作出创造性的决定。

　　为了设计高效的杀伤战斗部,提高设计水平,最重要的是应首先了解杀伤战斗部的原理,探讨研究杀伤战斗部引起目标的毁伤机理,加深理解导致目标遭受不同程度的毁伤影响因素。下面详细介绍战斗部壳体的破碎控制,建立数学模型和预测控制破片的破碎性。对于整体式杀伤战斗部光滑壳体的破碎性分析模型,曾采用过经典的莫尔圆应力-应变方程。虽然战斗部壳体从炸药爆轰至完全破碎是三F(流动 Flow,起裂 Fracture,碎裂 Fragmentation)动态过程,但可模仿为静态压力容器方程。战斗部壳体可比拟为某一特定时间的冻结壳体,作用在微元上的应力由实际截面上给出,从而可引用静态应力-应变方程。当考虑应力分布时,上述假设欲符合实际,则必须对破裂问题进行几何修正。从 1940 年以来,在此领域,Pearson,Mott,Taylor,Held,Станюкович,Покровский 等人均作出了重要贡献。炸药起爆后的有控和无控战斗部壳体可如图 4.5 所示。

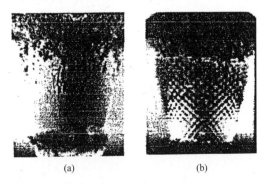

图 4.5　无控和可控壳体在 45μs 时的破裂比较图
(a) 无控;(b) 可控。

有些破碎性技术,可用于产生特殊破片形状和质量。常见的控制技术有电子

173

射束、刻槽以及连续杆等不同技术。下面介绍由其他方法引起壳体破碎的通用技术,如自然破碎、刻痕、预制破片和塑料聚能罩等方法。在选择破碎技术时,应综合考虑武器系统、性能和成本等要求。预制式、刻槽和塑料聚能罩式控制机理,允许设计者去创建期望的低成本破片形状。实际上实心的立方形破片是最有希望用于对付和威胁战术弹道导弹的战斗部,因为它具有空阻小和速度大的特色。本章先集中研究自然破片和刻槽技术,然后讨论预制破片和先进的破片刻槽设计新原理。

当战斗部被引爆时,炸药产生的压力传递给金属壳体,在几微秒内引起13.7~41.4GPa的高压,其远大于战斗部壳体材料的极限屈服强度。而壳体的分裂离散程度将取决于壳体是否刻槽有关。如设计者欲控制破片形状和质量,则金属壳体可用机械加工刻槽法,提高应力集中作用,获得预计的破碎效应。相反若不预刻槽,则破片形状和质量就难于控制。

图4.6为四部件的典型战斗部结构,且为均匀起爆。其两端端盖在全部爆炸能传递给战斗部壳体之前,起阻止爆炸早期气体外泄,装满的炸药内有一个中心孔,称为孔(无效)体积(Dead Volume),用于安置安全保险执行机构,或用于导弹上电缆从这一端通到战斗部的另一端。如果炸药含有中心孔,孔径用 D_v 表示,D_i 为壳体内径,D_o 为战斗部外径,L 为壳体和炸药柱等长的长度。炸药和壳体的合成质量称为战斗部有效质量,其余部件则不应包含在内。对这些前、后端盖,电缆,堵塞物,安全和解除保险执行机构等质量设计,要力求可靠性高,成本低,质量小,让更多的质量分摊到高能炸药和金属壳体中,以增加有效质量。

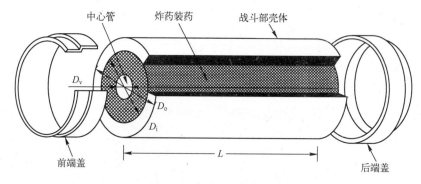

图 4.6　典型战斗部构件

杀伤战斗部的主要原理是加速金属破片速度至几百米每秒,甚至几千米每秒。这样的高速金属破片,具备了足够的动能侵彻敌方目标和毁伤其易损部件。当这些高速破片用于反击战术弹道导弹时,要求能引爆其战斗部装药,或者引起液压柱塞效应。爆炸和冲量压力波来源于杀伤战斗部的爆轰与爆炸,为此应研究其二次效应。设计要点应放在破片形状、材料、质量和速度上。设计者设计的壳体应破碎成特殊大小破片,致使目标遭受致命毁伤。

4.2 自然破片杀伤战斗部

这种战斗部是最典型的无控破片装置,常用于火炮弹丸和火箭战斗部中,对空的导弹武器系统已经很少应用。但是从破碎规律研究、分析和讨论其数学物理模型,可预测无控壳体破碎,有助于人们去描述和模仿可控壳体的破裂现象。

自然破片杀伤战斗部壳体破碎形成破片数的质量与给定的实际质量是有偏差的。质量偏差受到壳体晶粒大小、脆性、韧性、壳厚以及装填炸药等制约和影响。自然破片形成有几个阶段:开始是壳体径向膨胀,外表面破裂扩展成裂缝,向壳体内表面增长;爆炸气体产物开始流向裂纹;引起大量爆炸物外漏。当战斗部壳体膨胀至初始直径的 50% ~ 60% 时,爆炸气体云伴随破片一起飞出,气体产物快速衰减,破片则超过产物阵面快速前进(见图 4.7)。

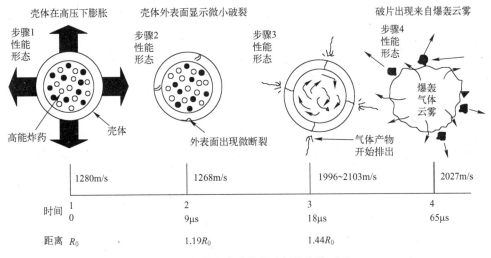

图 4.7 自然破片杀伤战斗部的膨胀过程

战斗部壳体膨胀是其内能超过壳体强度引起的。故战斗部壳体可类比为圆柱压力容器,其载荷为均匀静压。由于战斗部装药爆轰,在壳体内部形成高压作用而产生动应力。当此应力外加到战斗部壳体会形成 3 个分量。主应力分别为径向应力(σ_r)、切向拉伸应力(σ_θ)和轴向拉伸应力(σ_z)。在战斗部壳体上取一单元体(微元)即可标出上述三向主应力。

根据力学原理可知,剪应力主要取决于主应力,由 σ_r,σ_θ 可计算剪应力 $\tau_{r/\theta}$,同理,由 σ_r 与 σ_z 可得 $\tau_{r/z}$,由 σ_θ 与 σ_z 得 $\tau_{\theta/z}$,剪切平面单元体如图 4.8 所示。

壳体破坏失效主要是由 r/θ 平面破坏应力和切向拉伸应力 σ_θ 断裂引起的。这样一种模式将导致战斗部壳体失效(破坏),而此过程将受壳厚、材料性质和温度等变量的影响。下面研究内半径为 r_i 和壳厚为 t 在内压作用下的柱形战斗部

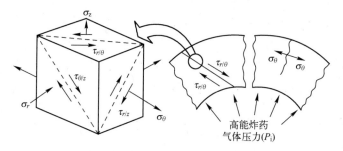

图 4.8　剪切平面方向图

（见图 4.9）。r_0 为外半径，而内压为 p_i。现对一个薄为无穷小的圆环（对应半径为 $\bar{r}$）进行分析如下。

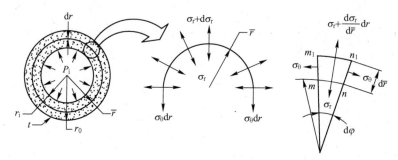

图 4.9　圆柱体遭受内压作用

利用垂直平面内所有力相加等于 0，即可求解。利用对称条件，在圆环体元 mn，m_1n_1，各面无剪应力。体元 mn，m_1n_1 系以 2 个轴向平面和 2 个同心圆柱面为界，σ_θ 为垂直作用于 mm_1 和 nn_1 体元和面上的圆周应力，σ_r 是垂直作用于 mn 面上的径向应力，并随半径 $\bar{r}$ 而变。在距离 $d\bar{r}$ 内改变了 $\left(\dfrac{d\sigma_r}{d\bar{r}}\right)d\bar{r}$，则垂直于 m_1n_1 面上的径向应力为 $\sigma_r + \dfrac{d\sigma_r}{d\bar{r}}d\bar{r}$。

沿角 $d\varphi$ 的平分线方向将作用在微元体上各力相加，得下列平衡式

$$\sigma_r \bar{r}d\varphi + \sigma_\theta d\bar{r}d\varphi - \left(\sigma_r + \frac{d\sigma_r}{d\bar{r}}d\bar{r}\right)(\bar{r}+d\bar{r})d\varphi = 0$$

略去高阶微量，在不计微元体质量条件下，得

$$\sigma_\theta - \sigma_r - \bar{r}\frac{d\sigma_r}{d\bar{r}} = 0 \tag{4.1}$$

由于 σ_θ 和 σ_r 是未知应力，因而需要有下列关系才能求解

$$\varepsilon_z = \frac{-v\sigma_\theta}{E} - \frac{-v\sigma_r}{E} + \frac{\sigma_z}{E} \tag{4.2}$$

176

式中：ε_z——纵向应变变形；

v——泊松比。

将式(4.2)代入式(4.1)，则可求解 σ_θ 和 σ_r。其数学表达式为

$$\sigma_\theta = \frac{r_i^2 P_i}{r_0^2 - r_i^2}\left(1 + \frac{r_0^2}{r^2}\right) \tag{4.3}$$

$$\sigma_r = \frac{r_i^2 P_i}{r_0^2 - r_i^2}\left(1 - \frac{r_0^2}{r^2}\right) \tag{4.4}$$

上式说明径向应力 σ_r 始终是压应力，而周向应力 σ_θ 始终为拉应力。当 $\bar{r} = r_i$ 时在内表面上 σ_θ 达到最大。

$$(\sigma_\theta)_{\max} = \frac{(r_i^2 + r_0^2) P_i}{r_0^2 - r_i^2} \tag{4.5}$$

而剪应力的表达式为

$$\tau = \frac{r_i^2 r_0^2 P_i}{\bar{r}^2 (r_0^2 - r_i^2)} \tag{4.6}$$

当 $\bar{r} = r_i$ 时，径向应力为

$$\sigma_r = -P_i \tag{4.7}$$

壳壁内的主应力和最大剪应力亦可应用莫尔圆求之。

从试验可知，壳体破裂形态，其内表面直径比原直径约增加77%时，外表面显示轻微破裂。

4.2.1 壳体膨胀模型

厚圆筒壁膨胀时具有弹塑性应力分布。设 r_i 为内半径，r_0 为外半径，而内压为 P_i，外压 P_0 为与炸药爆轰压力比可忽略不计。设圆筒在平面变形时，则轴向应变 $\varepsilon_z = 0$。弹性周向应力和径向应力分别用 σ_θ 和 σ_r 表示。而 $\bar{\delta}$ 为壳体径向变形量。

$$\sigma_r = \frac{r_i^2 r_0^2 (P_0 - P_i)}{r_0^2 - r_i^2} \cdot \frac{1}{r^2} + \frac{P_i r_i^2 - P_0 r_0^2}{r_0^2 - r_i^2} = \frac{E}{1 - v^2}(\varepsilon_r + v\varepsilon_\theta) \tag{4.8}$$

$$\sigma_\theta = \frac{-r_i^2 r_0^2 (P_0 - P_i)}{r_0^2 - r_i^2} \cdot \frac{1}{r^2} + \frac{P_i r_i^2 - P_0 r_0^2}{r_0^2 - r_i^2} = \frac{E}{1 - v^2}(\varepsilon_\theta + v\varepsilon_r) \tag{4.9}$$

式中：ε_θ——周向应变；

ε_r——径向应变。

因为 $\varepsilon_r = \dfrac{\bar{\delta}}{\bar{r}} = \dfrac{1}{E}(\sigma_r - v\sigma_\theta)$，其中 $\bar{r}$ 是弹塑性交界处半径。

而轴向应力为

$$\bar{\delta} = \frac{\bar{r}}{E}(\sigma_r - v\sigma_\theta) = \bar{r}\varepsilon_r$$

$$\sigma_z = \frac{P_i r_i^2 - P_0 r_0^2}{r_0^2 - r_i^2} \cdot 2v \tag{4.10}$$

设外压 $P_0 = 0$，其主应力发生在圆柱内表面上，从莫尔圆可知，内表面最大应力为 $\sigma_\theta - \sigma_r$，通过式(4.8)和式(4.9)运算化简得到[6]

$$\sigma_\theta - \sigma_r = \frac{P_i}{j^2 - 1} \cdot \frac{2r_0^2}{r^2} \tag{4.11}$$

式中：$j = \dfrac{r_0}{r_i}$。

柱壳内表面首先发生塑性屈服。若取 TRESCA 屈服准则，则 $\sigma_\theta - \sigma_r = \sigma_y$。仅在拉伸假定，以及 $\sigma_r = \sigma_z = 0$ 时，此式是正确的，此时 $\sigma_\theta = \sigma_y$。若柱壳任意2个主应力间不同，且大于壳体屈服强度，则发生屈服。在 $r = r_i$ 时，内径处首先发生塑性应变，应用 TRESCA 方程得到

$$\sigma_y = \frac{P_i^p}{j^2 - 1} \cdot \frac{2r_0^2}{r_i^2} = \frac{P_i^p}{j^2 - 1} \cdot 2j^2 \tag{4.12}$$

式中：σ_y——壳体材料屈服应力；

P_i^p——塑性屈服所需压力。

对式(4.12)处理后得到

$$\frac{P_i^p}{\sigma_y} = \frac{j^2 - 1}{2j} \tag{4.13}$$

由于 $1 < j < \infty$，所以 $\dfrac{P_i^p}{\sigma_y} < 1$。从内压作用下壳体断面看，显然最外层是弹性区，向里为塑性区，其外边界与弹性区接触，而内边界与内压作用的内表面接触。

当 P_i^p 超过材料塑性极限时，则塑性屈服材料的膨胀通过塑性区，并渗入到弹性区。

$$P_i^p = \sigma_y \frac{j^2 - 1}{2j^2} \left[\frac{3}{4} + \frac{(1 - 2v)^2}{4j^4} \right]^{-\frac{1}{2}} \tag{4.14}$$

战斗部壳体上微元体平衡方程变为

$$\frac{d\sigma_r}{dr} + \frac{\sigma_r - \sigma_\theta}{r} = 0 \tag{4.15}$$

利用 TRESCA 准则，于是 $\sigma_\theta - \sigma_r = \sigma_y$，则式(4.15)变为

$$\frac{d\sigma_r}{dr} - \frac{\sigma_y}{r} = 0 \tag{4.16}$$

积分得

$$\sigma_r = \sigma_y \ln \bar{r} + c \tag{4.17}$$

式中：c——常数；

178

σ_r——弹-塑性边界处的径向应力。

利用初始条件:$r = r_i$,$\sigma_r = -P_i$,塑性变形扩展至半径$\bar{r}$,则径向应力方程为

$$\sigma_r = \sigma_y \ln\left(\frac{\bar{r}}{r_i}\right) - P_i \qquad (4.18)$$

式中$r_i > \bar{r}$时,壳体为弹性体,但在$r_0 = \bar{r}$时,弹-塑性交界处为

$$-\frac{\sigma_r}{\sigma_y} = \frac{r_0^2 - \bar{r}^2}{2r_0^2} \qquad (4.19)$$

而

$$P_i = \sigma_y\left[\ln\frac{\bar{r}}{r_i} + \frac{1}{2}\left(1 - \frac{\bar{r}^2}{r_0^2}\right)\right] \qquad (4.20)$$

当$\bar{r} = r_0$时,则上式变为

$$P_i^{\bar{p}} = \ln\left(\frac{r_0}{r_i}\right)\sigma_y \qquad (4.21)$$

式中$P_i^{\bar{p}}$——引起整个战斗部壳体达到完全塑性应力。

由式(4.21)即可计算得到$P_i^{\bar{p}}$。当战斗部壳体材料的屈服应力低于推动金属壳体的爆炸压力时,式(4.21)可用于求解引起战斗部壳体弹塑性屈服所需的压力。

上述数学模型可展开,预测推导引起壳体破裂的内压。假定战斗部在一端同时均匀起爆,经$10 \sim 20\mu s$后的图形如图4.10所示。

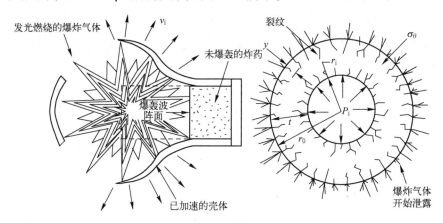

图4.10　战斗部壳体膨胀破裂

Taylor成功地解决了经验计算预测壳体的破裂。设高压来自高能炸药的爆炸,在壳体内表面上产生压缩的环向应力。径向裂纹仅起始于拉伸应力区域,而不能进入压缩区域。当压缩区消失时,壳体破碎发生。而裂纹运动至外表面(见图4.10)。t是壳体厚度,拉伸周向应力区深度为y。如发生完全破碎,当$P_i = \sigma_y$时,

则 $y=t$。随内压而变的战斗部壳体半径便可计算。Taylor 发展了近似数学模型,并推出了壳体破裂半径。

圆柱战斗部如图 4.11 所示。

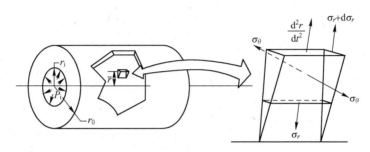

图 4.11　战斗部外形径向单元体部分

壳体单元体的运动方程为

$$\frac{\sigma_r-\sigma_\theta}{\bar{\gamma}}+\frac{\partial\sigma_r}{\partial r}=\rho\frac{\mathrm{d}^2\bar{r}}{\mathrm{d}t^2} \tag{4.22}$$

壳体单元体在壳体加速 $\dfrac{\mathrm{d}^2\bar{\gamma}}{\mathrm{d}t^2}$ 过程中,假设单元体体积不变,经数学处理后,再利用 TRESCA 屈服准则 $(\sigma_\theta-\sigma_r=\sigma_y)$,则式(4.22)可变成为

$$\frac{\partial\sigma_r}{\partial\bar{r}}=\frac{\sigma_y}{\bar{r}}+\rho\left(\frac{r_i}{\bar{r}}\frac{\partial v_i}{\partial t}+\frac{v_i^2}{\bar{r}}-\frac{r_i^2}{\bar{r}^3}v_i^2\right) \tag{4.23}$$

对上式积分,代入边界条件 $\bar{r}=r_i$,$\sigma_r=-P_i$ 即可消去积分常数,最终求得

$$\sigma_r+P_i=\left[\sigma_y+\rho\left(r_i\frac{\partial v_i}{\partial t}+v_i^2\right)\right]\ln\frac{\bar{r}}{r_i}+\frac{1}{2}\rho\left(\frac{r_i^2}{\bar{r}^2}-1\right)v_i^2 \tag{4.24}$$

再次应用 TRESCA 准则,则上式变为

$$\sigma_\theta=\sigma_y-P_i+\left[\sigma_y+\rho\left(r_i\frac{\partial v_i}{\partial t}+v_i^2\right)\right]\ln\frac{\bar{r}}{r_i}+\frac{1}{2}\rho\left(\frac{r_i^2}{\bar{r}^2}-1\right)v_i^2 \tag{4.25}$$

令 r_o 为圆柱壳外半径,是典型的时间函数。令 $y=r_0-\bar{r}$,即裂纹进入壳体的深度,则

$$\sigma_\theta+P_i-\sigma_y=\left[\sigma_y+\rho\left(r_i\frac{\partial v_i}{\partial t}+v_i^2\right)\right]\ln\frac{r_0-y}{r_i}+\frac{1}{2}\rho v_F^2\left[\frac{r_i^2}{(r_0-y)^2}-1\right] \tag{4.26}$$

战斗部壳体膨胀随时间而变化如图 4.12 所示。

当 $\sigma_\theta<0$ 和 $\sigma_r<0$ 时,存在压缩应力区。然而,当 $y=r_0-r_i=h$ 时,应力区恰好消失了,此时式(4.26)便成为

$$P_i=\sigma_y \tag{4.27}$$

此即壳体内表面引起壳体破裂所需的压力。

180

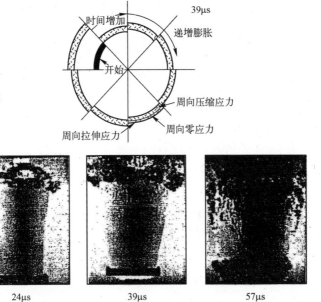

图 4.12　无控破碎性过程以及壳体的膨胀
（由 J. Pearson 获得的图相）

4.2.2　壳体膨胀破裂

壳体在炸药爆轰产物作用下,假设爆炸产物服从均匀膨胀,则壳体膨胀将随时间而变化,并在内表面引起破裂,壳体各种加载方式如图 4.13 所示[11,12,44]。

材料为 $30CrNi_2MoVA$ 柱壳受瞬时爆炸载荷后,壳体形成破坏特性区,沿壳厚从内向外方向可细化为 4 个区域:①区为压缩剪切区;②内剪切裂纹顶部空洞汇合增长区;③微疵点形成区;④拉伸剪切区。

壳体断裂的应力准则最早是由 Taylor 提出来的。爆轰产物作用下,沿壳厚的拉伸应力,与壳材塑性性质、加载动力学过程以及壳厚等有关,存在下列 Taylor 关系式

$$y = t_\delta \frac{\sigma_{sd}}{P} \tag{4.28}$$

式中:　　　　y——从壳外表面计算的拉伸区厚;

t_δ——瞬时壳厚;

σ_{sd}——壳材动屈服极限;

$P = P_{CJ}\left(\dfrac{r_{i0}}{r_i}\right)^{2\gamma}$——壳体内表面瞬时压力。其中 $P_{CJ} = \rho_e \dfrac{D_e^2}{2(\gamma+1)}$ 为炸药爆炸的瞬时压力;ρ_e 是炸药密度;D_e 是炸药的爆速;γ 是炸药产物的绝热等熵多方指数;r_{i0} 和 r_i 是壳体初始和瞬时内半径。

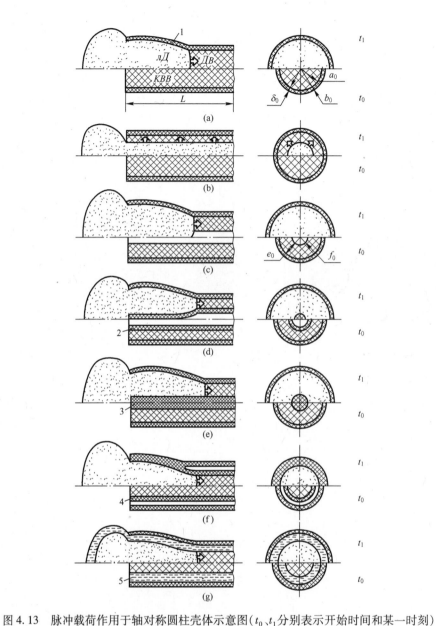

图 4.13　脉冲载荷作用于轴对称圆柱壳体示意图(t_0、t_1分别表示开始时间和某一时刻)

(a) 滑移爆轰;(b) 轴向爆轰;(c) 中空管形装药;(d) 管形装药内面有金属衬套;

(e) 管形装药内装刚性体介质;(f) 靠金属壳加载外壳;(g) 通过不可压液体或缓冲可压材料加载外壳。

1—加载柱形壳体;2—内圆柱壳体;3—刚性杆;4—圆柱形打击体;5—缓冲刚体或压缩层。Лп—爆轰产物;

лв—爆轰波;квв—凝聚炸药;δ_0—壳厚;a_0—内半径;b_0—外半径;L—炸药柱长;e_0—炸药层厚;f_0—空腔直径。

当壳体发生完全破裂时,可用下列方程计算战斗部壳体半径。

$$P_i = P_{CJ} \left(\frac{r_i}{r_{i0}} \right)^{-2\gamma} \tag{4.29}$$

182

其中 P_{CJ} 是指 $r_i = r_{i0}$ 时,内表面上有效爆炸压力,对 TNT 其 $P_{CJ} = 15.8 \times 10^9 \text{N/m}^2$。$\gamma$ 的初始值常取 $\gamma = 3$,即可满足近似计算。当密度下降至初始值的 $\frac{1}{4}$ 时,γ 可取 1.9。

设 $P_{CJ} = 15.8 \times 10^9 \text{N/m}^2 = 161690 \text{kg/cm}^2$,又设 $P_i = \sigma_y = 4850.7 \text{kg/cm}^2$,则

$$\left(\frac{r_i}{r_{i0}}\right)^{-2\gamma} = \left(\frac{10}{3}\right)^{\frac{1}{6}} \approx 1.8$$

Hoggatt 和 Recht 所提供的破裂模型类似于 Taylor 模型,他们认为,有关塑性材料在壳体外表面附近周向拉伸应力区里,径向裂纹不能传播很远,而在内部压缩应力区里,由热挤压产生热塑性剪切裂纹会不断扩展,最终导致当内部压力等于壳体周向拉伸应力时,使壳体完全破裂。

同理,可列出球壳形战斗部,壳体破裂发生时的表达式

$$P_i = P_{CJ}\left(\frac{r_i}{r_{i0}}\right)^{-3\gamma} \tag{4.30}$$

在回忆弹塑性破裂发生的同时,假定爆轰产物满足多方状态方程,则下式成立

$$P_i = \sigma_y = E_u \rho_e (\gamma - 1)\left(\frac{r_i}{r_{i0}}\right)^{-2\gamma} \tag{4.31}$$

式中:E_u——单位质量爆轰产物的内能;

$\quad\quad r_i$——战斗部内膨胀半径;

$\quad\quad r_{i0}$——时间为 0 时战斗部的内初始半径。

在壳体破裂时的战斗部内半径为 r_{if},则可从式(4.29)和式(4.31)得到

$$\left(\frac{r_{if}}{r_{i0}}\right)^{-2\gamma}\left(\frac{P_{CJ}}{\sigma_y}\right) = 1 \tag{4.32}$$

$\dfrac{P_{CJ}}{\sigma_y}$ 量随 $\dfrac{1}{2\gamma}$ 次幂而增加,代入式(4.31)得到破裂时新半径

$$\frac{r_{if}}{r_{i0}} = \left[\frac{P_{CJ}}{\sigma_y}\right]^{\frac{1}{2\gamma}} = \left[\frac{E u \rho_e [\gamma - 1]}{\sigma_y}\right]^{\frac{1}{2\gamma}} \tag{4.33}$$

壳体经爆炸加载破坏的研究表明,破坏是裂纹传播扩展造成的,卸载引起了拉伸区储存能的耗尽。根据破坏金属壳材所需能量相等原则,在不考虑剪切破坏过程时的相对破裂外半径,经对试验结果处理有下列关系[7-10]

$$\frac{r_{0f}}{r_0} \sim \left(\frac{1}{r_{i0}}\right)^{\frac{1}{6}}; \frac{r_{0f}}{r_0} \sim (KCU)^{\frac{1}{6}}; \frac{r_{0f}}{r_0} \sim \left(\sqrt{\rho_e} D_e\right)^{\frac{1}{2}}; \frac{r_{0f}}{r_0} \sim (1 - 2\delta_d)^{\frac{1}{2}}$$

其中 $\delta_d = \dfrac{1}{2} \cdot \dfrac{\delta_0}{r_0}$,$\dfrac{\delta_0}{r_0}$ 为壳体相对壁厚。

采用 20 钢、60 钢(供货,淬火态)、35 钢、铜、钛以及高强度铸铁等材料,选取不同相对壁厚,由试验结果经数学处理得到[12]

$$\frac{r_{0f}}{r_0} \approx 0.0019 \left(\frac{KCU}{r_{i0}}\right)^{\frac{1}{6}} (1-2\delta_d)^{\frac{1}{2}} (\sqrt{\rho_e} D_e)^{\frac{1}{2}} \tag{4.34}$$

式中：KCU——材料冲击韧性（kJ/m²）；

$\quad\quad r_{i0}$——壳初始内半径（mm）；

$\quad\quad \rho_e$——炸药密度（kg/m³）；

$\quad\quad D_e$——炸药爆速（m/s）。

式(4.33)不仅可计算破裂半径，还可进行破片数的计算。Mott 和 Linfoot 提出一些方程，预测爆炸战斗部的破片分布。该理论认为壳体破坏前，壳体膨胀塑化瞬间壳体开始破裂。则单位长度战斗部壳体的动能（KE）为

$$KE = 7.81 \times 10^{-5} t_r v_0^2 \rho_m \frac{l_2^3}{r_f^2} = \frac{E(2\gamma-1)\left[\left(1+\frac{m_c}{m_s}\right)^{\frac{\gamma-1}{\gamma}}-1\right]}{L(\gamma-1)\left[\left(1+\frac{m_c}{m_s}\right)^{\frac{2\gamma-1}{\gamma}}-1\right]}\left[1-\left(\frac{r_{i0}}{r_i}\right)^{2(\gamma-1)}\right] \tag{4.35}$$

式中：KE——单位长度战斗部壳体的动能（J/cm）；

$\quad\quad \rho_m$——壳体材料的质量密度（kg/m³）；

$\quad\quad v_0$——破片初速（m/s）；

$\quad\quad t_r$——壳体破裂瞬间厚度（cm）；

$\quad\quad l_2$——裂纹间距（cm）；

$\quad\quad r_f$——壳体破裂瞬间的半径（cm）；

$\quad\quad E$——Gurney 能。

而破片动能为 $\frac{1}{2}m_s v^2$，总是小于单位长度炸药爆炸的总能量。两者之差即为爆炸气体所蕴含的动能。金属壳体动能的表达式为

$$\frac{1}{2}m_s v^2 = \partial_a E\left[1-\left(\frac{r_{i0}}{r_i}\right)^{2(\gamma-1)}\right] \tag{4.36}$$

式中：

$$\partial_a = \frac{(2\gamma-1)\left[\left(1+\frac{m_c}{m_s}\right)^{\frac{\gamma-1}{\gamma}}-1\right]}{(\gamma-1)\left[\left(1+\frac{m_c}{m_s}\right)^{\frac{2\gamma-1}{\gamma}}-1\right]} \tag{4.37}$$

$\quad\quad m_c$——单位长度炸药装药质量；

$\quad\quad m_s$——单位长度金属质量。

利用式(4.35)、式(4.36)相同原则得下式，并由此求 l_2 值

$$7.81 \times 10^{-5} t_r v \rho_m \frac{l_2^3}{r_f^2} = \partial_a E\left[1-\left(\frac{r_{i0}}{r_i}\right)^{2(\gamma-1)}\right] \tag{4.38}$$

当 $\frac{m_c}{m_s} \ll 1$ 时,可忽略不计,∂_a 值才等于1,否则 ∂_a 总小于1。由式(4.36)可知,当 $\partial_a = 1$ 时,$E = \frac{1}{2}m_s v_{f0}^2$ 且

$$\left(\frac{v}{v_{f0}}\right) = \left[1 - \left(\frac{r_{i0}}{r}\right)^{2(\gamma-1)}\right]^{\frac{1}{2}} \tag{4.39}$$

通常取 $\gamma = 1.26$,而 Thomas 则取 $\gamma = 2.75$,此值大约为气、液体 γ 值的均值。

Gurney 曾给出了总装药通过壳体裂纹的漏失百分比算式为

$$\phi_g(\%) = \frac{K_0}{r_{i0}}\left(\frac{2m_s}{\pi\rho}\right)^{\frac{1}{2}}\left(\frac{r_i - r_{i0}}{r_{i0}}\right)^{\frac{1}{2}} \tag{4.40}$$

其中,$K_0 = \frac{1}{2}\cos\theta$,$\theta$ 为圆柱壳体微元上裂纹之间的夹角。

Gurney 的研究表明,气体逸出量是很小的。

设形成某一裂纹所要求的单位面积上的能量(比能)为 G,则壳体单位长度上所需能量为 Gt_r。因此,爆炸形成的破片宽度为 l_2,不会大于 Gt_r 与 KE 相等所给出的值(即式(4.35)给定的值),由下式可近似求得破片宽度。

$$l_2 = \left[\frac{114 r_f^2 G}{\rho_m v_{f0}^2}\right]^{\frac{1}{3}} \tag{4.41}$$

式中:ρ_m——材料质量密度(g/cm^3);

l_2——裂纹间的距离(cm);

r_f——壳体破裂瞬间的半径(cm);

v_{f0}——壳体破裂瞬间的膨胀速度(m/s)。

碰撞试验得知 G 值大约在 14.7J/cm^2 ~ 168J/cm^2 之间,目前常取下限值 14.7J/cm^2。Mott 经大量研究表明,对于钢质壳体,破片长宽之比大致为 $l_1 : l_2 = 3.5 : 1$。若令破片厚度为 l_3,则可求出破片的平均质量

$$\overline{m}_f = l_1 l_2 l_3 \rho_m = 3.5 l_2 l_3 \rho_m = 82.2 \cdot \frac{\rho_m^{\frac{1}{3}} r_f^{\frac{4}{3}} G^{\frac{2}{3}} l_3}{v_{f0}^{\frac{4}{3}}} \tag{4.42}$$

圆柱形战斗部破裂时的表面面积为

$$A_{SA} = 2\pi r_f L = 2\pi L r_{i0}\left[\frac{E\rho_e(\gamma-1)}{\sigma_y}\right]^{\frac{1}{2\gamma}} \tag{4.43}$$

式中:L——战斗部长度;

$2r_f$——战斗部破裂外直径。

Grady 得到了估算柱形战斗部圆周上的破裂数目为

$$N_f = 2\pi \left(\frac{4.422 \times 10^{-4} \rho_m r_{i0}}{114.192G} \right)^{\frac{1}{3}} \left(\frac{v_{f0}}{0.3048} \right)^{\frac{2}{3}} \tag{4.44}$$

通常,当壳体发生完全破裂前,战斗部直径膨胀已超过初始直径的 60%,而厚壁壳体膨胀比薄壁壳体更大。求得裂纹数后,就可求出破片初速,下面应用修正的 Gurney 方程

$$v_{f0} = \sqrt{2E} \left\{ \frac{\dfrac{m_c}{m_s}}{\left[\left(1 + \dfrac{D_d}{2L} \right) \left(1 + \dfrac{m_c}{2m_s} \right) \right]} \right\}^{\frac{1}{2}} \tag{4.45}$$

式中:v_{f0}——破片的最大抛射速度;

$\sqrt{2E}$——Gurney 常数,与炸药类型有关;

m_c——炸药装药质量;

m_s——壳体质量;

D_d——炸药的直径,等于 $2R_e$。

比值 $\dfrac{m_c}{m_s}$ 可用实际战斗部几何尺寸表示

$$\frac{m_c}{m_s} = \frac{\left[-\delta_e \left(\dfrac{R_e}{L} + 1 \right) \right]}{\left[\dfrac{\delta_e}{2} \left(1 + \dfrac{R_e}{L} \right) - 1 \right]} \tag{4.46}$$

$$\delta_e = \left(\frac{v_{f0}}{\sqrt{2E}} \right)^2$$

利用 Gurney 方程,可求解炸药装药半径 R_e

$$R_e = \frac{m_c \left(\dfrac{-\delta_e}{2} + 1 \right) - \delta_e m_s}{\dfrac{\delta_e}{L \left(\dfrac{m_c}{2} + m_s \right)}} \tag{4.47}$$

由上述方程可导出战斗部壳体爆炸产生的总破片数。裂纹尺寸大小在战斗部壳上的分布与破片总数密切相关。大块破片是由 2 个裂纹彼此垂直于各自的边运动产生的。单个裂纹形成的 2 个破片的一条边,每个断裂破片,需要 2 个断裂面。可用式(4.50)估算破片的总数。

4.2.3　动态裂纹扩展和破碎性

由于爆炸能远大于引起裂纹所需要的能,裂纹是由壳体膨胀扩展呈现、不稳定

所致。图 4.14 表示柱壳内爆炸高压、剩余能量导致壳体裂纹产生失稳扩展的能量图形。借助于能量平衡,可以研究动态裂纹扩展。

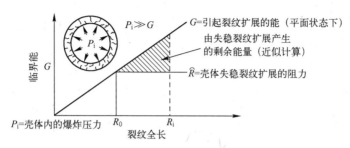

图 4.14 平面应变状态下,失稳裂纹扩展开始以后剩余能量的 $G, \widehat{R}-R$ 图

设 G(或 G_{1c})为导致产生裂纹扩展的临界能量,而 $\widehat{R}$ 为阻止裂纹扩展的能量,R_0 和 R_i 为不同时刻裂纹长度。用下式可导出涉及对产生裂纹在失稳过程中的断裂扩展的剩余能量为

$$E_R = \int_{R_0}^{R_i} (G - \widehat{R}) \mathrm{d}R = -\widehat{R}(R_i - R_0) + \int_{R_0}^{R_i} \frac{\pi \sigma^2 R}{E'} \mathrm{d}R \qquad (4.48)$$

式中:E_R——引起裂纹的能量,并设为常数;

E'——在平面应变状态下,$E' = \dfrac{E}{1-v^2}$(因为 $\widehat{R} = G_{1c}$,假设为常数);

$\widehat{R}$——$\widehat{R} = \pi \sigma^2 \dfrac{R_0}{E'}$,其中 σ 为拉应力。

将上述代入式(4.54),得到

$$E_R = \frac{\pi \sigma^2}{2E'}(R_i - R_0) \qquad (4.49)$$

Mott 认为扩展着的裂纹,剩余能量将被储存为动能,后被 Hahn 等人的实验所证实。裂纹数可表示为

$$N_g = N_c \exp\left(-\frac{R_0}{R_1}\right) \qquad (4.50)$$

式中:N_c——单位体积(cm^3)裂纹总数;

N_g——半径大于 R_0 时的单位体积的裂纹数量;

R_1——给定裂纹形状和裂纹尺寸分布的常数。

Seaman 等人通过试验发现微观裂纹核晶作用扩展率与拉伸应力有关。国外对高破片率钢(HF-1)试件做了试验,得到了有关裂纹大小的分布数据。

根据试件厚度和内爆载荷冲量便可计算拉应力随时间的变化。而 N_c 和 R_1 可从每个含裂纹破坏区的试件中获得。这些 N_c 和 R_1 值可用于计算动态断裂参数。关于裂纹的产生和张开是用了弹性加载 σ_N 下获取的,其法向拉伸应力垂直于裂

187

纹平面,裂纹面一半的分开距离为 v

$$v = \frac{4(1-v^2)}{\pi E} R_0 \sigma_N \tag{4.51}$$

裂纹以有限的速度张开,卸载后仍能保持张开。裂纹的体积为

$$V_{1c} = \frac{4}{3} \pi R_0^2 v = \frac{16(1-v^2) R_0^3 \sigma_N}{3E} \tag{4.52}$$

当裂纹张开形成具有三轴的椭圆形时,联立式(4.56)和式(4.58),则整个裂纹的体积分布表达式为

$$V_c = \int_{R_{min}}^{R_{max}} V_{1c} dN = \frac{16(1-v^2) \sigma_N}{3E} \int_{R_{min}}^{R_{max}} R_0^3 dN \tag{4.53}$$

式中:R_{min},R_{max}分别为分布中的最小和最大半径。

现在,V_c 为

$$V_c = \frac{16(1-v^2)}{3E} \sigma_N \tau_Z = \varepsilon_N^c \tag{4.54}$$

式中:τ_Z——总的裂纹大小尺寸分布值;

ε_N^c——垂直于裂纹平面的平均应变。

有时在破碎过程中,新裂纹将加入到现有裂纹族中,可由式(4.56)确定其尺寸分布。不过在成核现象中 $R_1 = R_N$ 时,裂纹的变化率是可以计算的。

$$\frac{dN}{dt} = \dot{N}_c \left[\exp \frac{\sigma_N - \sigma_{g0}}{\sigma_{NS}} - 1 \right], \quad \sigma_N \geqslant \sigma_{g0} \tag{4.55}$$

若$\frac{dN}{dt} = 0$,则 $\sigma_N \leqslant \sigma_{g0}$,其中 N_c 随$\frac{dN}{dt}$而增加,并为$\frac{dN}{dt}$的函数。$\dot{N}_c$ 为总的裂纹数,单位是每立方米每秒的数量,而 σ_{NS} 就是压力(P_i)。在式(4.61)中 σ_N 是在 Δt 时间间隔内给出的平均应力,对裂纹的扩展应力必须大于 σ_{g0},否则不产生裂纹扩展,故 σ_{g0} 是与金属材料有关的门限应力,是个常数定值。

$$\frac{dR}{dt} = \left(\frac{\sigma_N - \sigma_{g0}}{4\eta} \right) R_0 \tag{4.56}$$

式中:η——裂纹扩展系数,具有黏度量纲。

对延展性好的工业纯铁圆柱进行小尺度的战斗部模型试验,发现随裂纹成长伴有塑性流动发生。因为 σ_{g0} 阈值为材料常数。为此必须确定裂纹临界尺寸,可用下式计算

$$R_{m+1} = R_m \exp \left(\frac{\sigma_N - \sigma_{g0}}{4\eta} \Delta t \right), \sigma_N \geqslant \sigma_{g0} \tag{4.57}$$

$$R_{m+1} = R_m \quad \sigma_N < \sigma_{g0} \tag{4.58}$$

当 $\sigma_N \geqslant \sigma_{g0}$时,临界裂纹尺寸 R_c 是比最大裂纹半径 R_m 小,R_m 与 R_{m+1}均为在增加 Δt 时间步长过程中裂纹的起始和终止半径。有关裂纹定义、裂纹侧面位移如

图 4. 15 所示。

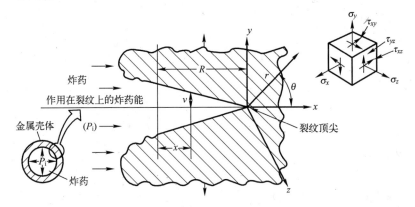

图 4. 15　裂纹侧面位移,几何形状及作用在裂纹尖端上的应力分量

根据线弹性断裂力学定律可知:

$$\sigma_{g0} = \sqrt{\frac{\pi}{4R_0}} K_{1c} \tag{4.59}$$

式中:K_{1c}——断裂韧性,是描述材料抗裂纹失稳扩展能力的度量和性能参数。

当裂纹半径比 R_c 小时,初始时不会有裂纹发生。

$$R_c = \pi \frac{K_{1c}{}^2}{4\sigma_N{}^2} \tag{4.60}$$

若裂纹大于 R_c 时,则可用模拟法近似导出裂纹位移。

对壳体特殊位置上平面应变时位移 v 可用下式计算

$$v = \frac{2\sigma}{E'} \sqrt{R^2 - x^2} \tag{4.61}$$

上述方程是平面应变初始条件下导出的裂纹侧面位移[4]。

$$v = \frac{2(1-\nu^2)}{E} \mathrm{Im}\,\overline{\phi}(Z) = \frac{2\sigma}{E}(1-\nu^2)\sqrt{R^2 - x^2} \tag{4.62}$$

$(1-\nu^2)$ 值在平面应变转换成平面应力时,可从方程中消去。

推导虎克定律时,上述方程可不介入。虎克定律方程为

$$\begin{cases} E\varepsilon_x = \sigma_x - \nu\sigma_y \\ E\varepsilon_y = \sigma_y - \nu\sigma_x \\ E\gamma_{xy} = 2(1+\nu)\tau_{xy} \end{cases} \tag{4.63}$$

其中形变位移为 $\varepsilon_x = \dfrac{\partial u}{\partial x}$,$\varepsilon_y = \dfrac{\partial v}{\partial y}$,$\gamma_{xy} = \dfrac{\partial u}{\partial y} + \dfrac{\partial v}{\partial x}$。

平面应变和平面应力方程分别为

189

$$\left.\begin{aligned}\varepsilon_x &= \frac{1-\nu}{2\,\bar{\mu}}\sigma_x - \frac{\nu}{2\,\bar{\mu}}\sigma_y \\ \varepsilon_y &= \frac{1-\nu}{2\,\bar{\mu}}\sigma_y - \frac{\nu}{2\,\bar{\mu}}\sigma_x\end{aligned}\right\}\text{平面应变状态}$$

$$\left.\begin{aligned}\varepsilon_x &= \frac{1}{2\,\bar{\mu}(1+\nu)}(\sigma_x - \nu\sigma_y) \\ \varepsilon_y &= \frac{1}{2\,\bar{\mu}(1+\nu)}(\sigma_y - \nu\sigma_x)\end{aligned}\right\}\text{平面应力状态} \tag{4.64}$$

式中：$\bar{\mu}$——滑动模量；

$\bar{\mu} = \dfrac{E}{2(1-\nu)}$；

ν——泊松比。

从上面可知，平面应变方程中的 ν 被 $\dfrac{\nu}{1+\nu}$ 取代，即得到平面应力方程。并可用 Cauchy-Riemann 方程求解。裂纹侧面的位移为 $v = \dfrac{2\sigma}{E'}\sqrt{R^2 - x^2}$，这里 x 是 R 的函数，而在给定 $0 < c < 1$ 条件下，可写成 $x = cR$。

有关位移的新方程为

$$v = \frac{2\sigma}{E'}\sqrt{R^2(1-c^2)} = C_1\left(\frac{\sigma R}{E'}\right) \tag{4.65}$$

$$C_1 = 2\sqrt{1-c^2}$$

裂纹扩展并沿战斗部壳体传播，而位移 v 随时间而改变，用"·"表示随时间改变速率。紧跟壳体材料的裂纹侧面位移速度为 $\dot{v}$

$$\dot{v} = \frac{c_1\sigma\,\dot{R}}{E'} = \frac{c_1\sigma\,\dot{R}(1-\nu^2)}{E} \tag{4.66}$$

壳体材料移动的动能（KE）表达式为

$$KE = \frac{1}{2}m_s v^2$$

材料单位厚度的密度为 ρ，面积为 A，则

$$KE = \frac{1}{2}\rho(A)v^2 = \frac{1}{2}\rho\iint(\dot{v})^2 \mathrm{d}x\mathrm{d}y$$

$$= E\frac{(2\gamma-1)\left[\left(1+\dfrac{m_c}{m_s}\right)^{\frac{\gamma-1}{\gamma}} - 1\right]}{(\gamma-1)\left[\left(1+\dfrac{m_c}{m_s}\right)^{\frac{2\gamma-1}{\gamma}} - 1\right]}\left[1 - \left(\frac{r_{i0}}{r_i}\right)^{2(\gamma-1)}\right] \tag{4.67}$$

上述方程可写成

$$KE = \frac{1}{2}\rho \dot{R}^2 \frac{\sigma^2}{(E')^2} \iint \left(2\sqrt{1-c^2}\right)^2 \mathrm{d}x\mathrm{d}y \tag{4.68}$$

积分解得裂纹长度 R 具有量纲[长度]^2，该解表示为唯一有意义的是裂纹长度 R，因此，该积分项可表示为 KR^2。对于长度为 R_i 的裂纹而言，则 KE 为

$$KE = \frac{1}{2}\rho \dot{R}^2 KR_i^2 \frac{\sigma^2}{(E')^2} \tag{4.69}$$

假定不稳定裂纹扩展的附加能已转化为 KE，并等于式(4.55)的 E_R，从而可从式(4.55)和式(4.75)求解 $\dot{R}$

$$\frac{\pi\sigma^2}{2E'}(R_i-R_0)^2 = \frac{\rho K\sigma^2}{2E'^2}(\dot{R}R_i)^2 \tag{4.70}$$

假定弹性能的变化导致壳体裂纹不稳定传播的破裂总能量相等，则 $\dot{R}$ 等于

$$\dot{R} = \sqrt{\frac{\pi}{K}}\sqrt{\frac{E'}{\rho}}\left(1-\frac{R_0}{R_i}\right) \tag{4.71}$$

设波速 $v_c = \sqrt{\dfrac{E'}{\rho}}$，则材料的纵向速度最终等于

$$\dot{R} = v_c\sqrt{\frac{\pi}{K}}\left(1-\frac{R_0}{R_i}\right)$$

$$\approx v_c\sqrt{\frac{2}{R_i^2 K\sigma^2}}\sqrt{\frac{E(2\gamma-1)\left[\left(1+\frac{m_c}{m_s}\right)^{\frac{\gamma-1}{\gamma}}-1\right]}{(\gamma-1)\left[\left(1+\frac{m_c}{m_s}\right)^{\frac{2\gamma-1}{\gamma}}-1\right]} \cdot \left[1-\left(\frac{r_{i0}}{r_i}\right)^{2(\gamma-1)}\right]} \tag{4.72}$$

对于扩展的长裂纹而言，若 $R_i \gg R_0$，则式(4.78)有个极限值 $\sqrt{\dfrac{\pi}{K}}$。计算表明此值远小于 1，并被实验测量所证实。可认为扩展着的裂纹的最大速度将总是纵向波速度的分数。

下面研究薄壁圆筒结构战斗部壳体，并具有椭圆形裂纹，如图 4.16 所示。

P_i 是作用于战斗部壳体的内压，则壳体处于周向应力 σ 作用下。t 是战斗部壳体厚，r_i 为内半径，战斗部壳体长度为 $\mathrm{d}l$，圆周方向的合力由下式给出。

$$-P_i(2r_i\mathrm{d}l) + 2\int\sigma t\mathrm{d}l = 0 \tag{4.73}$$

积分上式求 $\sigma(\bar{r})$，其 $\bar{r}$ 为通过厚度的坐标($0 \leqslant \bar{r} \leqslant t$)。

$$\sigma = \frac{P_i 2r_i\mathrm{d}l}{2t\mathrm{d}l} = \frac{P_i r_i}{t} = \sigma(\bar{r}) = \sigma_y - E\rho_e(\gamma-1)\left(\frac{r_i}{r_{i0}}\right)^{-2\gamma}\left(1-\frac{\bar{r}}{t}\right) \tag{4.74}$$

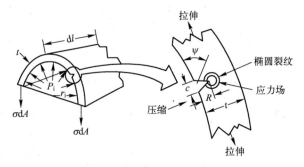

图 4.16　作用在圆筒壁上的应力

Griffith 利用能量平衡法和 Inglis 提出的应力分析法,创建了断裂临界应力计算方法

$$\sigma_c = \left(\frac{2E\gamma_e}{\pi R}\right)^{\frac{1}{2}} \tag{4.75}$$

式中:γ_e——材料的弹性表面能;

$2\gamma_e = \dfrac{\pi\sigma_c^2 R}{E}$ 称能量释放率,表示单位裂纹表面的弹性能,适用无穷小的裂纹扩展;

R——裂纹长度。

裂纹上发生的最大应力是在裂纹的端点,Inglis 研究了平板中的椭圆孔的应力,其最大应力为

$$\sigma_{max} = \sigma\left[1+\left(\frac{2R}{b}\right)\right] \tag{4.76}$$

式中:b——短半轴长度;

R——长半轴长度。

如果 $b \gg R$,则裂纹尖端半径 $r = \dfrac{b^2}{R}$,Griffith 算得

$$\sigma_{max} = \sigma\left(1+2\sqrt{\frac{R}{r}}\right) \approx 2\sigma\sqrt{\frac{R}{r}} \tag{4.77}$$

当 $r \gg R$ 时,临界应力可用下式计算

$$\sigma_c = \frac{(\sigma_{max})_c\sqrt{r}}{2\sqrt{R}} \approx K_c\sqrt{\pi} \tag{4.78}$$

利用裂纹尖端曲率和裂纹长度的几何关系,便可用上式确定临界应力。

这个方程表示了战斗部壳体上的周向应力,由其解得最大应力强度因子式[4]

$$K_1^{\sigma_H} = \frac{C\sigma_H\sqrt{\pi R}}{\phi} = \frac{Cr_i\sqrt{\pi R}\left[\sigma_y - E\rho_e(\gamma-1)\left(\dfrac{r_i}{r_{i0}}\right)^{-2\gamma}\left(1-\dfrac{\bar{r}}{t}\right)\right]}{t\phi} \tag{4.79}$$

192

式中:C——由裂纹的几何外形确定的常数,可表示为 R 和 c(见图 4.16)的函数;

σ_H——由薄壁圆筒公式确定的周向应力;

ψ——定义如图 4.16 所示,当 $\psi = 90°$ 时,可得最大应力强度;

ϕ——第二类的椭圆积分,即 $\int_{\theta}^{\frac{\pi}{2}} \sqrt{1 - \sin^2\alpha \sin^2\psi} \, \mathrm{d}\psi$ 和 $\sin^2\alpha = \dfrac{c^2 - R^2}{c^2}$。

根据不同 R/c 比值的积分解为

R/c	0	0.1	0.2	0.3	0.4	0.5	0.6	0.7	0.8	0.9	1.0
ϕ	1.000	1.016	1.051	1.097	1.151	1.211	1.217	1.345	1.418	1.493	1.571

积分 ϕ 可用级数展开式(ϕ 是 R/c 的函数)表示为

$$\phi = \frac{\pi}{2}\left[1 - \frac{1}{4} \cdot \frac{c^2 - R^2}{c^2} - \frac{3}{64}\left(\frac{c^2 - R^2}{c^2}\right)^2 - \cdots \right]$$

由于裂纹处在受压的容器中,内部爆炸气体压力作用在裂纹表面上,由此引起最大应力强度因子为

$$K_1^P = CP_i \frac{\sqrt{\pi R}}{\phi} = \frac{C}{\phi}\left[\frac{\sigma(\bar{r}) - \sigma_y}{1 - \dfrac{\bar{r}}{t}} \right] \sqrt{\pi R} \tag{4.80}$$

由式(4.85)和式(4.86)可确定最大应力强度因子式

$$K_{1\max} = K_1^{\sigma_H} + K_1^P = \frac{C\sqrt{\pi R}\left(1 + \dfrac{r_{i0}}{t}\right)}{\phi}\left(\frac{\sigma(\bar{r}) - \sigma_y}{1 - \dfrac{\bar{r}}{t}} \right) \tag{4.81}$$

假定裂纹包含有限尖端半径 r_{ii},Creager 和 Paris 创建了裂纹尖端应力场近似计算的极坐标方程:

$$\begin{cases} \sigma_x = \dfrac{K_I}{\sqrt{2\pi r_i^*}} \cos\dfrac{\theta}{2}\left(1 - \sin\dfrac{\theta}{2}\sin\dfrac{3\theta}{2}\right) - \dfrac{K_I}{\sqrt{2\pi r_i^*}}\left(\dfrac{r_{ii}}{2r_i^*}\right)\cos\dfrac{3\theta}{2} \\[3mm] \sigma_y = \dfrac{K_I}{\sqrt{2\pi r_i^*}} \cos\dfrac{\theta}{2}\left(1 + \sin\dfrac{\theta}{2}\sin\dfrac{3\theta}{2}\right) + \dfrac{K_I}{\sqrt{2\pi r}}\left(\dfrac{r_{ii}}{2r_i^*}\right)\cos\dfrac{3\theta}{2} \\[3mm] \tau_{xy} = \dfrac{K_I}{\sqrt{2\pi r_i^*}} \sin\dfrac{\theta}{2}\cos\dfrac{\theta}{2}\cos\dfrac{3\theta}{2} - \dfrac{K_I}{\sqrt{2\pi r_i^*}}\left(\dfrac{r_{ii}}{2r_i^*}\right)\sin\dfrac{3\theta}{2} \end{cases} \tag{4.82}$$

应该指出,在裂纹尖端处,r_i^* 是有限的($r_i^* = \dfrac{r_{ii}}{2}$),所以,应力也是有限的。而且如同窄裂纹那样,没有裂纹尖端奇异性(见图 4.17)。

上述方程假设 $\sigma_z = 0$,壳体只承受平面应力,裂纹尖端的几何形状,控制着槽尖周围的应力。对于尖锐裂纹,r_{ii} 是很小的,则 $\dfrac{r_{ii}}{r_i^*}$ 可略去,这时式(4.88)右边的第二

项可以不予考虑,则可得到 I 型加载情况下的标准方程。

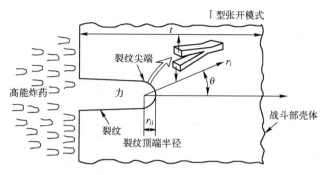

图 4.17　壳体构造构形及有限尖端半径附近应力场

如果裂纹沟槽变钝对塑性区的大小影响较小,在平面应变状态下,裂纹尖端前缘 σ_y 的分布就会有很大影响。当沟槽变得更钝时,壳体上的最大应力移向弹塑性区。Hill 证明最大应力场在弹塑性区占主导地位,但不会超过槽根区。塑性区扩大为

$$r_i^* = r_{ii} \left[e^{\left(\frac{1}{\beta_P} - 1 \right)} - 1 \right] \tag{4.83}$$

式中:$\dfrac{1}{\beta_P}$——塑性应力集中因子。

这个动态应力范围将随速度变化而改变,考虑最大主应力时,将发现壳体裂纹分叉现象。有关微观分叉研究,可参阅 Seaman、Curran 以及 Murri 等人的论文[4,5]。

圆柱壳内装高能炸药,并于一端起爆,能显示表面裂纹生长扩展随时间而变化。在起爆后大约 $40\mu s \sim 50\mu s$ 便有裂纹产生了,裂纹长约 $10mm \sim 20mm$,随着时间增加,裂纹增长为 $30mm \sim 50mm$。这是圆柱壳形成破片的主因。Mott 和 Linfoot 由试验得到了破片质量分布的预测公式

$$N(>m) = N_0 \exp \left[-\left(\frac{m}{\mu} \right)^{\frac{1}{2}} \right] \tag{4.84}$$

式中:$N(>m)$——质量大于 m 的破片数;

$\quad\quad N_0$——破片总数;

$\quad\quad \mu$——破片大小变量;

$\quad\quad m$——破片质量。

由上式可求得质量大于 m 的破片数目和破片质量 m 的关系曲线。由此可观察到壳材性质和热处理工艺对破片形成的影响。

由于炸药爆炸提供了很大压力,并传递给金属圆柱壳体,引起壳体高速径向膨胀,使战斗部壳体经受着双向拉伸,随着壳体拉伸增加,而面积减小,达到临界载荷以后,材料强度不能补偿面积减小的损失。有关单向应力——应变的经验方程,可适用于应变硬化材料[6]

194

$$\begin{cases} \sigma = B\varepsilon^N \\ \sigma = Y + P\varepsilon \\ \sigma = B\ (\bar{c}+\varepsilon)^n \\ \sigma = B'\varepsilon^M \end{cases} \qquad (4.85)$$

式中:$B,B',\bar{c},Y,n,P$ 和 M——分别为由试验确定的常数,可查文献[6]得到。

由于壳体径向高速膨胀时,必然引起壳体的颈缩。压力、卸载波效应是引起颈缩的主要因素。Mott 指出,若径向速度很大,则将形成第二、第三个颈缩。这是由于卸载波从第一个波未能通过颈缩壳体的第二和第三部分所致。从工程观点讲,颈缩是重要的,能够用来计算战斗部壳体初速,和引起静态不稳定的原因。假设弹性应变比塑性应变小,则可列出径向运动方程为

$$\frac{\mathrm{d}^2r}{\mathrm{d}t^2}+\frac{\sigma_\theta}{\rho_s}=0 \qquad (4.86)$$

式中:ρ_s——壳体材料密度。

令 $\mathrm{d}^2r=v\dfrac{\mathrm{d}v}{\mathrm{d}r}$,利用式(4.91),则上式变为

$$\int_{v_0}^0 v\mathrm{d}v = -\frac{B}{\rho_s}\int_{r_0}^r \frac{(\bar{c}+\varepsilon_\theta)^n}{r}\mathrm{d}r \qquad (4.87)$$

因为 $\varepsilon_\theta = \ln\dfrac{r}{r_0}$。

对于平面应变,径向加速方程可解得

$$v_0^2 = \frac{2B\bar{c}^{n+1}}{\rho_s(n+1)}\left[\left(1+\frac{1}{\bar{c}}\ln\frac{r}{r_0}\right)^{n+1}-1\right] \qquad (4.88)$$

因此可方便地计算不稳定应变随 v 的变化。发生断裂和颈缩前,速度引起应变将等于静态不稳定应变

$$v_0^2 = \frac{2B\bar{c}^{n+1}}{\rho_s(n+1)}\left[\left(\frac{n}{\bar{c}\sqrt{3}}\right)^{n+1}-1\right] \qquad (4.89)$$

对于球形壳体,可用下式求得

$$v_0 = \frac{2B\bar{c}^{n+1}}{\rho(n+1)}\left[\left(\frac{2n}{3\bar{c}}\right)^{n+1}-1\right] \qquad (4.90)$$

对于不稳定应变所需的速度,可根据 $\dfrac{m_c}{m_s}$ 之比求得。对于钢获得不稳定应变所需径向速度为 209m/s,而其 $n,\bar{c}$ 和 B 分别等于 0.50、0.016 和 3.2/1.0E6。圆柱的不稳定应变 ε_θ 为 0.236。Gurney 方程可用来计算破片的最大速度,也可用来计算不稳定应变的速度。

$$v_{f0} = \sqrt{2E} \sqrt{\frac{\dfrac{m_c}{m_s}}{\left(1+\dfrac{D_d}{2L}\right)\left(1+\dfrac{m_c}{2m_s}\right)}} \qquad (4.91)$$

令 $\widetilde{\gamma} = \left(\dfrac{v_{f0}}{\sqrt{2E}}\right)^2$, $D_i = D_d = 2R_e$ 则

$$\widetilde{\gamma}\left(1+\frac{D_i}{2L}\right)\left(1+\frac{m_c}{2m_s}\right) - \frac{m_c}{m_s} = 0 \qquad (4.92)$$

则 $\dfrac{m_c}{m_s}$ 为

$$\frac{m_c}{m_s} = \frac{-\widetilde{\gamma}\left(1+\dfrac{D_d}{2L}\right)}{\dfrac{\widetilde{\gamma}}{2}\left(1+\dfrac{D_d}{2L}\right)-1} \qquad (4.93)$$

产生应变不稳定所需的 $\dfrac{m_c}{m_s}$,可利用式(4.89)等于式(4.91)求得

$$\frac{2B\overline{c}^{-n+1}}{\rho_s(n+1)}\left[\left(\frac{n}{\overline{c}\sqrt{3}}\right)^{n+1}-1\right] = \left[\sqrt{2E}\sqrt{\frac{\dfrac{m_c}{m_s}}{\left(1+\dfrac{R_e}{L}\right)\left(1+\dfrac{m_c}{2m_s}\right)}}\right]^2 \qquad (4.94)$$

平方后重新整理得到

$$\frac{m_c}{m_s} = \frac{\dfrac{2B\overline{c}^{-n+1}}{\rho_s(n+1)}\left[\left(\dfrac{n}{\overline{c}\sqrt{3}}\right)^{n+1}\left(-\dfrac{R_e}{L}-1\right)+1+\dfrac{R_e}{L}\right]}{\dfrac{B\overline{c}^{-n+1}}{\rho_s(n+1)}\left[\left(\dfrac{n}{\overline{c}\sqrt{3}}\right)^{n+1}\left(\dfrac{R_e}{L}+1\right)+\left(-\dfrac{R_e}{L}-1\right)\right]-(\sqrt{2E})^2} \qquad (4.95)$$

当 $\dfrac{m_c}{m_s}$ 比值达到最优时,可使破片总动能获得最大。$\dfrac{m_c}{m_s}$ 比值小,则动能低,此时装药量少,无法把金属破片加速到高速。为了获得高动能,则 $\dfrac{m_c}{m_s}$ 比值应大于1。但比值很大也不是最优。这时,虽可使金属破片被加速到高速,但撞击目标的破片数少了。故最佳的 $\dfrac{m_c}{m_s}$ 比值应在 1~1.6 范围。

4.2.4 平均破片质量

给定战斗部的壳厚、直径、长度和炸药装药特性,由 Rosin、Rammier 和 Sperling

（简称 RRS 分布）创建的方程，可用于计算质量等于或小于 m 值的破片数 N，此时 m_s 是总质量，则计算破片数的表达式为

$$N = N_0 \left[1 - \exp \left(-\frac{m}{m_0} \right)^{\lambda} \right] \qquad (4.96)$$

式中：N_0——战斗部的破片总数；

m_0 和 λ——分别为计算参量[7]。

Held 提出破片平均质量算式为

$$\bar{m} = \frac{m_s}{N_0} \qquad (4.97)$$

而上式可表示为

$$\bar{m} = \pi L \rho_m \frac{D_0^2 - D_i^2}{4 N_0} = \pi L \rho_m \frac{r_0^2 - (r_0 - t)^2}{N_0} = \pi t L \rho_m \frac{D_0 - t}{N_0} \qquad (4.98)$$

式中：D_0——战斗部直径；

D_i——战斗部装药直径＝战斗部壳体内径，$D_i = 2R_e = 2R_i$；

ρ_m——壳体材料密度；

L——战斗部长度；

r_0——战斗部外半径；

t——壳体厚度。

给出破片数随装药直径的变化，即可计算累积破片质量

$$\sum m = \pi t (D_0 - t) \rho_m L \left\{ 1 - \exp \left[\left(1 - \frac{N}{59.2} \right) \sqrt{\frac{t}{D_i}} \right] \right\} \qquad (4.99)$$

此式是收集了战斗部的试验数据和 $\sum m$-N 曲线而得到的。所以上式计算值与实验值符合程度高。

若干平均破片质量是利用了 75% 的战斗部壳体质量，而 $\sum m$ 是 75% 的总质量除以破片数 N，为平均破片质量 $\bar{m}_{75\%}$。在装药直径 D_i 一定的条件下，$\bar{m}_{75\%}$ 随壳厚 t 的变化是线性关系。根据图 4.18 可导出下列方程。

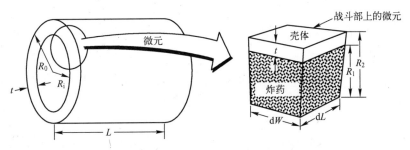

图 4.18　战斗部的膨胀单元几何尺寸的说明

$$\overline{m}_{75\%} = 2.66 \times 10^{-5} (1.0 \times 10^3 D_i)^{0.45} (1.0 \times 10^3 t)^{1.55} \qquad (4.100)$$

令 $\overline{m}_z$ 是任意破片质量 m_z 为 z 百分率的平均质量,壳体质量为 m_s,则 $z = \dfrac{\sum m_z}{m_s}$

$$\sum m_z = m_s \left\{ 1 - \exp \left[\left(-\frac{N}{59.2} \right) \sqrt{\frac{t}{D_i}} \right] \right\}$$

$$m_s = \pi \rho_m (D_0 - t) Lt$$

$$\sum m_z = z m_s \qquad (4.101)$$

则
$$z m_s = m_s \left\{ 1 - \exp \left[\left(-\frac{n_z}{59.2} \right) \sqrt{\frac{t}{D_i}} \right] \right\} \qquad (4.102)$$

显然,破片数 n_z 随 $\sum m_z$ 而改变,从而解得

$$n_z = -59.2 \sqrt{\frac{t}{D_i}} \ln(1-z) \qquad (4.103)$$

而
$$\overline{m}_z = \frac{\sum m_z}{n_z} = z \frac{m_s}{n_z} \qquad (4.104)$$

将式(4.103)代入式(4.104),化简后得

$$\overline{m}_z = \left[\frac{\rho_m \pi L D_i^{0.5} t^{\frac{3}{2}} \left(1 + \frac{t}{D_i} \right)}{59.2} \right] \left[\frac{z}{-\ln(1-z)} \right] \qquad (4.105)$$

一旦给出的百分比 $z = \dfrac{\sum m_z}{m_s}$ 时,便可用式(4.111)计算破片的平均质量 $\overline{m}_z$,此值可视作随壳厚、装药直径而变化。函数 $\left[\dfrac{z}{-\ln(1-z)} \right]$ 从 $1 \sim 0$ 的变化,即相当于 $100\% \sim 0\%$ 之间的变化。当壳体膨胀至原始直径的 60% 左右,断裂裂纹发生前,经历了弹-塑性失效,才出现断裂裂纹。此式可用来估算随 $\dfrac{m_c}{m_s}$,L,D,t 而变化的破片大小分布。

Mott 创建的预测二维壳体破裂和破片质量分布方程式为

$$N(m) = \frac{m_s}{2\mu} \exp \left(-\left(\frac{m}{\mu} \right)^{\frac{1}{2}} \right) \qquad (4.106)$$

式中:$N(m)$——质量大于 $m(\text{kg})$ 的破片总数;

$\qquad m$——破片质量(kg);

$\qquad \mu$——平均破片质量之半(kg),$\mu = B^2 t^{\frac{5}{3}} D_i^{\frac{2}{3}} \left(1 + \frac{t}{D_i} \right)^2$;

$\qquad m_s$——壳体总质量(kg);

t——壳厚(m);

D_i——炸药装药直径(m)，$D_i = 2R_i$;

B——炸药有关常数($\mathrm{kg}^{\frac{1}{2}}/\mathrm{m}^{\frac{7}{6}}$)。

对于厚壳战斗部,则应该用三维破碎模型来描述更符合实际。模型形式为

$$N(m) = N_0 \exp\left(-\left(\frac{m}{\mu'}\right)^{\frac{1}{3}}\right) \qquad (4.107)$$

式中:N_0——破片总数;

$N_0 = \dfrac{m_s}{6\mu'}$;$6\mu'$——破片的算术平均质量。

通常凡是壁厚大于 15.24mm 称为厚壁,否则称为薄壁。

Gurney 和 Sarmousakis 给出了薄壁壳体 $\mu^{\frac{1}{2}}$ 的另一种表达式为

$$\mu^{0.5} = \frac{At\,(D_0-t)^{\frac{3}{2}}}{D_i}\sqrt{1+0.5\left(\frac{m_c}{m_s}\right)} \qquad (4.108)$$

式中:A——与炸药装药能量有关的系数($\mathrm{kg}^{\frac{1}{2}}/\mathrm{m}^{\frac{3}{2}}$);

D_0——战斗部壳体外径(m)。

采取特殊置信度水平(CL)的特殊大小破片,可用式(4.112)来描述。

$$m_{\max} = \mu \ln^2(1-\mathrm{CL}) \qquad (4.109)$$

其中达到最大质量 $m_{\max}$ 可望概率为 95%。大于 $m_{\max}$ 的破片总数为

$$N_f = \frac{m_s(1-\mathrm{CL})}{2\mu} = \frac{\pi\rho_m(D_0-t)Lt(1-\mathrm{CL})}{2\mu} \qquad (4.110)$$

有关可锻铸铁的破片总数的计算可参阅文献[5]。式(4.106)和式(4.108)中有关炸药系数 B 和 A 的实验值如表 4.1 所得。

表 4.1　各种典型炸药的 B 和 A 常数

炸药种类的装填方法		炸药系数	
		$B/(\mathrm{kg}^{1/2}/\mathrm{m}^{7/6})$	$A/(\mathrm{kg}^{1/2}/\mathrm{m}^{3/2})$
铸装	B 炸药	2.71	3.95
	TNT	8.91	12.9
	H-6	3.81	3.03
	HBX-1	12.6	9.92
	HBX-2	3.38	2.71
	太恩/TNT(50/50)	11.2	8.90
	PTX-1	3.12	2.78
	·PTX-2	10.2	9.14

炸药种类的装填方法		炸药系数	
		$B/(\text{kg}^{1/2}/\text{m}^{7/6})$	$A/(\text{kg}^{1/2}/\text{m}^{3/2})$
压装	BTNEN/wax(90/10)	2.18	7.18
	BTNEN/wax(90/10)	2.59	2.59
	A-3 炸药	8.59	8.52
	太恩/TNT(50/50)	2.69	2.89
	RDX/wax(95/5)	8.83	9.61
	RDX/wax(85/15)	3.24	4.94
	TNT	9.92	16.4

对于多层壳壁形成破片参数的预测可参阅文献[8],除上述累计的破片数和破片质量模型外,还有下列 WD、LGD、LBD 和双模分布模型,可参见文献[48-54]。

4.2.5 战斗部几何模型

破片质量分布与破片数量计算表明,它们是随壳厚和战斗部原始几何形状而改变的。战斗部设计人员必须把破片初速与战斗部的直径、长度、装药直径和壳体厚度联系起来。战斗部外径 D_0 一般依赖于导弹直径而确定。

设计者经常会遇到战斗部的毁伤力与导弹总体给定专用的战斗部质量之间的矛盾。所以必须与导弹总体设计方案妥善协调,以便增加杀伤力。导弹攻击目标,其探测定位作用和目标易损部件分析,涉及到破片初速要求。由 Gurney 方程可知破片速度是与装药和金属之比 $\dfrac{m_c}{m_s}$ 有关的。选择 $\dfrac{m_c}{m_s}$ 的依据是应满足破片速度要求。

令 $\dfrac{m_c}{m_s}$ 与函数 f 有关

$$\frac{m_c}{m_s}=f(v_T,v_M,L,D_0,\sqrt{2E},\rho_m,\rho_e,P_K,\cdots) \tag{4.111}$$

式中: v_T ——目标速度;

v_M ——导弹速度;

P_K ——破片对目标毁伤的概率。

对于无中心孔的战斗部,其装药 $m_c=\dfrac{\pi}{4}D_i^2 L\rho_e$。如果炸药装药含有中心孔 (D_v),用于安置导弹的电缆和安全及解除保险执行机构,此时 m_c 方程为

$$m_c=\frac{\pi}{4}(D_i^2-D_v^2)L\rho_e \tag{4.112}$$

$$m_s=\frac{\pi}{4}(D_0^2-D_v^2)L\rho_m \tag{4.113}$$

亦可用壳体半径 R_0、内半径 R_i 和壳厚 t 表示,则可得

$$\frac{m_c}{m_s} = \left(\frac{\rho_e}{\rho_m}\right)\left(\frac{D_i^2}{D_0^2 - D_i^2}\right) = \left(\frac{\rho_e}{\rho_m}\right)\left[\frac{D_i^2}{4t(D_0 - t)}\right] \tag{4.114}$$

将式(4.114)代入 Gurney 方程可估算破片最大初速 $v_{max0} = v_0$

$$v_0 = \sqrt{2E}\sqrt{\frac{\dfrac{m_c}{m_s}}{1 + 0.5\left(\dfrac{m_c}{m_s}\right)}} \tag{4.115}$$

联解式(4.114)和式(4.115)得到

$$D_i = \left(\frac{D_0^2 \rho_m}{\left\{\rho_e\left[\left(\dfrac{\sqrt{2E}}{v_0}\right)^2 - \dfrac{1}{2}\right] + \rho_m\right\}}\right)^{\frac{1}{2}} \tag{4.116}$$

其中 D_i 是炸药外径或壳体内径,设 $D_i = 2R_i$ 和 $D_0 = 2R_0$,则式(4.116)可表示为 $R_i = \dfrac{D_i}{2}$,壳厚 $t = R_0\left(1 - \dfrac{R_i}{R_0}\right)$。显然,破片速度要靠壳厚来控制。利用图 4.18 微元体,可得到下列 $\dfrac{m_c}{m_s}$ 是随相对壁厚比而变化的。

$$\frac{m_c}{m_s} = \frac{dL \cdot dw \cdot R_1 \rho_e}{dL \cdot dw \cdot t\rho_m} = \left(\frac{\rho_e}{\rho_m}\right)\left(\frac{R_1}{t}\right) \tag{4.117}$$

利用几何关系和有关的物理量,可求战斗部质量 W_T,可解得战斗部长度

$$L = \frac{W_T}{\pi R_0^2 \rho_m \left[1 - \left(1 - \dfrac{\rho_e}{\rho_m}\right)\left(\dfrac{R_i}{R_0}\right)^2\right]} \tag{4.118}$$

上式中 $W_T = \dfrac{\pi D_i^2}{4}L\rho_e + \dfrac{\pi}{4}(D_0^2 - D_i^2)L\rho_m = \pi R_i^2 L\rho_e + \pi R_0^2 L\rho_m - \pi R_i^2 LV\rho_m$。

这些方程用于标准的 Gurney 方程时,不考虑端部的漏气效应,而认为是无限长的圆柱壳。若 $v_0 = v_{max0}$ 是根据 R_0,R_i(假设破片质量相等)来计算的,则 W_T 和 L 即可求解。而战斗部上的破片数量可用下式计算

$$N_0 = \frac{\pi Lt(D_0 - t)\rho_m}{2\mu} = \frac{\pi Lt(D_0 - t)\rho_m}{2\left[B^2 t^{\frac{5}{3}} D_i^{\frac{2}{3}}\left(1 + \dfrac{t}{D_i}\right)^2\right]}$$

$$= \frac{W_T t(D_i + t)}{2R_0^2\left[B^2 t^{\frac{5}{3}} D_i^{\frac{2}{3}}\left(1 + \dfrac{t}{D_i}\right)^2\left[1 - \left(1 - \dfrac{\rho_e}{\rho_m}\right)\left(\dfrac{R_i}{R_0}\right)^2\right]\right]} \tag{4.119}$$

若考虑长度影响和爆炸气体的溢出,则修正的 Gurney 方程为

$$v_{\max 0} = v_0 = \sqrt{2E} \sqrt{\left[\frac{\dfrac{m_c}{m_s}}{\left(1+\dfrac{m_c}{2m_s}\right)\left(1+\dfrac{D_e}{2L}\right)} \right]} \qquad (4.120)$$

式中:D_e——炸药装药直径。

如果战斗部长径比较小,则有爆炸气体较早溢出,会使破片速度下降。

由上式可解出$\dfrac{m_c}{m_s}$,并与式(4.114)联解,同时,以装药直径 $D_e = D_d = 2R_e = 2R_i$,壳体外径 $D_0 = 2R_0$ 代入,则得到

$$\frac{R_i}{R_0} = \left[\frac{\left(\dfrac{\rho_m}{\rho_e}\right)\left(1+\dfrac{R_e}{L}\right)}{\left(\dfrac{\sqrt{2E}}{v_0}\right)^2 + \left(1+\dfrac{R_e}{L}\right)\left(\dfrac{\rho_m}{\rho_e}-\dfrac{1}{2}\right)} \right]^{\frac{1}{2}} \qquad (4.121)$$

或简化为壳体内半径或炸药半径,则

$$R_i = \left[\frac{v_0{}^2 \rho_m R_0^2}{\rho_e\left(\sqrt{2E}\right)^2 - v_0{}^2(0.5\rho_e - \rho_m)} \right]^{\frac{1}{2}} \qquad (4.122)$$

此时壳体厚度可用下式求解

$$t = R_0 - R_i = R_0\left(1 - \frac{R_i}{R_0}\right)$$

战斗部总质量可按式(4.118)求之。

4.2.6 壳体破碎性的控制

一种最普遍的方法就是用机械刻槽法人为地造成增强应力提高集中,使战斗部壳体按预定网格阵列破碎成相同质量的破片。掌握此项技术必须考虑 7 个方面的影响因素:壳体材料性质,格删(网格)的几何形状,网格单元的截面的形状,爆轰波阵面的方向性,炸药的类型,炸药与壳体之间有无缓冲层,设计变量应与制造过程类型和形成网格相结合。

控制破片数量、形状和大小是由壳厚、刻槽深度及刻槽间距所决定的。爆轰波阵面通过网格侧面后,破裂轨迹方向也就确定了。来自内表面剪切平面产生朝向外表面传播特征,可用壳体的微观结构来诊断。有关对称与非对称槽形剖面的破裂轨迹如图 4.19 所见。

下面讨论影响破裂机理的主因素。

1. 应力集中因子

机械刻槽壳体相对无控破碎性壳体而言,会急剧改变战斗部几何外形,作用应力增高,使壳体材料失效。常用应力集中因子(扰动应力)K 来描述其局部高应力

的力度,定义 $K = \sigma_{max}/\sigma_{av}$,$\sigma_{max}$ 为局部扰动最大应力,σ_{av} 为平均(名义)应力,刻槽深度应等于或大于 0.5 倍壁厚,否则会造成联片。

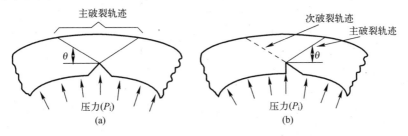

图 4.19 对称与非对称刻槽剖面的破裂轨迹

(a) V 形刻槽;(b) 锯齿形刻槽。

2. 刻槽网格

壳体上刻槽网格的几何形状决定了破片的形状。对于给定柱形壳体,若沿纵向内壁刻槽会产生杆形破片;若内壁为菱形网格,则会产生大小和形状可控的破片。爆轰波通过每一个网格,沿特殊的轨迹发生断裂,破片可以从支持断裂的高水平主轨迹发生,亦可从主次轨迹的联合作用下发生。破片大小完全取决于壁厚及槽间间距。网格外形设计准则应按周向应力大于轴向应力来设计。壳体横截面的剪切轨迹如图 4.20 所示。这种剪切控制技术极适用于钢质薄壳战斗部。对于厚壳建议用内、外对应两方面刻槽[5]。菱形网格角选用 60° 可获得最佳壳体破碎。典型的网格设计如图 4.21 所示。

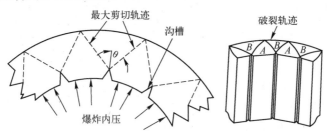

图 4.20 用壳体横截面与剪切轨迹的说明

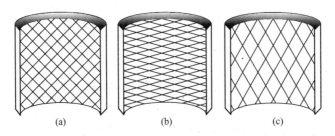

图 4.21 有效和无效菱形开槽网格图

(a) 好设计(合理),取应变场的有利条件;(b) 差设计(不合理),应力偏高对抗应变场;

(c) 差设计(不合理),非对称刻槽设计图。

3. 网格模型的成型

从图 4.19、图 4.20 可知,每个剪切轨迹从切口顶部开始,获取剪切破坏,切口的敏感性是至关重要的。非对称网格限制了轨迹成对的单一方向性。为此,应重视轨迹选用的定位问题。主轨迹支撑断裂的程度远高于次轨迹效应。由于立方形破片具有空阻较小,侵彻能较强,因而受到关注,如图 4.22 所示。

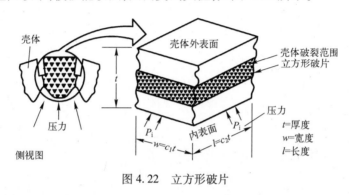

图 4.22 立方形破片

破片的宽(w)和长(l)均为壁厚(t)的隐函数,c_1,c_2 分别为破片宽度和长度与壳厚的比例常数。设计经验指出:任一破片若有一边长大于 1.5 倍另一边长,则不认为是个立方形破片。这样的破片将导致侵彻能力下降,而空阻增加。立方形破片的质量为

$$m_f = tlw\rho_m \tag{4.123}$$

或

$$m_f = c_1 c_2 t^3 \rho_m \tag{4.124}$$

若壳体内表面是 V 形切口网格,切口深度与厚度有关,因而切深 L_0 为

$$L_0 = \zeta t \tag{4.125}$$

其中 ζ 是常数,表示与 t 有关的切割深度百分数,ζ 在 0~1 之间,用图 4.23 可解得。

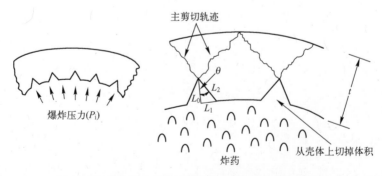

图 4.23 确定单个内表 V 形切口网格形状的数学关系

$$L_0 \sin\theta = L_1 \sin(90°-\theta)$$
$$L_1 = \zeta t \tan\theta \tag{4.126}$$

V 型切口横截面积为

$$A = L_0 L_1 \tag{4.127}$$

将式(4.125)、式(4.126)代入式(4.127)得到

$$A = (\zeta t)(\zeta t \tan\theta) = \zeta^2 t^2 \tan\theta \tag{4.128}$$

单枚破片切除的体积和质量分别为

$$\begin{cases} V_f = \zeta^2 t^3 \tan\theta (c_1+c_2) \\ m_f = V_f \rho_m = [\zeta^2 t^3 \tan\theta (c_1+c_2)]\rho_m \end{cases} \tag{4.129}$$

下面是典型的菱形破片，设断裂发生在 45°方向，壳体破裂后破片如图 4.24 所示。

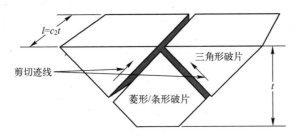

图 4.24　菱形破片的破碎

对于外表面为矩形切口，内表面为 V 形切口，同理可得矩形破片（见图 4.25）。

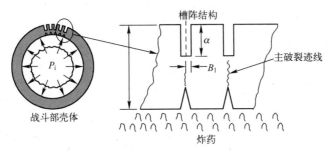

图 4.25　为得到立方形破片形状所采用的矩形—V 形槽列阵构型

最终破片质量方程为

$$m_f = \underbrace{c_1 c_2 t^3 \rho_m}_{\text{破片质量}} - \underbrace{[\zeta^2 t^3 \tan\theta (c_1+c_2)]\rho_m}_{\text{V形切口切除的质量}} - \underbrace{[2\zeta_1 \zeta_2 t^3 (c_1+c_2)]\rho_m}_{\text{方形切口切除的质量}} \tag{4.130}$$

其中矩形槽的深和半宽尺寸是壳厚的函数，分别用 $\alpha = \zeta_1 t$，$B = \zeta_2 t$ 表示。

而战斗部壳体厚度可看作与破片几何形状有关，壳体厚度的计算式为

$$t = \left\{ \frac{m_f}{\rho_m \left[c_1 c_2 - \zeta^2 \tan\theta (c_1 + c_2) - 2\zeta_1\zeta_2 (c_1 + c_2) \right]} \right\}^{\frac{1}{3}} \tag{4.131}$$

或者亦可用下式表示

$$t = R_0 - R_i = \frac{D_0}{2} - \frac{D_i}{2} \tag{4.132}$$

将式(4.131)代入式(4.132)可得到 R_i，有了 R_i 可求战斗部重量的表达式

$$W_T = \pi R_i^2 L \rho_e + \pi (R_0^2 - R_i^2) L \rho_m \tag{4.133}$$

从而可得战斗部长度为

$$L = \frac{W_T}{\pi \left[R_i^2 (\rho_e - \rho_m) + R_0^2 \rho_m \right]} \tag{4.134}$$

或者将式(4.131)代入式(4.132)，再代入式(4.134)进一步展开得到

$$L = \frac{W_T}{\pi \left(\left(R_0 - \left\{ \frac{m_f}{\rho_m (c_1 c_2 - \zeta^2 \tan\theta (c_1 + c_2) - 2\zeta_1\zeta_2 (c_1 + c_2))} \right\}^{\frac{1}{3}} \right)^2 \cdot (\rho_e - \rho_m) + R_0^2 \rho_m \right)}$$

$$\tag{4.135}$$

上述方程可编程进行模拟，允许设计者优化战斗部几何壳体结构参数以满足初步要求。方法之一是利用 m_c/m_s 比值和随壳厚而变化的列线图(见图 4.26)。

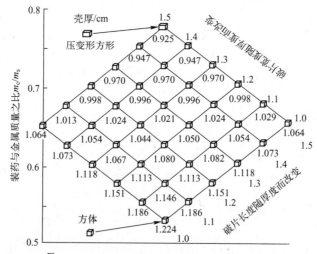

图 4.26 $\frac{m_c}{m_s}$ 比值和壳厚与破片尺寸函数关系的列线图($m_f = 14$g)

大多数战斗部质量是受到各种因素限制的，总是给定具体的设计质量，而其壳厚、$\frac{m_c}{m_s}$ 比值以及破片尺寸是允许任选的。另外一个重要参数是战斗部的破片总

206

数。在设计战斗部时,人们需要在破片数、$\dfrac{m_c}{m_s}$比值或抛射速度之间进行协调和不断完善。若为立方形破片,战斗部将具有较多的破片数。

关于战斗部破片总数的确定可用图 4.27 进行计算。

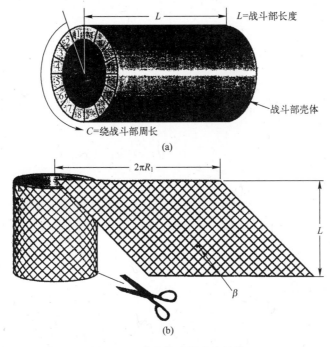

图 4.27　确定战斗部破片总数

(a) 战斗部方位角和长度的定义;(b) 纵向刻槽网格模型的形状配置。

战斗部周长为

$$C = 2\pi R_i = 2\pi \left[R_0 - \left\{ \frac{m_f}{c_1 c_2 \rho_m - \zeta^2 \tan\theta \rho_m (c_1 + c_2) - 2\zeta_1 \zeta_2 (c_1 + c_2) \rho_m} \right\}^{\frac{1}{3}} \right] \quad (4.136)$$

对于 V 形切口间距是 $c_1 t$,则在方位方向总的破片总数为

$$N_C = \frac{2\pi R_i}{c_1 t} = 2\pi \cdot \frac{R_0 - \left\{ \dfrac{m_f}{c_1 c_2 \rho_m - \zeta^2 \tan\theta \rho_m (c_1 + c_2) - 2\zeta_1 \zeta_2 (c_1 + c_2) \rho_m} \right\}^{\frac{1}{3}}}{c_1 t}$$

纵向破片数是随 β 角而改变的。纵向方向上的破片数为

$$N_L = \frac{L}{c_2 t}$$

战斗部上的破片总数为

$$N_{total} = N_C N_L = \frac{2\pi R_i}{c_1 t} \cdot \frac{L}{c_2 t} \quad (4.137)$$

此结果可用列线图表示（见图4.28），此法可启示人们如何设计。

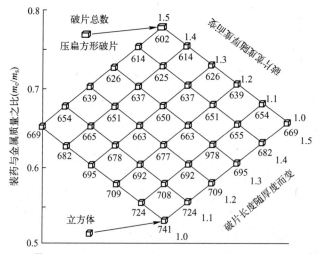

图4.28 $\dfrac{m_c}{m_s}$比值和破片总数与破片尺寸函数关系的列线图（$m_f = 14g$）

在定容条件下选用立方形破片在战斗部上具有最大数量的破片，这种战斗部的$\dfrac{m_c}{m_s}$比值偏低。如果设计破片相对厚度较长较宽时，则战斗部具有较大$\dfrac{m_c}{m_s}$比值。故设计切割破碎壳体，必须认真考虑破片相对厚度大小。利用剪切法控制破片大小，应特别关注网格间距应限制在1.0~1.5倍壳厚，对延性材料的网格间距可适当放宽。试验表明V形槽沟槽角取40°~60°，槽深与壳厚比取20%~40%，可满足设计预想要求[8-12,16]。

4.3 预制破片战斗部的设计逻辑

预制破片是指全预制、半预制以及特殊衬套控制切割壳体等[13,14]。预制破片战斗部设计逻辑可为战斗部设计者提供选取用于战斗部所要求的破片质量和形状尺寸大小的最好方法。当战斗部爆炸时，可接近100%控制破片质量、形状和尺寸大小，并使破碎损失最小。通常可控式破片战斗部的破片初速比不可控破片战斗部的破片速度约低10%[15,16]。全预制式破片战斗部由内衬筒（或罩）上黏结破片称为战斗部外表面，罩壳常用铝合金轻质材料，有时作为导弹动载荷受力结构件。铝合金是轻，但必须有足够强度，以利于提高储存爆压能力，延缓破裂时间以使破片初速达到最大。

前面已说明当战斗部膨胀至初始直径的60%才出现断裂，在爆压超过壳体的断裂应力之前，爆炸能量储存在壳体之内。设计者必须关注内壳体，因为爆炸气体能量过早外泄会导致破片初速的急剧损失,图 4.29 表示预制破片战斗部爆炸前后情况。

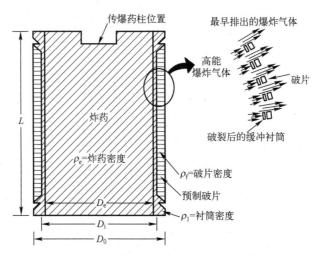

图 4.29　预制破片战斗部示意图和爆后爆炸气体早泄情况

其中 D_0 是战斗部外径,D_i 是破片层的内直径,D_e 是炸药的直径,而 L 是战斗部总长。

内套壳起支架作用,铝合金是常用首选材料,亦可用塑料或其他轻质材料,希望密度比钢小。有它总是对初速提高不利。加上战斗部质量总是受限的,所选内套不能太厚实,材料密度不能太大,以避免增加无效质量。大量试验证实,经过折中选择高强薄钢筒或铝合金衬筒在工程中已得到了应用。

下列方程可用来预估有用质量的百分数

$$UM = \frac{W_{FA} \cdot N_F}{(W_{FB} \cdot N_F) + W_L} \times 100 \qquad (4.138)$$

式中:UM——有效的质量百分数;

$\quad W_{FA}$——爆炸后破片的平均质量;

$\quad W_{FB}$——爆炸前破片的平均质量;

$\quad N_F$——爆炸前破片的总数;

$\quad W_L$——衬筒的质量。

国外对 3 种钢衬筒厚度尺寸(0.889mm,1.651mm,2.108mm)做了试验,经爆炸后回收破片研究表明,用钢或铝合金作为缓冲装置是有意义的,并得出了测量战斗部效能 β_{wd} 方程[5]

$$\beta_{wd} = \frac{V_{av}}{\sqrt{2E}} \sqrt{\frac{m_s}{m_c} + 0.5} \qquad (4.139)$$

式中:V_{av}——破片初速的均值。

而$\dfrac{m_c}{m_s}$比值要求能获得平均设计速度并与内衬相适配,可按下式计算

$$\frac{m_c}{m_s}=\frac{1}{\left[\left(\dfrac{\beta_{wd}\sqrt{2E}}{V_{design}}\right)^2-0.5\right]} \tag{4.140}$$

式中:V_{design}——平均设计速度。

对钢质或铝合金衬套的破片抛射角和破片速度做了对比试验,表明规律很接近。特别是铝合金衬套,在炸药爆轰过程中,破片质量损失仅为 0.8% 左右。

战斗部质量 W_T 由炸药质量、衬筒质量和破片质量 3 大部分组成。

$$W_T=\frac{\pi L}{4}\left[D_e^2\rho_e+(D_i^2-D_e^2)\rho_1+(D_0^2-D_i^2)\rho_f\right] \tag{4.141}$$

式中:ρ_e——炸药密度;

ρ_1——衬筒材料密度;

ρ_f——破片材料密度(常用 ρ_m 表示)。

预制破片可设计成球形、六角形或立方形。立方形破片是最佳组件,它具有最大的毁伤威力和较小的空阻。立方形破片每个边均相等,现用图 4.30 表示。

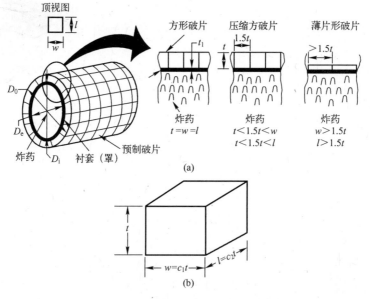

图 4.30　立方形破片
(a) 破片形状定义(立方,密实立方,片形);(b) 方形破片定义的几何尺寸。

如果希望获得高的破片抛射速度,则不能设计成各边相等的立方形。又如果战斗部质量和体积不能变,立方形破片难获得最大速度。但薄破片有较快的抛射速度。设计经验指出:长和宽不宜超过 1.5 倍破片厚。若违反这个

限制原则,将使破片空阻增大和对目标侵彻能力下降。压缩立方形破片,其任何 2 个边均未超过 1.5 倍破片厚。这样对空阻和侵彻目标影响就小,因此毁伤威力就大。

现以 t,l,w 分别表示破片的厚度、长度和宽度,c_1,c_2 分别表示破片边长和厚度比常数。破片质量的计算式由式(4.123)和式(4.124)可知为

$$m_f = t \cdot l \cdot w = c_1 c_2 t^3 \rho_m$$

由此可得

$$t = \left(\frac{m_f}{c_1 c_2 \rho_m} \right)^{\frac{1}{3}} \tag{4.142}$$

而 t 的另一表达式为式(4.132)

$$t = \frac{(D_0 - D_i)}{2}$$

有内衬筒厚度 t_1 时,可得厚度的新方程

$$t = 0.5 [D_0 - (D_e + 2t_1)] \tag{4.143}$$

其中

$$D_e = D_0 - 2(t + t_1) \tag{4.144}$$

将式(4.142)代入式(4.144)中得到

$$D_e = D_0 - 2 \left[\left(\frac{m_f}{c_1 c_2 \rho_m} \right)^{\frac{1}{3}} + t_1 \right] \tag{4.145}$$

说明 D_e 表达式与 $m_f^{\frac{1}{3}}$,D_e 与 t_1 有关。

柱形衬筒质量为

$$m_1 = \left(\frac{\pi}{4} \right) L (D_i^2 - D_e^2) \rho_1 \tag{4.146}$$

或者

$$m_1 = \left(\frac{\pi}{4} \right) L \left\{ \left[D_0 - 2 \left(\frac{m_f}{c_1 c_2 \rho_m} \right)^{\frac{2}{3}} - D_e^2 \right] \rho_1 \right\} \tag{4.147}$$

将式(4.142)代入上式得到

$$D_e = \sqrt{ (D_0^2 - 2t)^2 - \frac{4m_1}{\pi L \rho_1} } \tag{4.148}$$

而衬筒厚度可作为破片质量的函数

$$t_1 = \frac{D_0 - D_e}{2} - t = \frac{D_0 - D_e}{2} - \left(\frac{m_f}{c_1 c_2 \rho_m} \right)^{\frac{1}{3}} \tag{4.149}$$

有关炸药装药直径可用战斗部质量 W_T 来确定

211

$$D_e = \left[\frac{\frac{4W_T}{\pi L} - \left[D_0 - 2 \left(\dfrac{m_f}{c_1 c_2 \rho_m} \right)^{\frac{1}{3}} \right]^2 (\rho_1 - \rho_m) - D_0^2 \rho_m}{\rho_e - \rho_1} \right]^{\frac{1}{2}} \tag{4.150}$$

根据上述这些方程可供设计者去求解战斗部形状随设计破片尺寸的变化。给出初始破片尺寸、质量和长度便可解炸药装药直径 D_e，进一步可计算战斗部方位方向和长度方向的破片数，并可方便地求得破片初速。现用图 4.31 表示。

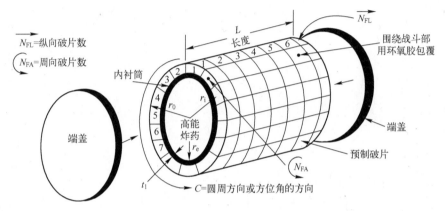

图 4.31　战斗部上周向和长度方向的定义确定

战斗部的周长计算式为

$$\downarrow C = 2\pi r_i = \pi(D_0 - 2t)$$

而在周向方向上的破片数为

$$\downarrow N_{FA} = \frac{\downarrow C}{c_1 t} = \frac{\pi(D_0 - 2t)}{c_1 t} = \frac{\pi \left[D_0 - 2 \left(\dfrac{m_f}{c_1 c_2 \rho_m} \right)^{\frac{1}{3}} \right]}{c_1 t} \tag{4.151}$$

式中：$c_1 t$——破片宽度；

　$\downarrow N_{FA}$——单位极坐标区域围绕战斗部上的破片总数。

在每个方位内纵向的破片数为

$$N_{FL} = \frac{L}{c_2 t} \tag{4.152}$$

战斗部上破片的总数为

$$\downarrow N_{TNF} = \downarrow N_{FA} \cdot N_{FL} = \frac{\pi \left[D_0 - 2 \left(\dfrac{m_f}{c_1 c_2 \rho_m} \right)^{\frac{1}{3}} \right] L}{c_1 c_2 t^2} \tag{4.153}$$

最大的破片抛射飞散速度由式(4.126)确定

$$v_0 = \sqrt{2E}\sqrt{\frac{\dfrac{m_c}{m_s}}{\left(1+\dfrac{m_c}{2m_s}\right)\left(1+\dfrac{D_e}{2L}\right)}} \tag{4.154}$$

炸药装药质量等于

$$m_c = \frac{\pi}{4}LD_e^2\rho_e \tag{4.155}$$

全部破片和衬筒的总质量为

$$m_s' = \underbrace{\pi L(r_i^2-r_e^2)\rho_1}_{\text{衬筒质量}} + \underbrace{\frac{\pi\left[D_0-2\left(\dfrac{m_f}{c_1c_2\rho_m}\right)^{\frac{1}{3}}\right]L}{c_1c_2t^2}}_{\text{破片质量}} \tag{4.156}$$

利用 Gurney 方程解得

$$\frac{m_c}{m_s'} = \frac{c_1c_2t^2\pi L\rho_e r_e^2}{\pi L\left\{c_1c_2t^2\rho_1(r_i^2-r_e^2)+m_f\left[D_0-2\left(\dfrac{m_f}{c_1c_2\rho_m}\right)^{\frac{1}{3}}\right]\right\}} \tag{4.157}$$

其中 $\dfrac{m_c}{m_s}$ 可用式(4.93)表示如下

$$\frac{-\tilde{\gamma}\left(1+\dfrac{r_e}{L}\right)}{\dfrac{\tilde{\gamma}}{2}\left(1+\dfrac{r_e}{L}\right)-1} = \frac{c_1c_2t^2\pi L\rho_e r_e^2}{\pi L\left\{c_1c_2t^2\rho_1(r_i^2-r_e^2)+m_f\left[D_0-2\left(\dfrac{m_f}{c_1c_2\rho_m}\right)^{\frac{1}{3}}\right]\right\}} \tag{4.158}$$

其中 $\tilde{\gamma}=\left(\dfrac{v_0}{\sqrt{2E}}\right)^2$，因而可方便地求破片最大速度，此时的求解是在战斗部图形和破片几何形状有机地结合条件下取得的。

经过数学处理，最终解得初速值

$$v' = \left[\sqrt{2E}\left[\frac{-c_1c_2t^2\rho_e r_e^2}{\left(1+\dfrac{r_e}{L}\right)\left\{c_1c_2t^2\left[-\rho_1(r_i^2-r_e^2)-\dfrac{\rho_e r_e^2}{2}\right]-m_f\left[D_0-2\left(\dfrac{m_f}{c_1c_2\rho_m}\right)^{\frac{1}{3}}\right]\right\}}\right]^{\frac{1}{2}}\right]^3 \times$$

$$\frac{1}{D^2}\pi\left(\frac{m_s}{m_c}\right)(2\gamma-1)\left(\frac{\gamma_0}{\gamma_0+1}\right)^{-\gamma_0} \tag{4.159}$$

这时已将最大速度 v_0 修正为 v'，此时考虑了膨胀过程中有关气体的泄漏。预制破片模型结构很易泄漏。其中 D 为爆速，多方指数取 $\gamma=3$，$\gamma_0=2.74$。

这些方程可以利用计算机进行模拟编程,具体地绘制成 $\dfrac{m_c}{m_s}$ 比值随战斗部质量,战斗部上破片数、壳体厚度和破片几何形状而改变的列线图。如何实现与 $\dfrac{m_c}{m_s'}$ 比值有关参量的列线图可参考图 4.26、图 4.28 的模式。这些列线图可方便地提供设计者根据战斗部质量和初始体积进行各种破片尺寸的参数选择和恰当的设计[5]。在发展新的和形象化的新型战斗部设计时,应用列线图是个很好的方法和手段。

4.4　破片设计的依据

选择破片质量和形状是经常遇到的难题,要用许多时间努力地去优化它的几何外形。任何战斗部在设计前,设计者必须要知道目标易损性数据。例如,设计的破片要破坏 TBM 含有炸药的战斗部或燃料舱,则破片必须设计成能在侵彻过程中产生液力压头效应、破坏和打开其威胁我方的战斗部。这时的破片必须设计成最大体积和质量,而且破片必须恰当地薄以便获得最大的抛射飞散速度(见图 4.32)。

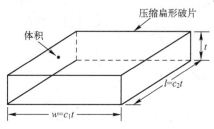

图 4.32　设计能导致目标载荷灾难性毁伤的预制破片几何形状

原始破片体积的方程为

$$V_F = \frac{S_F \phi^2 - 2\phi^4}{4\phi} = \frac{S_F \phi - 2\phi^3}{4} = \left(\frac{S_F \phi}{4}\right) - \left(\frac{\phi^3}{2}\right) \tag{4.160}$$

式中:S_F——破片表面积。

设 $w=l$,令 $\phi = w = l$,$S_F = 2wl + 4tw = 2c_1 t^2(c_2 + 2)$

$t = \dfrac{S_F - 2\phi^2}{4\phi}$,利用 S_F 得到破片的体积为最大时厚度;

$$V_F = twl = c_1 c_2 t^3 = \phi^2 t \tag{4.161}$$

为相对于壳厚使破片体积达到最大,则必须对式(4.162)求导

$$\frac{dV_F}{d\phi} = \frac{S_F}{4} - \frac{3\phi^2}{2} \tag{4.162}$$

从而求得 ϕ

$$\phi = \pm\left(\frac{S_F}{6}\right)^{\frac{1}{2}} \tag{4.163}$$

利用 $V_F = \phi^2 t$ 关系,可得厚度

$$t = \frac{6V_F}{S_F} \tag{4.164}$$

214

由此可求得破片质量

$$m_f = S_F t \frac{\rho_m}{6} = \frac{c_1 t^3 (c_2 + 2) \rho_m}{3} \tag{4.165}$$

上述推导计算的破片厚度是破片体积达到了最大。破片的大小、质量和形状是衡量破片与目标遭遇时受到最大毁伤的重要参数。按穿过目标靶动能、动量来看，破片的穿透性与破片质量、倾角、偏航角、形状和速度等有关。而排列在战斗部上的最大平均破片初速可用 Gurney 方程估算。

$$v_{\max 0} = \sqrt{2E} \sqrt{\frac{\dfrac{m_c}{m_s}}{1 + 0.5 \dfrac{m_c}{m_s}}} \tag{4.166}$$

式中：$\sqrt{2E}$——Gurney 炸药常数，具有速度单位。

若 $\tilde{\gamma}^{\frac{1}{2}} = \dfrac{v_{\max 0}}{\sqrt{2E}}$，则可列出 $\tilde{\gamma}^{\frac{1}{2}}$、$\dfrac{m_c}{m_s}$ 的曲线，而 $\dfrac{m_c}{m_s}$ 值对应的抛射速度便可估算。

图 4.33 中曲线表明，$\dfrac{m_c}{m_s}$ 对抛射速度有重大影响。但是大的 $\dfrac{m_c}{m_s}$ 比值对增高 $v_{\max 0}$ 效应的贡献就小了。炸药装药 m_c 和金属破片 m_s 的比值表达式为

$$\frac{m_c}{m_s} = \frac{r_e^2 \rho_e}{\dfrac{2t\rho_m (r_e + t_1)(c_2 + 2)}{3c_2} + (r_1^2 - r_e^2) \rho_1} \tag{4.167}$$

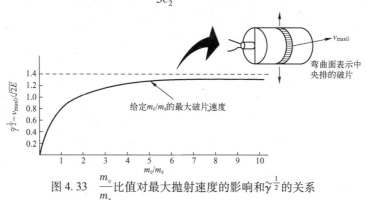

图 4.33 $\dfrac{m_c}{m_s}$ 比值对最大抛射速度的影响和 $\tilde{\gamma}^{\frac{1}{2}}$ 的关系

以每单位战斗部单位质量的总动量作为依据的方程是

$$m_s v = \frac{m_s}{m_c + m_s} \sqrt{2E} \sqrt{\frac{\dfrac{m_c}{m_s}}{1 + 0.5 \dfrac{m_c}{m_s}}} = \sqrt{2E} \sqrt{\frac{2 \dfrac{m_c}{m_s}}{\left(\dfrac{m_c}{m_s} + 1\right)^2 \left(2 + \dfrac{m_c}{m_s}\right)}} \tag{4.168}$$

同理可得战斗部的最大动能为

$$KE = \frac{1}{2} m_s v^2 = E\left[\frac{2\dfrac{m_c}{m_s}}{\left(\dfrac{m_c}{m_s}+1\right)\left(\dfrac{m_c}{m_s}+2\right)}\right] \tag{4.169}$$

若动量和动能都归一化至最大百分比,同时动能和动量都为最大且相等,以求比值$\dfrac{m_c}{m_s}$,则下式成立[5]

$$\frac{m_s v}{(m_s v)_m} = \frac{KE}{(KE)_m} \tag{4.170}$$

最终得到可解$\dfrac{m_c}{m_s}$的方程

$$2.697\left(\frac{m_c}{m_s}\right)^2 - 2.6\left(\frac{m_c}{m_s}\right) = 0 \tag{4.171}$$

若$\sqrt{2E} = 2440\text{m/s}$,则根据金属的动量和动能,而绘制成$\dfrac{m_c}{m_c+m_s}$达到最大百分比图线(见图4.34)。

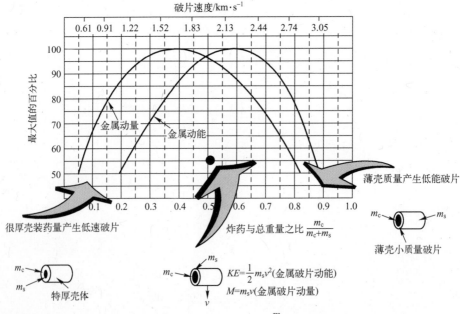

图4.34 最大值百分比和$\dfrac{m_c}{m_c+m_s}$的关系

只要根据破片形状和质量,战斗部的总动量和动能便可估算,这项分析实质上提供了破片具有最大穿透特性的论述。作为战斗部设计参数的壳体厚度 t 亦可计算。应该指出,破片必须设计成不被破碎或在发射初期不会断裂。故内衬支筒材料应精心选择和设计,因为它亦是战斗部设计时的重要部件。如果破片靠近传爆药或战斗部起爆端附近,则非均匀爆轰压力的反射冲击波会作用在破片上(例如预制破片式蛋形战斗部,底部中心起爆)。特别在垂直爆轰波阵面方向上,破片承受压力可达 30MPa,而在起爆端附近破片承受稀疏低压效应,可降至 10MPa。

4.5 无控破碎壳体上的预制破片结构设计

这类战斗部结构形式如图 4.35 所示。

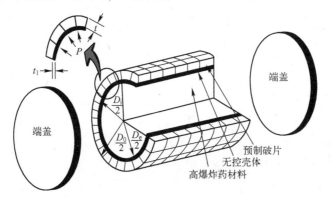

图 4.35 无控破碎壳体上安置预制破片的结构示意图

战斗部大的预制破片用于穿透厚目标的重型构件,而小破片来自无控破碎壳体,用于破坏薄的蒙皮构件。所以它是个具有联合效应的战斗部。

战斗部总质量的方程式为

$$W_T = W_e + W_{uc} + W_f \tag{4.172}$$

式中:W_e——炸药的质量;

$\quad W_{uc}$——无控壳体内衬筒的质量;

$\quad W_f$——预制破片质量。

代入具体几何尺寸及物理参数,则得

$$W_T = \pi r_e^2 L \rho_e + \pi L \rho_1 (r_1^2 - r_e^2) + \frac{2\pi (r_o - t) L m_f}{c_1 c_2 t^2} = \pi r_e^2 L \rho_e + \pi L \rho_1 (r_1^2 - r_e^2) + 2\pi t L \rho_m (r_o - t)$$

$$m_f = c_1 c_2 t^3 \rho_m \tag{4.173}$$

根据初始条件和破片质量及尺寸要求,由式(4.174)可求炸药装药的半径

$$r_e = \sqrt{\frac{W_T - \pi L[2t\rho_m(r_o-t)-\rho_1 r_1^2]}{\pi L(\rho_e-\rho_1)}} \tag{4.174}$$

无控壳体外径为

$$D_i = D_0 - 2t = D_e + 2t_1 \tag{4.175}$$

由此可解得

$$t_1 = \frac{D_0 - D_e - 2t}{2} = r_o - r_e - t \tag{4.176}$$

由此可计算破片平均质量(2μ)，而 μ 的表达式为

$$\mu = B^2 t_1^{\frac{5}{3}} D_e^{\frac{2}{3}} \left(1 + \frac{t_1}{D_e}\right)^2$$

由此可计算战斗部的破片总数，并随战斗部内径、预制破片厚和无控壳厚而变。

$$N_o = \frac{W_{uc}}{2\mu} = \frac{[\pi L\rho_1(r_1^2-r_e^2)]}{2\mu} = \frac{\{\pi L\rho_1[[r_e+t_1]^2-r_e^2]\}}{2\mu} = \left(\frac{\pi L\rho_1}{2\mu}\right)(2r_e t_1 + t_1^2) \tag{4.177}$$

战斗部爆轰后，无控壳体膨胀直至内部压力超过其材料的断裂强度时，即破裂形成许多破片质量群，而与预制破片一起向外飞散，如图 4.36 所示。

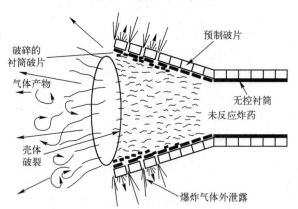

图 4.36　预制破片和内衬筒的无控破片飞散示意图

设计战斗部时，首先要确定杀伤选定目标所需的破片初速，而后求解破片和壳体尺寸。若要求高速，则预制破片可设计得薄一些，使目标遭受致命的毁伤为准则。此时，$\dfrac{m_c}{m_s}$ 比值为战斗部初始直径、预制破片厚度以及衬筒厚度的函数。

$$\frac{m_c}{m_s} = \frac{r_e^2 \rho_e}{2\left(\dfrac{m_f}{c_1 c_2 \rho_m}\right)^{\frac{1}{3}}\left[r_0 - \left(\dfrac{m_f}{c_1 c_2 \rho_m}\right)^{\frac{1}{3}}\right]\rho_m + \rho_1 t_1(2r_e+t_1)} \tag{4.178}$$

估算破片的最大速度表达式为

$$v = \sqrt{2E}\,\eta \sqrt{\dfrac{\dfrac{m_c}{m_s}}{\left(1+\dfrac{D_e}{2L}\right)\left(1+\dfrac{m_c}{2m_s}\right)}} \qquad (4.179)$$

其中 η 是修正各项误差的有效项。预制破片速度比刻槽或无控战斗部破片速度约低 10%，此时 $\eta = 0.9$。

令 $\widetilde{\gamma} = \left(\dfrac{v_0}{\sqrt{2E}\,\eta}\right)^2$，由 Gurney 方程可解得

$$\dfrac{m_c}{m_s} = \dfrac{-\widetilde{\gamma}\left[1+\left(\dfrac{r_e}{L}\right)\right]}{\left(\dfrac{\widetilde{\gamma}}{2}\right)\left[1+\left(\dfrac{r_e}{L}\right)\right]-1} \qquad (4.180)$$

使式(4.180)与式(4.178)相等,则得

$$\widetilde{\gamma} = \dfrac{-m_c}{\left(-\dfrac{r_e}{L}-1\right)\left(m_s+\dfrac{m_c}{2}\right)} \qquad (4.181)$$

由上式即可求解 v_0(或 v_{f0})。

$$\left(\dfrac{v_0}{\sqrt{2E}\,\eta}\right)^2 = \overline{\gamma} = \left[\dfrac{-\pi L r_e^2 \rho_e}{\left(-1-\dfrac{r_e}{L}\right)\left[\pi L\left(2(r_0-t)\rho_m t+\dfrac{r_e^2 \rho_e}{2}\right)+\dfrac{W_{uc}}{B^2 t_1^{\frac{5}{3}} D_e^{\frac{2}{3}}\left(1+\dfrac{t_1}{D_e}\right)^2}\right]}\right] \quad (4.182)$$

上式太长,应编制程序,以便在给定具体破片速度,战斗部质量和容积条件下,优化预制破片和内衬筒厚结构。

最大破片速度是随径向位置减小的函数,其模型形式为

$$v = v_{center}\left[C_0+C_1\sqrt{1-\left(\dfrac{r}{r_{max}}\right)^2}\right] \qquad (4.183)$$

式中: v——沿战斗部纵轴分布的破片径向速度;

v_{center}——战斗部质心赤道轴处的破片速度;

C_0, C_1——它们是分别反映试验数据的结果的常数;

$\dfrac{r}{r_{max}}$——沿纵轴的距离比,例如 $\dfrac{r}{r_{max}} = 0, 0.5, 1.0$ 等。

通常认为预制破片和衬筒形成破片的初速在抛射时近似相同。在抛射开始时,冲击波的透射传播会引发各种作用。当冲击波通过破片分界面之间时,大部分冲击波能通过下一个破片,而反射回来的能是很少一部分。冲击波能量的损耗衰减主要在稀疏阶段。

Mott 的累积分布函数,可用于确定衬筒形成的有效破片总数。质量大于 m 的破片数为 N_m

$$N_m = N_0 \mathrm{e}^{-\left(\frac{m}{\mu}\right)^{\frac{1}{2}}} \tag{4.184}$$

式中:N_0——完全破坏后的破片总数;

μ——Mott 模型有关参数(实质上是平均破片质量的一半)。

有关 $\dfrac{m_s}{N_0}$ 式推导可详见文献[3]。因为 $m_s = 2\mu N_0 = \pi L \rho_1 (r_1^2 - r_e^2)$,其中 μ 实质上与裂纹分叉应力强度因子有关。现给出结论式如下

$$\frac{m_s}{N_0} = 2\mu = \rho_f \, \overline{V_A} = \rho_m \sin\varphi R_B^2 \tag{4.185}$$

式中:$\overline{V_A}$——平均的破片体积,并与分叉角(φ)平均分叉长度(R_B)等有关。

分叉破坏是由裂缝应力强度因子(K_B)和平面应变断裂韧性 K_{1c} 之比有关。当 $\dfrac{K_B}{K_{1c}}$ 比值减少时,所得平均破片质量较小。

$$\mu = \widetilde{A} \left(\frac{K_B}{K_{1c}}\right)^{-4} \tag{4.186}$$

式中:$\widetilde{A}$——比例常数。

$$N_0 = \frac{\pi L \rho_m (r_1^2 - r_e^2)}{2\widetilde{A}} \left(\frac{K_B}{K_{1c}}\right)^{-4} \tag{4.187}$$

Mott 分布模型可用于无控衬筒的破片总数的预估,至于衬筒上有预制破片存在的影响,有关这方面的模型和有用的参数数据报道尚且不多。

4.6　改进的破碎模型

4.6.1　相同刻槽形状破碎性模型

壳体内表面 V 形间隔开槽,断裂轨迹沿 45°方向交于壳体表面,如图 4.37 所示。开槽间距太远,断裂轨迹不能相交,如图 4.37(b)所示。开槽间距太近,则断裂轨迹不能扩展至壳体外表面,如图 4.37(c)所示,由此可知,会出现 3 种破片形状先进的 V 形刻槽如图 4.38 所示。

根据图 4.38 所提供的几何关系,可得到 A 破片的质量

$$m_F^A = t^3 \rho_m \left[c_1 c_2 - \zeta^2 \tan\theta (c_1 + c_2) - \frac{1}{2}(1-\zeta)c_1 c_2 \right] \tag{4.188}$$

由此解得壳厚 t 的表达式

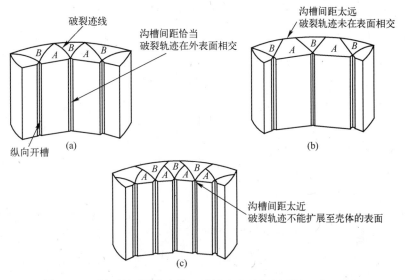

图 4.37 受初始间隔影响的 V 形槽发生剪切断裂的 3 种可能性

（a）刻槽间距恰当；（b）刻槽间距太远；（c）刻槽间距太近。

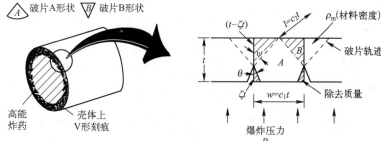

图 4.38 战斗部壳体上的 V 形切割槽构件

$$t = \left[\frac{m_F^A}{\rho_m \left\{ c_1 c_2 \left[1 - \frac{1}{2}(1-\zeta) \right] - \zeta^2 \tan\theta (c_1 + c_2) \right\}} \right]^{\frac{1}{3}} \tag{4.189}$$

式中：c_1，c_2——常数，$c_1 = \dfrac{l}{t}$，$c_2 = \dfrac{w}{t}$，l 是破片长，w 是破片宽；

ζ——V 形型槽深相对壳厚 t 的百分比。

B 破片质量为

$$m_F^B = \frac{1}{2} t^3 (1-\zeta) c_1 c_2 \rho_m \tag{4.190}$$

计算沿战斗部纵向和圆周向两个方面 A 破片总数为

$$\downarrow N_T^A \equiv N_T^A \cdot \downarrow N_T^A \cong \frac{L}{c_2 t} \cdot \frac{\pi(D_0 - 2t)}{c_1 t} \cong \frac{\pi L(D_0 - 2t)}{c_1 c_2 t^2} \tag{4.191}$$

同理得 B 破片总数为

$$\downarrow N_T^B \cong \frac{\pi L(D_0 - 2t)}{c_1 c_2 t^2} \tag{4.192}$$

战斗部上金属破片总数等于

$$\downarrow N_T^A + \downarrow N_T^B = \frac{2\pi L(D_0 - 2t)}{c_1 c_2 t^2} \tag{4.193}$$

最终求得战斗部壳体质量 W_T 为

$$W_T = \frac{\pi}{4}(D_0^2 - D_i^2)L\rho_m - \frac{2\zeta^2 t^3 \tan\theta(c_1 + c_2)\rho_m \pi L(D_0 - 2t)}{c_1 c_2 t^2} \tag{4.194}$$

若壳体断裂轨迹不是顶部与壳体外表面相交,则 A 破片和 B 破片的质量和尺寸可近似表示(见图 4.39)。

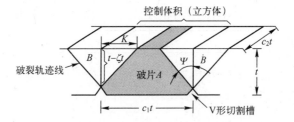

图 4.39　断裂轨迹顶部不在壳体外表面相交时破片模型

此时,B 破片质量(即从 A 破片立方体切去的质量)为

$$m_B = t^3 c_2 \rho_m (1 - \zeta)^2 \tan\psi \tag{4.195}$$

A 破片质量为

$$m_A = c_1 c_2 t^3 \rho_m - \zeta^2 t^3 \tan\theta(c_1 + c_2)\rho_m - t^3 c_2(1 - \zeta)^2 \tan\psi\rho_m \tag{4.196}$$

战斗部壳体厚度可由下式计算

$$t = \left[\frac{m_A}{\rho_m \{ c_2 [c_1 - (1 - \zeta)^2 \tan\psi] - \xi \tan\theta(c_1 + c_2) \}} \right]^{\frac{1}{3}} \tag{4.197}$$

此方程假设为 100% 剪切分离,破裂轨迹角 $\psi = 45°$。

4.6.2　变化的网格破碎性模型

有效的破片大小和形状将取决于壳体上所用网格系统的类型。变化网格分布图,可获得密实方形破片或杆形侵彻体,如图 4.40 所示。

在战斗部壳体上变化网格设置定义的几何尺寸如图 4.41 所示。

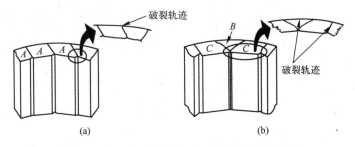

图 4.40 产生杆形侵彻体不一致的壳体几何构形

（a）锯齿形切割沟槽；（b）不一致与一致切口的组合。

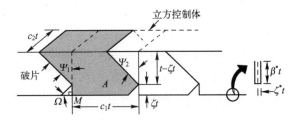

图 4.41 在战斗部壳体上不一致网格设置定义的几何尺寸

开槽前设为立方体见虚线所示。则 A 破片质量为

$$m_A = t^3 \rho_m \left[c_1 c_2 + \frac{1}{2} c_2 (1-\zeta)^2 (\tan\psi_1 - \tan\psi_2) - \left(\frac{1}{2} \zeta^2 \cot\Omega c_2 + 2\zeta^* \beta^* c_1 \right) \right] \quad (4.198)$$

式中：ζ^* 和 β^* ——均为常数，表示刻痕厚度是壳厚的函数。

壳厚由下式解得

$$t = \left[\frac{m_A}{\rho_m \left[c_1 c_2 + \frac{1}{2} c_2 (1-\zeta)^2 (\tan\psi_1 - \tan\psi_2) - \frac{1}{2} \zeta^2 \cot\Omega c_2 - 2\zeta^* \beta^* c_1 \right]} \right]^{\frac{1}{3}} \quad (4.199)$$

计算沿战斗部长度上的破片总数为 $N_F = \dfrac{L}{c_2 t}$ 和沿圆周方向的破片数 $\downarrow N_F = \dfrac{2\pi R_i}{c_1 t} = \dfrac{2\pi(R_0-t)}{c_1 t}$，则战斗部上总的破片数为

$$\downarrow N_T = N_F \cdot \downarrow N_F = \frac{2\pi L(R_0-t)}{c_1 c_2 t^2} \quad (4.200)$$

设计战斗部若采用不一致网格法，如图 4.42 所示。

其中，与 ψ_1 角界定的三角形质量为 $M = \dfrac{1}{2} t^3 (1-\zeta)^2 c_2 \tan\psi_1 \rho_m$。由破裂轨迹 ψ_3 定义的质量可用类似方法计算，$M = \dfrac{1}{2} t^3 (1-\zeta)^2 c_2 \tan\psi_3 \rho_m$。如果 $\psi_1 = \psi_3 = \psi$，则 $M = t^3 (1-\zeta)^2 c_2 \tan\psi \rho_m$。

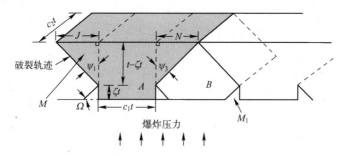

图 4.42　彼此相反安排锯齿切口的数学参数界定

A 破片的总质量由下式计算

$$m_A = t^3 \rho_m \left[c_1 c_2 + \frac{1}{2} (1-\zeta)^2 c_2 (\tan\psi_1 + \tan\psi_3) - 2\zeta^* \beta^* c_1 \right] \quad (4.201)$$

壳体厚度算式为

$$t = \left\{ \frac{m_A}{\rho_m \left[c_1 c_2 + \frac{1}{2} (1-\zeta)^2 c_2 (\tan\psi_1 + \tan\psi_3) - 2\zeta^* \beta^* c_1 \right]} \right\}^{\frac{1}{3}} \quad (4.202)$$

战斗部上总的 A 破片总数为

$$\downarrow N_T^A = N_F^A \cdot \downarrow N_F^A = \frac{2\pi (R_0 - t) L}{c_2 t \left[c_1 t + t (1-\zeta)(\tan\psi_1 + \tan\psi_3) \right]} \quad (4.203)$$

同理可求 B 破片质量和破片总数

B 破片质量为

$$m_B = t^3 \rho_m \left[2\tan\psi (1-\zeta) c_2 - \zeta^2 c_2 \cot\Omega - 2\zeta^* \beta^* c_1 - (1-\zeta)^2 c_2 \tan\psi \right] \quad (4.204)$$

B 破片总数为

$$N_T^B = N_F^B \cdot N_F^B = \frac{2\pi L (R_0 - t)}{c_2 t \left[2t (1-\zeta) \tan\psi + c_1 t \right]} \quad (4.205)$$

如果战斗部壳体含有对称与不对称切口相结合时(见图 4.43),此时大破片引爆目标炸药和产生液力压头效应,而较小破片用于破坏飞机、电缆布线、燃料管路以及电子组件(见图 4.43(a))。

由图 4.43(b)可计算 B 破片的质量。

$$m_B = t^3 \rho_m \left[c_1 c_2 + \frac{1}{2} (1-\zeta)^2 c_2 (\tan\psi_1 - \tan\psi_3) - \left(\frac{1}{2} C_2 \cot\Omega + 2\zeta^* \beta^* c_1 \right) \right] \quad (4.206)$$

对应壳厚为

$$t = \left\{ \frac{m_B}{\rho_f \left[c_1 c_2 + \frac{1}{2} (1-\zeta)^2 c_2 (\tan\psi_1 - \tan\psi_3) - \left(\frac{1}{2} \zeta^2 c_2 \cot\Omega + 2\zeta^* \beta^* c_1 \right) \right]} \right\}^{\frac{1}{3}} \quad (4.207)$$

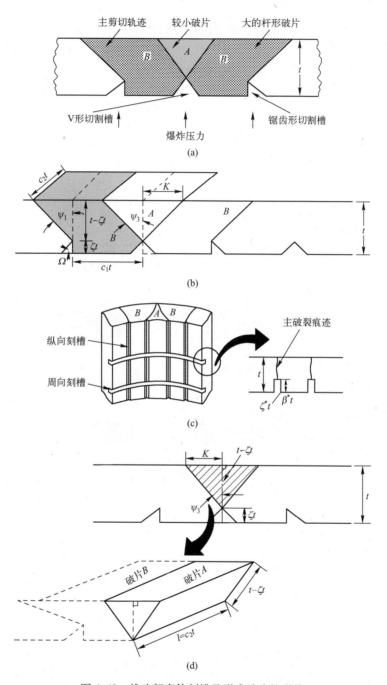

图 4.43　战斗部壳体刻槽及形成破片的形状

（a）刻槽居于非对称和对称切口相结合时的破裂示图；

（b）对称与非对称刻槽 B 破片和 A 破片的几何描述；

（c）战斗部壳体内表面纵向和周向刻槽的几何形状；

（d）破片 A 的几何形状放大描述。

上述方程使得设计者能够将其设计的战斗部壳体产生规定的破片质量,及其与壳体厚度和刻槽几何形状的函数关系。从立方体上加工掉的质量为(见图 4.43 (b),(c))

$$-M = \frac{1}{2}\zeta^2 t^3 c_2 \cot\Omega \rho_{\mathrm{m}}$$

被除去的总质量表达式为

$$-M = t^3 \rho_{\mathrm{m}} \left(\frac{1}{2}\zeta^2 c_2 \cot\Omega + 2\zeta^* \beta^* c_1 \right)$$

而 A 破片质量(见图 4.43(d))可通过长度 $K = (t - \zeta t)\tan\psi_3$ 和破片表面积 $S = (t - \zeta t)^2 \tan\psi_3 = t^2 (1 - \zeta)^2 \tan\psi_3$ 进行计算

$$m_A = 2t^3 (1 - \zeta)^2 c_2 \tan\psi_3 \rho_{\mathrm{m}} \tag{4.208}$$

4.6.3 衬筒的破碎性模型

衬筒在战斗部设计中已是常见的零件。衬筒可用高强度金属材料或塑料制成,如为预制破片安置支撑件,可结合使用过载情况选用很薄的高强度合金钢,用激光技术将衬筒与前后隔框焊接而成。又如果想获得壳体均匀破碎成有效破片,则可采用具有一定刚度,并能耐 83～86℃ 高温,而且具有与炸药、金属有良好的相容性和成形工艺性,常选用醋酸纤维塑料制成带聚能效应的塑料罩,罩厚一般取 0.2～0.35mm。将塑料罩置于钢质圆筒内,然后往里浇注炸药(如 THL—地腊),即制备成了战斗部。这种战斗部引爆后,塑料罩的聚能窝产生射流作用,有效地切割壳体成预想设计大小的破片,美国的响尾蛇导弹战斗部类型中曾选用过这种技术。

4.7 杀伤威力参数

破片对目标的杀伤作用,即威力的大小,将取决于破片性能(如破片的方向、速度、方位、质量、尺寸大小和分布密度等)和目标性能(如目标尺寸大小、目标易损性、机动特性等),另外还与弹目交会、射击方法、引战配合等有关。战斗部引爆后破片的飞散及其行(列)间隔图如图 4.44 所示[13]。

破片场内破片参数的确定,可采用射击迹线技术,建立仿真模型,描述破片在空间分布的统计规律,此法具有较好的实用性和合理性。

假定战斗部起爆产生的有效破片总数为[14,15]

$$N_e = l \cdot r \qquad (l, r \in N^*) \tag{4.209}$$

式中:l——沿轴向行数;

226

r——沿环向列数。

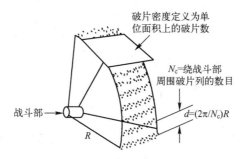

图 4.44　战斗部爆炸后破片飞散和破片行(列)间隔图

因而,破片群可用矩阵 F 来表示

$$F = \begin{bmatrix} F_{11} & F_{12} & \cdots & F_{1r} \\ F_{21} & F_{22} & \cdots & F_{2r} \\ \cdots\cdots \\ F_{l1} & F_{l2} & \cdots & F_{lr} \end{bmatrix} \qquad (4.210)$$

$$F_{ij} = \begin{bmatrix} m_{ij} \\ v_{ij} \\ \varphi_{ij} \\ \beta_{ij} \end{bmatrix} \qquad i = 1 \sim l; j = 1 \sim r \qquad (4.211)$$

式中:m_{ij}——破片 F_{ij} 的质量;

　　v_{ij}——破片 F_{ij} 的速度;

　　φ_{ij}——破片 F_{ij} 的飞散方向角;

　　β_{ij}——破片 F_{ij} 赤道面飞散方位角。

　　上述模型在战斗部(自然破片式、预制破片式、连续杆式等)破片场仿真中的应用详见文献[15]。

4.7.1　破片初速

　　战斗部的爆炸装药与破片金属质量之比称为爆炸载荷系数。单枚破片的初速是上述比的函数,亦是炸药格尼常数的函数,则壳体侧向的破片初速表达式为

$$v_0 = \sqrt{2E} \cdot \eta \cdot \left[\sqrt{\dfrac{\dfrac{m_c}{m_s}}{1 + \dfrac{1}{2} \cdot \dfrac{m_c}{m_s}}} \right] \qquad (4.212)$$

式中:v_0——破片初速;

$\dfrac{m_c}{m_s}$——炸药与破片金属质量比,毁伤人员的$\dfrac{m_c}{m_s}=0.2\sim0.5$合适,毁伤飞机的

$\dfrac{m_c}{m_s}=0.4\sim2.6$合适,常用$\beta=\dfrac{m_c}{m_s}$表示[16,17,18,25];

η——修正系数,对整体式战斗部可取$\eta=1$,对预制破片式战斗部可取$\eta=0.8\sim0.9$[16,19,21];

$\sqrt{2E}$——与炸药类型、组分特性有关的 Gurney 能,具有速度量纲,对于现代常规装药$\sqrt{2E}=0.520+0.28D_e$,其中D_e是炸药爆速(mm/ms^{-1});

$\sqrt{2E}$值亦可用式$\sqrt{2E}=\dfrac{D_e}{(\gamma-1)^{1/2}}$求得。其中$\gamma$为产物绝热多方指数。

几种典型炸药的$\sqrt{2E}$和相关特性如表 4.2 所列。

表 4.2　炸药特性

炸药类型	峰值压力因子	峰值冲量因子	爆速/ms^{-1}	Gurney 常数/ms^{-1}	密度/(kg·m^{-3})
含 RDX B 炸药	1.13	1.06	7840	2320	1680
Tritonal	1.07	1.11	6475	1914	1700
含 RDX 混合 C$_3$ 炸药	—	—	7625	2682	1600
TNT	1.00	1.00	6745	2115	1760
Torpex	1.13	1.12	7495	2271	1760
Pentolite	1.06	1.05	7530	2770	1700

当已知D_e及$\dfrac{m_c}{m_s}$条件下,STANyUKVich 提出下列v_0算式

$$v_0=\frac{D_e}{4}\sqrt{\frac{2\dfrac{m_c}{m_s}}{1+\dfrac{2\dfrac{m_c}{m_s}}{\bar{\psi}}}} \qquad (4.213a)$$

式中,$\bar{\psi}$——爆炸产物虚拟质量转换系数。假定爆轰产物气体速度沿径向呈线性分布,则对于柱壳$\bar{\psi}=4$;对于球壳$\bar{\psi}=10/3$;对于平面壳,$\bar{\psi}=6$。

靶场经验式[16,28]

$$v_0=1830\sqrt{\frac{m_c}{m_s}}(\text{m/s}),\qquad \left(\text{适用于}\ 0<\frac{m_c}{m_s}<2\right) \qquad (4.213b)$$

$$v_0=2540+335\left(\frac{m_c}{m_s}-2\right)(\text{m/s}),\qquad \left(\text{适用于}\ 2<\frac{m_c}{m_s}<6\right) \qquad (4.213c)$$

对于杆束组件战斗部,应针对结构特点进行修正。

$$v_0 = K_{st} D_e \sqrt{\dfrac{\dfrac{m_c}{m_s}}{5\left(2 + \dfrac{m_c}{m_s}\right)}} \tag{4.213d}$$

式中:K_{st}——结构修正系数,由实验确定,初步选取 $K_{st} = 0.6 \sim 0.8$。

战斗部长径比(L/D_0)对 v_0 沿轴向变化的影响是:当 $L/D_0 < 1$ 时,v_0 变化显著;当 $1 < L/D_0 < 2$ 时,v_0 变化较小;当 $2 < L/D_0 < 3$ 时,v_0 变化甚小。

对于带底和盖的柱形战斗部侧面的破片飞散速度为[17,19]

$$v_0 = \dfrac{D_e}{2} \sqrt{\dfrac{\dfrac{m_c}{m_s}}{2 + \dfrac{m_c}{m_s} + \dfrac{1}{2\lambda_0}\left(\dfrac{1}{\mu_1} + \dfrac{1}{\mu_2}\right) + \dfrac{2}{3}\dfrac{m_c}{m_s}\left(\dfrac{1}{\mu_1^2} - \dfrac{1}{\mu_1\mu_2} + \dfrac{1}{\mu_2^2}\right)}} \tag{4.213e}$$

式中:λ_0——长径比,$\lambda_0 = \dfrac{L}{D_0}$;

μ_1——与端盖 1 质量 m_1 有关的无因次量,$\mu_1 = 4\lambda_0 \dfrac{m_1}{m_s}$;

μ_2——与端底 2 质量 m_2 有关的无因次量,$\mu_2 = 4\lambda_0 \dfrac{m_2}{m_s}$;

若为刚性底和盖,则 $v_0 = \dfrac{D_e}{2}\sqrt{\dfrac{\beta_0}{2 + \beta_0}}$,其中 $\beta_0 = \dfrac{m_c}{m_s}$。

若底和盖的质量相等 $\mu_1 = \mu_2 = \mu$,则 $v_0 = \dfrac{D_e}{2}\sqrt{\dfrac{\beta_0}{2 + \beta_0 \dfrac{1}{\lambda_0 \mu} + \dfrac{2\beta_0}{3\mu^2}}}$。

若端部无盖和底时,则 $v_0 = 0$,显然不能回答真实物理过程和解释所用计算图特性,即壳内有瞬时均匀压力存在。为了预估值的可信度,μ 值应有一定限制,$\mu_{min} = \dfrac{\lambda_0}{4}$[44]。

美国学者通过先求爆炸后端部金属板运动速度,然后再求均匀圆柱部壳体运动速度,其表达式为[19]

$$v_0 = \dfrac{\rho_e \delta_e}{\rho_s \delta_s}\left\{\sqrt{2E}\left[\dfrac{6m_c}{m_c\left(2 + 3\left(\dfrac{\rho_e \delta_e}{\rho_s \delta_s}\right)^2\right) + 6\left(\dfrac{\rho_e \delta_e}{\rho_s \delta_s}\right)^2 m_s + 12 m_s}\right]\right\} \tag{4.213f}$$

式中:ρ,δ 分别代表壳体材料的密度和壳体厚度,下脚"e"和"s"分别代表端部和圆柱部壳体。

对于战斗部含有引信孔或安全保险执行机构等空腔及可压缩性填料的状况,E. E. Jones 提出下列速度修正式

$$v_0' = \left(\sqrt{\frac{(\gamma-2) + \left(\dfrac{V_m}{V_m+V_a}\right)^{\gamma-1}}{\gamma-1}} \right) \left(\frac{\sqrt{2E}}{\sqrt{\dfrac{m_s}{m_c} + \dfrac{1}{2}}} \right) \qquad (4.213g)$$

式中:γ——爆炸产物的多方指数;

V_m——装药体积;

V_a——空腔的体积。

如果柱形战斗部带中心管时,此时直接影响到爆炸载荷系数 β 的大小[18]。

$$\beta = \beta_0(1 - \chi^2) \qquad (4.214)$$

式中:β_0——无空腔时的爆炸载荷系数,$\beta_0 = \dfrac{m_c}{m_s}$,此值越大,则壳体对空腔效应敏感性越差;

χ——炸药装药空腔半径与壳体内半径之比。

因为 $\dfrac{v_0}{D_e} = \dfrac{1}{2}\sqrt{\dfrac{\beta}{2+\beta}}$,所以,$\beta$ 变,则 v_0 就变。

对于圆柱形、截锥形、鼓形等战斗部,不论其是等壁厚或变壁厚壳体,由于起爆点情况不同,可以是端起爆、中间起爆或两端同时起爆。这将直接影响战斗部侧面速度沿轴向的分布,它们的速度极差和速度梯度具有很大差别,有关这方面的设计计算可查阅专著[2],一些典型破片杀伤战斗部性能如表 4.3 所列。

表 4.3 某些典型的破片杀伤战斗部性能

导弹	战斗部质量/kg	长度/m	最小直径/m	最大直径/m	$\dfrac{m_c}{m_s}$	破片数/枚	破片尺寸		
							长/cm	宽/cm	厚/cm
霍克(Hawk)	45.35	—	—	—	2.66	1600	1.27	1.27	0.64
麻雀(Sparrow)	22.22	0.302	0.184	0.185	0.74	1624	0.95	0.95	1.00
小猎犬(Terrier)	98.87	0.555	0.264	0.343	1.59	536 4056	0.95 0.95	0.95 0.95	1.91 0.95
麻雀 I (Sparrow I)	19.95	0.381	0.156	0.194	0.94	1315	0.79	1.02	1.02
麻雀 III (SparrowIII)	28.57	0.356	0.203	0.203	0.54	1486	0.95	0.95	1.31
黄铜骑士(Talos)	158.73	0.404	0.600	0.668	2.18	6200	0.95	0.95	0.95

4.7.2 静态时破片抛射角计算

图 4.45 下方图表示单枚破片沿起爆点处在可变圆直径上的局部位置。静态的破片抛射角 θ_e 的算式为

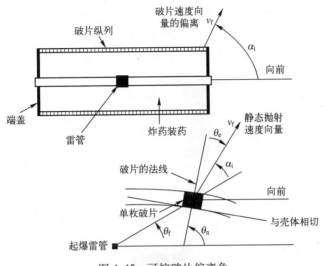

图 4.45 可控破片偏离角

$$\tan\theta_e = \frac{v_0}{2D_e}\cos\left(\frac{\pi}{2}+\theta_f-\theta_n\right) \tag{4.215}$$

式中:v_0——破片初速(m/s);

D_e——炸药爆速(m/s);

θ_n——弹轴和破片法线间夹角(°);

θ_f——弹轴和引爆点—破片线之间角度(°);

θ_e——相对破片法线的偏转抛射角(°);

α_i——极性抛射角,按定义得知为:$\alpha_i = \theta_n - \theta_e$。

破片抛射角可按 Shapiro 导出式计算。对于等直径战斗部壳体,其 $\theta_n = \frac{\pi}{2}$,则抛射角为

$$\theta_e = \tan^{-1}\left(\frac{v_0}{2D_e}\cos\theta_f\right) \tag{4.216}$$

4.7.3 静态破片密度

假设破片围绕战斗部轴线在球面上均匀分布,战斗部内破片总数为 N_f。因为一个球有 4π 个球面角(Sr),则单位球面角的破片分布为 $\frac{N_f}{4\pi}$。而实际上覆盖球面角度破片图形是 $2\pi(\alpha_r - \alpha_f)$,其中 α_r, α_f 是表示径向破片的后与前的极限角,因此破片分布为 $\frac{N_f}{2\pi(\alpha_r - \alpha_f)}$。

而破片的静态分布密度为

$$\rho_{st} = \frac{N_f}{2\pi R^2(\alpha_r - \alpha_f)} \tag{4.217}$$

4.7.4 动态破片的抛射

如图 4.46 所示为速度坐标关系,按此可计算动态抛射角。

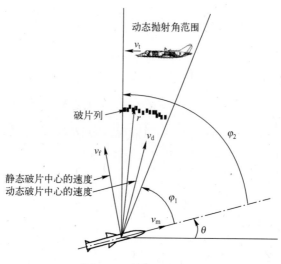

图 4.46 动态破片抛射

图 4.46 中,v_f 为破片速度,v_m 为导弹速度,v_t 为目标速度。

假设目标按水平方向等速飞行,减去来自导弹的水平速度。其前、后动态抛射角可用下式计算[20,25,45]。

$$\varphi_i = \tan^{-1}\left[\frac{v_m\sin\theta + v_f\sin(\theta + \alpha_i)}{v_m\cos\theta + v_f\cos(\theta + \alpha_i) - v_t}\right]_{(i=1,2)} - \theta \tag{4.218}$$

式中:v_t——目标的水平速度(m/s);

v_m——导弹的速度(m/s);

θ——导弹的速度向量角(俯仰角)(°);

α_1, α_2——静态爆炸时战斗部的轴与破片飞散前、后缘所成角(°),α_i 范围一般为 45°~135°,由战斗部设计而定;

v_f——静态爆炸时破片的平均速度(m/s);

φ_i——动态抛射角(°)。

目标接近导弹时,目标速度前应加个负号。例如已知破片厚度为 8.77mm,边长为 13.7mm,钢密度为 7900kg/m³,破片质量为 0.01296kg。假设战斗部由 46 个纵行、36 个横行这样设置的破片构成。外径为 0.22m,长度为 0.5m。1656 枚破片总质量为 21.46kg。整个圆柱壳内装填 B 炸药 27kg。因此 $\frac{m_c}{m_s} = 1.258$,而破片初速

由格尼公式算得 $v_0 = v_{f0} = 2039\text{m/s}$。由此例可知,装药加破片质量为 48.46kg,按照经验对于战斗部的其他部件可初步取战斗部总质量百分比的 15%~25%,或稍大些亦是允许的。则战斗部的总质量将处在 55kg~60kg 范围。而每个横行的 θ_f 值由图便可确定。例如最前面的破片的质量中心位于 0.243m 处,位于起爆点中心前的半径为 0.216m。这些距离均考虑了破片尺寸(0.0137m × 0.0137m × 0.00877m)。

起爆点至破片的角为 $\theta_f = \tan^{-1}(0.216/0.243)$,得 $\theta_f = 41.6°$,而 $v_0 = v_{f0} = 2039\text{m/s}$,而 B 炸药的爆速 $D_e = 7844\text{m/s}$,由此数据可得抛射角 $\theta_e = 5.55°$,而 $\alpha_1 = 90° - 5.55° = 84.45°$。因起爆点在战斗部中心,其最后横列(36 列), $\theta_e = -5.55°$,极性抛射角 $\theta_e = -5.55°$,其对应的极限角为 $\alpha_{36} = 95.55°$。

此战斗部有 1656 枚破片覆盖 1.217 球面角度,而其分布是 1360 枚/Sr,因此,破片密度可简单表示为 1360 枚/R^2,在 5m 和 10m 距离上,其静态密度分别为 54 枚和 14 枚破片每平方米。

设 $v_m = 680\text{m/s}$, $v_t = -300\text{m/s}$, $v_f = 2039\text{m/s}$,而 α 值等于 84.45° 和 95.55°,对于 θ 值,令 $\theta = 0°$,则 2 个动态抛射角分别为 $\varphi_f = 59.88°$ 和 $\varphi_r = 68.44°$。

如果速度向量 θ 值增加至 30°,则动态抛射角 φ_i 略有变化,此时 $\varphi_f = \varphi_1 = 58.83°$ 和 $\varphi_r = \varphi_2 = 68.44°$。

4.7.5 动态破片密度

当给出 $\varphi_f = \varphi_1$ 和 $\varphi_r = \varphi_2$ 后,则动态破片密度的表达式为

$$\rho_d = \frac{N_f}{2\pi R^2(\cos\varphi_f - \cos\varphi_r)} \tag{4.219}$$

式中: N_f——是 φ_f 和 φ_r 之间抛射的破片数;

R——战斗部炸点至目标距离(m)。

在上例中,当 $\theta = 0°$ 时, $\rho_d = \dfrac{1857}{R^2}$

当 $\theta = 30°$ 时, $\rho_d = \dfrac{1756}{R^2}$

在 $R = 10\text{m}$ 时,每平方米可分别得到 19 枚和 18 枚。

上述值可与完全静态时的 14 枚每平方米相比较,显然,动态时的 ρ_d 是高于 ρ_{st} 的,这对破坏毁伤目标是有利的。

4.7.6 破片速度衰减

从实战应用考虑,感兴趣的是短距离破片弹道,即弹道不是曲线而是直线。假设破片空气阻力系数和空气密度是常数,破片速度可表达为至爆炸点的距离函数,并按直线弹道飞行[24,27-29]。

$$v = v_0 \mathrm{e}^{-\left(C_D \cdot \rho_0 \cdot \bar{S} \cdot \frac{H(y)}{2m}\right)x} = v_0 \exp(-K_a \cdot x) \tag{4.220}$$

式中：v_0——即 $v_0 = v_{f0}$ 破片初速（m/s）；

C_D——即 $C_D = C_x$，破片飞行时的阻力系数；

ρ_0——空气密度（kg/m³），海平面空气密度 $\rho_0 = 1.225$（kg/m³）；

$H(y)$——高度 y 处的相对空气密度，即 $H(y) = \dfrac{\rho_H}{\rho_0}$，$\rho_H$ 是 y 高度处的空气密度。

$$H(y) = \begin{cases} \left(1 - \dfrac{H}{44.308}\right)^{4.2553}, & H \leqslant 11(\mathrm{km}) \\ 0.297\mathrm{e}^{-\frac{H-11}{6.318}}, & H > 11(\mathrm{km}) \end{cases}$$

H/km	5	10	15	18	20	22	25	28	30
$H(y)$	0.601	0.337	0.157	0.098	0.071	0.052	0.032	0.020	0.014

$\bar{S}$——破片平均迎风面积（m²）；

m——破片质量（kg）；

x——破片飞行距离（m）；

K_a——破片速度的衰减系数（m⁻¹），$K_a = \dfrac{C_D \rho_0 H(y) \bar{S}}{2m}$。

一、阻力系数

破片飞行的阻力系数随破片形状和飞行速度而改变。试验表明，飞行马赫数 $Ma = 3 \sim 5$ 的速度范围，C_D 可按下式求得[2,16,21]。

球形破片，$C_D = 0.97$；

方形破片，$C_D = 1.2852 + \dfrac{1.0536}{Ma}$；

圆柱形破片，$C_D = 0.8058 + \dfrac{1.3226}{Ma}$；

菱形破片，$C_D = 1.45 - 0.0389Ma$。

粗略估算时，对不规则的自然破片，可取 $C_D \approx 1.5$。对预制破片，可取 $C_D \approx 1.24$。对于圆柱形破片，可取 $C_D = 1.17$。

二、迎风面积

破片迎风面积是破片在飞行方向上的投影面积，由于飞行中破片是在不断翻滚，除球形外，故迎风面积是个随机变量，用数学期望值表示的公式为

$$\bar{S} = \phi m^{\frac{2}{3}} \tag{4.221}$$

式中:ϕ——破片材料密度与形状的系数$\left(\dfrac{m^2}{kg^{2/3}}\right)$,对钢质正方形破片近似选取时,

$\phi=0.005$;对钨合金正方形破片(密度为$18g/cm^3$),$\phi\approx0.003$;对球形钢破片,$\phi\approx0.0031$;对球形钨合金破片,$\phi\approx0.0018$[29]。

各种形状的规则破片,其ϕ值的计算式为[21]

球体 $\phi=3.07\times10^{-3}$;

立方体 $\phi=3.09\times10^{-3}$;

柱形体 $\phi=1.03\times10^{-3}\times\dfrac{1.446+1.844\left(\dfrac{l}{d}\right)}{\left(\dfrac{l}{d}\right)^{2/3}}$;

长方体 $\phi=1.03\times10^{-3}\times\dfrac{\left(\dfrac{l}{t}\right)\left(\dfrac{w}{t}\right)+\left(\dfrac{l}{t}\right)+\left(\dfrac{w}{t}\right)}{\left(\dfrac{lw}{t^2}\right)^{\frac{2}{3}}}$;

菱形体 $\phi=1.635\times10^{-3}\times\dfrac{\dfrac{l_1'/l_3'}{\cos\gamma_2}+\dfrac{\dfrac{l_1'}{l_3'}\cdot\dfrac{l_2'}{l_3'}}{2}}{\left(\dfrac{l_1'}{l_3'}\cdot\dfrac{l_2'}{l_3'}\right)^{2/3}}$;

平行四边形 $\phi=1.03\times10^{-3}\times\left[\left(\dfrac{l}{t}\right)+\left(\dfrac{l}{t}\right)\left(\dfrac{w}{t}\right)+\dfrac{\left(\dfrac{w}{t}\right)}{\sin\gamma_1}\right]$。

其中,l,d是柱形破片的长度和直径;l,w,t是长方形或平行四边形破片的长度、宽度和厚度;l_1',l_2',l_3'是菱形破片的长对角线,短对角线和宽,γ_2是菱形破片钝角的一半,γ_1是战斗部纵向槽之缠角。尺寸单位用米(m),角度单位用度(°),下列破片形状系数可供设计时参考。

破片形状	球形	立方体	柱形	平行四边形	菱形	长方形
$\Phi\times10^3$ /$(m^2\cdot kg^{-2/3})$	3.07	3.09	3.347	3.6~4.3	3.2~3.6	3.3~3.8

4.7.7 破片侵彻原理

战斗部引爆后,高密度的破片从战斗部加速向外飞散,形成球面形飞散图,以高的破片密度分布图形迎撞和破坏 TBM 的危险载荷。这时的破片要有最优的破片外形,并具备一定的质量和足够的速度侵彻目标蒙皮和毁伤内部的易损部件。

TBM 的易损部件通常是指战斗部舱段。为此,设计者必须确保破片撞击导弹蒙皮时不会打碎,而且有足够的剩余能引起其战斗部破坏。当高速破片撞击战斗部目标结构时,在破片和被撞结构上会引发一些典型现象。归纳起来可能有 5 种:①高速破片打击低阻抗战斗部材料,破片会一面穿入和另一面穿出战斗部壳壁,贯穿战斗部后的破片还有剩余速度;②破片穿入战斗部内后,破片发生软化和汽化;③破片撞击穿入战斗部壳体最后贯穿战斗部,破片发生破碎;④破片遭遇高阻抗战斗部壳体,显得破片速度太小,仅使壳体外壁形成不规则凹坑;⑤战斗部壳体阻抗高,破片斜击表面后,破片弹离碰撞点,打击点壳壁产生变形凹坑。发生上述各种破片侵彻、贯穿现象,目标物均为薄壁壳体,且内部无防护结构。对付 TBM 带有炸药的战斗部时,破片必须具有足够的剩余能量才能引爆其战斗部。在破片质量、靶标一定的条件下,打击速度是侵彻、穿透靶板的主因素。

当撞击速度为 25 ~ 500m/s 时,称为亚破片速度范围;当撞击速度为 500 ~ 1300m/s 时,属常规军用破片速度;当撞击速度为 1300 ~ 3000m/s 时,属高速破片范围;当撞击速度为 >3000m/s 时,属超高速破片范围,此时产生的冲击压力远大于破片和靶体的材料强度[22,23]。某试验表明,其撞击压强大于材料屈服限达 10 倍量级[24]。

凡是 $\dfrac{v_s}{C_t}<1$ 则为亚声速撞击,大于 1 的称为超声速撞击。v_s 是破片或弹头遭遇目标靶的撞击速度,C_t 是靶体中的声速,$v_s \gg C_t$ 时称超声速撞击。有时用破片或弹头的撞击动能的无量纲量的大小表示碰撞载荷特性,常用彼斯得数(Best Number)表示,即 $\dfrac{\rho_p v_s^2}{BHN}$ 或 $\dfrac{\rho_p v_s^2}{\sigma_y}$。当 $\dfrac{\rho_p v_s^2}{\sigma_y} = 10^{-3} \sim 10^{-2}$ 称低速碰撞载荷,此时以时效现象为主。当 $\dfrac{\rho_p v_s^2}{\sigma_y} = 10 \sim 10^2$ 时为中速冲击载荷,介质发生有限弹塑性变形时效热,机械功的耦合比较明显;当 $\dfrac{\rho_p v_s^2}{\sigma_y} = 10^2 \sim 10^3$ 时为高速冲击载荷,此时与强度有关项退居次要地位,以体积压缩和热的耦合为主要特征。其中 ρ_p 是破片或弹头的材料密度,BHN 是布氏硬度,σ_y 是屈服极限。若为靶体,将相应参数替换成靶板参数,得 $\dfrac{\rho_t C_t^2}{\sigma_{yt}}$ 表达式。这个无量纲式又称固体雷诺数。

下面介绍破片的侵彻靶板模型

一、钢质破片对钢靶板的侵彻穿透厚度经验式

$$h_{np} = d\left[2.5 \times \left(\dfrac{v_s}{C_t} \right)^{\frac{1}{4}} - 1 \right] \tag{4.222}$$

式中: $h_{np}=h$——破片穿透钢靶的厚度;

        d——质量为 m_f 的破片特征尺寸(破片等效直径);

        v_s——破片对靶板的打击速度;

        C_t——靶板中的声速。

对于非钢质靶板,上式要乘以钢/非钢材料的强度极限比进行修正。

二、THOR 穿透方程

THOR 方程是在 1960 年发展建立的。对于破片具有长细比接近 1 的圆柱和立方体条件下,可用于预计一定撞击靶板速度时的破片剩余速度和质量。利用 THOR 方程计算剩余速度[20,35]

$$v_r = v_s - 10^c \left(\frac{h}{2.54} \cdot \frac{A_{cp}}{6.45} \right)^\alpha \left(\frac{m_f}{0.065} \right)^\beta (\sec\theta)^\gamma \left(\frac{v_s}{0.305} \right)^\lambda$$

$$= v_s - 10^c \left(\frac{1}{2.54 \times 6.45} \right)^\alpha \left(\frac{1}{0.065} \right)^\beta \left(\frac{1}{0.305} \right)^\lambda (h \cdot A_{cp})^\alpha m_f^\beta (\sec\theta)^\gamma v_s^\lambda$$

(4.223)

式中: v_r——破片剩余速度(m/s);

        v_s——破片打击速度(m/s);

        h——靶板厚度(cm);

        A_{cp}——破片的平均撞击面积(cm^2);

        m_f——打击破片质量(g);

        θ——破片轨迹和靶板材料法线间夹角(°);

$c,\alpha,\beta,\gamma,\lambda$——与材料有关的经验常数(见表 4.4)。

表 4.4 估算剩余速度时,THOR 方程中的材料常数

靶板材料	c	α	β	γ	λ
镁	6.904	1.092	-1.170	1.050	-0.087
铝合金 2024T-3	7.047	1.029	-1.072	1.251	-0.139
钛合金	6.292	1.103	-1.092	1.369	0.167
铸铁	4.840	1.042	-1.051	1.028	0.523
表面硬化钢	4.356	0.674	-0.791	0.989	0.434
软均质钢	6.399	0.889	-0.945	1.262	0.019
硬均质钢	6.475	0.889	-0.945	1.262	0.019
铜	2.785	0.678	-0.730	0.846	0.802
铅	1.999	0.499	-0.502	0.655	0.818
管合金	2.537	0.583	-0.603	0.865	0.828
未黏合尼龙	5.816	0.835	-0.654	0.990	-0.162
黏合尼龙	4.672	1.144	-0.968	0.743	0.392

靶板材料	c	α	β	γ	λ
聚碳酸酯塑料	2.908	0.720	−0.657	0.773	0.603
浇铸的缪质（不碎）玻璃	5.243	1.044	−1.053	1.073	0.242
展宽的缪质（不碎）玻璃	3.605	1.112	−0.903	0.715	0.686
多龙	7.600	1.021	−1.014	0.917	−0.362
防弹玻璃	3.743	0.705	−0.723	0.690	0.465

当破片打击靶板刚好达到穿透靶板时（此时剩余速度 $v_r = 0$），可求得速度阈值（常称极限速度）。如果速度低于该值，则破片不能贯穿。用于预测阈值的 THOR 方程为

$$v_1 = 10^{c_1} \left(\frac{h}{2.54} \cdot \frac{A_{cp}}{6.45} \right)^{\alpha_1} \left(\frac{m_f}{0.065} \right)^{\beta_1} (\sec\theta)^{\gamma_1} \qquad (4.224)$$

式中： v_1——破片穿透靶板的极限速度（m/s）；

$c_1, \alpha_1, \beta_1, \gamma_1$——与靶板材料有关并由试验确定的穿透系数（见表4.5）。

表4.5 计算极限穿透速度时，THOR 方程中的材料常数

靶 板 材 料	c_1	α_1	β_1	γ_1
镁	6.349	1.004	−1.076	0.966
铝合金 2024T-3	6.185	0.903	−0.941	1.098
钛合金	7.552	1.325	−1.314	1.643
铸铁	10.153	2.186	−2.204	2.156
表面硬化钢	7.694	1.191	−1.392	1.747
软均质钢	6.523	0.906	−0.963	1.286
硬均质钢	6.601	0.906	−0.963	1.286
铜	14.065	3.476	−3.687	4.270
铅	10.955	2.735	−2.753	3.590
管合金	14.773	3.393	−3.510	5.037
未黏合尼龙	5.006	0.719	−0.563	0.852
黏合尼龙	7.689	1.883	−1.593	1.222
聚碳酸酯塑料	7.329	1.814	−1.652	1.948
浇铸的缪质（不碎）玻璃	6.913	1.377	−1.364	1.415
展宽的缪质（不碎）玻璃	11.468	3.537	−2.871	2.274
多龙	5.581	0.750	−0.745	0.673
防弹玻璃	6.991	1.316	−1.351	1.289

例如,不同靶板的穿透极限速度式为

$$\text{对于低碳钢靶}:\begin{cases}c_1=6.523,\alpha_1=0.906,\beta_1=-0.963,\gamma_1=1.286\\ v_l=5783.937\,(h\cdot A_{cp})^{0.906}(m_f)^{-0.963}(\sec\theta)^{1.286}\end{cases}$$

$$\text{对于硬铝靶}:\begin{cases}c_1=6.185,\alpha_1=0.903,\beta_1=-0.941,\gamma_1=1.098\\ v_l=2844.542\,(h\cdot A_{cp})^{0.903}(m_f)^{-0.941}(\sec\theta)^{1.098}\end{cases}$$

$$\text{对于钛合金靶}:\begin{cases}c_1=7.552,\alpha_1=1.325,\beta_1=-1.314,\gamma_1=1.643\\ v_l=7331.799\,(h\cdot A_{cp})^{1.325}(m_f)^{-1.314}(\sec\theta)^{1.643}\end{cases}$$

$$\text{对于硬均质钢靶}:\begin{cases}c_1=6.601,\alpha_1=0.906,\beta_1=-0.963,\gamma_1=1.286\\ v_l=6921.877\,(h\cdot A_{cp})^{0.906}(m_f)^{-0.963}(\sec\theta)^{1.286}\end{cases}$$

$$\text{对于管合金靶}:\begin{cases}c_1=14.773,\alpha_1=3.393,\beta_1=-3.510,\gamma_1=5.037\\ v_l=3028247\,(h\cdot A_{cp})^{3.393}(m_f)^{-3.510}(\sec\theta)^{5.037}\end{cases}$$

$$\text{对于黏合尼龙靶}:\begin{cases}c_1=7.689,\alpha_1=1.883,\beta_1=-1.593,\gamma_1=1.222\\ v_l=3245\,(h\cdot A_{cp})^{1.883}(m_f)^{-1.593}(\sec\theta)^{1.222}\end{cases}$$

总之,用不同材料的试验常数代入公式,即可求不同材料的极限速度值。破片撞击靶板,穿透靶板后的剩余质量的计算式为

$$m_r=m_f-10^{c_2}\left(\frac{h}{2.54}\cdot\frac{A_{cp}}{6.45}\right)^{\alpha_2}\left(\frac{m_f}{0.065}\right)^{\beta_2}(\sec\theta)^{\gamma_2}\left(\frac{v_s}{0.305}\right)^{\lambda_2}$$

$$=m_f-10^{c_1}\left(\frac{1}{2.54\times6.45}\right)^{\alpha_2}\left(\frac{1}{0.065}\right)^{\beta_2}\left(\frac{1}{0.305}\right)^{\lambda_2}(h\cdot A_{cp})^{\alpha_2}m_f^{\beta_2}(\sec\theta)^{\gamma_2}(v_s)^{\lambda_2}$$

$$(4.225)$$

式中: $\quad m_r$ ——破片穿透靶板后的剩余质量;

$c_2,\alpha_2,\beta_2,\gamma_2,\lambda_2$ ——与靶板材料有关的经验常数(见表4.6)。

表 4.6 计算剩余破片质量时,THOR 方程中的材料常数

靶板材料	c_2	α_2	β_2	γ_2	λ_2
镁	−5.945	0.285	0.803	−0.172	1.519
铝合金 2024T-3	−6.663	0.227	0.694	−0.361	1.901
钛合金	2.318	1.086	−0.748	1.327	0.459
铸铁	−9.703	0.162	0.673	2.091	2.710
表面硬化钢	1.195	0.234	0.744	0.469	0.483
软均质钢	−2.507	0.138	0.835	0.143	0.761
硬均质钢	−2.264	0.346	0.629	0.327	0.850
铜	−5.489	0.340	0.568	1.422	1.650
铅	−1.856	0.506	0.350	0.777	0.934

靶板材料	c_2	α_2	β_2	γ_2	λ_2
管合金	-3.798	0.560	0.447	0.640	1.381
未黏合尼龙[①]	-7.539	-0.067	0.903	-0.351	1.717
黏合尼龙[①]	-13.601	0.035	0.775	0.045	3.451
聚碳酸酯塑料	-6.275	0.480	0.465	1.171	1.765
浇铸的缪质(不碎)玻璃	-2.342	1.402	-0.137	0.674	1.324
展宽的缪质(不碎)玻璃	-5.344	0.347	0.169	0.620	1.683
多龙	10.404	0.215	0.343	0.706	2.906
防弹玻璃	-5.926	0.305	0.429	0.747	1.819

① 是有限的数据,这种材料不会引起低速钢破片显著的碰撞破碎,满足方程中有关常数的较高的打击速度是在实验室内得到的

例如不同靶板被破片击穿后的破片剩余质量,可用对应材料的 $c_2,\alpha_2,\beta_2,\gamma_2,$ λ_2 代入式(4.225)得

对于软均质钢靶:

$$c_2 = -2.57, \alpha_2 = 0.138, \beta_2 = 0.835, \gamma_2 = 0.143, \lambda_2 = 0.761$$

$$m_r = m_f - 0.051 (h \cdot A_{cp})^{0.138} m_f^{0.835} (\sec\theta)^{0.143} (v_s)^{0.761}$$

对于聚碳酯塑料:

$$c_2 = -6.275, \alpha_2 = 0.480, \beta_2 = 0.465, \gamma_2 = 1.171, \lambda_2 = 1.765$$

$$m_r = m_f - 4\times10^{-6} (h \cdot A_{cp})^{0.480} m_f^{0.465} (\sec\theta)^{1.171} (v_s)^{1.765}$$

对于压实小型破片形状,其有关常数应另行选取,详细内容可参阅与 THOR 方程有关的试验资料[35]。

关于钝头破片(弹)打击薄层目标(如蒙皮)的穿透过程的 2 种情况如图 4.47 所示。

当低速破片撞击薄板时,破片变形有小的质量损失。但是,当破片撞击速度增加,破片与板接触面压力增加,并形成蘑菇形,如图 4.47 所示。

破片开始侵彻之初,便开始变形,变形增加引起孔的扩展和成长。若破片撞击硬或重型靶板,在破片通靶时,固体材料被挤压和剪切掉,破片在试验中因冲击挤压、侵蚀、剪切会导致质量损失。当成形的破片块和破片作用面的速度大于塑性变形速度时,则会有一强冲击波处在作用面前头,整个材料将被沿半径抛掷出去。支配穿透过程是由于挤压-剪切,造成了质量的损失。破片破碎会降低毁伤目标效应,破片破碎是撞击应力波效应引起的。当破片斜击角度在 0°~45° 范围时,质量有小的损失。若超过 45°时试验破片则有侧向侵蚀,角度越大越严重。

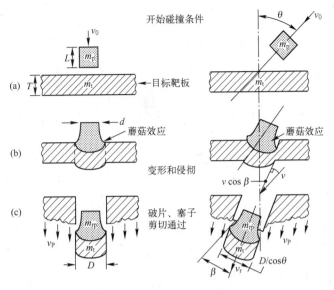

图 4.47　钝形破片对付薄靶层的贯穿过程
（a）撞击前；（b）惯性压缩结束；（c）冲塞结束。

三、破片穿透模型

钢质破片（或弹）撞击靶板时，在破片与板作用面上会发生塑性变形，属非弹性碰撞，而破片和被挤出塞子将按同一速度 v_{rp} 运动。

动量方程为

$$m_p v_0 = (m_p + m_t) v_{rp} \tag{4.226}$$

由此得到

$$v_{rp} = \frac{m_p v_0}{m_p + m_t} \tag{4.227}$$

式中：v_{rp}——破片和塞子剩余速度；

m_p——破片初始质量；

m_t——塞子质量；

v_0——撞击的初始速度。

此时，破片剩余速度 v_{rp} 可求，但必须利用动量方程和能量方程。

动量方程为

$$m v_0 = m_t v_{rm} + m_{rp} v_{rp} + I_p \tag{4.228}$$

能量守恒方程为

$$\frac{m_p v_0^2}{2} = \frac{m_t v_{rm}^2}{2} + \frac{m_{rp} v_{rp}^2}{2} + \frac{(m_p - m_{rp}) v_0^2}{2} + E_f + W_s \tag{4.229}$$

式中：v_{rp}——m_{rp} 和 m_t 整个破片质心剩余速度；

241

v_{rm}——m_t 质心剩余速度；

m_t——靶元的质量；

m_{rp}——破片剩余质量；

W_s——弹塑性变形能，来自 m_{rp} 和 m_t 撞击传递给板的剪切强度的损失功，且 m_t 假设无约束；

I_p——板的剪切强度转移至板的冲量；

E_f——m_{rp} 和 m_t 之间经受碰撞的变形能，而 m_{rp} 和 m_t 之上均未成孔。有时称自由撞击能。

由撞击提供的总的能量有变形和热损失，初始和终了的动能之间是不同的。从碰撞开始，为达到相同速度而损耗的动能 E_f 为

$$E_f = \frac{m_t}{m_{rp}+m_t} \cdot \frac{m_{rp}v_0^2}{2} \tag{4.230}$$

剩余速度为 v_r 时的 W_s 表达式为

$$W_s = \frac{m_{rp}v_0^2}{2} \cdot \frac{m_{rp}}{m_{rp}+m_t} - \frac{(m_{rp}+m_t)v_r^2}{2} \tag{4.231}$$

设 $v = v_{50} = v_1$，则 $v_r = 0$，因此

$$(W_s)_{50} = m_{rp}v_{50}^2 \cdot \frac{m_{rp}}{2(m_{rp}+m_t)} = \frac{1}{2} \frac{m_{rp}^2}{m_{rp}+m_t} v_{50}^2 \tag{4.232}$$

剩余速度为

$$v_r = \left(1 + \frac{m_t}{m_p}\right)^{-1} (v_0^2 - v_{50}^2)^{\frac{1}{2}} \tag{4.233}$$

很明显要计算剩余速度 v_r，则塞块质量和极限速度 v_{50} 必须确定，冲塞质量的近似表达式为

$$m_t = \rho_m A_p T \sec\theta \tag{4.234}$$

式中：ρ_m——靶板材料密度；

A_p——破片（弹）面积，有效破片穿透过程的变形呈现面积；

T——靶板厚；

θ——撞击倾斜角。

侵彻过程中，破片有效面积发生变化得新的表达式为

$$m_t = \left(\frac{D}{d}\right)^2 \rho_m A_p T \sec\theta \tag{4.235}$$

式中：D——塞块直径。

当 $\frac{T}{d} \geqslant 0.1$ 时，V_{50N} 垂直穿透的近似估算式

$$V_{50N} = \frac{C\left(\dfrac{T}{d}\right)^{b} + K}{\left(\dfrac{L}{d}\right)^{\frac{1}{2}}} \qquad (4.236)$$

当 $\dfrac{T}{d} < 0.1$ 时,则

$$V_{50N} = \frac{J\left(\dfrac{T}{d}\right)}{\left(\dfrac{L}{d}\right)^{\frac{1}{2}}} \qquad (4.237)$$

式中:d——侵彻体直径;

  b——无因次常数;

  L——破片长度;

C,K,J——经验常数,具有速度单位(见表4.7)。

表 4.7   与 V_{50N} 有关常数

靶 材	钢(300BHN)	2024-T4 铝合金
$C/(\text{m/s})$	1297	227
$K/(\text{m/s})$	−164	141
$J/(\text{m/s})$	1544	1450
$b/(\text{m/s})$	0.61	1.75

图 4.48 所示破片斜击靶表面时的剩余速度 v_r 表达式为

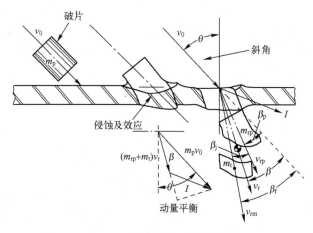

图 4.48   斜击破片的弹道冲塞

$$v_r = \left(\frac{m_p}{m_{rp}+m_t}\right)\left(\frac{m_p+m_t\sin^2\beta}{m_t+m_p}\right)^{\frac{1}{2}}\sqrt{v_0^2-v_{50}^2} \tag{4.238}$$

而 β_p 角是撞击速度 v_0 和 v_{50} 的函数,其方程

$$\beta_p = \frac{\sin^{-1}}{2}\left[\frac{\sin(2\beta_x)}{\left(\frac{v_0}{v_{50}}\right)^2+\left(\frac{v_0}{v_{50}}\right)\sqrt{\left(\frac{v_0}{v_{50}}\right)^2-1}}\right] \tag{4.239}$$

式中: $\beta_x = \theta$,适于钝形破片(或弹)。

对于尖锐的弹或蛋形头部,则

$$\beta_x = \frac{\pi}{8}\{1+\sin(2.25(\theta-0.222\pi))\}$$

若破片和塞块速度近似相等,则

$$\beta_f = \frac{\theta}{3}$$

其中 $\beta_j = \beta_f - \beta_p$,而 $\beta \approx \beta_p + \frac{\beta_j}{2}$。在斜击时,剩余速度方程需要应用此角。$\beta$ 角测量是指沿着碰撞射击线和剩余速度之间进行。破片弹道极限式为

$$v_{50} = v_{50N}\sec\theta \tag{4.240}$$

钝形钢质破片剩余质量的经验模型方程由 Taylor 提供

$$\frac{m_r}{m_p} = 1.0-8.16\times10^{-5}\left[\left(\frac{\eta}{v_0}\right)v_0-215\right]^{1.42}\left(\frac{285}{BHN_p}\right) \tag{4.241}$$

式中: $m_r = m_{rp}$——破片的剩余质量;

$\quad m_p$——破片初始质量;

$\quad v_0$——破片初速(m/s)。

$$\frac{\eta}{v_0} = \{2(\rho E)_p^{\frac{1}{2}}/(\rho E)_{st}^{\frac{1}{2}}/P\}/\{1.0+[\cos\theta/(0.6\rho_t TA_p/m_p+0.15)]\} \tag{4.242}$$

式中: E——杨氏模量;

$\quad A_p$——弹或破片呈现面积;

$\quad T$——板厚;

$\quad \rho$——密度;

$\quad \theta$——弹或破片的斜击角;

$\quad \eta$——无因次常数;

$\quad BHN_p$——破片硬度;

下标 t,p 以及 st 分别为靶板材料、侵彻弹(或破片)和钢材相应参数。式中的 P 分别为[7]

$$P_1 = 1+(\rho E)_p^{\frac{1}{2}}/(\rho E)_t^{\frac{1}{2}}$$
$$P_2 = 1+m_p\cos\theta/(\rho_t A_p T) \tag{4.243}$$

244

式中:P_1——半无限模型;

P_2——塞块模型。

若 $P_1 > P_2$,则可取 $P = P_1$,或者令 $P = P_2$。剩余质量模型是根据薄板导出的,在极高速撞击时是不正确的。在某些例子中剩余质量将大于初始质量。出现这种情况,可令 $m_{rp} = m_p$。当撞击压力高时,其材料挤向横向而剪切掉。即撞击压力高时,剩余质量可能为负值。撞击压力高,开始出现破碎现象,出现破碎时的剩余质量方程为

$$\frac{m_{rp}}{m_p} = \exp\left[-\frac{\rho_p U_{pu} v_0 \cos\theta}{\sigma_{eu} p}\right] \tag{4.244}$$

式中:p——一维参数;

σ_{eu}——破片或弹材料的动屈服限;

$v_0 \cos\theta$——撞击速度的垂直分量;

ρ_p——射弹和破片材料质量密度;

U_{pu}——弹或破片中非轴向塑性波速度;

B——靶板的布氏硬度。

其中 $\sigma_{eu} \cong 3.92B\,(\text{N/mm}^2)$,$U_{pu} = 1.61\left(\sigma_{eu}\dfrac{g}{\rho_p}\right)^{\frac{1}{2}}$,来自自由面上反射波和冲击波的相互作用,会引起破片破碎分离。而最大撞击压力与破片撞击方位有关。现研究平头弹或破片,假设 $\theta > \theta_c$,θ 是与撞击面之间的夹角。而临界撞击角 θ_c 的算式为

$$\theta_c = \sin^{-1}\left(\frac{v_0}{c_0}\cos\theta\right) \tag{4.245}$$

式中:c_0——碰撞体的弹性波速度。

破片不碎,其质量损失仅仅是由侵蚀和变形剪切机制所致。对于钢质破片,硬度接近 $R_c = 30$ 时,其临界速度(m/s)为

$$v_c = \left\{609.6\left[1 + \frac{(\rho U)_{st}}{(\rho U)_t}\right]\sec\theta\right\} \tag{4.246}$$

式中:U——Hgoniot 应力波速度;

ρ——密度;

st——下标代表钢;

θ——撞击倾斜角。

变量无注脚系指靶板材料参数。

破片撞击靶板压力与打击速度是正比关系。坚实较高速度的破片撞击靶板,侵入靶厚有较高的概率。撞击过程中强大的拉伸波能削弱靶和破片材料,材料被加速并穿透靶(子)形成破片云。这些高速破片能侵彻和破坏易损组件。破片—靶板撞击接触面上经历的高压算式为

$$P = \frac{\rho_1 U_1 \rho_2 U_2 v_0}{\rho_1 U_1 + \rho_2 U_2} \tag{4.247}$$

式中,下标"1"、"2"分别表示破片和靶板的参数,即波阵面从分界面(破片、靶板界面)反射和通过分界面的密度,应力波速度,v_0 是打击速度。

高速破片与靶面成45°方向碰撞(见图4.49),靶后形成椭球形质点分布。变化角 β_f 的定义,可用质点轨迹方向相对破片弹道来表示,质点分布椭球对称轴与 v_0 方向之夹角为 $\beta_f^{(+)}$,破片 v_0 方向与质点分布边界之夹角为 $\beta_f^{(-)}$。质点速度 v_f 和最大质点速度 v_{max} 之比的算式为

$$\frac{v_f}{v_{max}} = \frac{\sec |\beta_f - \gamma_N|}{1 + \left(\dfrac{\dot{a}}{\dot{b}}\right)^2 \tan^2 |\beta_f - \gamma_N|} \tag{4.248}$$

其中 $\dfrac{\dot{a}}{\dot{b}} = 1.6$,$\gamma_N = \dfrac{\theta}{3}$。

来自破片碰撞形成的破片质点总数估计式为

$$N_m = \dot{a}\left(\frac{v}{v_{50N}} - 1\right)^{\dot{b}} (\cos\theta)^{\dot{c}} + 1 \tag{4.249}$$

上式仅适用于打击铝合金靶,其中常数为

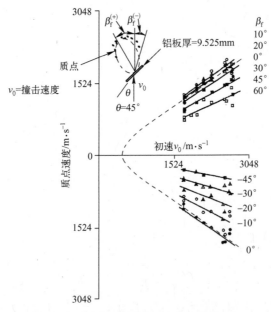

图 4.49　质点速度和破片打击初速的关系

(17g 钢质柱形破片以 45°斜击铝板)

246

$$\dot{a} = 41 \exp\left[-1.073 \left(\frac{T}{d} - 2.46 \right)^2 \right];$$

$$\dot{b} = 3 \left[1 - \left(\frac{T}{d} \right) / 4 \right];$$

$\dot{c} = 1.0$,适用于 5456H117 铝板。

4.7.8 常规装药弹药的弹道撞击

TBM 战斗部可携带多种不同类型的有效载荷,而最常用的是高爆炸药。反击 TBM 是设计成具有足够质量的高速破片去打击和起爆其对我方构成威胁的战斗部。当战斗部被高速破片引爆时,可能发生 3 种相互作用情况。

一是破片以极高速度打击目标载荷能够发生高阶化学反应,释放化学能量和爆炸波以超声速膨胀。在极短时间后,径向压缩呈现负冲量。此反应是在微秒量级内发生的,称此为冲击—爆轰类现象。

二是破片以低速打击战斗部,并侵彻 TBM 的屏蔽壳体,因破片侵彻产生热而引发了炸药爆炸。由于此破片贯穿到战斗部起爆前是从毫秒至秒级才发生,称此为低阶爆轰现象。

三是遭破片打击后,有大量能释放给炸药,但其无反应且消失。

上述每个事件作用的描述可包含一种或较多种反应。撞击后形成冲击波传递给高能炸药;破片侵彻屏蔽罩和炸药,产生高压和热;破片嵌入炸药内,热从破片传递给炸药。若破片斜击战斗部目标,按照纵坐标为破片质量,横坐标为打击速度,可描绘出随着破片质量减小和打击速度增加而改变的几个反应区曲线,如图 4.50 所示。

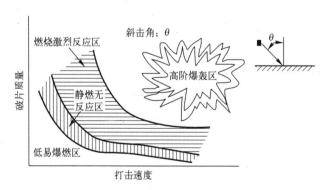

图 4.50 给定破片撞击刺激后,战斗部反应的图像

一、冲击起爆模型

炸药在轻微限制覆盖条件下,无论是均相或非均相炸药,已有大量有关裸装药的起爆研究报道。它们的加热起爆均来于冲击波本身。当冲击波进入炸药后,一

247

部分能量变成冷能,一部分变为热能。并认为热能对炸药起爆作出了贡献。研究得知在一定压力范围内,当 p 变化达 $5\sim6$ 倍时炸药内冲击波速度(D_e)变化不到20%。因此认为 p 稍有变化时,D_e 可视作常数,则得到了著名的非均相炸药的起爆准则[26]

$$p^2 t_0 = 常数 \tag{4.250}$$

其中 p 是冲击波起爆的临界起爆压力(Pa),t_0 是飞片中冲击波来回传播的时间(s)。本准则可理解为输入单位体积炸药内的能量达到某一临界值时,炸药即起爆。

或将 D_e 凑成 p 的幂函数,一般高能混合炸药,p 的指数为 0.15,起爆判据常写成下列形式

$$p^n t_0 = 常数 \tag{4.251}$$

其中 $n>2.3$,Frey 试验提供的 $n=2.6\sim2.8$。

裸装药引爆唯一可能是冲击起爆机理,并与炸药性质、破片材料、几何形状、呈现面积以及倾斜打击角度等有关。引爆炸药装药所需破片打击临界速度报导较多。实际 TBM 战斗部由内装炸药的金属壳组成,外面还有蒙皮。ATBM 导弹战斗部的破片首先侵彻其导弹舱段蒙皮,继而侵入战斗部壳体内并引爆炸药。

总之,要想破片冲击战斗部并引爆它,则应保证被破片冲击的战斗部内部产生冲击波,激发波前炸药的密度、温度和压力急剧变化。在高压作用下,使炸药内部产生不均匀的分布应力,于某些点可能产生应力的"峰值",促使炸药局部加热产生"炽热点",当"炽热点"温度大于炸药热分解温度,可能被引爆。单位时间内冲击波前形成的"炽热点"数越多,则激爆的概率就越高,这是因为"炽热点"数目与炸药所吸收的能量为正比关系,输入单位体积的能量达到某一个临界值时,炸药即起爆。

一种广泛用于毁伤战斗部的是 Jacobs-Roslund 模型方程。该经验方程可用来计算产生冲击—起爆事件所需的临界撞击速度,此方程可表示为

$$v_c = \frac{\widetilde{A}}{\sqrt{D_{cr}}} + (1+\widetilde{B})\left(1+\frac{\widetilde{C}T}{D_{cr}}\right) \tag{4.252}$$

式中:v_c——临界撞击速度(km/s);

$\widetilde{A}$——炸药敏感性系数;

$\widetilde{B}$——破片形状系数;

$\widetilde{C}$——覆盖板的防护系数;

T——覆盖板的厚度;

D_{cr}——弹(或破片)的临界尺寸,对柱形弹,则取其直径。

模型中常用系数如表4.8所示。

248

表 4.8 Jacobs-Roslund 常数

$V_c = 0.0$	
$\widetilde{A} = 2.05$	PBX-9404
$\widetilde{B} = 0.0$	平头
$= 1.0$	圆头
$\widetilde{C} = 1.86$	钽
$= 2.96$	合成材料

根据威伯尔分布函数,可以计算爆轰概率,方程为

$$P(v_r) = 1 - \exp\left[-B_5 (v_r - B_6)^{B_7}\right] \qquad v_r \geqslant B_6$$
$$P(v_r) = 0 \qquad\qquad\qquad v_r < B_6 \qquad\qquad (4.253)$$

其中 $P(v_r)$ 指给定撞击速度 v_r 时的起爆概率。其常数可用 Jacobs-Roslund 方程计算。

$$B_6 = v_{min}$$

$$B_7 = -\cfrac{1.9}{\ln\left[\cfrac{v_{mid} - v_{min}}{v_{max} - v_{min}}\right]}$$

$$B_5 = -\frac{4.61}{(v_{max} - v_{min})^{B_7}}$$

其中 v 是 Jacobs-Roslund 方程中认为是最佳性质因子的速度。$v_{min} = v_c$ (式 (4.252)),v_{mid} 是引爆所需速度,v_{max} 是指破片(或弹)以大的撞击角出现的较高速度极限。此 3 个速度均可用不同的 B 值代入式(4.252)中,得到 v_{min},v_{max} 和 v_{mid},求得 3 个速度后即可求 B_7,B_5,B_6,代入式(4.253),即可求引爆概率。应该指出,在求解过程中,一些参数单位换算在参考文献[5]中有典型算例可查阅。

R. M. Rindner 曾研究过炸药遭遇破片撞击的响应,他提供引爆战斗部的临界速度(Boundary Velocity)模型为

$$v_b = \left\{\left\{K_f \exp\left[5.37(t_a/25.4)/(m_f/28.35)^{\frac{1}{3}}\right\}\right/\right.$$
$$\left.\left\{(m_f/28.35)^{\frac{2}{3}}\left[1 + 3.3(t_a/25.4)/(m_f/28.35)^{\frac{1}{3}}\right]\right\}\right\}^{\frac{1}{2}} \qquad (4.254)$$

式中:v_b——临界速度(m/s);

K_f——敏感系数,$K_f = 4148000$(对于炸药 60/40Cyclotol 炸药);

t_a——靶板厚度(mm);

m_f——破片质量(g)。

二、单枚破片的击穿、引燃和引爆作用

单枚破片的击穿、引燃、引爆作用,苏联学者在 20 世纪 60 年代就做了大量研究。在拦截 TBM 时,防空导弹战斗部必须要引爆其来袭弹头,才能算完成拦截使

命,因此要考虑对弹头或飞机炸弹舱弹药的引爆概率。而影响引爆的因素有:引爆物参数、冲击体参数以及遭遇条件等。在讨论引爆概率前,应首先研究目标要害舱段毁伤模型,此模型即战斗部条件毁伤(杀伤)概率形式为

$$P_d(x_r/\rho\theta) = 1 - \sum_{k=1}^{K_{max}} (1 - P_{dk}) \tag{4.255}$$

式中:P_{dk}——第 k 种毁伤效应在起爆点为$(x_r/\rho\theta)$时的毁伤概率;

K_{max}——毁伤效应和机理总数,包括单个舱段击穿毁伤概率、舱段组合毁伤概率、引燃概率、引爆概率和冲击波的毁伤概率等。

下面就击穿效应、引燃效应、引爆效应和冲击波效应产生的概率讨论如下[2,27-29]。

1. 击穿概率

设 P_{d1} 为驾驶舱等要害单个设备舱段的击穿概率,并认为这些舱段是独立而可毁伤舱段,毁伤其中任一舱段就能使目标毁伤。

$$P_{d1} = 1 - \exp\Big[-\sum_{j=1}^{j_1} N_j P(E_j) \Big] \tag{4.256}$$

式中:j_1——该类舱段总数;

N_j——j 舱段命中破片的平均数;

$P(E_j)$——单枚破片对 j 舱段的击穿毁伤概率。

$$P(E_j) = \begin{cases} 0 & E_j \leq 4.5 \\ 1+2.65\exp(-0.0347E_j) - 2.96\exp(-0.0143E_j) & E_j > 4.5 \end{cases} \tag{4.257}$$

式中:$E_j = m_f v_{or}^2 / (2g \overline{A}_f h)$

$\overline{A}_f = 0.5 m_f^{2/3}$

$E_j = (v_{or}^2 m_f^{1/3} / h) \times 10^{-3}$

E_j——破片平均比能,即单枚破片平均迎风面积上击穿单位厚度等效硬铝目标舱的比动能。

$\overline{A}_f$——破片平均迎风面积(cm^2);

m_f——破片有效质量(g);

g——重力加速度(m/s^2);

v_{or}——在 ω_j(方位角)方向上破片相对目标打击速度(m/s),并与破片飞行距离有关;

h——第 j 个舱段障碍物等效硬铝厚度(mm)。

求 E_j 可查 $P(E_j)$ 专用表达式[47]或由式(4.257)计算求 $P(E_j)$。

设 P_{d2} 为几个舱段组合的毁伤概率,这些舱段组合为可毁伤舱段组合,即只有在毁伤该组合的全部舱段时才毁伤目标,如多台发动机即属此类舱段。

$$P_{d2} = \prod_{j=j_1+1}^{j_2} \{ 1 - \exp[-N_j P(E_j)] \} \tag{4.258}$$

单枚破片击穿舱段造成穿孔的概率应等于破片形成穿孔概率 $P(E)$，和破片命中舱段易损部位的概率 $P_P = \dfrac{A_v}{A_e}$ 乘积。其中 A_v 是机械击穿易损面积，A_e 击穿舱段的等效面积。

2. 引燃概率

设 P_{d3} 为油箱引燃概率

$$P_{d3} = 1 - \exp\Big[- \sum_{j=j_2+1}^{j_3} N_f P(w_j) \Big] \tag{4.259}$$

式中：$P(w_j)$——单枚破片对 j 个油箱的引燃概率。

为使油箱引燃，首先应对油箱外壁及屏障物进行击穿。假设击穿和引燃互不相关，并常以破片比冲量来衡量破片对油箱的引燃效应，则

$$P(w_j) = \begin{cases} 0 & \text{当 } w_j < 0.16 \text{ 时} \\ \big[1+1.083e^{(-4.19w_j)} - 1.963e^{(-1.46w_j)}\big] P(E_j) F(H) & \text{当 } w_j \geqslant 0.16 \text{ 时} \end{cases} \tag{4.260}$$

式中：w_j——破片比冲量 $\Big(\dfrac{\text{kgf} \cdot \text{s}}{\text{cm}^2}\Big)$，$w_j = \dfrac{m_f v_{or}(\omega_j)}{\overline{A}_f} = 2 \times 10^{-3} m_f^{\frac{1}{3}} v_{or}(\omega_j)$。如量纲改为

$\Big(\dfrac{\text{N} \cdot \text{s}}{\text{cm}^2}\Big)$ 时，则分界点的 w_j 应改为 $w_j = 1.57 \Big(\dfrac{\text{N} \cdot \text{s}}{\text{cm}^2}\Big)^{[2]}$，与其相乘的系数也应相应改变，以保持乘积值相等。

$\overline{A}_f$——破片等效迎风面积(cm^2)，对钢质立方形破片，$\overline{A}_f = 0.5 m_f^{\frac{2}{3}}$；

m_f——破片平均质量(g)；

$P(E_j)$——j 舱段的击穿概率；

$F(H)$——高度修正系数。

$$F(H) = \begin{cases} 0 & H \geqslant 16000m \\ 1 - \Big(\dfrac{H}{16000}\Big)^2 & H < 16000m \end{cases}$$

H 为高度。

以上 $F(H)$ 说明引燃油箱中燃料的概率随炸点高度而下降。当破片命中点位于海拔高度超过 16000m 时，空气已很稀薄，引燃概率为 0。

还应指出，单枚破片穿透油箱并引燃油箱的概率为：命中油箱、穿透油箱和引燃油料 3 个事件同时发生的概率。

例：已知目标遭遇高度 $H = 10$km，破片质量 10g，破片相对于油箱的撞击速度为 3200m/s，求破片引燃油箱燃料的概率。

解：

$$w_j = 2.04 \times 10^{-4} m_f^{\frac{1}{3}} v_{or}$$

$$w_j = 2.04 \times 10^{-4} \times 10^{\frac{1}{3}} \times 3200 = 1.4 \left(\frac{\text{kgf} \cdot \text{s}}{\text{cm}^2} \right)$$

由式(4.260),去掉 $P(E_j)$ 项,则

$$P(w_j) = 0.748 \left[1 - \left(\frac{10}{16} \right) \right] = 0.748(1 - 0.3906) = 0.455$$

3. 引爆概率

单枚破片除击穿、引燃效应外,高速破片撞击 TBM、ALCM、ASCM 以及飞机上的弹药舱时,可引爆 TBM、ALCM 等战斗部或机舱中的弹药,而导致 TBM、ALCM 和敌机的毁伤。

设 P_{d4} 为单枚破片对战斗部或炸弹舱弹药的引爆概率。

$$P_{d4} = 1 - \exp \left[- \sum_{j=j_3+1}^{j_4} N_j P(U_j) \right] \tag{4.261}$$

式中:N_j——j 舱段命中破片平均数;

$P(U_j)$——单枚破片对 j 个炸弹舱弹药或战斗部的引爆概率,表达式为

$$P(U_j) = \begin{cases} 0 & \text{当 } U_j \leqslant 0 \text{ 时} \\ 1 - 3.03 \exp(-5.6 U_j) \sin(0.3365 + 1.840 U_j) & \text{当 } U_j > 0 \text{ 时} \end{cases} \tag{4.262}$$

式中:$U_j = \dfrac{10^{-8} a_0 - a - 0.065}{1 + 3a^{2.31}}$,称破片引爆参数;

$a_0 = 0.01 \varphi \rho_e m_f^{\frac{2}{3}} v_{or}^3$;

$a = 0.1 \varphi \dfrac{\rho_{m1} h}{m_f^{\frac{1}{3}}}$,考虑舱段蒙皮厚度时,则 $a = 0.1 \varphi \dfrac{\rho_{m1} h + \rho_{m3} h_3}{m_f^{\frac{1}{3}}}$。

式中:$P(U_j)$——破片引爆概率;

$\qquad U_j$——破片引爆参数;

$\qquad \rho_e$——战斗部炸药密度(g/cm^3);

$\qquad \rho_{m1}, h$——被引爆弹药壳体材料密度(g/cm^3)和等效厚度(mm);

$\qquad \rho_{m3}, h_3$——飞机或导弹舱段蒙皮材料的密度(g/cm^3)和厚度(mm);

$\qquad \varphi$——破片形状系数($\text{cm}^2/\text{g}^{2/3}$),对碳钢正方形,取 $\varphi = 0.5$;对钨合金正方形破片($\rho_m = 18 \text{g/cm}^3$),可取 $\varphi = 0.286$;对钨合金球形破片,可取 $\varphi = 0.176$。

$\qquad v_{or}$——破片与目标遭遇速度(或用 v_s, v_1)(m/s);

$\qquad m_f$——破片有效质量(g)。

据国外资料报道,用单枚破片对 100kg,200kg 的爆破炸弹进行地面引爆试验结果如表 4.9 所列。

表 4.9　单枚破片的引爆频数

有效破片质量 m_f/g	打击速度 v_{or}/ms^{-1}	破片分布密度/枚·m^{-2}	引爆频数
12~13	1720	3.1	(19/30) = 0.63
9~10	1600	4.5	(14/30) = 0.47

据国外资料报道,引爆巡航反舰导弹战斗部的比动能准则为 6000 ~ 10000kgf·s/cm^2,可供设计时参考。

4. 冲击波毁伤概率

杀伤型、杀爆型、爆破型等战斗部爆炸时,除破片作用外,总会产生强烈的冲击波作用,特别是爆破型战斗部,爆炸波效应是毁伤目标的主要因素。在特定的距离,冲击波对目标有毁伤效应不应忽略。

设 P_{d5} 为冲击波对目标的毁伤概率,毁伤目标主要靠冲击波超压 ΔP_m 和比冲量 I 的联合作用。

$$P_{d5} = \begin{cases} 0 & \text{当 } \Delta P_m \leqslant \Delta P_{cr}, \text{或 } I \leqslant I_{cr} \\ \dfrac{(\Delta P_m - \Delta P_{cr})(I - I_{cr})}{K_c^P} & \text{当 } \Delta P_m > \Delta P_{cr}, \text{且 } I > I_{cr} \\ 1 & \text{当 }(\Delta P_m - \Delta P_{cr})(I - I_{cr}) \geqslant K_c^P \end{cases} \quad (4.263)$$

$$K_c^P = (\Delta P_f - \Delta P_{cr})(I_f - I_{cr}) \quad (4.264)$$

式中:ΔP_m,I——爆炸高度为 H,距离为 R 时之冲击波超压和比冲量值;

ΔP_{cr},I_{cr}——易损构件材料的动态应力达到动态屈服极限时的冲击波超压及比冲量值;

ΔP_f,I_f——易损构件材料的动态应力达到动态破坏强度时的冲击波超压和比冲量值;

K_c^P——与战斗部类型、目标结构特性和脱靶量等有关的综合效应参数,隐含毁伤概率和毁伤程度的一个毁伤判据。

ΔP_m(或 ΔP_ϕ)及 I 的计算可见下节爆炸冲击波威力参数。

为了便于计算对目标的各种毁伤效应,引入等效靶概念模拟真实目标是非常有用的。因为用破片或冲击波毁伤真实目标有时难于实现,或者能实现但代价太高,为此比较简单易行而且又能反映真实原型的破坏效应,采用 2 种靶构件(装甲钢和铝合金),对同一破片具有同样的极限穿透速度(即易损性等效定义)。或者用材料强度等效或构件刚度等效。常用下面近似式将任何特定靶板统一成等效硬铝

$$b_{Al} = \frac{\sigma b}{\sigma_{Al}} \quad (4.265)$$

式中:b_{Al}——等效硬铝厚度;

b——特定靶板厚度;

σ_{Al}——硬铝板材料的强度极限；

σ——特定靶板材料的强度极限。

对航空装甲板，$b_{Al} \approx 2b$。

下面提供一些经验数据以供设计时参考。对于反辐射导弹，各舱段的等效硬铝厚度如表 4.10 所列。对于破片打击其他典型目标时，其动能（或比动能）毁伤标准以及等效靶厚如表 4.11 所列。

表 4.10　反辐射导弹舱段的等效硬铝厚度

舱段名称	等效硬铝厚/mm
寻的头	15
制导舱	10
战斗部	25
控制舱	25
固体火箭发动机	10

表 4.11　破片打击各种目标时动能（或比动能）毁伤标准以及等效靶厚选择

目　　标	动能标准/J	等效靶厚/mm	比动能/J·cm^{-2}
人	78.5~98	25mm 松木板	127~147
马	122		
金属飞机	980.7~1961 1470~2451 （有装甲飞机）		
机翼油箱油管	196~294	5mm 硬铝	
50cm 厚墙	1912		
10cm 混凝土墙	2451		
7mm 装甲	1961		
10mm 装甲	3432		
13mm 装甲	5785		
16mm 装甲	10199		
车辆	1765~2549	6~8mm 等效钢板	
轻型战车及铁路车辆	14562~22065		
飞机发动机	883~1323	16~15mm 等效硬铝	
飞机驾驶舱		25mm 等效硬铝	
飞机大梁			784
12mm 装甲（强歼击机）			3432
4mm 装甲钢			784.5
活塞式飞机发动机			490
蒙皮、润滑系统等			392~490

4.8 爆炸冲击波威力参数

凡是装炸药的战斗部爆炸后,炸药能瞬间释放、快速膨胀压缩周围空气径向扩张形成高压和冲量持续作用附近目标(如飞机、导弹、舰船、雷达和发射架等),使其遭受不同程度的损坏。

以停机场飞机 B-17 为目标,超压 $\Delta P_\phi = 0.025$MPa,对着舱门作用,可使机翼后机身完全失效,而其他部位发生严重皱折。其尾部受超压 $\Delta P_\phi = 0.0166$MPa 作用,可使升降舵蒙皮移位皱折破坏。可预测当 $\Delta P_\phi = 0.028 \sim 0.069$MPa 时,可使结构破坏,无法恢复。当 $\Delta P_\phi = 0.103 \sim 0.138$MPa 作用于人时,可使人耳鼓膜50%以上破裂。当 $\Delta P_\phi = 1.49 \sim 2.08$MPa 时,可致人100%死亡。

4.8.1 爆炸冲击波超压与比冲量

超压可用对比距离 $\overline{R}$ 函数来表示,即 $\Delta P_\phi = f(\overline{R})$,对标准的(TNT)裸装药,$\overline{R} = \dfrac{R}{\sqrt[3]{C}}$,其中 R 是离炸点距离(m),C 是裸装药质量(kg),对其他炸药应换算成 TNT 当量,$C_{\partial KB} = C\dfrac{Q_e}{Q_{TNT}}$,其中 C, Q_e 为所选用的炸药重和爆热,而 Q_{TNT} 为 TNT 的爆热($Q_{TNT} = 1000$kcal/kg)[①]。对于比冲量和超压持续作用时,可类似地列出,$\varsigma = \dfrac{I}{C^{1/3}}, T = \dfrac{t_+}{C^{1/3}}$。部分常用炸药的主要性能参数如表 4.12 所列。

表 4.12 部分常用炸药的主要性能参数[2,16,32,33]

炸药名称	炸药成分	爆速/(m/s)	爆热[①] (kcal/kg)	$\sqrt{2E}/$ (m/s)	备 注
梯恩梯	TNT	$6860(\rho_e = 1.6\text{g/cm}^3)$	1070	2370	
黑索金	RDX	$8740(\rho_e = 1.796\text{g/cm}^3)$	1300	2930	感度高,不能单独装填战斗部
奥克托金	HMX	$8917(\rho_e = 1.65\text{g/cm}^3)$	1356	2970	感度高,不能单独装填战斗部
B 炸药	40% TNT, 60% RDX, 1%蜡(另加)	$7840(\rho_e = 1.68\text{g/cm}^3)$	1200 (计算)	2820	
A_3炸药	91%RDX,9%蜡	$8470(\rho_e = 1.65\text{g/cm}^3)$		2727	
C_4炸药	91% RDX,9%异聚丁烯合剂	8040	1230 (1165)	2801~3200	AD907456

---

① 1kcal = 4.1868kJ。

炸药名称	炸药成分	爆速/(m/s)	爆热[①] (kcal/kg)	$\sqrt{2E}/$ (m/s)	备 注
奥克托儿	75%HMX,25%TNT	8350($\rho_e=1.7\text{g/cm}^3$)		2890	
梯黑铝	60% TNT, 24% RDX,16%Al 粉	7119($\rho_e=1.77\text{g/cm}^3$)	1235		
梯黑铝钝-5	60%TNT,24%RDX,16%Al 粉,5%卤蜡(另加)	7023($\rho_e=1.77\text{g/cm}^3$)	1167		
HBX-1	11%TNT,67%B 炸药17%Al 粉,5%D-2 钝感剂,0.5%CaCl$_2$(另加)	7350($\rho_e=1.72\text{g/cm}^3$)	1419*	2213	
HBX-6（即 H-6)	74%B 炸药,21%Al 粉5%D-2 钝感剂,0.5%CaCl$_2$(另加)	7480($\rho_e=1.72\text{g/cm}^3$)	1326	2560	
Torpex2	42% RDX, 40% TNT,18%Al 粉	7490~7495($\rho_e=1.81\text{g/cm}^3$)	1800	3880	
Tritonal	80%TNT,20%Al 粉	6700(压)($\rho_e=1.72\text{g/cm}^3$) 6475(注)($\rho_e=1.71\text{g/cm}^3$)	1770	3850	
RS211	热塑梯黑铝,19%TNT,64%RDX,17%Al 粉	7521($\rho_e=1.68\text{g/cm}^3$)	1375		
① 供参考					

炸药在空气中爆炸时,爆炸波从爆点向外,传播至某一瞬时的典型波形如图 4.51 所示。核装药爆炸亦有类似图形曲线[35,36]。

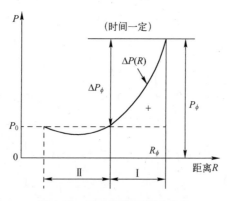

图 4.51　冲击波阵面压力变化

冲击波阵面压力为 P_ϕ,相对波前的大气压力 P_0 具有一个突跃。二者之差 $\Delta P_\phi=\Delta P_m=P_\phi-P_0$,称为冲击波超压峰值。随着波的传播,超压迅速衰减,波长拉大。至爆心(轴、平面)相对距离有下列近似解。

$$\frac{R_\phi}{r_0} = f^{\frac{1}{\nu+1}} \left[\frac{a\xi}{\cos(0.5\pi\xi)} \right]^{\frac{2}{\nu+1}} \tag{4.266}$$

其中,ν 为对称指数,R_ϕ 为冲击波阵面坐标。当 $\nu=0$ 时,(平面对称)$a=188$;当 $\nu=1$ 时,(圆柱对称)$a\approx186$;当 $\nu=2$ 时,(球对称)$a\approx185$,$\xi=\dfrac{C_0}{D_\phi}$;其中 C_0 是未扰动空气中的声速$\left(C_0=331\left(1+\dfrac{T_0}{546}\right)\right)$,$T_0$ 是空气温度,D_ϕ 是波阵面速度。对于 TNT,$f=1$,对于其他炸药组成的类型,$f=\dfrac{Q_e}{Q_{TNT}}$,称 f 为炸药当量修正系数。$r_0=\left[\dfrac{(\nu+1)C}{2\pi\nu\rho_e}\right]^{\frac{1}{\nu+1}}$ 称为装药半径。对于球装药,可取 $\nu=2$;对长圆柱装药,可取 $\nu=1$;对于平面装药,可取 $\nu=0$,$r_0=\dfrac{x_0}{2}$,x_0 是装药长度。当给定装药质量和至爆心(轴、平面)距离,可解出参数方程 $R_\phi=R(\xi)$,确定 D_ϕ,再进一步解其他参数。炸药装药形状对爆炸初期的冲击波外形有些影响,至一定距离后波即按球面向外传播,故显示了体毁伤效应[12,21,30-34]。

由图 4.52 为冲击波传过某确定位置所作用的超压-时间曲线 $\Delta P(t)$。t_a 是冲击波到达时间,t_+ 是冲击波正压作用历程,此阶段的压力冲量为 $I^+=\int\Delta P(t)\mathrm{d}t$。在中等距离上还存在负压区,当距离炸点较远时,负压区才不明显。对各种目标起毁伤作用,主要因素是波阵面超压峰值 $\Delta P_\phi=\Delta P_m$,正压作用时间 t_+ 和正压区的比冲量 $I=I^{+}$[25]。

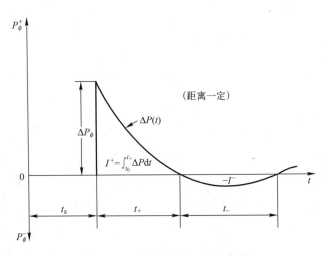

图 4.52　冲击波压力—时间曲线

按照离爆心远近,爆炸场可分为爆炸产物作用区、爆炸产物和空气冲击波联合作用区,以及空气冲击波作用区,离爆心距离习惯用装药特性尺寸(如半径 r_0)的倍数来表示。

对球形装药爆炸时,产物容积的极限半径 $\approx 10r_0$ 。

对柱形装药爆炸时,产物容积的极限半径 $\approx 30r_0$ 。

可以认为 $R=(7\sim14)r_0$ 为产物作用区, $R=(14\sim20)r_0$ 为产物和冲击波联合作用区, $R>20r_0$ 处是冲击波为主作用区。

大量实践证明,压强随距离变化规律为:

$R=(10\sim12)r_0$ 时,则 $P\sim\dfrac{1}{R^3}$ 变化,说明下降很快。

$R>12r_0$ 时,则 $P\sim\dfrac{1}{R^2}$ 变化。

远离爆心处,则 $P\sim\dfrac{1}{R}$ 变化。

毁伤目标主要靠冲击波压强、比冲量和脉冲作用时间,且实践证明,波阵面压力 P_ϕ 和正压区比冲量均服从相似 π 定律。依靠相似和模化理论,处理爆炸冲击波对目标作用的威力参数。

一、无限空气中爆炸[3,12,21,30-34]

当装药处在高度 $H>50r_0$ 或 $\dfrac{H}{\sqrt[3]{C}}\geq0.35$ 爆炸时,称为空中爆炸,其中 H 是爆炸高度, C 是装药量。冲击波阵面的超压 ΔP_ϕ 由 $\Delta P_\phi=f\left(\dfrac{\sqrt[3]{C}}{R}\right)$ 式按级数展开多项式,经数学处理和实验测定值可得到实用的多项式。下面介绍球形裸装药爆炸条件下的超压峰值、比冲量及超压作用时间等公式。

1. 超压峰值 ΔP_ϕ 的计算

Sadovskil 公式

$$\Delta P_\phi=\left[a_1\frac{(fC)^{\frac{1}{3}}}{R}+a_2\frac{(fC)^{\frac{2}{3}}}{R^2}+a_3\frac{fC}{R^3}\right]\times10^{-1} \qquad(4.267)$$

(适用于 $1\leq\bar{R}=\dfrac{R}{\sqrt[3]{C}}\leq15$)

式中: ΔP_ϕ ——波阵面超压峰值(MPa),以下 ΔP_ϕ 公式的单位均为(MPa);

$\quad\quad R$ ——测量点至爆心距离(m);

$\quad\quad C$ ——炸药质量(kg);

a_1,a_2,a_3 ——与爆炸高度有关的系数,当炸药空炸时, $a_1=0.84\left(\dfrac{P_H}{P_0}\right)^{\frac{1}{3}}$, $a_2=$

258

$2.7\left(\dfrac{P_H}{P_0}\right)^{\frac{2}{3}}$，$a_3=7\left(\dfrac{P_H}{P_0}\right)$，$P_H$ 是某爆炸高度环境压力，P_0 是正常大气

压，$P_0=0.1013\text{MPa}$。

Baker 公式

$$\Delta P_\phi=\left[20.06\dfrac{\sqrt[3]{C}}{R}+1.94\left(\dfrac{\sqrt[3]{C}}{R^2}\right)^2-0.04\left(\dfrac{\sqrt[3]{C}}{R^3}\right)^3\right]\times10^{-1} \qquad (4.267\text{a})$$

（适用于 $0.05\leqslant\overline{R}=\dfrac{R}{\sqrt[3]{C}}\leqslant0.30$）

$$\Delta P_\phi=\left[0.67\dfrac{\sqrt[3]{C}}{R}+3.01\left(\dfrac{\sqrt[3]{C}}{R^2}\right)^2+4.31\left(\dfrac{\sqrt[3]{C}}{R^3}\right)^3\right]\times10^{-1} \qquad (4.267\text{b})$$

（适用于 $0.50\leqslant\dfrac{R}{\sqrt[3]{C}}\leqslant70$）

Henrych 公式

$$\Delta P_\phi=\dfrac{1.3790}{\overline{R}}+\dfrac{0.5428}{\overline{R}^2}-\dfrac{0.0350}{\overline{R}^3}+\dfrac{0.0006}{\overline{R}^4} \qquad (4.267\text{c})$$

（适用于 $0.05\leqslant\overline{R}=\dfrac{R}{\sqrt[3]{C}}\leqslant0.3$）

$$\Delta P_\phi=\dfrac{0.6069}{\overline{R}}-\dfrac{0.0319}{\overline{R}^2}+\dfrac{0.2089}{\overline{R}^3} \qquad (4.267\text{d})$$

（适用于 $0.3\leqslant\overline{R}\leqslant1$）

$$\Delta P_{\phi-}=\dfrac{0.0648}{\overline{R}}+\dfrac{0.3969}{\overline{R}^2}+\dfrac{0.3222}{\overline{R}^3} \qquad (4.267\text{e})$$

（适用于 $1\leqslant\overline{R}\leqslant10$）

负压区的超压峰值为 $\Delta P_{\phi-}$，此式对防爆结构设计有特殊意义，$\Delta P_{\phi-}$ 对构件产生拉伸效应。负压值一般不超过 100kPa。其计算式为

$$\Delta P_\phi=\dfrac{-0.0343}{\overline{R}},\ \overline{R}>1.6\ (\text{m/kg}^{\frac{1}{3}}) \qquad (4.268)$$

对于柱形爆炸装药，爆炸时半径方向冲击波阵面峰值超压的算式为

$$\Delta P_\phi=\left[b_1\left(\dfrac{fC}{lR^2}\right)^{\frac{1}{3}}+b_2\left(\dfrac{fC}{lR^2}\right)^{\frac{2}{3}}+b_3\dfrac{fC}{lR^2}\right]\times10^{-1} \qquad (4.269)$$

（适用于 $R>(15\sim20)r_0$ 范围）

式中：　l——爆炸装药长度（m）；

b_1,b_2,b_3——实验确定的系数，$b_1=1.1\left(\dfrac{P_H}{P_0}\right)^{\frac{1}{3}}$，$b_2=4.3\left(\dfrac{P_H}{P_0}\right)^{\frac{2}{3}}$，$b_3=14\left(\dfrac{P_H}{P_0}\right)$。

对于核弹头在空气中爆炸时,亦可建立类似的峰值超压公式,但其多项式前的系数和 TNT 当量的算法与常规装药是不同的,应另作处理[36]。

2. 冲击波阵面的主要参数计算

对于不太强的冲击波($\Delta P < 2\text{MPa} \sim 3\text{MPa}$),为了达到实际的计算精度,可取 $\gamma = \gamma_0 = \gamma_\phi = 1.2 \sim 1.4$,其中 γ_0 和 γ_ϕ 是空气冲击波前和后(波阵面上)的绝热指数。在冲击波阵面上,利用兰金—雨贡纽条件,再利用质量、动量和能量守恒定律建立有关方程便可求解冲击波参数,现直接列式如下[5,11,45,46]。

冲击波阵面超压 ΔP_ϕ

$$\Delta P_\phi = P_\phi - P_0 = \frac{2\rho_\phi D_\phi^2}{(1+\gamma)}\left(1 - \frac{C_0^2}{D_\phi^2}\right) \approx \bar{A}_{av}\frac{C^{3/2}}{R^2} \tag{4.270}$$

其中 $\bar{A}_{av} = 20 \times 10^5 (\text{Pa} \cdot \text{m}^2 \cdot \text{kg}^{-2/3})$。求 $D_\phi, U_\phi, \rho_\phi, T_\phi$ 时,ΔP_ϕ 应以 $\text{kg} \cdot \text{cm}^{-2}$

冲击波传播速度 $D_\phi(\text{m/s})$

$$D_\phi = (1/\rho_0)\sqrt{(P_\phi - P_0)/(1/\rho_0 - 1/\rho_\phi)} \approx C_0\sqrt{1 + 0.83\Delta P_\phi} \tag{4.271}$$

冲击波阵面内空气压缩层的平均运动速度 $U_\phi(\text{m/s})$

$$U_\phi = \frac{2D_\phi}{\gamma+1}\left(1 - \frac{C_0^2}{D_\phi^2}\right) \approx \frac{235\Delta P_\phi}{\sqrt{1 + 0.83\Delta P_\phi}} \tag{4.272}$$

冲击波阵面内的密度 $\rho_\phi(\text{kg} \cdot \text{s}^2/\text{m}^4)$

$$\rho_\phi = \rho_0\frac{(\gamma+1)P_\phi + (\gamma-1)P_0}{(\gamma+1)P_0 + (\gamma-1)P_\phi} = 0.125\frac{6\Delta P_\phi + 7.2}{\Delta P_\phi + 7.2} \tag{4.273}$$

冲击波阵面内压缩空气层的温度 $T_\phi(°\text{K})$

$$T_\phi = T_0\frac{P_\phi}{P_0}\frac{\dfrac{(\gamma+1)}{(\gamma-1)} + \dfrac{P_\phi}{P_0}}{\dfrac{(\gamma+1)P_\phi}{(\gamma-1)P_0} + 1} \approx 288\frac{(1+\Delta P_\phi)(\Delta P_\phi + 7.2)}{6\Delta P_\phi + 7.2} \tag{4.274}$$

上述式中参数带"0"下角的为海平面未扰动空气的平均值。

ρ_0——空气密度,$\rho_0 = 0.125(\text{kg} \cdot \text{s}^2/\text{m}^4) = 1.227(\text{kg/m}^3)$;

P_0——大气压,$P_0 = 1.013 \times 10^5(\text{Pa}) = 0.1013(\text{MPa}) = 1.033(\text{kg/cm})$;

C_0——声速,$C_0 = 340(\text{m/s})$;

T_0——空气环境温度,$T_0 = 228\text{K}$。

有上述参数便可计算动压 $= \dfrac{1}{2}\rho_\phi U_\phi^2$,它对目标的破坏作用不可忽视。极强的冲击波动压,一般是大于超压的。动压变化有类似于超压的特性。唯一区别是波阵面后的衰减速度不同。在海平面上,超压为 0.476MPa 以下时,动压才总是小于超压[35]。

3. 冲击波正压区作用时间 t_+ 的计算

t_+ 是空气冲击波影响目标结构破坏作用大小的重要特性参数之一。和确定 ΔP_ϕ 一样,可用相似律和实验方法建立经验公式

$$t_+ = C^{\frac{1}{3}} \phi_2 \left(\frac{C^{\frac{1}{3}}}{R} \right)$$

式中 ϕ_1, ϕ_2 函数用实验方法确定

$$t_+ = C^{\frac{1}{3}} \sum_{i=1}^{n} B_i \left(\frac{C^{\frac{1}{3}}}{R} \right)^i$$

由试验得知,TNT 球形装药在无限空间中爆炸时,取第一项,$i = -\dfrac{1}{2}$, $B \approx 0.0013(s)$,则得

$$t_+ = 1.3 \cdot 10^{-3} \sqrt[6]{C} \sqrt{R} \tag{4.275}$$

或用 $\quad t_+ = 10^{-3}(0.107 + 0.444\bar{R} + 0.264\bar{R}^2 - 0.129\bar{R}^3 + 0.0335\bar{R}^4)C^{\frac{1}{3}}$ (4.275a)

$$0.05 \leqslant \bar{R} \leqslant 31\,(\text{m/kg}^{1/3})$$

式中:t_+——正压区作用时间;

$\quad C$——爆炸装药(kg)(以 TNT 当量计算);

$\quad R$——离炸点距离(m)。

亦可将爆炸作用范围分成若干区,用经验公式估算时间

当 $\dfrac{R}{r_0} < 28$ 时,用 $\dfrac{9r_0}{C_0}$ 计算;

当 $28 \leqslant \dfrac{R}{r_0} \leqslant 150$ 时,用 $\dfrac{1.8\sqrt{r_0 R}}{C_0}$ 计算;

当 $\dfrac{R}{r_0} > 150$ 时,用 $\dfrac{1.2\sqrt[3]{r_0^2 R}}{C_0}$ 计算。

其中 C_0 为声速,$C_0 = 331(1 + T_0/546)$。

4. 比冲量 I 的计算

比冲量是爆炸作用的主要特性参数。和 ΔP_ϕ 一样,也是确定目标被破坏的主要参数。此量由空气冲击波阵面超压曲线 $\Delta P(t)$ 与正压区作用时间来确定

$I = \int \Delta P(t)\,dt$,对于高度 $H > 50r_0$ 条件下,按式(4.267)计算 ΔP_ϕ 可得 I 计算式

$$I = 200\frac{\sqrt{f}(C\,P_H/P_0)^{\frac{2}{3}}}{R} \quad (\text{Pa} \cdot \text{s}) \quad (\text{适用于球装药}) \tag{4.276}$$

对修正系数考虑上、下限和平均值时可见下式

$$I = (1.0 \sim 10.0) \cdot 10^5 \frac{C^{\frac{2}{3}}}{R} \approx 3.0 \cdot 10^5 \frac{C^{\frac{2}{3}}}{R} \tag{4.277}$$

5. 冲击波的反射

冲击波遇到目标时,入射波从目标壁面反射形成新的波。此时,压力骤增,增高程度与入射波超压强度、壁面硬度和刚性有关。

对于正规反射(入射角=0°)时,反射波压力=ΔP_{0T},即

$$\Delta P_{0T} = 2\Delta P_\phi + \frac{(\gamma+1)\Delta P_\phi}{(\gamma-1)\Delta P_\phi + 2\gamma\Delta P_\phi} = 2\Delta P_\phi + \frac{(\gamma+1)}{2}\rho_\phi U_\phi^2 \tag{4.278}$$

当入射角介于0°~45°之间,入射波阵面压力≤0.3MPa时,ΔP_{0T}与入射角无关,仍可用正规反射公式。

在不正规反射区(45°<入射角<90°),反射波、入射波的交点不再位于接触面内,而位于接触面上方,并沿某一轨迹运动形成一个新的头部冲击波(简称马赫波、三波或头部冲击波)。

对于不正规反射区的球形($\nu=2$)或柱形($\nu=1$)装药,其三波波阵面上的冲击波压力可相应地从式(4.267)和式(4.269)作些变换得到下列形式[12]。

对球形装药

$$\frac{\Delta P_\phi}{P_0} = 18.7a_1f^{1/3}\frac{r_0}{r_\phi} + 349.5a_2f^{2/3}\left(\frac{r_0}{r_\phi}\right)^2 + 6534.5a_3f\left(\frac{r_0}{r_\phi}\right)^3$$

$$(\text{适用于 } R > (15 \sim 20)r_0) \tag{4.279}$$

对于柱形装药

$$\frac{\Delta P_\phi}{P_0} = 17b_1f^{1/3}\left(\frac{r_0}{r_\phi}\right)^{2/3} + 288.5b_2f^{2/3}\left(\frac{r_0}{r_\phi}\right)^{4/3} + 4900b_3f\left(\frac{r_0}{r_\phi}\right)^2 \tag{4.280}$$

其中 $r_\phi = \sqrt{R^2-(H-Z)^2}$,$R$ 是爆心至波头(马赫波与目标表面接触点)距离,H 是爆心至刚性壁面法向距离,Z 是计算点头波高度。$r_0 = \left[(\nu+1)C/(\pi\nu\rho_e)\right]^{\frac{1}{\nu+1}}$,$r_0$ 是装药半径,满足质量的当量半球径和半柱径,其中 ν 是维数,对球装药的 $\nu=2$,柱装药的 $\nu=1$。$\frac{H-Z}{R} = \cot\left[\frac{2}{9}\pi + 1.2\ln\frac{\sqrt{R^2+(H-Z)^2}}{1.3H}\right]$

对于弱冲击波($\Delta P_\phi \leqslant P_0$),则可得 $\Delta P_{0T}/\Delta P_\phi \approx 2$。

对于强冲击波($\Delta P_\phi \geqslant P_0$),则 $\Delta P_{0T}/\Delta P_\phi \approx (3\gamma-1)/(\gamma-1)$。取 $\gamma=1.4$ 时,则 $\Delta P_{0T}/\Delta P_\phi \approx 8$;若考虑热离解和电离效应时,$\gamma$ 将减小至1.1,此时,$\Delta P_{0T}/\Delta P_\phi \approx 23$。

以上说明冲击波入射刚性壁,其反射压力 ΔP_{0T} 随入射冲击波 ΔP_ϕ 强弱而改变。ΔP_{0T} 增长幅度为 ΔP_ϕ 的2~23倍。

对于一定的反射波压力,经试验得到与其对应的最有利炸高为 $H_{OP} = 3.2\sqrt[3]{C/\Delta P_{0T}}$。可供使用时参考。

二、地面爆炸

在地面或接近地面爆炸时,TNT球形装药的爆炸波变成半球形向外传播,地面

反射效应得到了加强,对于混凝土、岩石等刚性表面,相当于 2 倍装药的效应,则空炸系列公式 ΔP_ϕ、I 等中的系数应予修正,例如修正后的式(4.267)为 $\sqrt[3]{2}\,a_1$,$\sqrt[3]{4}\,a_2$ 和 $2a_3$。

$$\Delta P_\phi = \left[1.06\,\frac{(fC)^{\frac{1}{3}}}{R} + 4.3\,\frac{(fC)^{\frac{2}{3}}}{R^2} + 14\,\frac{fC}{R^3} \right] \times 10^{-1} \quad (4.281)$$

(适用于 $1 < \dfrac{R}{(fC)^{\frac{1}{3}}} < 15$,TNT$>100$kg)

$$t_+ = 1.7 \cdot \sqrt[6]{fC} \cdot \sqrt{R} \cdot 10^{-3} \quad (4.282)$$

$$I = \left[54\,\frac{(fC)^{\frac{2}{3}}}{R} \right] \left(\frac{\text{kgf} \cdot \text{s}}{\text{m}^2} \right) = 529.56\,\frac{(fC)^{\frac{2}{3}}}{R}\,(\text{Pa} \cdot \text{s}) \quad (4.283)$$

离炸心较近时,爆炸气体产物起主导作用,比冲量可用下式估算

$$I = 25\,\frac{fC}{R^2} \quad (4.284)$$

其中,系数 25 与炸药性质有关。

对于运动中的装药爆炸,则有利于 ΔP_ϕ,I 等参数的提高[21,33]。

4.8.2 带壳装药量换算成裸装药量

上面提供的式(4.263)~式(4.280)均适用于 TNT 裸装药,而实际战斗部是带有壳体的,壳体破裂、破片飞散要消耗能量,因此必须将带壳装药换算成裸装药,另外一些典型的爆破型战斗部装的高能含铝炸药,亦应换算成 TNT 当量装药。

常见的转换式至少有 6 种形式,它们是 Fana 公式、美海军实验室公式和 AD759002 提供的公式等。下面介绍一种,供设计时参考。

一、带壳装药量换算成裸装药量[35]

对柱形壳体装药的算式为

$$C_b = \left[0.6 + \frac{0.4}{1 + 2\dfrac{m_s}{m_c}} \right] m_c \quad (4.285)$$

对球形壳体装药的算式为

$$C_b = \left[0.6 + \frac{0.4}{1 + \dfrac{5m_s}{3m_c}} \right] m_c \quad (4.286)$$

式中:C_b——裸装药当量(kg);

m_c——实际带壳炸药装药量(kg);

m_s——壳体质量(kg)。

二、对非 TNT 装药应换算成 TNT 装药当量

$$C' = C_{bi}f = C_b \frac{Q_i}{Q_{TNT}}$$ (4.287)

式中：C'——某炸药的 TNT 当量(kg)；

C_{bi}——某炸药的装药量(kg)；

Q_i——某炸药的爆热(kcal/kg)或用(J/kg)；

Q_{TNT}——TNT 炸药的爆热(kcal/kg)或用(J/kg)。

根据式(4.285)~式(4.287)提供的 C_b 或 $C_{bi}f$ 数据，代替空中爆炸或地面爆炸威力参数计算式中的 C 或 fC 便可求出 ΔP_ϕ，I，t_+ 等威力参数。式中所需的 C 用 C' 代入求冲击波的各项参数。

4.8.3 空中爆炸对目标的破坏作用

一、冲击波超压峰值对目标的破坏作用

战斗部在空中爆炸时，能使周围目标，如建筑物、军事装备和人员等遭到不同程度的毁伤效应。这里重点讨论冲击波的破坏和杀伤效应。

各类目标在爆炸载荷作用下的破坏和杀伤机理是很复杂的。它不仅与冲击波参数特性和作用条件有关，而且还与目标易损特性、响应特性(结构参量、强度极限、延性和自身振动周期)等有关。目标不同，自身振动周期 T(s)就不同，则冲击波峰值超压和比冲量的作用情况就不同。

对于建筑物或其他构件目标来说，在分析其易损特性时，要考虑对其最有效的破坏机理。当 $\frac{t_+}{T} \geqslant 10$ 时，目标受冲击作用应按最大压力计算，此时目标相当于受静压作用，峰值压力是一个决定性因素。当 $\frac{t_+}{T} \leqslant 0.25$ 时，目标受冲击波作用应按比冲量计算，此时目标相当于受冲击作用，比冲量是一个重要因素。一些典型建筑物的自身振动周期 T 如表 4.13 所列。

表 4.13　典型目标的 T 值

建筑物型式	自身振动周期 T/s
1~2 层砖建筑	0.25~0.35
3~4 层砖建筑	0.35~0.45
2~3 层钢筋混凝土建筑	0.35~0.50
1~7 层钢筋混凝土建筑	0.50~0.70
2~4 层钢架建筑	0.30~0.40

建筑物型式	自身振动周期 T/s
5~9 层钢架建筑	0.60~1.20
1~2 层木建筑住宅	0.40~0.5
3~4 层木建筑住宅	0.50~0.70
2 层砖墙	0.01
1.5 层砖墙	0.015
钢筋混凝土墙 0.25m	0.015
木梁上的楼板	0.30
轻隔板	0.07
玻璃安装物	0.02~0.004

在缺乏 T 数据时,可用简式初步估算[32],对于矩形结构,$T=\dfrac{0.09H}{B^{\frac{1}{2}}}$,对大多数结构可用 $T=\dfrac{H}{50}$ 求之。其中 H 是结构高(m),B 是结构宽(m),空气冲击波对各种目标杀伤作用的峰值超压,可通过试验得到。峰值超压对典型建筑物和设施的破坏程度如表 4.14 所列,峰值超压对军事技术装备的总体破坏作用如表 4.15 所列。

表 4.14 峰值超压对建筑物和设施的破坏

超压峰值/MPa	目标破坏程度
0.005~0.01	玻璃安装物破坏
0.005	轻隔板破坏
0.01~0.0157	木梁上的楼板破坏
0.025	1.5 层砖的砖墙破坏
0.044	2 层砖的砖墙破坏
0.034	房屋外墙有局部坍塌
0.052	一半以上房屋破坏,部分屋顶(包括骨架)被吹倒
0.068	全部砖墙变成碎石,钢架结构被扭曲,仅钢柱不弯曲
0.103	除地下室设备外,全部建筑物被毁
0.210	所有建筑物全被破坏成乱石堆,钢柱全弯曲
0.290	钢筋混凝土墙 0.25m 被破坏
0.392	野战工事被破坏
0.014~0.027①	混凝土和矿渣混凝土建筑被破坏
0.205~0.245①	钢筋混凝土制造的轻型地下掩蔽所,壁厚 5cm~7cm,外覆盖 90cm 厚泥土被破坏
0.245~0.0284①	波形钢板制的地面拱形工事,支柱间距 6m~7m,上覆盖 90cm 厚泥土层完全破坏
① 指原子弹 1500t TNT 当量,炸高 90m 和原子弹 30000t TNT 当量,炸高 150m 条件下的试验数据	

表 4.15　峰值超压对军事技术装备的破坏[28]

超压峰值/MPa	破坏程度
>0.1	所有飞机全部损坏
0.05~0.1	螺旋桨飞机完全失灵,歼击机严重损伤
0.02~0.05	螺旋桨飞机严重损伤,歼击机轻伤
0.01~0.02	螺旋桨飞机轻伤
≥0.15~0.2	使火炮失去作用
≥0.05	使雷达站无线电设备遭到破坏

由于飞机设计时对飞机飞行和着陆载荷的限制相当严格,结构仅能承受武器效应引起的较小的附加载荷或超压。苏联某些飞机允许的峰值超压 ΔP 为

图-4 飞机(Ty-4)　　　　　　$\Delta P_s \leqslant 0.006 \text{MPa}(=0.06 \text{kg/cm}^2)$

伊尔-28 飞机(Un-28)　　　　$\Delta P_s \leqslant 0.01 \text{MPa}(=0.1 \text{kg/cm}^2)$

米格-17 飞机(Mut-17)　　　　$\Delta P_s \leqslant 0.02 \text{MPa}(=0.2 \text{kg/cm}^2)$

美国、德国曾研究过装药量对飞机的外爆和内爆试验。对外爆状态给出了一定装药量下,使某些飞机完全损坏的等值线和不同药量在相对于飞机的不同方位上使飞机完全损坏的临界超压和比冲量曲线。对在目标内部指定位置爆炸状态,给出了一些飞机在多个攻击方向上遭受到 A 级结构毁伤(指遭受损伤后,5min 内失控)的 TNT 装药量(可详见 AD389219,1962)。

粗略估算爆破作用对空中目标的有效作用距离时,可使用平方根定律[1]

$$R = K_c^p \sqrt{C} \tag{4.288}$$

式中:R——有效作用距离(m);

K_c^p——与目标抗冲击波能力强弱有关,实质上反映了目标的易损特性,均与超压、比冲量等有关,并隐含毁伤概率和装药量内涵,$K_c^p = 0.3 \sim 0.5$;

C——战斗部装药的 TNT 当量(kg)。

按式(4.288)绘制的不同药量下对飞机的冲击波等作用线如图 4.53 所示。

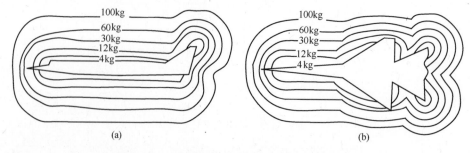

图 4.53　不同药量下对飞机的冲击波等作用线

(a)高低方向;(b)侧向。

二、冲击波比冲量对目标的破坏作用

常规装药在空中爆炸时,冲击波超压持续时间短,所以比冲量对目标的作用是非常显著的。与核爆炸相比,在估计核爆炸对结构的破坏时,常用峰值超压和峰值动压为判据,而常规装药爆炸则用冲量或比冲量为判据。某些建筑物破坏时的比冲量如表4.16所列。

表 4.16 比冲量对某些建筑物造成的破坏

目标名称	破坏所需比冲量 Pa·s
2 层砖的砖墙	1961
1.5 层砖的砖墙	981
巨大建筑物严重破坏	1961~2942
轻型结构被破坏	981~1471
窗玻璃被打破	29~39

三、冲击波压力—比冲量破坏准则

目标遭受爆炸冲击波作用,单纯地用 $\dfrac{t_+}{T}$ 比值大小来判断目标遭受超压破坏或比冲量破坏,在某种意义上讲,物理概念尚欠完美,更科学的描述应该包含峰值超压 ΔP_ϕ 和比冲量 I 2 个重要参数,突出 ΔP_ϕ 和 I 的作用,评价目标破坏效应更科学合理,故宜采用 ΔP_ϕ-I 破坏准则。假设取一系列炸药量在目标附近不同距离上爆炸时,均造成同一等级的破坏。根据不同炸药量和炸距的每一组合,可求得对应某一破坏等级的一组目标侧向和正面的峰值压力—比冲量曲线称阈值破坏曲线(见图4.54),这一理论方法对空中、地面、水中等目标有广泛的适用性,其最大优点,可用来计算和预估未经试验目标,相对炸药装药外爆炸的易损性。由此,根据战斗部有效炸药 TNT 当量,还可用平方根定律求战斗部毁伤目标的距离。

利用压力—比冲量模型,可计算目标冲击波毁伤概率为

$$P_{ds} = (P_\phi - P_{01})(I - I_{01})/K_c^p, \quad 当 P_\phi > P_{01}, 且 I > I_{01} 时 \qquad (4.289)$$

式中:P_{ds}——冲击波毁伤概率;

P_ϕ, I——波阵面压力和正压区比冲量(炸高和距离一定条件下);

P_{01}, I_{01}——目标易损构件的动态应力达到动态屈服极限时的冲击波压力和比冲量值。

$K_c^p = (P_f - P_{01})(I_f - I_{01})$,其中 P_f, I_f 是目标易损构件的动态应力达到动态破坏强度时的冲击波阵面压力和比冲量值。

当 $(P_\phi - P_{01})(I - I_{01}) \geqslant K_c^p$ 时,则破坏目标的概率 $P_{ds} = 1$。

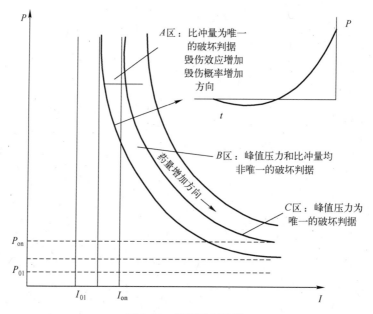

图 4.54　阈值破坏曲线

　　战斗部毁伤目标达一定程度的有效距离,可选用与炸药质量有关的平方根定律式(4.288)。这一简式,实质上考虑了与能量密度有关,亦可用于水下爆炸,预测冲击波对目标的破坏。

　　本模型应用于反制导雷达、相控阵雷达和警戒雷达方面时,具体参数选择分别如下

$$(P-P_{01})(I-I_{01}) \geqslant K_c^p \tag{4.290}$$

　　实战表明,取:

$P_{01} = 0.3 \quad 0.2 \quad 0.3 \qquad (\text{kgf/cm}^2)$

$I_{01} = 25 \quad\quad 18 \quad 25 \qquad ((\text{kgf} \cdot \text{s})/\text{cm}^2)$

$K_c^p = 23 \quad\quad 21 \quad 23$

有关 $P=P_\phi,I$ 应通过实际试验测得或经计算分析取得。

　　国外曾将 $P_\phi - I$ 模型 $(P-P_{01})(I-I_{01}) \geqslant K_c^p$ 应用于反雷达战斗部的设计与性能评估。其毁伤判据参数的选择如下:对于反制导雷达、相控阵雷达和警戒雷达分别取 $P_{01}=0.3,0.2,0.3\text{kgf/cm}^2$,取 $I_{01}=25,18,25(\text{kgf} \cdot \text{s})/\text{cm}^2$,而 P_ϕ 和 I 应根据战斗部实际装药 TNT 当量,由实验或计算确定。将其代入方程(4.290)即可分别得到 $K_c^p=23,21,23$,达到这些值表明相应的雷达被毁伤概率满足了战技指标要求。式(4.290)与式(4.264)相比,前者用了 P,后者用了 ΔP。从本质上讲它们具有同一含义和作用机制。

　　值得注意的是,国外仍在借助炸药爆炸作用,进一步提高含铝炸药的效能;与

此同时正在研究活性反应的含能壳体材料,在爆炸作用下,快速使其产生引燃和燃烧等效应,以上措施均是为了提高冲击波的超压和比冲量,增大毁伤目标效应。

4.9　连续杆式杀伤战斗部

连续杆式杀伤战斗部(CRW)是破片式、离散杆式杀伤战斗部基础上发展而来的一种新型战斗部,是靠杆条的撞击动能毁伤目标。与破片式战斗部相比,最大优点是毁伤目标效率高,缺点是作用半径小,故对导弹制导、引战配合等精度要求高。另外生产成本比较高。连续杆式杀伤战斗部是空空、地空、舰空导弹上常用的战斗部类型之一。研究结果证明,一定长的杆状破片与一般破片比,在同样情况下(如导弹、战斗部质量等参数),可对目标造成较长切口,动目标在气动载荷作用下,可能发展成结构损坏或功能丧失。试验证明,要使机翼失效,则必须有约一半截面被切断;要毁伤机身,必须切断其截面的 $\frac{1}{2} \sim \frac{2}{3}$,连续切断效果尤为显著。

4.9.1　结构及作用原理

连续杆式战斗部的典型结构如图 4.55 所示。

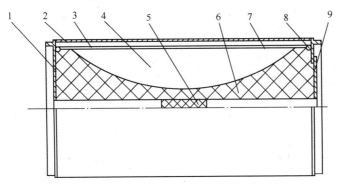

图 4.55　连续杆式杀伤战斗部结构

1—端盖;2—蒙皮;3—连续杆;4—波形控制器;
5—传爆药;6—主装药;7—杆的焊缝;8—切断环;9—装药端盖。

战斗部的杀伤体是金属杆条,它安装在战斗部舱段蒙皮下面。对于双层杆条,杆的两端交错成对焊接,并经整形而成为圆柱杆束壳体。此时,整个壳体就是一个折叠压缩的连续链环。切断环是个铜质空心环形圆管,直径约为 10mm,置于壳体两端内侧。波形控制器紧贴配置在壳体内侧,其内壁母线形状应确保中心起爆时获得柱面波,驱动杆条平行对称轴均匀向外扩张。装药引爆后,切断环的聚能作用将杆束从两端的连接件上切割下来,与此同时,爆炸作用力通过波形控制器均匀地作用到杆束上,加速杆束不断扩张形成一个链环,直到断裂成离散的杆(见图4.56),目标落入这个链环内,从而使目标遭受类似轮刀的切割(见图4.57)。

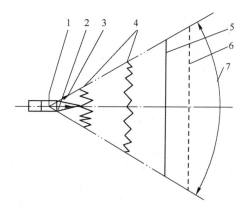

图4.56 杆束扩张形成链环过程

1—杆的扩张初速;2—导弹速度;3—杆的动态扩张初速;4—连续杆环逐渐扩张;
5—环完全拉直至最大半径;6—连续杆环已断裂;7—连续杆环动态飞散区域。

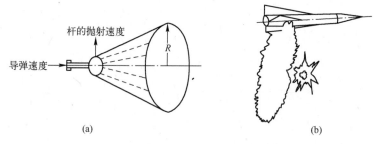

图4.57 杆式战斗部对飞机的作用原理

(a)杆束已扩张形成链环;(b)链环对飞机的杀伤效果。

对于连续杆式杀伤战斗部,连杆飞散角 $\Omega=0$ 时,连续杆杀伤战斗部环的扩张速度,比破片飞散速度慢,通常为 $1200\sim1600\text{m/s}$,这些参数应与非触发引信启动相匹配,并按弹、目遭遇条件处理爆炸延迟时间[2,21,37]。

4.9.2 主要结构件初步设计

一、杆束

1. 杆材选择

杆材应选韧性较好的低碳钢或合金钢。即选用塑性指标(延伸率、断面收缩率等)高的材料。另外焊接工艺性能要好,承受爆炸冲力的动强度性能好,目前常用 15Mn,20Mn 和 10#,15#碳钢等材料。

2. 杆截面积

正方形、矩形等截面的杆在工程设计中曾广泛应用。杆截面尺寸应由所要对付的目标及杆预期具有的速度而定。一般用炸药抛掷单根杆条达一定速度，撞击钢或铝合金目标等效靶，根据杆条的切割效果，适当选取杆截面。试验证明，边长为 4.76mm 和 6.35mm 方形截面杆条，分别以大于 1070m/s 和 920m/s 的速度撞击目标的要害部位时，会引起致命伤。

3. 杆束尺寸

杆长常受战斗部舱体长度的限制，不可能任意增长，其设计原则应尽量利用好给定质量和空间规定。尽可能增加扩张的连续杆链环半径，杆束组件完全扩张半径是单独杆长累加值的函数。设计经验指出，约有战斗部总质量的 65% 可配置给杆的质量，有了杆束组件总质量，则杆的横截面、杆束组件长和直径等也就可计算了（见图 4.58）。

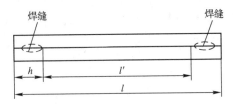

图 4.58　杆尺寸

h—焊缝影响区长（常为一定的）；l—杆长；l'—计入扩张链长度 $l'=l-2h$。

希望 l 大好，这样杆的利用率高。恰当的杆长，有利于装药和波形控制器的设计。一般杆束长径比控制在 2～3 范围内。此时，杆在爆炸冲击载荷作用下不易弯曲和变形。设计经验指出，实际杆链环最大圆周长为

$$C_l = \frac{C_l'}{0.8} = \frac{2\pi R}{0.8} \qquad (4.291)$$

式中：C_l'——杆链环展开最大圆周长；

　　　C_l——实际链环最大圆周长；

　　0.8——假设连续杆环在扩张至理论周长的 80% 时，开始断裂；

　　　R——杆链环展开的最大半径（即战斗部威力半径）。

4. 杆数

$$N = \frac{C_l'}{l'} = \frac{2\pi R}{l'} \qquad (4.292)$$

有杆截面尺寸及杆数，即可求定杆束直径，最终确定应与导弹直径、战斗部装药设计进行协调，直至满足各方面要求为止。

二、炸药装药和波形控制器

最常用的炸药是 B 炸药，H-6，C-4 和 OKFOL（HMX95％Wax5％）等混合炸

271

药。通过精心的波形控制器设计和装药结构设计,装药选用中空圆柱形装药结构。并采用纵轴中心起爆,以球面爆轰波传播首先冲击杆束中段,易使杆缠结和损坏,为此利用透镜原理,使应力波在波形控制器中平行推进,确保杆束受力均匀扩张(见图4.59),波形控制器可用铝镁合金、尼龙或其他与炸药相容的轻质惰性材料。

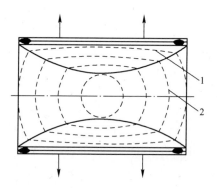

图 4.59   波形控制器作用原理示意图
1—应力波;2—爆轰波。

由于通过内腔形状的优化设计,改善了杆条的爆炸受力,获得了平行受力行为,从而解决了杆条的断裂和分层效应。

4.9.3   主要威力性能参数计算

连续杆式战斗部是靠杆条与目标遭遇时的动能,产生切割效应而毁伤目标的。为此,衡量本战斗部的威力主要参数有:杆条初速、杆的连续性和杆的切割率等。

一、杆的初速

由于本战斗部在结构上有些特色,如中心管径大,含有曲面衬筒(又名波形控制器或透镜),长径比较小。所以爆炸载荷系数较小。即使与破片式战斗部一样大小,也因条的扩张,会从间隙逸出而损失爆炸能,故杆速偏低。按能量守恒原理得到杆的初速为

$$v_0 = 1.236 \sqrt{\frac{\xi_r Q_e}{\frac{1}{2} + \frac{1}{\beta}}} \qquad (4.293)$$

式中:Q_e——炸药的爆热(J/kg);

β——炸药与杆束金属质量比;

ξ_r——考虑到环开始扩张时,因杆间存在间隙,使炸药爆炸能量损失的修正系数,$\xi_r = 0.75$。

通常 v_0 为 1000~1600m/s。

杆链环的衰减难以理论计算,常由试验确定(见图4.60)。

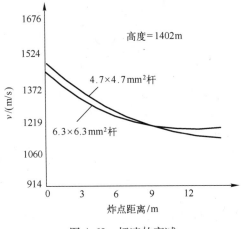

图4.60 杆速的衰减

二、杆的连续性

杆的连续性是连续杆式战斗部发挥杀伤效应的独有特性。要保证杆链环的连续性,从设计到工艺都应十分关注,透镜的选材和形状的优化与应力波传播行程的协调;战斗部连接结构与杆束的受力协调(尽量使外壳受力杆束不作主受力件);杆焊接强度与杆材强度的匹配;透镜和杆束材料的品质状况;以及装药品质等。由于涉及环节多,即使严格控制和检测,杆结构相对爆炸冲击力其脆弱性是客观存在的,故当杆束扩张到理论直径之前仍发生断裂。目前杆环连续性是通过试验测定杆环的连续性系数 K_s 来描述,在战斗部威力半径 R 处设置厚为 3~4mm 的 A_3 钢板作圆形靶板。

$$K_s = \frac{L - \sum_{i=1}^{n} l_i}{L} \times 100\% \qquad (4.294)$$

式中:K_s——杆环的连续性系数(%);

　　L——爆炸前靶板实际弧长(m);

　　l_i——爆炸后,靶板上未被切割部分(因杆断裂所致)在水平线上的投影长(m);

　　n——靶板上数得的杆断裂处数目。

三、切割率

切割率是指连续杆在毁伤威力半径处对典型目标或模拟目标强度的钢制靶板(对飞机可用 4~6mm A_3 钢板)拦截切断能力。

$$K_c = \left(1 - \frac{\sum\limits_{j=1}^{m} \Delta_j}{L - \sum\limits_{i=1}^{n} l_i}\right) \times 100\%$$ (4.295)

式中: K_c——切割率(%), 是杆环能量的量度;

　　L——炸前靶板实际弧长;

　　Δ_j——靶上留下的连续杆打击印痕未切割部分在水平线上的投影长;

　　l_i——靶板上未被杆切割部位在水平线上的投影长;

　　m——靶上数得的杆印痕而未切割部位数目;

　　n——靶上数得的杆束组件断裂部位数目。

试验表明,切割率可达100%,并可设金属网观察杆打击网标时,留下痕迹,可直接观察和确定杆的形状和方向性。

四、杀伤概率

连续杆式杀伤战斗部的摧毁概率,在一维散布函数 $f(R)$ 时,可得到

$$P_1 = \int_0^\infty f(R) G(R) \mathrm{d}R$$ (4.296)

式中: $f(R)$——制导系统无误差时,导弹弹道散布的密度函数;

　　$G(R)$——战斗部距目标 R 距离爆炸时的摧毁规律;

　　R——导弹的脱靶量。

导弹在无系统误差时散布规律

$$f(R) = \frac{R}{\sigma^2} \exp\left(-\frac{R^2}{2\sigma^2}\right)$$

其中, σ 是标准误差(即均方根偏差)。一维摧毁规律如图4.61所示。

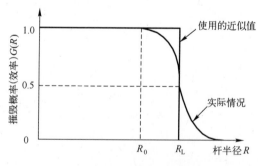

图4.61　一维摧毁规律

按实际或接近实际的摧毁规律,在距目标 R_0 处的摧毁概率 $G(R) = 1$, 以后随 R 的增加而减小至0。所以 R_0 可认为是100%的摧毁半径(有时称绝对杀伤半径)。其描述方程为

274

$G(R) = 1$，若 $R \leqslant R_0$

$G(R) = \exp[-k(R^2 - R_0^2)]$，若 $R \geqslant R_0$

将 $f(R)$，$G(R)$ 代入式(4.296)中得到

$$P_1 = \int_0^{R_0} \frac{R}{\sigma^2} e^{-\frac{R^2}{2\sigma^2}} \mathrm{d}R + \int_{R_0}^{\infty} \frac{R}{\sigma^2} e^{-\frac{R^2}{2\sigma^2}} e^{-k(R^2 - R_0^2)} \mathrm{d}R = 1 - \frac{2k\sigma^2}{1 + 2k\sigma^2} \exp\left(-\frac{R}{2\sigma^2}\right)$$

$$(4.297)$$

式中：k——当 $R > R_0$ 时，战斗部杀伤目标按衰减规律杀伤的系数由式(4.297)可解出 k 值。

当 P_1 给定(通常取 $0.96 \sim 0.98$ 时)，则可用下式求 k 值

$$k = \frac{1}{2\sigma^2 \left(\dfrac{e^{-\frac{R^2}{2\sigma^2}}}{1 - P_1} - 1 \right)}$$

$$(4.298)$$

4.9.4 部分实例及有关杆式战斗部的结构与性能参数

一些实用的连续杆式战斗部如表4.17所列。

表4.17 一些实用的连续杆式战斗部[20,38]

总质量/kg	长度/mm	直径/mm	装药与杆束质量比	杆的数量/根	杆的尺寸/mm³	连续杆环的扩张半径/m	导弹名称
136.1	439	523	0.8	800	4.76×6.35×419	30	波马克
183.7	556	592	0.673	534	6.35×6.35×508	38	黄铜骑士(RIM-8)
81.7	508	305	0.772	274	6.35×6.35×465	20	改进猎犬(RIM-2)
29.93	356	203	0.66	242	4.8×4.8×285	9	麻雀Ⅲ
11.4	342.6	127	0.24 装填系数	142	4.8×4.8×266	4.5~5.0 (绝对杀伤)	响尾蛇(AIM-9C)
30	315	237	0.717	255	5×5×248	10.5	R530

经试验研究，在结构和装药设计方面比较成功的连续杆式战斗部如表4.18所列。

表4.18 连续杆式战斗部(CR)设计诸元和战斗部

CRW 设计方案	1	2	3	4	5	6	7	8	9	10
战斗部质量/kg	187.7	178.7	77.6	80.7	29	20.4	62.1	95.3	27.2	25.9
炸药(C-4)质量/kg	58.5	49.4	18.6	26.8	8.2	4.1	24	29.5	6.8	7.7
战斗部直径/mm	609.6	609.6	254	304.8	203.2	142.9	342.9	304.8	203.2	203.2

CRW 设计方案	1	2	3	4	5	6	7	8	9	10
战斗部长度/mm	533.2	533.4	508	485.8	287.3	323.9	400.1	546.1	374.7	374.7
杆截面尺寸/mm²	6.35× 6.35	6.35× 6.35	4.76× 6.35	6.35× 6.35	4.76× 4.76	4.76× 4.76	4.76× 6.35	6.35× 6.35	4.76× 4.76	4.76× 4.76
端盖厚度/mm	6.35	3.18	9.5	3.18	前4.76 后3.2	前6.35 后9.5	3.18	前3.18 后6.35	2.38	2.38
杆环初速/(m/s)	1372	1372	1433	1433	1402	1280	1524	1529	1372	1372
最大扩张半径处杆环速度/(m/s)	24.7m 处914	24.7m 处914	975	1097	1219	1097	1128	1067	1128	1128
最大扩张半径/m	36.6	36.6	21.6	19.2	9.8	7.3	17.4	21.6	12.5	12.5

4.10　离散杆式战斗部

离散杆式杀伤战斗部(DRW)是在破片式杀伤战斗部基础上发展起来的新型战斗部,是破片式散飞技术的一种特殊引伸,它与连续杆式杀伤战斗部相类似。主要应用在空空、地空导弹上,用于反击各种类型的飞机、巡航导弹等空中目标[38]。携带这种战斗部的导弹,俄罗斯有 ALAMO 导弹系列,P-737 导弹;美国有响尾蛇导弹(AIM-9L)。实战表明,小的杀伤破片有时对付各类飞机目标,显得威力效能不能满足战术技术要求,最理想的要求是破片能将空中目标的主要构件或框架结构切断,这样既可使目标结构破坏又可使目标丧失功能。本战斗部恰好具备了这种功能,它是将大量的长杆形破片,采用特殊的技术,置于炸药柱周围。炸药起爆后,将这些长杆沿径向以高速向外扩张抛出,靠杆条的撞击动能使目标遭受毁伤。

4.10.1　结构组成及作用原理

离散杆式战斗部典型结构如图 4.62 所示[30]。

这种战斗部对目标的作用原理类似于连续杆式杀伤战斗部。差别在于在炸药爆炸作用下,其杆条之间因互不焊接,金属杆条向外扩张飞散过程中,形成一个首尾断开不断扩大的散射状金属杆圆环,并与导弹纵轴垂直。高速飞散的金属杆圆环,对目标结构可产生剪切作用,像一把环形而锋利钢刀,很易将目标的结构切断而杀伤目标。当圆环直径大于某一值后,杆条散布密度大大减小,杀伤威力显著下降。

这种类型战斗部和连续杆式杀伤战斗部一样,对付高空目标极具优势,杆条撞击动能大,机械破坏作用较强,可使遭遇目标产生致命性毁伤。

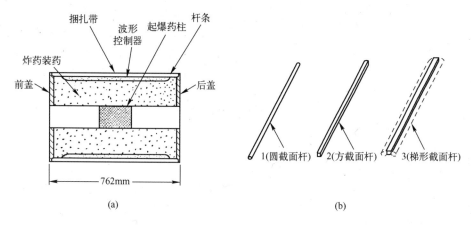

图 4.62　离散杆式杀伤战斗部结构原理

俄罗斯的 P-73₃ 导弹战斗部由预制金属杆,壳体,炸药,杯形筒,扩爆管和前、后堵盖等组成。其结构设计布局有独创性,主要有:164 根金属杆按双层放置在壳体外表面环形凹槽内,每根杆条相对战斗部对称纵轴成 2°倾斜角,改善了杆条形成圆环的均匀一致性,使杆条沿径向向外离开壳体运动的同时,使斜置的杆条获得一个额外的速度分量,迫使杆条产生翻滚运动,结果可消除因杆条与目标的撞击角不同而破坏效果不同的现象;环形装药内部采用杯形筒空腔,炸药爆轰后,有利爆炸压力的均匀化,既不影响杆条初速又可改善杆条受力过大而发生断裂,虽无波形控制器,但能起到波形控制器的作用。

战斗部的起爆涉及到引战配合,从战斗部系统来说,应确保导弹在技术维护和挂弹过程中的安全,当导弹离载机较近时,能保证载机的安全,在飞近目标一定距离时,靠非触发引信(如无线电引信)技术,根据导弹与目标的运动情况和交会状态以及战斗部的性能,选择最有利的时机及时引爆战斗部摧毁目标。由于空空导弹直接命中目标的概率很小,大多数情况是在一定距离内飞过目标(称脱靶),故常用非触发近炸引信(无线电引信和光学引信)。但当导弹与目标相碰时,则需靠触发式爆炸传感器输出信号引爆战斗部毁伤目标。现以无线电引信为例简要说明起爆战斗部过程如下:当导弹飞近目标达到无线电近炸引信作用距离时,引信便发出起爆战斗部的电脉冲信号,通过接点进入保险执行机构,其电路为:无线电引信(+极)—转换触点—电点火器—无线电引信(-极),电流通过电点火器,使之产生起爆工作,而后沿着火焰雷管、传爆管、扩爆管连续起爆,致使战斗部主装药爆炸,爆炸后的战斗部驱动离散杆向外扩展,形成类似连续杆战斗部那样的杆环切割目标,如图 4.63 所示。

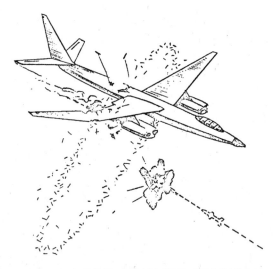

图 4.63 离散杆战斗部的起爆及对目标的作用

4.10.2 主要技术性能参数

这种战斗部是介于破片式和连续杆式杀伤战斗部之间的一种新型战斗部。从主要技术性能参数看,既有 3 种类型战斗部的共性参数,亦有各自的特殊性参数。现将与设计有关的参数内容描述如下:

战斗部质量(kg);

战斗部长度(mm);

战斗部直径(mm);

战斗部装药类型和质量(kg);

金属杆材料、金属杆质量(kg)、金属杆截面形状及尺寸(mm^2)、金属杆长度(mm)、金属杆数量(根);金属杆初速(m/s)(参考值 900~2200m/s);

战斗部杀伤半径(m);

杆条分布带宽(m)(参考值 0.15~0.45m);

杆条分布密度(根/m^2)(参考值 14~22 根/m^2);

杆条飞散方位角(°)(参考值 0°~5.8°);

威力半径处,穿甲率 100%(对飞机模拟靶参考值取 4~6mm A_3 钢板)。

4.11 破片式聚焦型战斗部

破片式聚焦型战斗部是指带凹形装药壳体组装预制破片结构的又一种高效新型杀伤战斗部。主要用于打击空中各种类型的飞机、巡航导弹、制导炸弹、反辐射导弹和战术弹道导弹等。它与柱形、鼓形、截锥形等战斗部相比,是一种充分有效利用密集破片束连续或叠加的作用,对目标产生切割毁伤效能,最终导致目标遭受结构破坏和功能丧失。所以它是一种高效毁伤战斗部,适宜反击高价值、高威胁的来袭目标,因而在一些舰空和空空导弹上得到了应用。

4.11.1 结构及作用特点

破片式聚焦型战斗部结构原理如图4.64所示[2,39-42]。

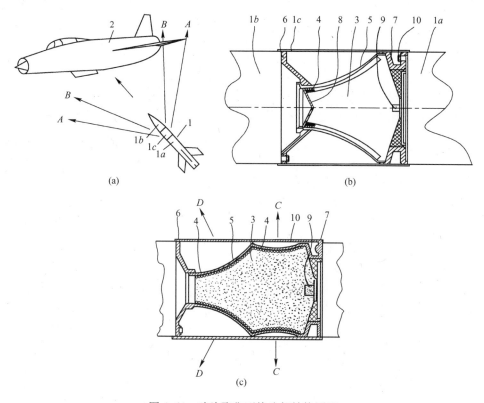

图 4.64　破片聚焦型战斗部结构原理

（a）导弹接近目标;（b）单聚焦型;（c）双聚焦型。

1—导弹;2—目标;AB—破片带;1a—推进装置舱;1b—导引控制装置舱;

1c—战斗部舱;3—炸药装药;4—球形破片;5—战斗部外壳;6—前法兰盘;

7—后法兰盘;8—大锥角罩药型罩;9—传爆药;10—蒙皮;

C—破片的飞行方向;D—破片的飞行方位。

一、结构与作用原理

从图4.64可知,战斗部由聚焦曲线形装药(或壳体)、预制破片、前后法兰盘、高能炸药、传爆药柱等组成。其中聚焦曲线形装药(或壳体)、破片和炸药组件是关键,装药(或壳体)聚焦曲线设计是本战斗部的关键技术之一,它将直接影响

279

战斗部破片聚焦效应和对目标的杀伤威力。行之有效的方法是使装药（或壳体）具有等速螺旋曲线形状，应用光学聚焦原理，使破片在一定区域密集聚焦，形成破片聚焦带，获得集中的打击能量，类似连续杆那样切割目标。当前，5kg 高能炸药可驱动总质量为 5kg 的破片，可达威力半径 $R = 16m$，破片聚焦带内的破片密度达到 $\nu \geqslant 60$ 枚/m^2。

二、毁伤目标的特殊性

由于密集破片打击目标的能量的集中性，使得杀伤目标的威力大增，击毁或击伤目标使其丧失战斗能力，毁伤效应明显地优于装药相近的其他类型的战斗部。对比表明，威力半径可增加 50% 以上。

由于破片穿孔密集，彼此间距又很小，会形成多孔贯通效应，加速了空中动目标的结构破坏和功能丧失。

由于聚焦技术，增强了爆炸产物加速，有利于破片增速，提高了破片打击目标动能和侵彻贯穿能力。

聚焦带内破片间速度差值较小（约为 50m/s 左右），破片群易实施同时打击，产生贯穿和累积效应，非常有利于作战效能提高。

三、毁伤效果的评定

毁伤效果的评定：在给定破片分布密度条件下（一般由试验确定），常用 2 个技术指标：一是每平方米的结构破坏面积；二是每平方米的破片打击总动能。有关这方面算例可参考文献[42]。

4.11.2 聚焦装药（或壳体）设计的数学物理模型

一、研究进展

破片式杀伤战斗部毁伤目标的概率（条件杀伤概率）模型为[43]

$$P_T = 1 - e^{-(\sum \alpha_i \overline{m}_i P_{1i})} \tag{4.299}$$

式中：i——目标易损件数；

α_i——目标易损性系数；

$\overline{m}_i P_{1i}$——命中易损组件破片的数学期望和单枚破片毁伤舱段的概率之乘积。

此时的破片质量和速度应具有足够的能力穿透和破坏目标。其命中密度为 $\nu = \dfrac{N}{A}$，其中 N 是破片总数，A 是某距离处破片环的面积。经计算可知。

对圆柱形战斗部，应考虑其端部附近破片的飞散效应（即端部破片表面法线与破片飞散方向之间有夹角存在）。在离爆炸战斗部轴线的径向距离 R 处，其破

片命中密度与 R 有下列变化关系: $\nu_c \propto \dfrac{1}{R^2}$。对于聚焦战斗部,不考虑端部破片的飞散方向影响。其破片命中密度与 R 有下列关系: $\nu_f \propto \dfrac{1}{R}$。

两种情况的命中密度比,可近似表示为 $\dfrac{\nu_f}{\nu_c} = \dfrac{R}{3L_w}$。若战斗部长为 $L_w = 0.4\text{m}$,作用半径为 $R = 6\text{m}$ 时,则 $\dfrac{\nu_f}{\nu_c} = 5$;又如当 $R = 12\text{m}$ 时,则 $\dfrac{\nu_f}{\nu_c} = 10$。以上简明分析表明,聚焦技术可显著提高破片命中密度。

对于双聚焦战斗部,初步设计时其主破片束的命中密度 ν_1 对应的破片总数 N_1 可设定为 $N_1 = \dfrac{2}{3}N$,其聚焦束宽为 $\dfrac{2}{3}L_w$,而辅助破片束的命中密度 ν_2 的破片总数 $N_2 = \dfrac{1}{3}N$,聚焦束宽为 $\dfrac{1}{3}L_w$。设两束破片飞散方向中心线之间的夹角为 ε_{1-2},不宜过大,以便对付快速运动目标。为了确保两束范围破片不脱靶,要适当控制 ε_{1-2} 角。其总的宽度破片分布范围为 $L = L_w + R\tan\varepsilon_{1-2}$。

二、模型

采用凹鼓形或对数螺旋曲线装药表面母线形状,对破片聚焦型战斗部的设计具有显著的优越性。下面研究对数螺旋线方程在工程设计中的应用。对数螺旋线方程为

$$\rho = a\mathrm{e}^{K\theta} \tag{4.300}$$

其中 $a>0$,$K>0$,由设计经验确定,e 是个常数,是以 e 为底的自然对数。

现讨论单聚焦型战斗部的设计,当装药表面母线取自 $\theta = \pi \sim \dfrac{3}{2}\pi$ 间的一段对数螺旋线时,对数螺旋线坐标中心 $o(x_0, y_0)$,在战斗部坐标系中的位置如图 4.65 所示,并可表示为[39]

$$x_0 = \rho_1 \cos\left(\frac{3}{2}\pi - \theta_1 \pm \alpha\right) \tag{4.301}$$

$$y_0 = \rho_1 \sin\left(\frac{3}{2}\pi - \theta_1 \pm \alpha\right) \tag{4.302}$$

其余设计变量 l, D_2 和 ρ_2, θ_2 之间的函数关系为

$$l = \rho_2 \cos\left(\frac{3}{2}\pi - \theta_2 \pm \alpha\right) + x_0 \tag{4.303}$$

$$\frac{D_2}{2} = y_0 - \rho_2 \sin\left(\frac{3}{2}\pi - \theta_2 \pm \alpha\right) \tag{4.304}$$

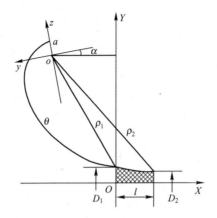

图 4.65 对数螺旋线装药外形母线设计参数

由于 R 远大于 $\dfrac{D_1}{2}$,故在装药一端引爆静止爆炸时,破片初始飞散方向角 ψ_1,ψ_2（见图 4.66）,可近似得出计算式

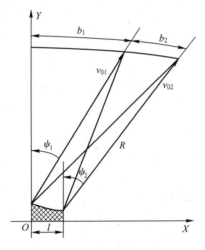

图 4.66 破片飞散分布带

$$b_1 = R\psi_1 \qquad b_1 + b_2 - l = R\psi_2 \qquad\qquad (4.305)$$

战斗部的其他参数还有:破片壳体厚度和炸药装药的选择;破片初速 v_{f0}（用 Gurney 公式计算）;破片法线与破片抛射速度方向的夹角 θ_e（用 Shapiro 公式计算）;破片弹道极限速度 v_1（用完全穿透等效靶的经验式计算）。

三、算例和试验结果

以单聚焦破片型战斗部为例,假设破片威力参数的约束条件:在 $R = 12\text{m}$ 处破片分布带宽（见图 4.66）为 $b_1 = 1.2\text{m},b_2 = 0.8\text{m}$,依据意大利的 Aspid 导弹战斗部

直径 $D=203\text{mm}$，试设计 $R=12\text{m}$ 处，b_2 内破片平均分布密度 ν 最大时的最佳装药结构。经大量多次计算其结果是：装药表面母线取对数螺旋线中 $\theta=195°\sim211°$ 之间的一段曲线；装药结构主要参数如表 4.19 所列。

表 4.19　装药结构等有关参数

战斗部装药长 l/mm	装药最大直径 D_1/mm	战斗部质量(破片 m_s+装药 m_c)/kg	装药质量 m_c/kg	壳体厚 δ/mm	破片尺寸 d/mm	破片数 N/枚
130	164	11	4.0	12	6	3570

试验结果是两组试验数据的平均值，见图 4.67，从图示可知，破片密度峰值落在分布带宽 $1.5\text{m}\sim1.75\text{m}$ 范围，b_1 和 b_2 满足设计要求。

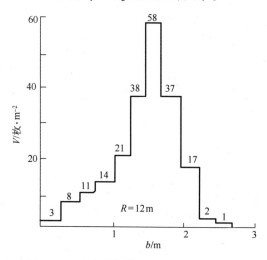

图 4.67　破片分布带上破片密度试验结果

参 考 文 献

［1］ M Held. Air Targets Warheads. Int, Defense Review 719-724, 1975.

［2］ 张志鸿, 周申生. 防空导弹引信与战斗部配合效率和战斗部设计. 北京: 宇航出版社, 1994.

［3］ M Held. The Shaped Change Potential. 20th International Symposium on Ballistics. Orlando, FL. 23-27 September, 2002.

［4］ H L Ewalds & R J H Wanhill. Fracture Mechanics. Edward Amold and Delftse Vitgeers Maatchappi, London, 1985.

［5］ Richard M Lloyd. Conventional Warhead Systems Physics and Engineering Design. Volume 179, Progress in Astronautics and Aeronautics, 1998.

［6］ W Johnson. Impact Strength of Materials. Edward Arnold, 1972.

［7］ J Carleone, (ed) . Tactical Missile Warheads. Vol. 155, Progress in Astronautics and Aeronautics, AIAA. Washington, DC, 1993.

［8］ 北京理工大学力学工程系．破片形成机理工作总结．研究报告，1991.

［9］ 鲁宇，周兰庭．爆炸环动态断裂分析．兵工学报，1991(1).

［10］ 鲁宇．爆炸载荷作用下圆柱壳体破碎机理研究．硕士论文，1988.

［11］ В Н Ионов，В В Селиванов. Динамика разрушения Деформируемоґо Тела. Машиностроение, 1987.

［12］ В В Селиванов. В С Соловьев, Н Н Сысоев. УДАРНЫЕ И ДЕТОНАЦИОННЫЕ ВОЛНЫ － МЕТОДЫ, ИССЛЕДОВАНИЯ. ИЗДАТЕЛЬСТВО МОСКОВСКОГО УНИВЕРСИТЕТА, 1990.

［13］ Robert H M. Macfadzean. Surface － Based Air Defense System Analysis. Boston：Artech House, 1992.

［14］ W Haverdings. General Description of the missile systems damage assessment code (MISDAC). AD－A288622, 1994.

［15］ Qian Lixin and Lio Tong, Zhang Shouqi and Yang yunbin. Fragment Shot－Line Model for Air－Defence Warhead. Propllants. Explosives. Pyrotechnics. 22. 92－98, 2000.

［16］ 周兰庭．火箭战斗部设计理论．北京工业学院 811 教研室，1975.

［17］ 周兰庭，张庆明．两种炸药装药结构的破碎抛掷速度//中国兵工学会火箭导弹专业委员会．第十次学术年会论文集．2003：467－470.

［18］ В А Оиндцов，В В Селиванов，С С Усович. МЕТАНЛЕ ОБОЛОЧЕК ЗАРЯДАМИ，МТТ, NO5, 1975.

［19］ 张宝平，张庆明，黄风雷．爆轰物理学．北京：兵器工业出版社，2001.

［20］ Ball Robert E. The Fundamentals of Aircraft Combat Survivability Analysis and Design. New York：AIAA, 1985.

［21］ 蒋浩征，周兰庭，蔡汉文．火箭战斗部设计原理．北京：国防工业出版社，1982.

［22］ 张庆明，黄风雷．超高速碰撞动力学引论．北京：科学出版社，2000.

［23］ ［美］乔纳斯 A 朱卡斯，等．碰撞动力学．张志云，丁世用，魏传忠，译．北京：兵器工业出版社，1989.

［24］ 周兰庭，隋树元，赵振荣．终点弹道学．北京工业学院，1981.

［25］ J E Greenspon. Damage to Structures by Fragments and Blast. BRL, Tech. Rept. No, B－11, June, 1971.

［26］ 章冠仁，陈大年．凝聚炸药起爆动力学．北京：国防工业出版社，1991.

［27］ 张锡纯．战斗部设计参考资料．北京航空学院，1963.

［28］ 徐品高．现代国土防空末端防御防空导弹的关键技术．现代防御技术，2004(4).

［29］ Engineering Design Handbook. Warhead－General. U S Army Material Command AMCP706－290, July, 1964(AD501329, available from NTIS).

［30］ J. 亨利奇．爆炸动力学及其应用．熊建国，等译．北京：科学出版社，1987.

［31］ Kinney G F, Graham, K J. Explosive Shocks in Air. 2nd ed. , New York：Springer － Verlag, 1986.

［32］ К П Станюкович ФИЗИКА ВЗРЫВА, МОСКВА, 1975.

[33]　W E Baker. Explosives in Air. Austin and London:University of Texas Press,1973.

[34]　美国陆军器材部. 终点效应设计. 李景云,习春,于马其,译. 北京:国防工业出版社,1988.

[35]　Effects of a Nuclear, Collection of Translations, (Действие Ядерного Взрыва), (Борник Переводов), Мир Москва,1971.

[36]　В Т 斯维特洛夫,U. C. 戈卢别夫. 防空导弹设计. 本书编译委员会译. 北京:中国宇航出版社,2004.

[37]　施广水. 部分国外空空导弹战斗部资料. 中国空空导弹研究院,2002.

[38]　隋树元,周兰庭,李进忠,等. 破片式战斗部设计优化设计技术研究. 兵工学报,1995(4).

[39]　PATENT SPECIFICATION. (11) 1430750,1967.

[40]　北京理工大学八系 811 室. 空空导弹战斗部结构方案优化设计. 1994.

[41]　肖川,等. 聚焦破片对空中目标的毁伤//中国宇航无人飞行器学会,战斗部与毁伤效率专业委员会. 第五届学术年会论文集. 无锡,1997.

[42]　Liu Tong, Qian Linxin, Zhang Shouqi. Study on Fragment Focusing Mode of Air-Defence Missile Warhead. Propellants Explosives Pyrotechnic 33. 240–243,1998.

[43]　В А Одинцов. РАСШИРЕНИЕ ЦИЛИНДРА С ДОНЬЯМИ ПОД ДЕЙСТВИЕМ ПРОДУКТОВ ДЕТОНАЦИИ. ФГВ. NO1,1991.

[44]　С А ЛОВЛЯ,Б Л КАПЛАН,В В МАЙОРОВ. И. К. КУПАЛОВ- ЯРОПОЛК. ВЗРЫВНОЕ ДЕЛО. ИЗДАТЕЛБСТВО《НЕДРА》. Москва–1966.

[45]　К П СТАНЮКОВИЧ. НЕУСТАНОВИШИЕСЯ ДВИЖЕНИЯ СПЛОШНОЙ СРЕДЫ М：Наука,1971.

[46]　张清泰. 无线电引信总体设计原理. 北京:国防工业出版社,1985.

[47]　Bueman N M,et al. A concept for the predication of Fragment Mass/Number Distribution of Fragmenting Munitions. Sixth Int. Sym. on ballistics,1981.

[48]　Ch Helwig,Ch Klee,W HUbner. 半穿甲弹二次破片质量和形状分布. 赵有守,译. 魏惠之,校. 1981.

[49]　Guenter,Jagusch. 计算榴弹破片毁伤的统计方法. 于琪,译. 张帆,校. 1981.

[50]　Graham S Pearson. 弹道学的发展趋势. Sixth Int. Sym. on ballistics,1981.

[51]　Held M. "Formel (42) aus Spliterballistik" 68. 3 "Explosivstoffe" 68. 11.

[52]　吉田荣,中尾裕美. 弹头自然破片形成计算方法初探. 弹舰技术,1991(2).

[53]　В А Одинцов. БИМОДАЛБНОЕ РАСПРЕДЕЛЕНИЕ ФРАГМЕНТОВ ЦИЛИНДРОВ. ФГВ. NO5,1991.

第 5 章　新型定向能战斗部

5.1　概　　述

　　一般常规装药破片式杀伤型战斗部引爆后,其破片是沿径向均匀向外飞散的,并形成一个轴对称的杀伤区域,这样的战斗部用于对付空中目标时,在整个杀伤区域内只有一小部分的破片分布在目标方向,因此能量利用率较低。为此,人们期望战斗部破片能沿着可控的方向实现集中飞散。研究控制破片杀伤战斗部作用的方向性,已成为反机与反导战斗部新技术、新结构和新材料方面的重要发展趋向。这样,必然会导致战斗部技术的进步。当战斗部质量在导弹总体设计给定的条件下,可以大大提高战斗部的杀伤能力,提高导弹的整体作战性能。有资料报导,这种战斗部已在某些空空导弹上得到了应用:据"简氏空射武器年鉴"报道,美国的 AIM-120,俄罗斯的 KS-172 远程空空导弹和先进中距空空导弹 AA-12 的改进型等型号都装备了定向能战斗部。

　　美、英正在搞"可编程集成弹药舱"(PIOS)计划:研制并验证集成弹药技术,改进对空导弹的杀伤效能,实现"一弹一击毁"。其相关技术包括自适应战斗部和红外成像目标探测装置。在自适应战斗部内涵中包括:多点精确起爆;针对每次遭遇产生独特的破片包络;破片以瞄准点为中心集中飞散。有关基于起爆方式的破片控制如图 5.1 所示。

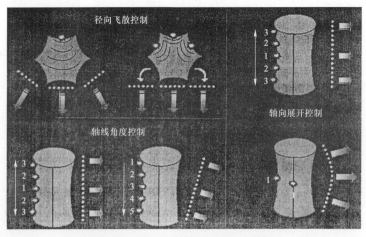

图 5.1　用起爆方式控制破片的飞散

集成弹药舱融合了目标、目标探测装置和战斗部的状态参数，并能给定弹药的可靠响应，产生高杀伤概率，同时探讨小型化技术的问题，以适应较小的弹体。

下面介绍几种典型的定向能技术战斗部作用机理[1-3,5,11]。

一、可瞄准的战斗部

这是一种战斗部技术新的发展趋向，在目标所在方向，具有可加强破片速度能力的可瞄准战斗部，或者具有高出普通杀伤战斗部 10 倍较高命中密度的质量聚焦战斗部（见图 5.2）。

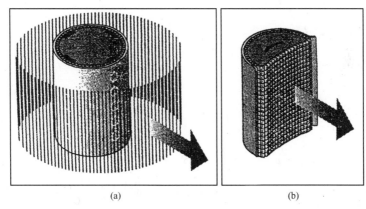

图 5.2　可瞄准战斗部
（a）速度增强型战斗部；（b）质量聚焦型战斗部。

二、TBM 目标遭遇多个破片命中的战斗部

假设弹目相对速度很高，则在目标呈现面积上的破片图形必须能提供足够的命中密度，才能有效地破坏这些装填化学或生物物质的集束弹药。在接近脱靶量情况下，通过初始抛掷分散装药的再次爆炸形成多个碎片对 TBM 进行有效毁伤，其可控破片射向目标方向如图 5.3 所示。

三、可控破片形成椭圆形分布

在几乎精确到直接命中情况下，所有的有效破片需要覆盖整个目标的横截面积。可以通过偏心引爆、内部炸药装药变形等技术措施，实现可控破片达到椭圆形分布图像，如图 5.4 所见。

杀伤战斗部的设计和布局目的是排除攻击威胁并毁伤来袭武器系统，并使其达到所需毁伤等级。经验指出，选用重金属破片和打击导弹昂贵的主要系统都是有效的方法。

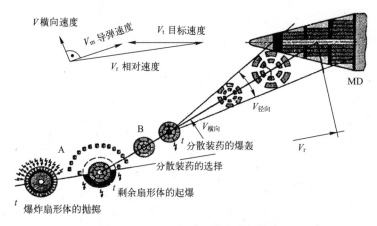

图 5.3　TBM 目标遭遇多个破片命中

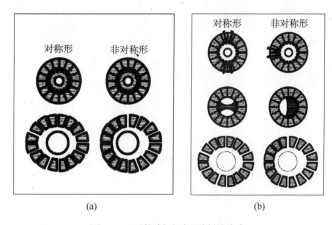

图 5.4　可控制破片呈椭圆分布

（a）偏心起爆图形；（b）内部装药变形图形。

5.2　可变形战斗部技术

人们最感兴趣的研究课题是通过新结构、新材料、新工艺、新的起爆网络等途径提高战斗部金属质量在目标方向上的展开,使可变形战斗部比各向同性爆炸杀伤战斗部性能提高 30%~50% 的金属质量。因为这样的可变形战斗部具有定向能力,故可称之为加强战斗部。美国海军水面武器中心(NSWC)、陆军导弹指挥司令部(MICOM)以及德国研究者,已研究了有关质量加强技术。这种原理的可变形战斗部相对于导弹中心线需要安装感受目标方位的探测器。

这种可变形战斗部看上去类似爆炸杀伤战斗部,除战斗部外壳外,还有环形状的缓冲材料,在其周围还有一薄层爆炸装药。

当目标搜索装置(TDD)发现目标,方向就确定了。发火信号送至战斗部外边的可变形爆炸装药,因爆炸使金属壳体变形成为 D 形外形,当变形完成后,起爆雷管引爆主装药。此时,爆炸后形成的高密度破片云指向了目标。弹目遭遇情景如图 5.5 所示。

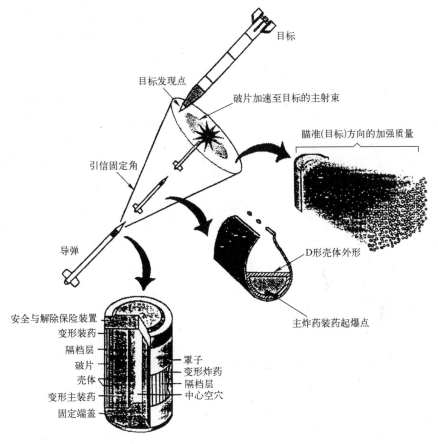

图 5.5　变形战斗部适时的战斗部外形

这种方案中,堵塞的减震器材料可以吸收变形装药压力脉冲,防止战斗部以后的破裂或破坏。它的起爆机构位于战斗部的主炸药装药内,其起爆后形成了最后的战斗部形状。炸药中心容量允许压缩向左空穴流动,这由战斗部的设计而定。有些方案不配置压缩炸药的容积,而是靠压缩主炸药装药流向战斗部端部。这种类型的炸药设计,没有体现有效利用空间和质量的方法。变形战斗部的时间排序如图 5.6 所示

这种战斗部系统利用了爆炸桥丝(EBW)或多点起爆逻辑。其主炸药装药必须足够钝感,应经得起变形装药起爆后压缩壳体成为最终引爆状态。

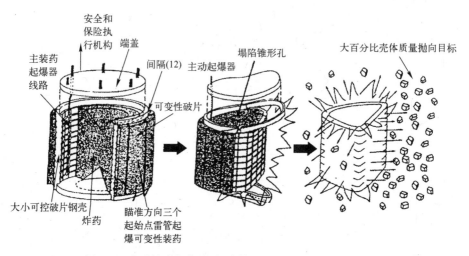

图5.6 变形战斗部作用时,壳体变形和爆轰终止的战斗部

若需要获得 D 形战斗部,但又不用中心空腔,则整个主装药被压缩的战斗部内部剖面如图5.7所示。

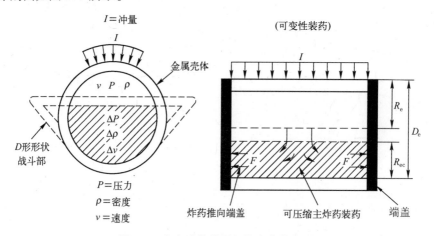

图5.7 由变形装药引起的主装药变形

整个主炸药装药压缩至半径为 R_{ec},而战斗部炸药的初始半径为 R_e。变形装药用较高的压力脉冲压缩金属壳体和炸药。假设炸药为均匀压缩,则应变率和机械功的总量可用计算得到。总的压缩应变要求压缩炸药块 D_e 变至 R_{ec},用下式计算得

$$\varepsilon_c = \int_{D_e}^{R_{ec}} -\frac{\mathrm{d}R_{ec}}{R_e} = \ln \frac{D_e}{R_{ec}} \tag{5.1}$$

作用在炸药上的力必然会产生均匀压缩 $\sigma_y \pi R_e^2$,其中 σ_y 是屈服应力。这时,压缩炸药所需的总功可用下式估算

$$W = \sigma_y \pi R_e^2 D_e \int_{D_e}^{R_{ec}} -\frac{dR_{ec}}{R_e} = \sigma_y \pi R_e^2 D_e \ln \frac{D_e}{R_{ec}} \quad (5.2)$$

假定在全部炸药变形过程期间,端盖有足够强度,则单位体积的功为

$$\overline{W} = -\frac{W}{\pi R_e^2 D_e} = \sigma_y \varepsilon_c \quad (5.3)$$

装填在战斗部内的炸药,已接近理论最大密度。经压缩将会再增加炸药密度 10%~20%,但是,对设计者来说必须小心,绝不能提前起爆主装药炸药。在多数情况下,炸药射向战斗部端部,而炸药被压缩成为发火状态。假设炸药在压缩期间,其性态像流体一样,可根据经验预估端盖板上的应力和压缩炸药体内装药的压力改变为

$$\Delta P = \rho_e v^2 + \rho_e v C_0 \quad (5.4)$$

式中:C_0——炸药声速;

v——炸药被压时的速度。

炸药总应力 σ_t 的表达式为

$$\sigma_t = E \varepsilon_c \quad (5.5)$$

式中:E 是弹性模量,则 σ_t 的计算表达式为[4]

$$\sigma_t = C_0 \left(\frac{\Delta P}{v} \right) \varepsilon_c$$

$$\sigma_t = (\rho_e v^2 + \rho_e v C_0) \frac{C_0 \varepsilon_c}{v} \quad (5.6)$$

最后得到的表达式为

$$\sigma_t = C_0 \rho_e (v + C_0) \ln \left(\frac{D_e}{R_{ec}} \right) \quad (5.7)$$

因为战斗部被压成较小体积,可见其端盖端部的受力估算式为

$$F = \sigma_t A, \text{其中面积} A = \left(\frac{\pi}{2} \right) R_{ec}^2$$

或

$$F = \left(\frac{\pi}{2} \right) R_{ec}^2 C_0 \rho_e (v + C_0) \ln \left(\frac{D_e}{R_{ec}} \right) \quad (5.8)$$

实际战斗部试验已证明,这个力非常大,炸药通过战斗部的端部被挤压出去。当无中心空腔存在时,要包括全部炸药,保持不从端部喷出条件,设计这种端盖是极其困难的,这种设计亦难于做到有效地利用炸药容积和质量。变形战斗部的壳体变形后的 X 射线的照相试验已在 NSWC 由 Dahlgren 完成[5]。

更有效的设计可能是主炸药装药带中心空腔。压缩炸药装药充满在炸药中加

工的敞开容积之中。这就降低了压缩炸药成为所希望的形状和空间所需的总功量。即在战斗部质量受限情况下，更多破片可代替损失的炸药。如果采用圆柱的中心空腔，这是压缩炸药和中心空腔容积之间的折中方法，可由图5.8和下列方程描述。

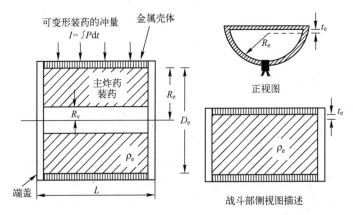

图5.8 弹道末端上已压缩的变形战斗部

$$\pi L(R_e^2 - R_v^2) = \frac{1}{2}\pi L R_e^2 + 2\pi R_e L \zeta t_e \tag{5.9}$$

式中： R_v——中心空腔半径；

ζ——在瞄准目标方向壳体长度的百分比；

t_e——是压缩炸药芯子位于中心芯子半径上方的距离，如图5.9所示；

$L($或用$L_W)$——战斗部（或战斗部装药）的长度。

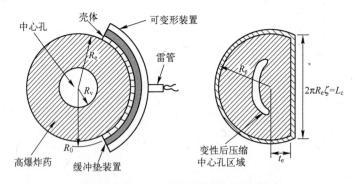

图5.9 可压缩主炸药装药变形后的描述

炸药半径比的简化方程是

$$R_e^2 - R_v^2 = \left(\frac{R_e^2}{2}\right) + 2R_e\zeta t_e \tag{5.10}$$

则中心空腔半径为

$$R_v = \sqrt{\frac{R_e^2}{2} - 2R_e\zeta t_e} \qquad (5.11)$$

变形前炸药和壳体总质量等于

$$W_T = \pi L \rho_f (R_0^2 - R_e^2) + \pi L \rho_e (R_e^2 - R_v^2) \qquad (5.12)$$

将式(5.11)代入式(5.12)中，而有效的武器质量是空腔半径和 L_c 的函数(见图5.9)

$$W_T = \pi L \left\{ \rho_f (R_0^2 - R_e^2) + R_e \rho_e \left[\left(\frac{R_e}{2} \right) + 2\zeta t_e \right] \right\} \qquad (5.13)$$

设 $\pi L = \xi$，则可用下式求解炸药半径。

$$R_e^2 \left[\xi \left(\frac{\rho_e}{2} - \rho_f \right) \right] + R_e (2\zeta \xi t_e \rho_e) + \xi \rho_f R_0^2 - W_T = 0 \qquad (5.14)$$

另一种炸药几何形状是在战斗部的两端位置处采用了锥形空腔。以此几何形状替代圆柱形中心空腔(见图5.10)。

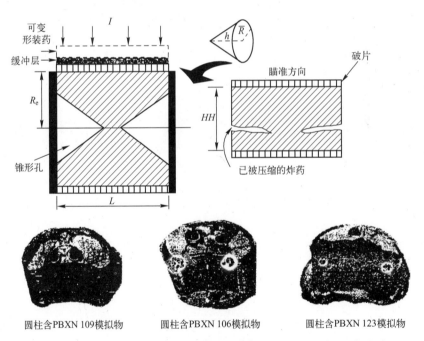

圆柱含PBXN 109模拟物　　　圆柱含PBXN 106模拟物　　　圆柱含PBXN 123模拟物

图5.10　端部带锥形空腔的主装药炸药构形(6.35mm 厚、90°宽迪培希特炸药层起爆，使初始含20%空腔体积的圆柱装药变形)

主装药炸药的质量可用下式计算

$$C = \left(\pi R_e^2 L - \frac{2}{3} \pi \overline{R}^2 h \right) \rho_e$$

式中,空腔体积用锥长 h 和锥半径 $\overline{R}$ 表示。因此,锥长和半径可表示为战斗部长和半径的函数。例如

$$h = K_h L$$
$$\overline{R}_e = R_e K_\varepsilon \tag{5.15}$$

式中,K_h 和 K_ε 是实际战斗部尺寸的函数。关于炸药质量的表示方程为

$$C = \left[\pi R_e^2 L - \frac{2}{3} \pi (R_e K_\varepsilon)^2 K_h L \right] \rho_e \tag{5.16}$$

或者

$$C = \pi L \rho_e \left(R_e^2 \left(I - \frac{2}{3} K_\varepsilon^2 K_h \right) \right) \tag{5.17}$$

根据初始几何参数,主炸药装药质量便可计算了。根据上述一些方程式,可供设计者按照设计要求输入有关参数,优化主装药外形。

5.3 预制壳体方案模型

变形过程给予的高过载力作用在壳体上之后,杀伤武器便处在射击对准状态,而壳体必须随时可以射击目标。在设计壳体时,必须精心地采取缓冲吸能措施,致使预制壳体在变形过程中不破裂和粉碎。例如,在变形过程期间,采取使破片固定在 2 个薄金属层之间的多层破片结构,以防止破裂发生。这种战斗部几何形状如图 5.11 所示。

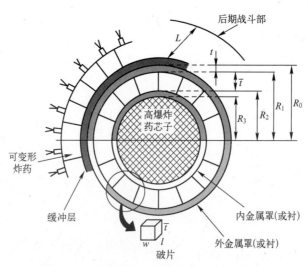

图 5.11 预制破片可变形战斗部壳体描述

破片质量可用下式计算

$$M_f = lw\overline{t}\rho_f \tag{5.18}$$

而每个破片的边长可用壳体厚度的函数表示,现取

$$l = c_2\bar{t}, \quad w = c_1\bar{t} \tag{5.19}$$

此时破片质量为

$$M_f = c_1 c_2 \bar{t}^3 \rho_f \tag{5.20}$$

而破片厚度为

$$\bar{t} = \left(\frac{M_f}{c_1 c_2 \rho_f}\right)^{\frac{1}{3}} \tag{5.21}$$

为了计算战斗部总质量,则必须确定战斗部上破片数。围绕战斗部的破片总数可用下式计算

$$\downarrow N_F = \frac{2\pi R_2}{c_1 \bar{t}} \tag{5.22}$$

沿战斗部长度方向的破片数为

$$N_F = \frac{L}{c_2 \bar{t}} \tag{5.23}$$

整个战斗部上的破片总数可用下式计算

$$N_T = \downarrow N_F \cdot N_F = \frac{2\pi R_2}{c_1 \bar{t}} \cdot \frac{L}{c_2 \bar{t}} = \frac{2\pi R_2 L}{c_1 c_2 \bar{t}^2} \tag{5.24}$$

预制破片总质量为

$$W_F = N_T \cdot M_f = 2\pi R_2 L \bar{t} \rho_f \tag{5.25}$$

现设 $R_2 = R_e + t$,则式(5.25)可写成为

$$W_F = 2\pi L \bar{t} \rho_f (R_e + t)$$

炸药的半径为 R_3 或 R_e,而金属支撑物的厚度为 t,密度为 ρ_1,则总的炸药质量和壳体质量可用下式计算总质量

$$W_T = \pi L \rho_1 \left[(R_0^2 - R_1^2) + (R_2^2 - R_3^2) \right] + 2\pi L \bar{t} \rho_f (R_e + t) + \pi L \rho_e R_e^2 \tag{5.26}$$

由于罩的密度为 ρ_1 以及厚度为 t,则

$$R_1 = R_0 - t$$
$$R_e = R_3 \tag{5.27}$$
$$R_2 = R_e + t$$

有关新的质量方程为

$$W_T = \pi L \rho_1 \left\{ \left[R_0^2 - (R_0 - t)^2 \right] + \left[(R_e + t)^2 - R_e^2 \right] \right\} + 2\pi L \bar{t} \rho_f (R_e + t) + \pi L \rho_e R_e^2 \tag{5.28}$$

将式(5.27)代入式(5.28),则方程形式为

$$W_T = \pi L \rho_1 \left\{ (2R_0 t - t^2) + (2R_e t + t^2) \right\} + 2\pi L \bar{t} \rho_f (R_e + t) + \pi L \rho_e R_e^2 \tag{5.29}$$

变形前炸药半径可用下列方程进行计算

$$R_e^2 (\pi L \rho_e) + R_e \left[2\pi L (\rho_1 t + \bar{t} \rho_f) \right] + 2\pi L t (R_0 \rho_1 + \bar{t} \rho_f) - W_T = 0.0 \tag{5.30}$$

这是二次方程式,可用来求解炸药半径 R_e,并假定其主炸药装药为圆柱形。

有关罩材选择不能用太脆的材料,否则在加压下可能破裂。延展特性强的材料是可选的。此外,这样的罩材会减慢破片的速度,这是因为它的存在增加了附加质量,这对战斗部的毁伤是无益的。

5.4 锯齿形壳体方案模型

利用壳体质量设计特殊的壳体形状是个较有效的方法,由于它仅仅是一个组件,所以能够抵抗变形载荷。此壳体可机械加工成具有锯齿横截面,在曲线上的凹部产生破碎或破裂(见图 5.12)。

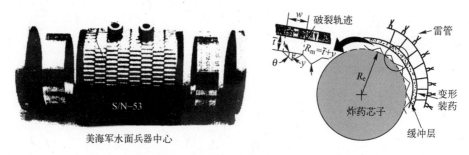

图 5.12 锯齿形战斗部壳体的几何构形

下列方程可导出用于预估作为爆炸装药质量函数的壳体质量,原始壳体厚度为 $\bar{t}$,而 $y=\dfrac{w}{2}\tan\theta$。假设设计的壳体破裂为 100%,则单枚破片质量等于

$$M_f = lw\bar{t}\rho_f + \left(\frac{w^2 l}{4}\right)\tan\theta\rho_f \tag{5.31}$$

代入 c_1, c_2 常数后则得

$$M_f = \left(c_1 c_2 \bar{t}^3 + c_1^2 c_2 \bar{t}^3 \frac{\tan\theta}{4}\right)\rho_f \tag{5.32}$$

或者用下式计算破片质量

$$M_f = c_1 c_2 \bar{t}^3 \rho_f \left(1 + \frac{c_1}{4}\tan\theta\right) \tag{5.33}$$

厚度 $\bar{t}$ 的计算式为

$$\bar{t} = \left\{\frac{M_f}{c_1 c_2 \rho_f \left(1 + \dfrac{c_1}{4}\tan\theta\right)}\right\}^{\frac{1}{3}} \tag{5.34}$$

最大厚度为(见图 5-12)

$$R_{max} = \left\{ \frac{M_f}{c_1 c_2 \rho_f \left[1 + \frac{c_1}{4}\tan\theta \right]} \right\}^{\frac{1}{3}} + \frac{c_1 \bar{t}}{2}\tan\theta \tag{5.35}$$

在求总的壳体质量时需要利用上述方程,不过,欲达此目的之前,还需要求围绕战斗部总破片数量。

绕战斗部的圆周为

$$C_i = 2\pi R_e \tag{5.36}$$

在方位角方向的破片总数为

$$\downarrow N_F = \frac{2\pi R_e}{c_1 \bar{t}} \tag{5.37}$$

沿战斗部长度方向的破片总数为

$$N_F = \frac{L}{c_2 \bar{t}} \tag{5.38}$$

式中:L——战斗部长。

破片的总质量 W_F 可用下式估算

$$W_F = \downarrow N_F \cdot N_F \cdot M_f \tag{5.39}$$

或者

$$W_F = \frac{2\pi R_e L}{c_1 c_2 \bar{t}^2} \left[c_1 c_2 \bar{t}^3 \rho_f \left(1 + \frac{c_1}{4}\tan\theta \right) \right] \tag{5.40}$$

上式简化后得到

$$W_F = 2\pi R_e L \bar{t} \rho_f \left(1 + \frac{c_1}{4}\tan\theta \right) \tag{5.41}$$

计算壳质量后,下一步则需要计算炸药质量。先假设无中心空腔,则其质量模式为

$$C = \pi L R_e^2 \rho_e + \frac{2\pi R_e L \rho_e}{c_1 c_2 \bar{t}^2} \left(\frac{w^2 l}{4}\tan\theta \right) \tag{5.42}$$

代入以厚度为函数的破片尺寸后,经简化便可得到

$$C = \pi L R_e \rho_e \left(R_e + \frac{c_1}{2}\bar{t}\tan\theta \right) \tag{5.43}$$

炸药装药量和战斗部破片质量的总和表达式为

$$W_T = \frac{2\pi R_e L}{c_1 c_2 \bar{t}^2} \left[c_1 c_2 \bar{t}^3 \rho_f \left(1 + \frac{c_1}{4}\tan\theta \right) \right] + \pi L R_e \rho_e \left(R_e + \frac{c_1}{2}\bar{t}\tan\theta \right) \tag{5.44}$$

对上式进行数学处理可求装药的半径

$$R_e^2 \underbrace{(\pi L \rho_e)}_{K_0} + R_e \underbrace{\left\{ \pi L \left\{ 2\bar{t}\rho_f \left(1 + \frac{c_1}{4}\tan\theta \right) + \frac{c_1}{2}\bar{t}\tan\theta \rho_e \right\} \right\}}_{K_1} - \underbrace{W_T}_{K_2} = 0 \tag{5.45}$$

297

于是,其二次方程可简化为

$$R_e^2 K_0 + R_e K_1 + K_2 = 0.0 \tag{5.46}$$

根据破片尺寸设计参数表达式,由式(5.46)即可求解炸药半径。

5.5　端面运动破片抛射机理

根据战术弹道导弹战斗部的易损性、脱靶距离和弹目交会破片的末端运动动能,便能确定战斗部的最终形状。依变形装药量的多少,战斗部将形成一个 D 形或非 D 形的外形。2 种战斗部的可能剖面如图 5.13 所示。

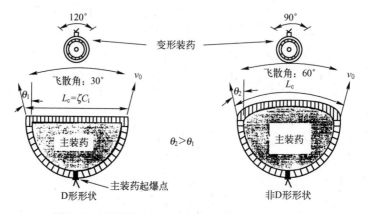

图 5.13　变形战斗部在末段用变形装药控制的形状

破片按速度 v_0 抛射,而杀伤破片的周长为 L_c, $L_c = \zeta C_i = 2\pi R_e \zeta$,其中 C_i 是圆周长。如若变形装药覆盖为 120°弧形,此时战斗部周长的 38% 射向目标。然而,如果变形装药减至 90°时,战斗部周长的 28% 射向目标。D 形外形比非 D 形几何形状有较高的破片分布密度。D 形约有近似 30°飞散角,而非 D 形约有 60°飞散角。以上抛射角的大小将取决于壳体发生的变形量。

有关变形战斗部抛射在目标方向的破片总数为

$$N_{\mathrm{FT}} = \frac{2\pi R_e \zeta L}{c_1 c_2 \overline{t}^2} \tag{5.47}$$

式中:ζ——常数,$\zeta = 0.28$ 或 0.38 主要取决于变形壳体的外形。

如果分析的战斗部处在变化小的相对位置,就能用方程来计算破片的分布密度。战斗部的正视和侧视图如图 5.14 所示。

MD 为脱靶距离,并已知初始静态抛射角为 θ,而且为脱靶距离的函数。

根据破片抛射的总面积,可计算总破片密度。其总面积可根据与战斗部长度和宽度有关的破片飞行的时间来计算。从侧视图可知,变形后的战斗部长度为

$$\mathrm{d}L = L_W + MD(\cot\theta_3 + \cot\theta_4) \tag{5.48}$$

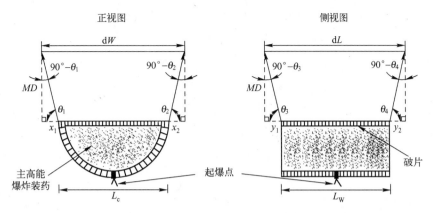

正视图　　　　　　　　　　　　侧视图

图 5.14　D 形装药战斗部的正视图和侧视图
（确定 D 形战斗部破片飞散角大小与脱靶距离有关）

而正视图长为

$$dW = L_c + MD(\cot\theta_1 + \cot\theta_2) \tag{5.49}$$

假设 $\theta_1 = \theta_2 = \theta_{av}$，而 $\theta_3 = \theta_4 = \theta'_{av}$，则

$$dL = L_W + 2MD\cot\theta'_{av} \tag{5.50}$$

而

$$dW = L_c + 2MD\cot\theta_{av} \tag{5.51}$$

破片的覆盖面积为

$$A_F = dL \cdot dW = (L_W + 2MD\cot\theta'_{av})(L_c + 2MD\cot\theta_{av}) \tag{5.52}$$

将上式展开后，得到

$$A_F = L_W L_C + 2L_W MD\cot\theta_{av} + 2L_c MD\cot\theta'_{av} + 4MD^2\cot\theta'_{av}\cot\theta_{av} \tag{5.53}$$

破片的静态密度表达式为

$$\rho_s = \frac{2\pi R_e \zeta L}{c_1 c_2 \bar{t}^2 A_F} = v_s \tag{5.54}$$

　　显然，静态的破片分布密度，可根据静态抛射速度、脱靶距离以及抛射角进行计算求得。但如果考虑目标、导弹速度，则打击目标破片密度将有所改变。静爆状态战斗部的信息数据是动态破片密度的计算基础。除抛射角和破片速度有变化外，动态破片密度的计算方法和静态破片密度的算法是类似的。抛射角和速度向量图如图 5.15 所示。

　　dL_d 为飞散图形的新长度，而新的动态角为 θ_{d1} 和 θ_{d2}。动态破片打击速度为 V_{d1}，而相对速度（关联速度）V_R 即 $V_M + V_T$，对于破片 1 和破片 2 的打击速度可用余弦定律求解。

$$V_{d1} = (V_{S1}^2 + V_R^2 - 2V_{S1}V_R\cos\psi)^{\frac{1}{2}} \tag{5.55}$$

$$V_{d2} = (V_{S2}^2 + V_R^2 - 2V_{S2}V_R\cos\psi)^{\frac{1}{2}} \tag{5.56}$$

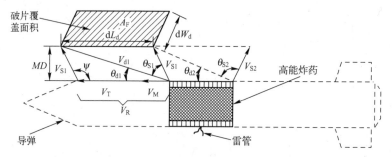

图 5.15　静态抛射速度的向量图

$$\psi = 180° - \theta_{S1} \tag{5.57}$$

动态打击角表达式为

$$\theta_{d1} = \sin^{-1}\left(\frac{V_{S1}}{V_{d1}}\right) \tag{5.58}$$

而 θ_{d2} 可仿照上述同样方法进行计算。动态图形的长度 dL_d 的算式为

$$dL_d = L_W + MD(\cot\theta_{d1} + \cot\theta_{d2})$$

动态效应作用不影响方位方向的角度,故其长度为 $dW_d = L_c + MD(\cot\theta_1 + \cot\theta_2)$。

此时动态面积的表达式为

$$A_d = dL_d \cdot dW_d = [L_W + MD(\cot\theta_{d1} + \cot\theta_{d2})][L_c + MD(\cot\theta_1 + \cot\theta_2)] \tag{5.59}$$

动态时的破片密度为

$$\rho_d = v_d = \frac{2\pi R_e \zeta L}{c_1 c_2 \bar{t}^2\{[L_W + MD(\cot\theta_{d1} + \cot\theta_{d2})][L_c + MD(\cot\theta_1 + \cot\theta_2)]\}} \tag{5.60}$$

根据一个战斗部的设计进程,分析人员应研究撞击在目标上的破片总数,然后根据 D 形或非 D 形外形计算总的打击能量。变形战斗部将随扁平壳体的长度(L)和变形装药宽度(W)的改变而改变,L 和 W 大者破片聚焦效应更佳(随破片飞散角大小而变化),从质量增益和归一化破片速度等方面相比较,可变形战斗部性能优于可瞄准战斗部[5]。如果瞄准选择逻辑预报的目标正好在预报方向的另一侧,则这些破片就不会撞击目标。引信的延期时间方程是根据最大破片速度计算的。有起爆器系统该侧表面破片约以每秒几百米的速率抛射,远低于最大抛射速度。D 形战斗部必须以平面精确对准目标,若边棱瞄准,其边棱效应会使威力性能下降。根据引信的角误差和总的威力要求,设计者应当选择战斗部壳体上需要变形部分的大小,以获得合理的破片飞散角。

通常可变形战斗部性能与一般杀伤爆破战斗部相比,在多种环境情况、较小脱靶量条件下,且直接对准目标时,可获得较高的毁伤目标效果。在多数情况下,指向目标的质量越多则获得的威力越高。与低风险的定向杀爆战斗部相比,可变形柔性战斗部的质量增益高,属风险性兵器。

可变形战斗部技术可利用流体编码仿真进行设计和模拟变形过程、破片抛射和速度计算。DYNA3D 是非线性有限元编码，它可用于模拟变形及抛射过程。DYNA3D 可计算发生变形后的壳体形状。大量变形的炸药、缓冲器和壳厚间的参量变换，可以完成和确定初始战斗部质量和几何形状。

5.6　万向(悬挂)支架战斗部方案

战斗部设计者提出万向支架定向战斗部,用于反击 TBM 目标,这是个极好的选择。国外称其为运动战斗部[2,6]。

万向支架固定式定向战斗部可置于导弹制导部件之前或者位于制导舱段之后。万向支架固定式定向战斗部如图 5.16 所示。

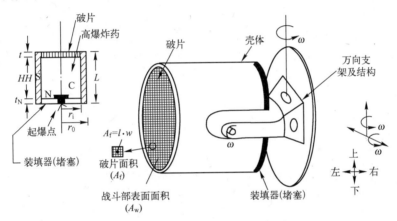

图 5.16　万向支架固定式定向战斗部的构造描述

这种战斗部常设计成通过战斗部前端抛射破片,而不是像大多数常规设计为侧面抛射破片的战斗部。利用金属圆筒作为密封壳体,其后端用金属堵塞(装填器)插入柱壳的尾端,用堵塞厚度调节其最大破片速度,重金属密封会增加最大破片速度,反之,薄金属密封或密封不够会引起爆炸泄漏,因而降低了破片抛射速度。不管破片是单层或者多层,均可根据约束条件和毁伤要求,将其设置在战斗部前表面上。利用单轴或双轴万向支架装置可旋转战斗部对着目标方向。万向支架固定式定向战斗部的设计可使战斗部沿相对速度方向发火。若万向支架有 2 个横轴装置时,这样的战斗部可在任何方向运动。而一个纵轴战斗部只能在一个方向运动。控制破片杀伤战斗部作用的方向性,可简单归纳其作用原理如图 5.17 所示。

在破片杀伤战斗部的炸药柱中,可偏心安置几个传爆管起爆(见图 5.17(a))。当弹目遭遇时,由弹上的目标方位探测装置,测知目标位于导弹径向的某一象限内,于是通过安全执行机构,发出传递起爆信号,使离目标最远的传爆管起爆破片杀伤战斗部,形成的爆炸冲击波方向及其破片共同朝向目标,具有大的动能。这一

301

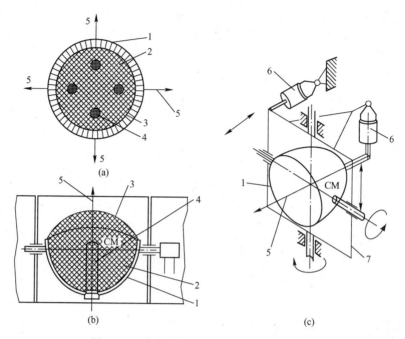

图 5.17　破片杀伤战斗部作用方向性示意图

（a）偏心安装传爆管;（b）转动破片杀伤战斗部;（c）万向悬挂支架上的破片杀伤战斗部。

1—破片杀伤战斗部壳体;2—爆炸装药;3—杀伤体;4—传爆管;

5—破片飞散方向;6—传动机构;7—破片杀伤战斗部悬架框;CM 质量中心。

突出优点,可使破片杀伤战斗部质量减小约 25% 左右。

　　若为相对纵轴(见图 5.17(b))或两个横轴(见图 5.17(c))转动破片杀伤战斗部,采用一个偏心传爆管,亦可得到上述同样的结果。不过此时,破片杀伤战斗部应固定在方向悬架上,并选用专门的传动机构控制,以确保破片飞散朝向目标遭遇点。这样就能显著提高杀伤目标的效率。

　　战斗部的安全执行机构根据非触发引信指令或地面指令,或者当导弹飞过目标超过无线电引信启动的距离时,弹上自毁装置输出指令,输出脉冲信号,引爆战斗部传爆管,继而引爆战斗部。

　　为了防止未经核准的导弹爆炸,需使用几级安全措施保证装备有战斗部导弹的使用安全。为了提高可靠性,通常安全系统的所有机构和电路都是采用双备份结构。

　　配置在导弹上的破片式杀伤战斗部,应考虑便于安装传爆管和供电设备,应设法排除弹体结构部件对战斗部的遮蔽。在破片飞散路径上有厚实的承力部件(大梁、翼、舵面等)时,破片动能急剧下降,使其不足以有效杀伤目标。

　　当导弹内含万向支架战斗部不能达到直接命中来袭 TBM 时,则战斗部将被旋转指向相对速度 V_R 方向。如果战斗部系统无万向支架瞄准战斗部,则整个导弹本身要旋转,使战斗部朝向相对速度方向。导弹飞行期间,战斗部对准目标指向相对速度方向遭遇点,这与短程炮射向目标点很类似。可用图 5.18 来描述上述 2 种情况。

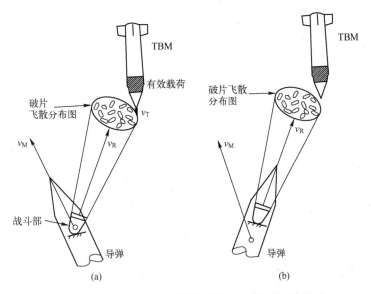

图 5.18　在弹道末段遭遇条件下的万向支架战斗部概念

(a) 转动万向支架系统,使战斗部对准 v_R 方向;(b) 战斗部固定而导弹和相对速度 v_R 方向一致。

万向支架固定式定向战斗部舱及设置位置,应有利于制导舱内制导系统的工作。万向支架战斗部可斜置于导弹中特殊的一边,最终导弹旋转使战斗部朝向目标(见图 5.19)。

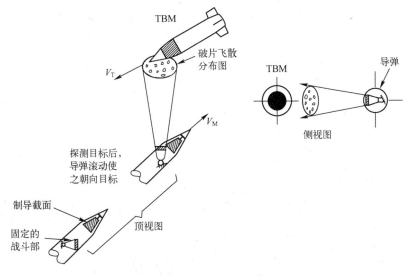

图 5.19　万向战斗部概念—导弹旋转使战斗部对准目标方向

303

显然,导弹必须有足够的精度,不允许引入大的瞄准角度误差,否则只会有少量的初始破片命中目标。这时导弹必须精确地在俯仰和偏航 2 个平面内滚动,不然将发生威力下降的情况。

5.6.1　模型

建立一些方程以便完成战斗部概念参数选择并进行协调研究。总的有效战斗部质量等于

$$W_T = C + M + N + S \tag{5.61}$$

式中:C——炸药装药质量;

　　M——破片质量;

　　S——圆柱壳质量;

　　N——堵塞质量(或称装填器压实板质量)。

而每个构件的方程分别为

$$C = \pi r_i^2 L \rho_e \tag{5.62}$$

$$M = \pi r_i^2 t \rho_M \tag{5.63}$$

$$N = \pi r_0^2 t_N \rho_N \tag{5.64}$$

$$S = \pi L \rho_S (r_0^2 - r_i^2) \tag{5.65}$$

将式(5.62)~式(5.65)代入式(5.61)得到

$$W_T = \pi r_i^2 L \rho_e + \pi r_i^2 t \rho_M + \pi r_0^2 t_N \rho_N + \pi L \rho_S (r_0^2 - r_i^2) \tag{5.66}$$

式中:ρ——表示材料密度;

　　t——破片厚度;

　　t_N——堵塞厚度;

　　r_0——战斗部外半径;

　　r_i——壳体内半径或炸药半径。

根据给定战斗部质量条件下,则可按式(5.66)计算炸药装药半径

$$r_i = \left[\frac{W_T - \pi r_0^2 (t_N \rho_N + L \rho_S)}{\pi L (\rho_e - \rho_S) + \pi t \rho_M} \right]^{\frac{1}{2}} \tag{5.67}$$

根据所期望的破片质量和形状进行破片厚度的计算。设计的壳厚较薄,其破片速度较快;但设计的破片不宜太薄,因为板状破片具有高空阻和低侵彻能力特性。凡是纵横比大于 3 的薄破片,在发射初始阶段,可能导致破裂。破片的质量方程为

$$M_f = twl \rho_M \tag{5.68}$$

其中,wl 为破片宽和长,而宽和长可以设计成破片厚度的函数。设 $w = c_1 t, l = c_2 t$,其中 c_1 和 c_2 为常数,破片尺寸受控于厚度的关系式为

$$M_f = c_1 c_2 t^3 \rho_M \tag{5.69}$$

其中

$$t = \left(\frac{M_f}{c_1 c_2 \rho_M}\right)^{\frac{1}{3}} \tag{5.70}$$

根据破片质量和套筒(壳)厚，便可估算总的破片数。如果 A_W 为战斗部的正面表面面积

$$A_W = \pi r_i^2 \tag{5.71}$$

破片正面面积 A_f 等于

$$A_f = c_1 c_2 t^2 \tag{5.72}$$

则破片总数可用战斗部的正面表面面积与单枚破片表面面积之比来估算

$$N_f \approx \frac{\pi r_i^2}{c_1 c_2 t^2} \tag{5.73}$$

破片层后的炸药长度可看作为头部高度(HH)，根据战斗部总质量便可计算此长度。如果 $L = HH + t_N + t$，则方程为

$$W_T = \pi r_i^2 \rho_e (HH + t_N + t) + \pi r_i^2 t \rho_M + \pi r_0^2 t_N \rho_N + \pi \rho_S (HH + t_N + t)(r_0^2 - r_i^2) \tag{5.74}$$

对上式进行数学处理后得

$$HH = \frac{W_T + \pi r_0^2 [t_N(-\rho_N - \rho_S) - \rho_S t] + \pi r_i^2 [t_N(-\rho_e + \rho_S) + t(-\rho_M - \rho_e + \rho_S)]}{\pi [r_i^2(\rho_e - \rho_S) + \rho_S r_0^2]} \tag{5.75}$$

5.6.2 速度预测

战斗部的初始几何形状是计算的依据。有关破片最大速度可这样估算。一个万向支架战斗部可模拟为不对称夹层结构，可应用 Gurney 方程和推理方法求解。不对称夹层结构如图 5.20 所示。

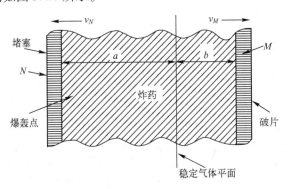

图 5.20 不对称夹层结构的描述

方程中的 a 和 b 标注与稳定爆炸产物气体平面有关。当炸药爆轰后，炸药长度 a 加速板(压实板)N，而长度 b 加速 M 破片。通过动量守恒表达式，战斗部爆轰前后能量表达式，气体产物膨胀遵循线性规律以及气体产物均匀膨胀等假设，可建

305

立不对称结构破片的速度公式[2,3,7]。

$$\frac{v_M}{(2E)^{\frac{1}{2}}} = \left[\frac{1}{3} \frac{1+\left(\frac{a}{b}\right)^3}{1+\frac{a}{b}} + \frac{N}{C}\left(\frac{a}{b}\right)^2 + \frac{M}{C} \right]^{-\frac{1}{2}} \tag{5.76}$$

$$\frac{a}{b} = \frac{\frac{C}{M}+2}{\frac{C}{M}+2\frac{N}{M}} = \frac{C+2M}{C+2N}$$

而

$$v_N = \frac{a}{b} v_M \tag{5.77}$$

战斗部端面安装破片不仅限于单排,也可由多排组成。在战斗部前端面上的破片亦可用机械加工法,将圆板刻成矩形槽,制成半预制破片。

5.6.3　抛射角

设计者利用改变碟形角,或壳体控制器外形可改善战斗部的破片飞散分布图形的大小范围。凹面形或凸面形碟形角可抑制或扩大总的破片飞散图形。平板形时碟形角为0°,如图5.21所示。

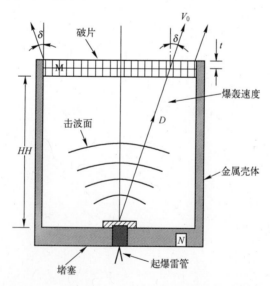

图5.21　平板碟形角的万向支架战斗部破片抛射角

单枚破片质量等于

$$M_F = c_1 c_2 t^3 \rho_m \tag{5.78}$$

若考虑刻痕结构,则 M_F 为(见图 5.22)

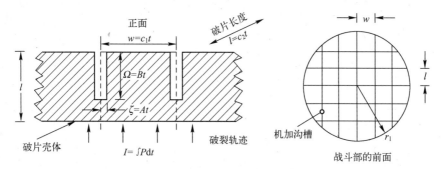

图 5.22 具有矩形刻槽深度的壳体

$$M_F = \rho_m t^3 \left[c_1 c_2 - 2AB(c_1 + c_2) \right] \tag{5.79}$$

其中 A 和 B 表示百分比的常数,表示切口深度与壳厚 t 有关的百分比。

板厚的计算式为

$$t = \left\{ \frac{M_F}{\rho_m \left[c_1 c_2 - 2AB(c_1 + c_2) \right]} \right\}^{\frac{1}{3}} \tag{5.80}$$

其板的总质量将随破片质量而改变

$$M \approx \pi r_i^2 t \rho_m \left[1 - \frac{2AB(c_1 + c_2)}{c_1 c_2} \right] \tag{5.81}$$

上式是根据刻槽尺寸计算所得的板质量。战斗部上总的破片数估算式为

$$N_F \approx \frac{\pi r_i^2}{c_1 c_2 t^2} \tag{5.82}$$

$$N_F \approx \left\{ \frac{M_F}{\rho_m \left[c_1 c_2 - 2AB(c_1 + c_2) \right]} \right\}^{\frac{2}{3}} \tag{5.83}$$

根据所设计的爆炸载荷系数 $\beta = \dfrac{C}{M}$,可以求炸药头部高度 HH。

$$\pi r_i^2 HH \rho_e = \beta \pi r_i^2 t \rho_m \left[1 - \frac{2AB(c_1 + c_2)}{c_1 c_2} \right] \tag{5.84}$$

由式(5.84)可求

$$HH = \frac{\beta t \rho_m}{\rho_e} \left[1 - \frac{2AB(c_1 + c_2)}{c_1 c_2} \right] \tag{5.84a}$$

最终得方程

$$HH = \beta \frac{\rho_m}{\rho_e} \left\{ \frac{M_F}{\rho_m \left[c_1 c_2 - 2AB(c_1 + c_2) \right]} \right\}^{\frac{1}{3}} \left[1 - \frac{2AB(c_1 + c_2)}{c_1 c_2} \right] \tag{5.85}$$

炸药层内可以嵌入多个破片层,这样会导致破片排之间引起不同的速度梯度。

典型的战斗部可产生多重的破片波射向目标如图 5.23 所示。

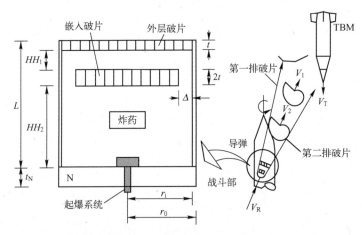

图 5.23　具有嵌埋破片的万向支架战斗部(产生 2 个抛射破片云)

这类带万向支架的战斗部可设置在导弹前面的舱段,或者设置在传统的战斗部舱内。内、外层破片间的速度梯度主要用头部高度 HH 与嵌入破片质量比值来控制,嵌埋破片的抛射特性与 $\dfrac{C}{M}$ 比值有关。

$$\frac{C}{M} = \frac{\pi r_i^2 HH_2 \rho_e}{\pi (r_i - \Delta)^2 2t\rho_m} \tag{5.86}$$

内、外层破片速度有别主要与 $\dfrac{C}{M}$ 比值有直接关系,内、外层的 $\dfrac{C}{M}$ 差值用 $\Delta \dfrac{C}{M}$ 表示。

$$\Delta \frac{C}{M} = \frac{\rho_e [r_i^2 (HH_2 + HH_1) + 2t\Delta(2r_i - \Delta)]}{r_i^2 t\rho_m} - \frac{r_i^2 HH_2 \rho_e}{2t\rho_m (r_i - \Delta)^2} \tag{5.87}$$

这些 $\dfrac{C}{M}$ 比值,代入速度预估方程,便可达到破片排之间不同的最大速度。如果破片速度梯度太大,特别当有较大的交会角时,第二层破片可能会脱靶。

合理选择起爆点,实施瞄准逻辑程序,可以改变破片飞散方向图形。通常选择起爆网络置于装填炸药的后面,便可改变破片飞散方向和密度。这项技术能使破片飞散分布图的大小和方向偏向于预测目标瞄准点。战斗部上的起爆网络如图 5.24 所示。

多点起爆(引爆),破片飞散图为楔形图形,增加了破片散布域的能量密度。但其瞄准远比中心起爆严格。中心起爆能产生半角为 10°~15° 的破片飞散图形。如果是在端底边上起爆。则破片在相反方向以 10° 角偏离方向抛射。若为嵌入战斗部,嵌件为碟形或带曲线斜面,则破片抛射角是增加还是减少如图 5.25 所见。

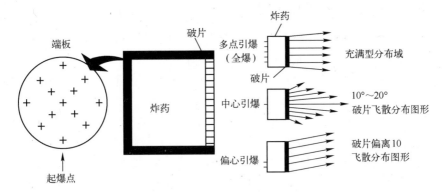

图 5.24 选择破片飞散图形控制破片抛射方向

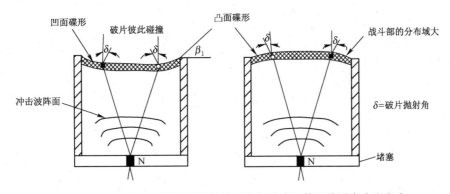

图 5.25 凹面、凸面碟形角战斗部构形控制破片飞散的范围大小和方向

在图 5.25 中,β_1 角称为碟形角,而 δ 角为破片抛射角,并随脱靶距离和遭遇几何图形而改变。设计 β_1 角,其目的是为了优化杀伤。关于 δ 角可随每个破片所在位置用 Shapiro 公式进行计算。

5.7 破片杀伤战斗部重量和单发导弹毁伤概率间的近似关系

导弹的基本方案、各分系统体制确定后,便可按照功能效率原则,求解其核心内容,即向目标发射一发导弹时对单个目标的杀伤(毁伤)概率。这是所有破片杀伤战斗部设计的共性问题[6,8,9]。

用一发防空导弹杀伤目标是个复杂的随机事件,而且它始终由随机时间发生的 2 个随机事件组成。

第一个随机事件是指导弹的战斗部在脱靶量为 R 的空间点处爆炸,这个事件的命中概率可用射击的制导控制误差规律 $f(R)$ 来确定。实验表明,这些误差的散布中心与目标中心重合,且服从圆分布律时,则脱靶分布概率服从瑞利定律

$$f(r) = \frac{r}{\sigma^2} \exp\left(-\frac{r^2}{2\sigma^2}\right) \tag{5.88}$$

式中：σ——脱靶均方根值。

第二个随机事件是在脱靶量为 r 时爆炸的导弹战斗部的杀伤元素毁伤目标。这个事件的概率可用目标毁伤条件定律 $G(r)$ 来确定。假定条件与第一随机事件相同，此定律 $G_0(r)$ 是与导弹战斗部类型和特性，无线电引信的参数；弹目遭遇条件（如弹目速度矢量模和方向，遭遇点处高度等），以及目标易损性等因素有关的函数。当制导和控制误差为圆分布时，引信的启动散布量不考虑（即非触发引信启动作用距离大于脱靶量 r），则目标毁伤定律的近似式为

$$G_0(r) = \exp\left(-\frac{r^2}{2R_0^2}\right) \tag{5.89}$$

式中：R_0——目标坐标条件毁伤特性参数，数值上等于脱靶量时，目标毁伤条件概率为 0.606。

单发导弹的目标杀伤概率为

$$P_1 = \int_0^\infty f(r) G_0(r)\,\mathrm{d}r = \int_0^\infty \frac{r}{\sigma^2} \exp\left[-\frac{r^2}{2}\left(\frac{R_0^2 + \sigma^2}{R_0^2 \sigma^2}\right)\right]\mathrm{d}r \tag{5.90}$$

令 $t = -\dfrac{r^2}{2}\left(\dfrac{R_0^2 + \sigma^2}{R_0^2 \sigma^2}\right)$，经变量变换后得

$$P_1 = \frac{1}{1 + \left(\dfrac{\sigma}{R_0}\right)^2} \tag{5.91}$$

当有动态误差时，散布中心与目标中心不重合，这时脱靶分布命中概率密度就应采用下列函数形式

$$f(r) = \frac{r}{\sigma^2} \exp\left[-\frac{r^2 + r_0^2}{2\sigma^2}\right] I_0\left(\frac{rr_0}{\sigma^2}\right) \tag{5.92}$$

式中：r_0——系统（动态）误差的数学期望值；

$I_0\left(\dfrac{rr_0}{\sigma^2}\right)$——零阶贝塞尔函数。

根据复杂事件概率乘法定理，则单发导弹毁伤目标概率为

$$P_1 = \int_0^\infty \frac{r}{\sigma^2}\mathrm{d}r \exp\left[-\frac{r^2 + r_0^2}{2\sigma^2}\right] I_0\left(\frac{rr_0}{\sigma^2}\right) \exp\left(-\frac{r^2}{2R_0^2}\right) \tag{5.93}$$

将式（5.93）积分，并经变换后得解析式为

$$P_1 = \frac{R_0^2}{R_0^2 + \sigma^2} \exp\left[-\frac{r_0^2}{2\sigma^2}\left(1 - \frac{R_0^2}{R_0^2 + \sigma^2}\right)\right] \tag{5.94}$$

如果导弹系统不存在系统误差（$r_0 = 0$）时，单发导弹的毁伤概率可按式（5.91）

计算。而式(5.94)就可改写成

$$P_1 = P_{1,r_0=0} \exp\left[\left(-\frac{r_0^2}{2\sigma^2}\right)(1-P_{1,r_0=0})\right] \qquad (5.95)$$

据国外资料报道[11],俄罗斯的地空导弹射击效率水平已达到:对飞机的毁伤概率不小于90%;对弹道导弹毁伤概率不小于80%;对付其余战斗部的毁伤概率不小于70%。

或者,将式(5.93)积分简化成表格形式,并经必要换算后,得到

$$P_1 = \frac{1}{1+\overline{\sigma}^2}\exp\left[-\frac{\overline{r}^2}{2(1+\overline{\sigma}^2)}\right] \qquad (5.96)$$

式中:$\overline{r} = \dfrac{r_0}{R_0}$ ——系统误差的归一化数学期望值;

$\overline{\sigma} = \dfrac{\sigma}{R_0}$ ——归一化起伏制导误差的均方根值。

对于导弹命中(遭遇)点的弹道散布概率偏差服从椭圆分布规律(即 $\sigma_y < \sigma_x$),散布中心与目标中心重合,此时,单发导弹毁伤目标的概率模型应另行建立和求解[9]。

由式(5.91)和式(5.96)可知,功能效率主要取决于3个参数:r_0,σ,R_0。R_0,σ基本上与控制系统和导弹的机动性能有关。设计时其值可按导弹运动和控制的方程组求解或者在计算机上用控制元件实物进行模拟飞行确定。参数 R_0 表征导弹战斗部类型、目标遭遇条件以及目标易损特性。确定此参数的依据是战斗部的质量 M_W。当新研制战斗部与制式原型战斗部足够近似时,可选用下列表达式

$$R_0 = R_0^* \sqrt{\frac{M_W}{M_W^*}} \qquad (5.97)$$

式中,标注 * 号,表示原型的参数。若无原型时,则可近似地用下列公式

$$R_0 = K_R \sqrt{M_W} \qquad (5.98a)$$

$$M_W = \left(\frac{R_0}{K_R}\right)^2 \qquad (5.98b)$$

式中:K_R——综合考虑了战斗部类型、目标遭遇条件和目标易损性的系数。某些典型空中目标系数 K_R 的平均值如表5.1所列。

表5.1 某些空中目标的系数 K_R 平均值

目标类型	A-10	F-15	F-105	B-52	B-1A	Cy-7E	Ty-16M
K_R	1.10	1.22	3.80	2.24	2.20	3.20	3.20

通常在毁伤轰炸机时,为了估算战斗部参数,可初步取 $K_R = 2.00 \sim 2.50$,当给定脱靶量 R_0 时,便可用式(5.98b)求 M_W,利用战斗部装填系数公式 $K_\alpha = \dfrac{m_c}{M_W} = \dfrac{C}{M_W}$,

其中 $m_c = C$ 为战斗部炸药装药量，初步选取 K_α 值，由 K_α 式便可求装药量 C（或 m_c）。结合战斗部结构简图，便可估算破片式杀伤战斗部的其他威力参数，如破片的初速、飞散角等。经多次循环、计算和试验验证，最后在功能质量、技术质量等方面应满足使用部门和导弹总体对战斗部的要求。

用于反 TMB、巡航导弹和高性能战机的战斗部，断面除用破片方案外，还可选用高速质点流体和杵体方案、多个 EFP 对称方案，亦可选用新型结构安置柱形杆或变角形杆杀伤元素方案。

参 考 文 献

[1] M Held. The Shaped Change Potential. 20TH International Symposium on Ballistics. Orlando. FL. 23-27, September, 2002.

[2] Richard M Lloyd. Conventional Warhead Systems Physics and Engineering Design. Volume 179, Progress in Astronautics and Aeronautics, 1998.

[3] J Carleone, (ed). Tactical Missile Warheads. Vol. 155, Progress in Astronautics and Aeronautics, AIAA. Washington. DC, 1993.

[4] W Walter. Fundamentals of Shaped Charges. CMC Press. 1989/1998.

[5] M Held. Air Targets Warheads, Int. Defense Review. 719-724, 1975.

[6] Голуьев ц с, Светлов в г. ПРОЕКТИРОВАНИЕ ЗЕНЦТНЫХ УПРАБЛЯЕМЫХ РАКЕТ [M]. Москва: Издателбство. МАИ. 1999.

[7] 张宝平, 张庆明, 黄风雷. 爆轰物理学. 北京: 兵器工业出版社, 2001.

[8] ф К 纽波柯耶夫. 地空导弹射击. 迟国良, 译. 北京: 第五空军研究所, 1983.

[9] Ю В ЧУЕВ, П М МЕЛЬНИКОВ, С И ПЕТУХОВ. Г Ф СТЕПАНОВ, Я Б ШОР. ОСНОВЫИ ССЛЕДОВАНИЯОПЕРАЦИЙВ ВОЕННОЙ ТЕХНИКЕ. ИЗДАТЕЛЬСТВО 《СОВЕТСКОЕ РАДИО》МОСКВА-1965.

[10] 战术导弹设计. 张天光, 等译. 中国空空导弹研究院, 2003.

[11] M Held. Aimable Fragmenting Warheads. 13th International Symposium On Ballistics. Stockholm Sweden. Vol. 2, 539-548, 1992.

第6章　深侵彻战斗部技术

6.1　概　　述

地下防护工程的发展是与现代信息化高技术战争密切相关的。现代弹药的特点是:"发射后不管","发现即命中","命中即击毁"。所以一些重要的高价值目标,如指挥决策机构和先进的指挥、控制通信、计算机、情报、监视和侦查(C⁴ISR)网络;导弹发射井都只好转入地下。以避免精确打击。为了提高侵彻弹头的穿入,都选用了特殊的加强型钢筋混凝土结构。结构的主要特点是集多种功能于一体的高强工程结构。防护工程中除采用高标号水泥外,常用的钢材为 I 级 A_3 和 A_5 钢,有时用 II、III、IV 级高碳高强低合金钢。故这些地堡具有很强的抗侵彻和抗爆炸破坏能力。信息化战争的特点是信息—火力一体化的战争,就是要把指挥决策机构作为主要打击对象,实现快捷的斩首战术。为此,必须做到对目标能精确定位和配合强大的高威力性能的战斗部。

据现有资料报道,国外已装备和正在开发研制的反深层的常规侵彻弹药武器主要有:半穿甲型钻地战术导弹、复合型(聚能+半穿甲随进)战斗部战术导弹、钻地制导炸弹、反跑道钻地炸弹、穿甲和半穿甲型炸弹,还有由核战略武器弹头改装而成的高技术常规深钻地弹武器[1]。

由于地下目标的坚固性和复杂性,对付这样的掩埋目标,需要用大长细比动能型贯穿战斗部,并跟随爆炸破片,会获得非常好的效能。属于此类的现役导弹有CALCM、GBU-28、GBU-31、JDAM 和 SHOC 等,都是又大又重,这种类型的导弹一个重要的技术关注点是碰撞目标时,应避免战斗部折断。所以,这类战斗部设计时应考虑头部形状、质量、壳体材料和直径。另外其炸药和引信应该经受住很大的减速过载,不发生早炸或失效。

6.1.1　典型的地下坚固目标

世界上许多国家的军事指挥、控制中心(如 C⁴ISR),战略弹道导弹发射井、高价值武器库等重要军事设施,都采用了坚固的防护措施。而从 20 世纪 90 年代开始,国际上有关反跑道、反掩埋目标武器的毁伤效应研究,已成为军工界的热门课题。了解一些典型目标特性和背景数据,对于精确打击和"穿透"自动化等技术问题的分析和解决是至关重要的,对研制和改进进攻和防御武器系统都是很有益的。

亦符合未来网络中心战的需求。

大型固定指挥中心掩体必须能承受常规、核和生化等武器的破坏。指挥中心主体建筑为多层结构,外壳用钢筋混凝土筑成,能抗454kg以上炸弹的爆炸毁伤效应。例如,法国巴黎三军参谋部作战指挥中心为5层结构(地上3层地下2层),深达10m,全部为钢筋混凝土筑成。又如日本的中央指挥中心地上2层地下3层,深达30m。其指挥中心便设在地下的1层~2层。

俄罗斯供最高层领导使用的特种掩体,其抗破坏能力应≥6.87MPa(70kg/cm²),通常位于地下20~40m深处。主要部门的一级掩体抗力达1.37~2.06MPa(14~21kg/cm²)。一般重要设施,大型公共场所(如地铁、隧道)等掩体抗力应达≥0.98MPa(10kg/cm²)。

伊拉克的飞机掩体混凝土壁厚为1.02m,顶棚加固厚度为1.2m,上还有沙土伪装,整个厚度达3.7m。防火门厚5.0~7.6cm,质量约40t。下设1m多深水垫,抵消轰炸时的冲击力,抵御凝固汽油弹武器的袭击。在大门前面30m处还设防爆墙,以防各种弹的攻击。而北约国家的飞机掩体,形状为拱形,外层为钢筋混凝土构成,内层为双层波纹衬,拱壁厚度为150mm~170mm,后壁厚为400mm钢筋混凝土结构。

关于舰艇掩体目标,据资料报导,瑞典海军在穆斯基奥岛开凿长×宽=300m×15m的地下隧道,可容纳16艘潜艇和导弹快艇。法国洛里昂海军基地建设的钢筋混凝土掩体长×宽=180m×150m。有7个长77~92m,宽15~20m的坞池,可容纳15艘~20艘潜艇和快艇。目前统计西欧和中东共有10个海军基地和港口建有地下山岩掩体和钢筋混凝土掩体。总共可容纳100多艘舰艇。

6.1.2 反地下深层坚固目标弹药

有坚固的地下目标出现,就必然会发展强穿透力的弹药。这是弹、目之间的斗争发展规律,是一对永恒的主题。20世纪90年代初美英德法四国国防部提出研制高穿透能力的弹药。指标是穿透6m厚钢筋混凝土防护楼板,继而爆炸毁伤地下目标。研制的高穿透、大威力战斗部已在高技术局部战争(如海湾战争和科索沃战争)中亮相。例如BLU-113/B穿混凝土的战斗部,将其安装在GBU-28/B "宝石路"激光制导炸弹和GBU-37全球定位系统制导炸弹上。有F-15战斗机的下悬挂点和B-2A战略轰炸机的弹舱携带。在实战使用中取得了显著的战果。

穿地弹战斗部的模式,目前报导有2种类型:双模型(聚能开坑+动能穿甲随进爆炸)复合型战斗部;另一种是单模式动能穿甲爆破型。

一、复合型战斗部

复合型战斗部实质上是一种串联式配置战斗部。它对混凝土的穿甲机理是靠聚能效应和动能穿甲效应来实现的。前置战斗部为聚能型用于开坑,紧跟其后的是随进动能战斗部继续沿其形成的弹坑向前侵彻。有时后置战斗部称为主战斗部。

前置战斗部其开坑质量水平与聚能装药及直径大小有关,与药型罩的罩形设计和材料选择有关。而后继随进战斗部的穿深能力主要与冲击速度、弹目相互作用二者的物理参数(如密度、硬度、极限强度……)、战斗部的外形和其断面比重等有关。这种战斗部的技术难点是如何协调好前、后战斗部作用,以及彼此间作用的干扰效应。试验得知,500kg 串联配置的侵彻混凝土战斗部,其冲击目标速度等于260~335m/s 时,可穿过 6~9m 厚均质土壤,后继随进战斗部可穿透 3~6m 厚的钢筋混凝土板。与普通的一般常规混凝土破坏弹相比,这种战斗部的突出优点是具有以较小的动能(但比动能不见得小)、较大的接近角(战斗部纵轴与撞击点切面之间夹角)和较小的攻击角(撞击时战斗部纵轴与弹头质心速度矢量之间的夹角)破坏目标。

二、单模式动能半穿甲型战斗部

这种模式的战斗部必须具有相当大的动能(或比动能),所以对战斗部壳体强度要求很高。为此,需要研制生产高强度弹头合金材料。选用试验和理论相结合的方法,确定最佳弹头形状和尺寸。美国认为这种模式的战斗部优点是:结构简单、成本低、风险小。所以美国认准此种方案,其采取的技术措施是:减少炸药装药量和战斗部数目;增加战斗部的外壳厚度,使结构简化,降低成本(与串联模式比)。重点是增加战斗部质量/横截面积之比(简称断面比重),以利于提高穿透能力。实验研究表明,对于质量为 1000kg 左右的单模式动能半穿甲弹战斗部,撞击速度等于 300m/s 时,在穿甲 18~36m 厚的均质土壤后,还能继续穿破 1.8~3.6m 厚的钢筋混凝土板。

据一定量的试验数据统计得知,不同目标介质,遭受同一种聚能型战斗部的穿靶能力是不一样的。对钢靶和混凝土靶的侵彻能力比分别为 1:1.3 左右。而同一种动能型战斗部对混凝土靶和土壤的侵彻能力之比分别为 1:7.5 左右,或其比更大。

三、反地下目标的典型战斗部

地下目标就是掩埋坚固目标,主要指地下指挥部和掩体等。对付这类目标结合当前的科技水平和所要获得的预期破坏效果,采用大长细比的动能式半穿甲型战斗部是一种风险较小的方案。由于这种战斗部又细又长,又大又重,如何确保战斗部撞击目标时不被折断,又如何确保碰击目标时强冲击载荷下炸药装药的安定性,以及引信适时作用的可靠性,这是战斗部设计中会遇到的技术难点。

下面是一些典型的现役反深层目标战斗部的主要性能参数(见表 6.1)。今后将发展高效智能型、隐蔽型反深层战斗部。

表 6.1　典型的攻击混凝土战斗部性能

战斗部型号	战斗部质量 /kg	战斗部质量 /横截面积 /(kg/cm²)	前罩聚能装药 /主战斗部装药 /kg	均质土壤+钢筋 混凝土穿深/m （300m/s 冲击速度下）
MEPHISTO[①]	500	0.92	45/56	6.1~9.1+3.4~6.1
BROACH[②]	450(205+245)	0.77	91/55	6.1~9.1+3.4~6.1
Lancer	450	0.77	91/55	6.1~9.1+3.4~6.1
AUP-3[③]	750	1.30	55	24.4~36.6+2.4~3.4
J-1000[④]	435	0.64	109	6.1~24.4+1.2~2.1
BLU-109	890	0.81	243	12.2~30.5+1.5~2.4
BLU-113	2130	1.89	306	24.4~36.6+3~6

① MEPHISTO：Multi-effect Penetrator High Sophisticated and Target Optimized。
② BROACH：British Royal Ordnance Augonented charge，应用于美英"宝石路"Ⅲ，BROACH 质量为 245kg，穿混凝土 4m；法国飞马（PEGASE）质量为 720kg/1300kg 战斗部质量为 245kg，侵彻混凝土 4m；美国 JSOW，质量为 1022kg，BROACH 质量为 245kg，侵彻混凝土 4m；法英合制"风暴亡灵"巡航导弹上亦配置 BROACH。BROACH 为二级串联型，威力比相同质量级侵彻战斗部高 1 倍以上。
③ AUP-3(BLU-116/B)装备 GBU-24"宝石路"激光制导炸弹和 AGM-86D 空射巡航导弹，战斗部用高强镍、镉钢制成，质量、尺寸与 BLU-109/B 战斗部相近，底部装 FMU-157/B 硬目标智能引信。
④ 专用于 AGM-158(JASSM)。也可作为宝石路，GBU-29，GBU-30 制导炸弹战斗部。该弹（JASSM）配 FMU-143A/B 或 FMU-152B 引信。宝石路激光制导炸弹配 FUM-152（硬目标灵巧引信）

6.2　战斗部对介质的侵彻理论

战场目标介质是多种多样的，其结构、功能和组成的物理力学性能是极其复杂的。从毁伤目标考虑，则所设计的战斗部最好是一种类型，且具有能够对付多种类型目标介质的功能效应（侵彻、爆破、破片杀伤、燃烧……）。从实战需求来说，对土壤、钢筋混凝土和金属装甲或复合装甲等的侵彻效应，始终是终点弹道研究的主要内容之一。

6.2.1　对土壤、岩石等介质的侵彻作用

确保侵彻作用是增大爆破效应的重要前提条件。大地介质构造种类繁多，抗弹侵彻性能很复杂。所以，长期以来，主要靠试验和分析获取有用数据。假设侵彻弹（或战斗部）为刚体，以稳定弹道对土壤侵彻，其一般运动方程为

$$-\frac{\mathrm{d}^2 z}{\mathrm{d}t^2} = a_1 + a_2 \frac{\mathrm{d}z}{\mathrm{d}t} + a_3 z + a_4 \frac{\mathrm{d}z}{\mathrm{d}t} z + a_5 \left(\frac{\mathrm{d}z}{\mathrm{d}t}\right)^2 \tag{6.1}$$

式中：z 是弹沿侵彻弹道的行程，系数 a_1, a_2, a_3, a_4, a_5 与介质材料性质、弹头的几何形状以及弹与介质间的相互作用参数等有关。解此方程可以求穿深（l_{np}）。

已知撞击土壤速度为 v_s，代入边界条件；当侵彻开始时间 $t = 0$ 时，$\frac{\mathrm{d}z}{\mathrm{d}t} = v_s$，$l_{np} =$

0；当侵彻深度为 $z = l_{np}$ 时，$\dfrac{\mathrm{d}z}{\mathrm{d}t} = 0$。根据侵彻试验数据，估算方程中的有关常系数[2,3]。以此方程为基础，Robin – Euler、Poncelet、Petry、Resal、Allen's 以及 Майевский 等国外学者都提出了有关土壤、岩石等的侵深计算公式[4,5]。

一、Poncelet 方程

Poncelet 假定，弹为刚体，稳定运动弹的侵深随速度而变化的方程为：

$$l_{np} = \frac{M_w}{2a_5 A} \ln\left(\frac{a_1 + a_5 v_s^2}{a_1 + a_5 v^2}\right) \tag{6.2}$$

当 $v = 0$ 时，得到最大的侵深。

$$l_{np} = \frac{M_w}{2a_5 A} \ln\left(1 + \frac{a_5 v_s^2}{a_1}\right) \tag{6.3}$$

式中：M_w 是弹的质量，A 是弹的横截面积，v_s 是撞击速度，v 是任意侵彻瞬间速度，a_1，a_5 是常系数（有量纲）[6]，l_{np} 是沿直线弹道的距离，如果是斜侵彻，则应乘以 $\cos\theta$ 才是侵深。θ 是命中角（弹轴与介质平面法线间夹角）。射弹在一定时间（例如引信装定时间）的瞬时穿深为

$$l_{np} = \frac{M_w}{2a_5 A} \ln \frac{\cos\left(\tan^{-1}\sqrt{\dfrac{a_5}{a_1}}\, v_s\right) - \sqrt{\dfrac{a_1 a_5}{M_w}}\, A_t}{\cos\left(\tan^{-1}\sqrt{\dfrac{a_5}{a_1}}\, v_s\right)} \tag{6.4}$$

二、Майевский 公式

1. 侵彻全行程

$$l_{npmax} = \frac{G_w}{2abg\pi R^2 \lambda} \ln(1 + bv_s^2) \tag{6.5}$$

2. 任意侵彻时间，对应于任意侵彻速度

$$t = \frac{G_w}{g\pi R^2 \lambda \sqrt{a^2 b}}(\arctan^{-1} v_s\sqrt{b} - \arctan^{-1} v\sqrt{b}) \tag{6.6}$$

式中：G_w 是射弹质量，g 是重力加速度，R 是弹最大半径，λ 是头部形状系数，$\lambda = 1 + 0.3\left(\dfrac{h_{头}}{D_{头}} - 0.5\right)$，这里 $\dfrac{h_{头}}{D_{头}}$ 是弹头部弧形的高度和直径之比，a，b 是与介质性质有关的系数[4]。

当 $v = 0$ 时，可得最大侵彻时间

$$T = \frac{G_w}{g\pi R^2 \lambda \sqrt{a^2 b}}\arctan^{-1} v_s\sqrt{b} \tag{6.7}$$

317

三、Березанская 公式

这是在别列赞岛上经大量试验而建立的纯经验公式,是个比较实用的工程应用的公式。

射弹的侵彻深度

$$l_{np} = \lambda_w K_n^* \frac{G_w}{D^2} v_s \cos\theta = \lambda_w K_n \sqrt{\frac{K_w}{K_w^*}} \frac{G_w}{D^2} v_s \cos\theta \qquad (6.8)$$

式中:l_{np} 是欲求射弹的侵彻深度(m);λ_w 是射弹形状系数,对射弹头部弧形部高 $\leq 1.5D$ 时,取 $\lambda_w = 1$,弹头弧形部高 $\approx 2.5D$ 时,取 $\lambda_w = 1.3$;D 是射弹最大直径,θ 是命中角(°);v_s 是撞击速度;K_n^* 为欲求射弹的侵彻介质系数;$K_n^* = K_n \sqrt{\dfrac{K_w}{K_w^*}}$,这里 K_w^* 是欲求射弹系数的相对弹质量系数$\left(K_w^* = \dfrac{G_w}{D^3} \right)$;$K_n$ 是介质系数(见表6.2),是通过标准弹的相对弹重系数 $K_w = \dfrac{G_{w0}}{D_0} = 15 \mathrm{kg/dm^3}$ 而得到。其中 G_{w0},D_0 分别为标准弹的弹质量和直径。说明 K_n 是在一定条件下得到的,所以它不是定值,对新设计的战斗部则应用 K_n^*。

表 6.2 介质性质系数

介质性质	$K_n / (\mathrm{m^2 \cdot s \cdot kg^{-1}})$	实验条件
密实的花岗石和花岗石的岩石,坚硬砂岩	0.60×10^{-5}	$K_n = \dfrac{2}{\sqrt{K_T \pi g K_w}}$
一般砂岩和石灰岩,沙土片岩和粘土片岩	0.30×10^{-5}	
软片岩,石灰石,冻的土壤	0.45×10^{-5}	K_T——与目标介质性质相关的阻力系数
碎石土壤,硬化粘土	0.45×10^{-5}	
钢筋混凝土	0.09×10^{-5}	$\pi = 3.1416$
混凝土	0.13×10^{-5}	$g = 9.81 \mathrm{m/s^2}$
水泥的砖筑彻物,圆石头筑彻物	0.25×10^{-5}	
新堆积的颗粒土壤	1.30×10^{-5}	$K_w = \dfrac{G_{w0}}{D_0} = 15 \mathrm{kg/dm^3}$
潮湿的土和沼泽地	1.00×10^{-5}	
新路面	0.90×10^{-5}	
密实粘土	0.70×10^{-5}	
密实土	0.65×10^{-5}	
干粘土	0.60×10^{-5}	
干沙质土	0.50×10^{-5}	
木材	0.60×10^{-5}	

四、彼得里公式

射弹的侵深表达式为

$$l_{np} = \frac{G_w}{D^2} \chi_n f(v_s) \cos\theta \qquad (6.9)$$

式中：χ_n 为介质的性质系数（见表 6.3），$f(v_s)$ 为撞击速度函数[5]。

表 6.3　目标介质性质系数 χ_n

目标介质类型	$\chi_n/(\text{m}^2 \cdot \text{s} \cdot \text{kg}^{-1})$
石灰岩	0.43
石头筑彻物	0.94
中等质量混凝土	0.64
砖筑彻物	1.63
砂土	2.94
植物覆盖土壤	3.86
软粘土	5.87

对土壤、岩石等介质的侵彻，除上述经验和半经验公式外，在美国 R. S. Bernard 和 D. C. Creighton 等人已利用先进的计算机数值模拟技术，对所得结果和各种试验数据做了对比分析，最终研发成 PENCO 计算程序编码。可用来预估新型射弹的侵彻能力和弹体承受的冲击载荷，为工程技术设计提供了科学依据。

6.2.2　对金属目标介质的侵彻作用

射弹对金属目标的侵彻是一种硬毁伤技术，在军事上广泛利用它来破坏各种金属防护目标。这类实例很多，如导弹反击 TBM，多管小口径高炮弹丸近程反导，导弹攻击舰艇，以及杆式弹打击坦克装甲车辆等问题，都可归结为射弹（或战斗部、杆弹等）对金属靶的侵彻作用。如果射弹内含高能炸药，撞击目标时，不仅有侵彻效应，而且还具有高威力的爆破效应。当前在坦克车辆上已采用金属装甲＋陶瓷＋特种塑料组成的复合装甲（国外称乔巴姆装甲）防护技术，金属装甲层使射弹减速，陶瓷层使射弹破碎，塑料层吸收毁伤因子的动能。下面重点讨论射弹对金属靶的撞击、侵彻和穿靶效应。

一、靶元在撞击中产生的现象

射弹（或弹体、战斗部、侵彻体、靶弹等）与金属靶板撞击时，开始以不同的运动状态发生接触，然后各自按相互协调运动的需要，产生变形。弹（杆）—靶接触后在可能的变形中，有 2 种极端情况，一是靶为刚体，杆被压扁；二是杆的冲击端不屈服，而靶上打出杆端相应的坑。介于二者之间为杆端有压扁变形，靶上形成与杆端相应的深坑。

杆与靶撞击行为与撞击速度有关,杆与靶平面垂直碰撞时,若为弹性碰撞,则杆中的弹性波为 $C_{op} = \sqrt{\dfrac{E_p}{\rho_p}}$,其中 E_p,ρ_p 分别是杆的弹性模量和密度。而靶体中膨胀压缩弹性波传播速度 $C_{Dt} = \sqrt{\dfrac{(\lambda_t + 2G_t)}{\rho_t}}$,其中 λ_t,G_t 为 Lame 常数,$G_t = \dfrac{E_t}{2(1+\upsilon_t)}$,$\upsilon_t$ 是波松比,E_t 是弹性模量,ρ_t 是靶材料密度。

弹性碰撞条件下,杆和靶内碰撞波的传播速度分别为

$$v_1 = \frac{v_E}{1+\dfrac{\rho_p C_{op}}{\rho_t C_{OD}}} \qquad v_2 = \frac{v_E}{1+\dfrac{\rho_t C_{Dt}}{\rho_p C_{OD}}} \tag{6.10}$$

式中:v_E 是接触面的真实速度,$v_E = v_1 + v_2$。

当杆—靶之间的接触应力 σ_c 等于杆或靶材的压缩屈服应力 σ_{sc} 时,则杆或靶材必然产生永久变形。与此 σ_{sc} 有关的碰撞速度,是一种弹性碰撞的临界极限速度 v_{Ec},有时称为霍柯氏极限速度。

$$v_{Ec} = \sigma_{sc}\left(\frac{1}{\rho_p C_{op}} + \frac{1}{\rho_t C_{Dt}}\right) \tag{6.11}$$

对于球头弹体的极限速度会比上式的求值低很多。

在 v_{Ec} 速度以上的杆—靶碰撞,即进入塑性变形的范畴。当弹、靶为相同钢材时,则 $v_{Ec} \leqslant 100\mathrm{m/s}$ 量级。

当穿甲速度大于 v_{Ec} 时,在弹—靶材料中会发生各种现象,其中包括弹性、塑性和流体动力学的波传播、局部或整体的变形等。

薄板靶元非穿孔性塑性变形的弹体撞击速度 v_p 有 2 个极限,下限为 v_{Ec},上限为使靶元流动变形的极限速度 v_{pc}(此时打击速度 $> v_{pc}$)

$$v_{pc} = \sqrt{\frac{\sigma_s^d}{\rho_t}} \tag{6.12}$$

式中:σ_s^d 是靶元材料的动态屈服强度,对于钢材 $v_{pc} \approx 500\mathrm{m/s}$ 左右。因此,下式成立

$$v_{Ec} \leqslant v_p \leqslant v_{pc} \tag{6.13}$$

对厚靶靶元的撞击,其塑性变形减少(因厚靶挠度很小),其局限在靶元撞击面一边很小的局部,形成一个弹坑。

总之,靶体遭遇各种速度的弹体撞击中经历的各种现象,主要有弹性波、塑性波、流动波的传播以及摩擦生热等导致局部变形和整体变形。打击速度达 v_{pc} 后流动就开始了。通常认为当撞击速度达到与材料体积压缩模量 K_t 有关的传播速度 v_{HC} 以后会产生质的变化,即产生流动变形的撞击速度,v_H 处在 v_{pc} 和 v_{HC} 之间

$$v_{pe} \leqslant v_H \leqslant v_{HC} = \sqrt{\frac{K_t}{\rho_t}} \tag{6.14}$$

式中：K_t 为靶体积压缩模量；通式为 $K = \dfrac{E}{3(1-2\upsilon)}$，其中 E, υ 分别为弹性模量和泊松系数。

当撞击速度超过 v_{HC} 后，变形速度 ≥ 固体中压缩波的传播速度，从而在固体中形成激波。有关这方面的研究内容报导很少。

在一些专著中[7]，其选用的打击速度范围称为"流动力学状态"变化范围，即

$$\sqrt{\frac{\sigma_s^d}{\rho_t}} \leqslant v_H \leqslant \sqrt{\frac{K_t}{\rho_t}} \tag{6.15}$$

当 $v_H > v_{pe}$ 时，进入靶体的任何形状侵彻体，只要速度高达 2km/s 则钢金属的弹—靶便处于塑性状态。如果 $v_H > v_{pe}$（对于金属约为 3.5km/s），则弹体和靶板的靶元就处于流动状态[8]。若达到 3 倍 v_{HC} 时，如此碰撞速度，将会形成粉末、相变、气化，甚至会发生冲击爆炸等现象。

若射弹壳体选用高密、高强材料，而壳体内部填装低密、低强的惰性填装物，当这种射弹碰靶时，外层壳体侵彻靶板，内部装填物由于侵彻能力较差，前进缓慢，被挤压在靶与外弹体之间，受到高压作用。内部填装物在不断升高的轴向压力下变形，将轴向压力转化为径向作用力，外弹体在外径向力作用下膨胀对靶板扩孔增大孔径。这种射弹被称为横向效应增强型侵彻体。

二、侵彻机理

靶板的破坏机制，可归纳为下列几种典型的侵彻机理（见图 6.1）[7]。

图 6.1 中，(a)初始压力波导致靶板轴向（背面）崩落；(b)脆性靶板（陶瓷）形成多条径向断裂纹；(c)非均质原因产生层裂；(d)冲塞近似柱形，钝头弹撞击刚性薄板和中厚靶时常见的现象；(e)、(f)锥形、卵形弹头侵彻延性厚靶时，沿轴向和径向产生塑性变形，并挤向出口处，贯穿靠挤压，使靶材料径向膨胀而成，靶前形成花瓣型，对于薄板则在靶后形成花瓣型；(g)脆性破碎性；(h)延性扩孔，伴随侵彻运动，在压应力作用下，使靶材向最小抵抗方向产生塑性流动，入口处产生金属堆积，形成翻起的唇边，孔形是出入口处大，中间段接近侵彻弹径。

三、靶板破坏模式

靶板的破坏模式和侵彻机理是密切相关的。破坏模式主要与材料特性、撞击速度、撞击角度、射弹形状、靶板固支方法以及弹靶的相对尺寸等有关。下面用图 6.2 说明。

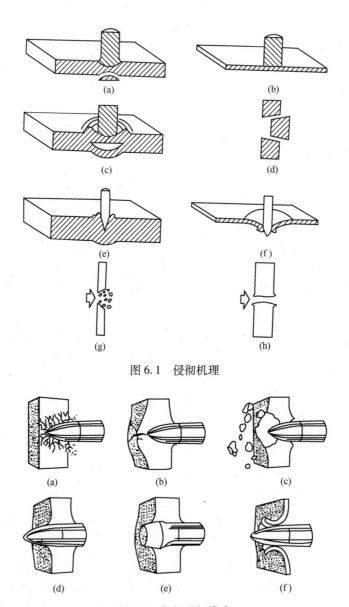

图 6.1　侵彻机理

图 6.2　靶板破坏模式

（a）脆性破坏型；（b）层裂破坏型；（c）破碎型；（d）延性扩孔型；（e）冲塞型；（f）花瓣型。

四、相图

在给定射弹、靶板材料和尺寸形状条件下，撞击后的弹体状态，将取决于撞击速度和撞击角。击后的射弹状态图称改进性相图，如图 6.3 所示。图中以撞击速度 v_s 和撞击角 $\theta°$ 为遭遇状态变量，分别用来表示纵、横坐标。图内的各条曲线分别是各类终点弹道状态的边界。在穿透状态和跳飞或嵌入状态之间的边界，是区分是否能贯穿的重要曲线,称为弹道极限穿透曲线。在该曲线上的任何一点,都表示弹—靶系统对应撞击角条件时的极限穿透速度。所谓极限穿透速度是指完全穿透的最低速度和部分侵入靶板的最高速度的平均值。即穿透靶板的概率为50%的撞击速度。常用 v_{50} 或 v_1 表示,是评定射弹和装甲目标性能的一个重要指标。在美国对 v_1 定义的表述有3种图示说明:陆军标准是指弹尖出靶板,即认为完全穿透,海军指标是指射弹底端穿出靶板背面,为完全穿透。现在被广为接受的是防御弹道极限,其完全穿透的标准定义为射弹或靶板形成的碎片从靶背面抛出,并且具有足够的能量,可穿透离靶背面152mm处的薄低碳钢板(0.5mm厚)。

图6.3相图是用6.35cm直径的卵形钢弹头撞击6.35cm 2024T3铝合金靶的进攻性撞击相图。其中弹道极限曲线得到了实验数据的支撑,所以可信,其他曲线就差一些,带有推测性质。相图的重要性在于根据射弹的撞后特征,进行弹体材料的选择和结构的合理设计,以便应对特定的装甲靶板,也可用来指导工艺设计,改善弹体的热处理状态,以求获得稳定的终点效应性能和高效的穿甲效率。

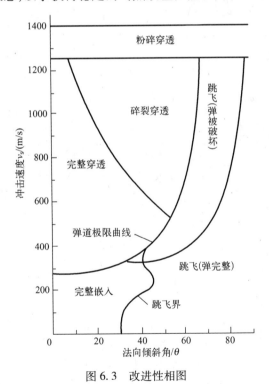

图6.3 改进性相图

五、侵彻模型

1. 经验公式

利用量纲分析法寻找支配侵彻效应的物理量和参数,避免了很复杂的物理力学过程,建立某一带有特定常数的关系式,再用实验确定其常数。经验法虽然得不到中间的过程参数,但却能巧妙地得到一些能预测某些终止参数的简单经验式,包含参数不多,既简单又明了。故经验法确定的简式仍有很强的生命力,它能帮助人们解决大量工程问题。其不足之处在于每个公式有其局限性,常见的经验公式有[9-12]

基本装甲方程
$$\frac{L}{d_p} = a_0 m_p \frac{v_0^2}{d_p^3} \tag{6.16}$$

梅林德马尔方程
$$\frac{L}{d_p} = a_1 \left(m_p \frac{v_0^2}{d_p} \right)^{0.6993} \tag{6.17}$$

莫理恩式
$$\frac{L}{d_p} = 2 m_p \frac{v_0^2}{a_2 \pi d_p^3} \tag{6.18}$$

狄德恩方程
$$\frac{L}{d_p} = a_3 \rho_t \ln(1 + a_4 v_0^2) \tag{6.19}$$

海利式
$$\frac{L}{d_p} = \frac{4.608 m_p}{(a_5 \pi d_p^3 \rho_t)} \ln(1 + a_6 v_0^2) \tag{6.20}$$

德马尔方程
$$v_1 = k \frac{d_p^{0.75} T_t^{0.5}}{m_p^{0.5} \cos\theta} \tag{6.21}$$

修正的德马尔方程
$$v_1 = k \frac{d_p T_t^{0.5}}{m_p^{0.5} \cos\theta^{0.5}} \sigma_{st}^{0.2} \tag{6.22}$$

上述诸式中,L 是侵彻深度,m_p 是撞击弹的质量,d_p 是弹径,v_0 是撞击速度,θ 是着角,T_t 是目标材料厚度,ρ_t 是目标材料密度,$a_i(i=1,2,3\cdots)$ 是任意常数,k 是与目标靶材性质有关的系数,k 为穿甲复合系数,v_1 是穿透极限速度,σ_{st} 是靶板材料流动极限。

应该指出,能适应现代高速碰撞效应应用的是修正的德马尔公式。该式的 k 值为

$$k = 1076.6 \sqrt{\frac{1}{\xi_0 + \frac{c_{et} 10^3}{c_m \cos\theta}}} \tag{6.23}$$

式中:c_{et} 是靶板相对厚度,$c_{et} = \dfrac{T_t}{d_p}$;$c_m$ 是侵彻弹的相对质量 $\left(\dfrac{m_p}{d_p^3} \right)$;$\xi_0$ 为与弹—靶系统有关的参量,用下式计算

$$\xi_0 = \frac{15.83 \beta_d (\cos\theta)^{\frac{1}{3}}}{c_{et}^{0.7} c_m^{\frac{1}{3}}} \tag{6.24}$$

式中:β_d 是与杆式弹直径 d_p 相关的系数,其值如表 6.4 所列。

324

表 6.4 弹径修正系数 β_d 值

d_p/mm	4.0	5.0	6.0	7.0	8.0	9.0	10	11	12
β_d	0.54	0.58	0.60	0.62	0.64	0.66	0.68	0.69	0.71
d_p/mm	13	14	15	16	17	18	19	20	>20
β_d	0.73	0.74	0.75	0.76	0.77	0.78	0.79	0.80	0.8

当弹—靶撞击条件参数(包括 d_p、m_p、T_t、σ_{st}、θ)确定后,利用上式即可求穿透靶板的极限速度。反之,已知撞击速度,通过逐次迭代即可得穿甲厚度 T_t。实验证明,v_1 的算值与实测值常保持在 3%~5% 的误差范围。另外,式(6.23)集中反映了影响穿甲效应的结构参数和撞击条件因子。式(6.21)中的 k 值是无法与其相比的。在计算中,若无靶板的 σ_{st} 数据时,则可通过布氏印痕实验法来间接获取材料的力学性能数据(强度极限 σ_b 和流动极限 σ_{st})。

2. 高速弹的穿甲力学分析

1) 刚性弹侵彻半无限靶

射弹对靶板的作用,实质上是动力学问题,其主要任务是确定运动所受阻力。通常利用动能法或高速照相法,拍摄弹侵彻靶过程各个瞬间图像,以便确定侵深 L 与时间 t 曲线,得到侵彻阻力 $=m_p\dfrac{d^2L}{dt^2}$,从而求得射弹遭受的平均压力

$$P=m_p\left(\frac{\dfrac{d^2L}{dt^2}}{\dfrac{\pi d_p^2}{4}}\right)$$

(1) 射弹入侵阻力随侵深 $L \leqslant d_p$ 和 $L>2d_p$ 而变化

对于 $L>2d_p$,侵彻速度 $v>v_{cr}$(临界侵彻速度)时,其抗力为

$$P=H_1+\chi_0\rho_t v^2 \tag{6.25}$$

式中:H_1 是靶金属动强度,随弹入侵速度而变;χ_0 是射弹头部形状系数;$\chi_0=\sin^2\dfrac{\alpha}{2}$,$\alpha$ 是射弹头部锥角;ρ_t 是金属靶材密度。

当 $L>2d_p$,$v \leqslant v_{cr}$ 时其切向抗力与头部张开角、打击速度无关,第一次近似可取

$$P=H_1+H_B \tag{6.26}$$

式中:H_B 是靶板静态强度(可用布氏硬度表示)。

(2) 金属靶板单位体积损耗功 b_v 的确定

$$b_v=\frac{m_p\dfrac{v_0^2}{2}}{V} \tag{6.27}$$

式中:$m_p\dfrac{v_0^2}{2}$是射弹打击靶板的初始动能;V是靶上最终形成的弹坑体积。

当 $L>2d_p$ 时,则 b_v 与 v_0、头部形状无关,有

$$b_v \approx H_1 + H_B \tag{6.28}$$

(3) 当 $L>2d_p$,$v>v_{cr}$时则射弹将以 v 在靶中前进。在坑端部(横截面)直径 d_k 表达式为

$$d_k = d_p\left(\frac{P}{b_v}\right)^{\frac{1}{2}} \tag{6.29}$$

式中:P、b_v 分别由式(6.25)、式(6.28)确定。当 $v \leq v_{cr}$ 时,则弹坑直径 d_k 与头部张开角 α 无关,仅与前进速度有关,并等于直径 d_p。

(4) v_{cr} 的确定

$$v_{cr} \approx \left(\frac{H_B}{\chi_0 \rho_t}\right)^{\frac{1}{2}} \tag{6.30}$$

表 6.5 是某些金属靶板在射弹碰撞过程中试验与计算所得的物理力学特性参数。

表 6.5 某些金属靶板在射弹碰撞过程中试验与
计算所得的物理力学特性参数

金 属 靶 板		纯铁	杜拉铝	铜	铝
靶材密度 $\rho_t/(\text{kg/m}^3)$		7.85	2.80	8.90	2.70
靶材的布氏硬度 $H_B/(\text{kg/mm}^2)$		90	110	45	30
靶材的动态强度 $H_1/(\text{kg/mm}^2)$		200	140	72	56
弹头部张开角 $\alpha/°$		90	90	90	180
		60		60	90
				37	
阻力系数 χ_0	按式(6.25)中 χ_0 计算	0.5	0.50	0.5	1.00
		0.25		0.25	0.50
				0.10	
	实验值	0.5	0.47	0.49	0.85
		0.23		0.24	0.52
				0.12	
临界速度 $v_{cr}/(\text{m/s})$	按式(6.30)计算	475	880	315	330
		670		445	465
				705	
	实验值	460	830	320	350
		620		440	470
				—	

金属靶板		纯铁	杜拉铝	铜	铝
单位体积比动能 $b_v/(\mathrm{kg/mm^2})$	按式(6.28)计算	290	250	117	86
	实验值	280	220	120	83

由射弹侵深 ΔL 的损失能,等于孔(或坑)微元体积形成的比能时可得到

$$P\frac{\pi d_{\mathrm{p}}^2}{4}\Delta L = b_{\mathrm{v}}\frac{\pi d_{\mathrm{k}}^2}{4}\Delta L \tag{6.31}$$

当打击速度产生的惯性压力>金属靶变形阻力特性时,则发生 $d_{\mathrm{k}}=d_{\mathrm{p}}$,坑的扩张直到靶变形速度等于 0 为止,此时硬度等于 H_{B},近似取

$$\chi_0\rho_{\mathrm{t}}v_{\mathrm{cr}}^2 \approx H_{\mathrm{B}} \tag{6.32}$$

将有关参数代入射弹侵靶运动方程,便可计算弹坑终了穿深。

$$m_{\mathrm{p}}v\frac{\mathrm{d}v}{\mathrm{d}l}=-SP \tag{6.33}$$

式中:S 是弹靶碰撞接触面积,P 由式(6.25)确定。

通常对上式速度积分可分 3 个区间:

a 区间:适用 $v_0 \geqslant v \geqslant v_{\mathrm{r}}$ 条件时的侵彻,v_{r} 是射弹入靶深达头部高瞬间的速度。

b 区间:适用 $v_{\mathrm{r}} \geqslant v \geqslant v_{\mathrm{cr}}$ 条件时的侵彻,符合弹侵入及终了。

c 区间:适用 $v_{\mathrm{cr}} \geqslant v \geqslant 0$ 条件的弹侵彻。

积分后得射弹最终侵深为

$$L_{\mathrm{K}}=\frac{d_{\mathrm{p}}}{3}\left(\frac{1-\chi_0}{\chi_0}\right)^{\frac{1}{2}}+\frac{2m_{\mathrm{p}}}{\pi\chi_0\rho_{\mathrm{t}}d_{\mathrm{p}}}\left(1-\frac{H_1}{b_{\mathrm{V}}}+\ln\frac{H_1+\chi_0\rho_{\mathrm{t}}v_0^2}{b_{\mathrm{V}}}\right) \tag{6.34}$$

若柱形金属弹密度为 ρ_{t},打击速度 $v_0 > v_{\mathrm{cr}}$,而当 $v \leqslant v_{\mathrm{cr}}$ 时,其射弹侵彻行程与最终侵深相比可忽略,则积分式(6.33)可得

$$L_{\mathrm{K}} \approx l_0\frac{1}{2\chi_0}\frac{\rho_{\mathrm{p}}}{\rho_{\mathrm{t}}}\ln\chi_0\frac{\rho_{\mathrm{t}}v_0^2}{H_1} \tag{6.35}$$

其中,l_0 是射弹长。Г.в.стелэнов(1969)用试验验证了上述理论,验证值和理论值之间基本上是线性关系。

2) 高速碰撞射弹变形时弹孔的形成过程

高速射弹撞击靶板成孔的过程可分为 4 个阶段[13,14],如图 6.4 所示。

Ⅰ——瞬变阶段(Transient Phase)

弹靶相互作用时,为不定常状态,作用时间 t_1 很短,弹靶接触区的作用压力为

$$P_{\mathrm{I}}=\rho_{\mathrm{t0}}D_{\mathrm{t}}v_{\mathrm{t}} \tag{6.36}$$

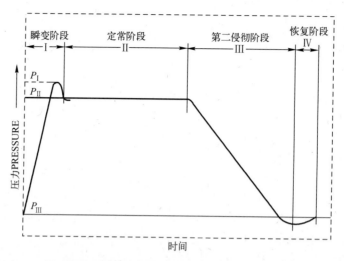

图 6.4　高速射弹侵彻半无限靶的 4 个阶段的压力水平—时间关系

由于弹靶作用处于不定常情况,所以接触面速度 v_1 是变化的,其值等于 v_t,应用冲击波理论和弹靶接触表面两边压力相等原则,得到

$$\frac{v_1}{v_0} = \frac{1}{1 + \left(\dfrac{\rho_{t0}\left(1 - \dfrac{\rho_{p0}}{\rho_{p1}}\right)}{\rho_{p0}\left(1 - \dfrac{\rho_{t0}}{\rho_{t1}}\right)} \right)^{\frac{1}{2}}} \tag{6.37}$$

式中: v_0 是碰撞速度; D_t 是弹靶相碰中的冲击波速度, v_1 是靶材的质点速度, ρ 是材料密度,其下标 t0、t1 分别是靶材的常压下和冲击波后参数值;下标 p0、p1 分别为弹材常压下和冲击波后参数值。

冲击波在弹靶中传播时,伴随有卸载波发生在撞击体的表面上,其经历时间为

$$t_1 = \frac{d_p}{2a_{\min}} \tag{6.38}$$

式中: d_p 是弹的初始直径; $a_{\min}$ 是弹靶中声速最小值。

Ⅱ——定常阶段(Primary Penetration Phase,主要的或流体的侵彻阶段)。

此阶段的作用压力为

$$P_{\rm II} = \frac{1}{2}\rho_{t0}v_2^2 \tag{6.39}$$

其中 v_2 是碰撞体接触面移动的速度。当射弹以超声速侵彻靶板则称为定常状态,侵入靶速 v_2 应与靶中头波速度 D_1 相一致。因而认为,在弹和靶内头波之间沿弹轴向压力近似为常值,则得到

328

$$\frac{v_2}{v_0} = \frac{1}{1 + \left(\dfrac{\rho_{t0}\left(1-\dfrac{\rho_{t0}}{\rho_{t1}}\right)}{\rho_{p0}\left(1-\dfrac{\rho_{p0}}{\rho_{p1}}\right)}\right)^{\frac{1}{2}}} \tag{6.40}$$

可认为碰撞是绝热等熵过程,即使在压力大的情况下,也是正确的。利用式(6.39)、式(6.40),可计算压力和侵彻速度 v_2,同时还可根据弹的初始长度 l_0 计算作用时间 t_2 及侵彻深度 L_2

$$t_2 = \frac{l_0}{v_0 - v_2} \tag{6.41}$$

$$L_2 = v_2 t_2 \tag{6.42}$$

通过上述分析可知,Ⅱ阶段靶的变形主要与撞击速度、弹长及撞击体材料的可压缩特性和密度等有关。对于多数金属材料来说,可将式(6.37)和式(6.40)进行简化, $\dfrac{\left(1-\dfrac{\rho_{t0}}{\rho_{t1}}\right)}{\left(1-\dfrac{\rho_{p0}}{\rho_{p1}}\right)} \approx 1$,则简化式为

$$\frac{v_2}{v_0} \approx \frac{1}{1 + \left(\dfrac{\rho_{t0}}{\rho_{p0}}\right)^{\frac{1}{2}}} \tag{6.43}$$

Ⅲ——第二侵彻阶段(Secondary Penetration Phase)

常称空腔形成阶段,或后流动(After-Flow)阶段,弹体被消耗,终止了起作用因子。由于动能作用,引起孔膨胀,其速度等于Ⅱ阶段的 v_2,随着时间的延长,自然会使速度停止,速度终止主要与靶材的可压缩特性和强度有关。当接触表面运动速度下降至 v_{cr} 值时,孔的膨胀和加深效应就停止了。

Ⅳ——恢复阶段(Recovery Phase)

此时称为弹性阶段,亦可能为弹塑性阶段,所以孔的尺寸将会减小。

当弹的长径比 $\dfrac{l_0}{d_p} \ll 1$ 时,则Ⅱ阶段可不考虑。$\dfrac{l_0}{d_p} \gg 1$ 时,在高速碰撞条件下,则Ⅰ、Ⅲ、Ⅳ阶段可忽略。

当长杆(或射流)高速垂直侵彻半无限靶板时,仅考虑Ⅱ和Ⅲ阶段,其修正后的总侵深近似经验式为

$$L_c = (l_0 - d_p)\left(\frac{\rho_p}{\rho_t}\right)^{\frac{1}{2}} + 0.13\left(\frac{\rho_p}{\rho_t}\right)^{\frac{1}{3}}\left(\frac{E_1}{H_{max}}\right) \tag{6.44}$$

式中: $E_1 = \dfrac{1}{2} m_p v^2 (\mathrm{J})$；$H_{max}$ 是靶板最大硬度 $(\mathrm{kg/mm^2})$，ρ_p,ρ_t 分别为弹靶材料密度。

或者用式 (6.44) 两边除以 l_0 得到新的无因次式 [15] 如下

$$\frac{L_c}{l_0} = \left(1 - \frac{d_p}{l_0}\right)\left(\frac{\rho_p}{\rho_t}\right)^{\frac{1}{2}} + 2.42\left(\frac{d_p}{l_0}\right)\left(\frac{\rho_p}{\rho_t}\right)^{\frac{2}{3}}\left(\frac{\rho_p v^2}{H_{max}}\right) \tag{6.45}$$

经验表明，对 $\dfrac{d_p}{l_0}$ 比值大，打击速度大的范围内，计算值与实际符合很好。

3）高速杆（或射流）对金属靶的侵彻理论模型

Алексеевский（苏联，1966）和 Tate(1967) 分别独自提出了修正的流体力学理论，他们均以流体动力学理论（伯努利方程）为基础，结合高速碰撞现象，考虑了弹、靶材料的强度效应，建立了杆式弹（直接命中战斗部）侵彻半无限均质靶的完善理论模型，提供了一套完备的常微分方程组。例如，杆的减速方程，杆靶作用分界面受力平衡方程，运动学侵蚀方程，以及侵彻深度定义方程等。Алексеевский 利用无因次变量，给计算带来了简化和求解方便 [18,24]。Tate 给出了用原始变量表示的方程解 [19,23]。Segletes 和 Walters(1991,2003) 引入中间变量法，对方程组进行求解和精度的提高，计算结果与 Tate 解和实验结果做了比较非常接近 [20,21]。Chocron,Anderson 等人（2003）提供了关于长杆弹侵彻多层金属靶板的统一模型 [22]，Rubin,Yarin 等人发展了预测变形弹侵彻的广义公式 [31]。这些侵彻模型不仅可以用于反深层目标，还可用于反战术弹道导弹 [16]。

（1）Алексеевский 理论模型

高速金属射流打击靶板时，靶内会形成空腔，在破甲过程中射流本身会被消耗掉，贴附于靶中腔壁面上，为便于计算，将金属射流视为柱形杆，而靶板视为均质半无限体。

假设杆长远大于杆径，如图 6.5 所示。

在杆（或射流）与靶板的相互作用区，产生很高的压力，并具有很大的抗变形内力，故有人认为其碰撞过程是个稳定过程，并可视作 2 个理想流体的碰撞。将流体动力学理论应用于破甲效应，在极高速情况下，第一次近似计算结果，与试验值符合较好。

侵彻是杆与靶作用的结果，所以研究的杆是由不同液体或塑性变形金属材料制成的，并具有下列特性

$$\frac{\rho_p v^2}{\sigma} \gg 1 \tag{6.46}$$

式中: v 是研究瞬间的杆速；σ 是杆或靶材的动屈服应力。经多种材料的研究表明，材料的可压缩性对杆（或射流）侵彻过程无影响。витман 和 Степанов 研究指出，位于临界点金属靶板的塑性变形、应力大小及状态可用下式确定

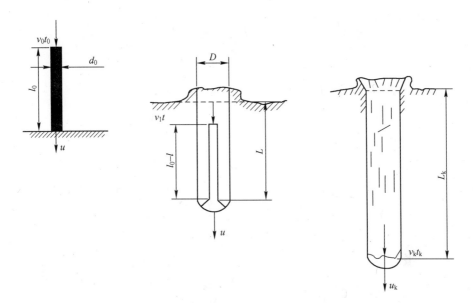

图 6.5　长杆侵彻半无限靶

$$\sigma = H_D + k\rho_t v^2 \tag{6.47}$$

式中：σ——指临界点处靶板特性应力值，由轴对称绝对刚体运动产生；

　　　k——运动杆的形状系数；

　　　H_D——靶材动力硬度，具有抗变形内力作用特性。

　　采用上述类似方法可用于研究杆变形部分应力状态和特性，以求内应力，（称为动屈服极限 σ_{SD}）。侵彻体在靶中的作用可用排出材料体积比功特性常数 b_v 来表示。此值亦是消耗于靶体形成空腔体积的一种比能。

　　研究材料特性常数，可用材料塑性系数来表示，通常要通过塑性流动力学理论精确解得到。有了 H_D，σ_{SD}，b_v 3 个值，研究射弹穿孔问题就方便了。参考图 6.5 (b)，对任何瞬间，杆与靶材料分界面的 O 点，由式(6.47)得分界面受力平衡方程

$$\sigma_{SD} + k_p \rho_p (v-u)^2 = H_D + k_t \rho_t u^2 \tag{6.48}$$

式中：v 是杆无变形部分的速度；u 是运动分界面的侵彻速度。解上述方程得到

$$\frac{u}{v} = \frac{1}{1+\sqrt{\dfrac{k_t\,\rho_t}{k_p\,\rho_p}}} - \frac{H_D - \sigma_{SD}}{2v^2\sqrt{k_p k_t\,\rho_p\,\rho_t}} \tag{6.48a}$$

　　当 $\sigma_{SD}=0$；$H_D=0$；$k_p/k_t=1$ 时，即可获得流体动力学理论的侵彻图像。当 $H_D = \sigma_{SD}$ 时，为塑性杆在塑性靶内的运动，在速度不太大时，实验证实，与流体动力学公式是一致的。k_t，k_p 变系数的大小取决于流的几何形状。实际上可近似考虑内力，它们是个常数，$k_p = k_t = \dfrac{1}{2}$，从而得到

$$\frac{u}{v} = \frac{1}{1+\sqrt{\dfrac{\rho_t}{\rho_p}}} - \frac{H_D - \sigma_{SD}}{v^2 \sqrt{\rho_p \rho_t}} \tag{6.49}$$

因而在给定瞬间<a-a>截面上刚性部分的杆,其未变形部分的运动方程为

$$\rho_p (l_0 - l) \frac{dv}{dt} = -\sigma_{SD} \tag{6.50}$$

式中:l 是杆侵彻部分消耗的长度。为便于研究可写成

$$\frac{dl}{dt} = v - u \tag{6.51}$$

式中:$\dfrac{dl}{dt}$ 为杆消耗的速度。即杆或(射流)侵彻时的运动学侵蚀方程

侵彻速度(即为侵彻深度定义方程)

$$\frac{dL}{dt} = u \tag{6.52}$$

式中:L 为杆(或射流)的侵彻深度。

将初值 $t = 0, l = 0, v = v_0, u = u_0$,代入式(6.49)~式(6.52),并引入无因次变量,这样可使计算更简化。

$$\xi = \frac{v}{v_0}; \quad \eta = \frac{l}{l_0}; \quad \Theta = \frac{L}{l}; \quad \varsigma = \frac{D}{d_p}; \quad \tau = \frac{v_0 t}{l_0}$$

其中 v_0 是杆的初速,l_0 是杆长,d_p 是杆的直径,D 是孔径。

相关的无因次常数是:

$$A = \frac{1}{1+\sqrt{\dfrac{\rho_t}{\rho_p}}}; \quad B = \frac{H_D - \sigma_{SD}}{\sqrt{\rho_p \rho_t}}; \quad C = \frac{\sigma_{SD}}{\rho_p v_0^2}; \quad C_0 = \frac{b_V}{\rho_p v_0^2}$$

由式(6.49)求得 u 表达式为

$$u = v_0 \xi \left(A - \frac{B}{\xi} \right)$$

将 u 式代入式(6.51)和式(6.52)得到

$$\frac{d\eta}{d\tau} = \xi(1-A) + \frac{B}{\xi} \tag{6.53}$$

$$\frac{d\Theta}{d\tau} = \xi A - \frac{B}{\xi} \tag{6.54}$$

式(6.50)代入新的符号得到

$$\frac{d\xi}{d\tau} = -\frac{C}{1-\eta} \tag{6.55}$$

为求解上述问题,首先应确定 3 个未知时间的函数 ξ, η 和 Θ。有 3 个一阶的

普通微分方程组(式(6.53)~式(6.55))得出初始条件
$$\tau=0; \quad \xi=1; \quad \eta=0; \quad \Theta=0$$

将式(6.55)除以式(6.53),可得 ξ 与 η 间的关系式,然后采用分离变量积分法和其变化极限,由物理量的概念可知 $A<1,\xi\leqslant1$ 从而得到

$$(1-\eta)=\frac{\xi^{\frac{B}{C}}}{\exp\left[\dfrac{1-A}{2C}(1-\xi^2)\right]} \tag{6.56}$$

将式(6.56)代入式(6.55)确定函数 $\xi,\xi(t)$

$$\frac{\mathrm{d}\xi}{\mathrm{d}\tau}=-C\frac{\exp\left[\dfrac{1-A}{2C}(1-\xi^2)\right]}{\xi^{\frac{B}{C}}}$$

用分离变量法积分得到

$$\tau=\frac{1}{C}\int_{\xi}^{1}\frac{\xi^{\frac{B}{C}}}{\exp\left[\dfrac{1-A}{2C}(1-\xi^2)\right]}\mathrm{d}\xi \tag{6.57}$$

式(6.54)除以式(6.55),并代入式(6.56),因而求得 Θ 和 ξ 之间的关系式

$$\frac{\mathrm{d}\Theta}{\mathrm{d}\xi}=-\frac{\xi^{\frac{B}{C}}\left(\xi A-\dfrac{B}{\xi}\right)}{\exp\left[\dfrac{1-A}{2C}(1-\xi^2)\right]}$$

利用分离变量积分法得到

$$\Theta=\frac{1}{C}\int_{\xi}^{1}\frac{\xi^{\frac{B}{C}}\left(\xi A-\dfrac{B}{\xi}\right)}{\exp\left[\dfrac{1-A}{2C}(1-\xi^2)\right]}\mathrm{d}\xi \tag{6.58}$$

根据式(6.56)、式(6.57)和式(6.58)方程组,应用数值计算法计算函数 ξ,η,Θ 随时间 τ 的运动变化规律。

(2)空腔的形成

利用比功建立任何瞬间都正确的微分等式

$$\frac{\dfrac{\rho_{\mathrm{p}}\pi d_{\mathrm{p}}^2}{4}\dfrac{v^2}{2}\mathrm{d}l-\dfrac{\pi d_{\mathrm{p}}^2}{4}\sigma_{\mathrm{SD}}\mathrm{d}l}{\dfrac{\pi D^2}{4}\mathrm{d}L}=b_{\mathrm{V}}$$

对于无因次常数可用前面的符号和变量得到

$$\frac{\xi^2-2C}{\zeta}-\frac{\mathrm{d}\eta}{\mathrm{d}\Theta}=C_0$$

利用式(6.53)和式(6.54)求 ς 和 ξ 函数之间的关系

$$\varsigma = \sqrt{\frac{(\xi^2 - 2C)[\xi^2(1-A)] + B}{C_0(\xi^2 A - B)}} \geqslant 1 \qquad (6.59)$$

以上不等关系式说明空腔(或孔)形成的直径不可能小于杆的直径。利用式(6.57),借助数值计算方法,可以计算关系式 $\varsigma(t)$。

首先研究一般情况下的运动,在 $\dfrac{B}{C} \approx 1$ 时,可对式(6.57)进行解析解。

当 $B = C$ 时,式(6.57)得积分可得

$$\tau = \frac{1}{1-A}\left\{1 - \exp\left[-\frac{1-A}{2C}(1-\xi^2)\right]\right\}$$

相对值 ξ 方程的解为

$$\xi = \sqrt{1 + \frac{2C}{1-A}\ln[1-\tau(1-A)]} \approx 1 + \frac{C}{1-A}\ln[1-\tau(1-A)] \qquad (6.60)$$

将 ξ 方程代入式(6.56)得到函数 $\eta(t)$

$$\eta \approx 1 - [1-\tau(1-A)]\sqrt{1 + \frac{2C}{1-A}\ln[1-\tau(1-A)]}$$

$$\approx \tau(1-A) - \frac{C}{1-A}[1-\tau(1-A)] \times \ln[1-\tau(1-A)] \qquad (6.61)$$

为了计算 Θ,可由式(6.53)迭加式(6.54),然后代入 ξ 方程得到

$$\frac{\mathrm{d}(\Theta+\eta)}{\mathrm{d}t} \approx 1 + \frac{C}{1-A}\ln[1-\tau(1-A)]$$

$$\Theta + \eta \approx \int_0^\tau \left\{1 + \frac{C}{1-A}\ln[1-\tau(1-A)]\right\}\mathrm{d}\tau$$

积分上式,再代入式(6.61)的 η 后得到

$$\Theta \approx \left(A - \frac{C}{1-A}\right)\tau - \frac{A-C}{(1-A)^2}[1-\tau(1-A)]\ln[1-\tau(1-A)] \qquad (6.62)$$

将式(6.62)除以式(6.61)即可求得侵深与杆消耗长之比

$$\frac{\Theta}{\eta} \approx \frac{A}{1-A} - \frac{\dfrac{C}{1-A}\tau}{(1-A)\tau - \dfrac{C}{1-A}}[1-\tau(1-A)]\ln[1-\tau(1-A)] \qquad (6.63)$$

当 $\tau = 0$ 时,由上式可得 $\dfrac{\Theta}{\eta}$ 之比的极限为

$$\left(\frac{\Theta}{\eta}\right)_{\tau \to 0} = \frac{A-C}{1-A+C}$$

最终,当 $B = C = 0$ 时,就和由流体动力学理论所得的模型相符。

例　计算钢弹在铜靶中的运动,钢弹直径 7.8mm,长 200mm,以 1470m/s 速度侵彻铜靶,其无因次变量为 $A=0.5, B=0.0305, C=0.0296, C_0=0.111$ 有关计算模型的无因次参数随 τ 的变化如图 6.6 所示。弹侵彻沿孔耗材状况、靶孔切口形状很接近计算结果。

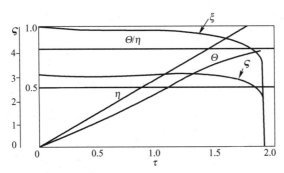

图 6.6　穿甲模型无因次参数随无因次时间 τ 的变化规律

(3) D 长杆弹斜击金属靶的侵彻模型

防跳弹问题[27]。当弹目遭遇攻击角(弹轴与速度向量之间夹角)大时,可能发生跳弹,从而失去侵彻效应。如何确定跳飞的临界角度,引起了弹药界的广泛关注。国内外很多学者,从 20 世纪 70 年代开始研究以来,对此问题做了大量研究,到目前为止,尚未出现有意义的解析研究。

下面给出 Tate 假设条件下长杆弹高速撞击半无限厚靶得到的临界跳飞角公式为

$$\tan^3 æ \geqslant \frac{2}{3}\frac{\rho_p}{\sigma_{SD}}\left(K_{\frac{l}{d}}+\frac{1}{K_{\frac{l}{d}}}\right)\left(1+\sqrt{\frac{\rho_p}{\rho_t}}\right) \tag{6.64}$$

其中,$æ$ 是攻击角(弹轴与速度向量之间的夹角);$K_{\frac{l}{d}}$ 是弹的长径比,临界角大于此值就跳弹。由于此式依赖于一些假设而得,所以只能作为定性预报,实际应用时尚需修正。

Rosenberq(1989)认为跳弹原因是弹杆发生连续弯曲,而不是刚体翻转所致,其模型形式为

$$\tan^2 \beta > \frac{\rho_p v^2}{H_D}\left(\frac{v-u}{v+u}\right) \tag{6.64a}$$

式中:H_D 是靶板强度,v 是打击速度,u 是侵彻速度。

(4) 长杆弹斜击金属靶的侵彻模型

Bless 等人[25]曾研究过斜侵彻机理。按照其试验条件和试验结果,经数学处理,得到一个简单的侵彻深度的经验公式

$$\frac{h_k}{d_p}=\frac{a_æ}{2}+\frac{b_æ}{\sin æ_0} \tag{6.65}$$

其中 h_k 是最终侵彻深度，$a_æ$，$b_æ$ 是由实验决定的常数，$a_æ = 0.79$，$b_æ = 2.28$。此式中没有反应杆长 l_0 特性参数，另外，该式不适用于 $æ_0 = 0$ 的条件，故对应用有局限性。

杆弹斜击侵彻量的确定，当前可通过数值法，解二维和三维不定常连续介质塑性动力学方程，而这种方法相当复杂，原有的 $A-T$ 一维模型只能求解无攻击角，垂直侵彻半无限靶的问题。而实际上，斜攻击具有普遍工程意义，下面介绍有关求解长杆带攻击角侵彻半无限靶的简单的动力学模型。现用恰当先决条件的理想图 6.7 来分析一系列实验数据。

设杆弹质心的速度向量 v 垂直于靶表面侵彻方向，随着杆弹的入侵而成坑。通常研究杆接触靶的 2 个区域，杆的前端部和杆的侧表面，与坑表面相互作用，则杆所对应部位受到靶方面的作用力，其合力为 $\overline{Y}$ 和 $\overline{P_\sigma}$，并处在速度向量 v_0 和打击杆轴的平面中，其作用力引起了杆弹的滞止和绕质心的旋转运动。

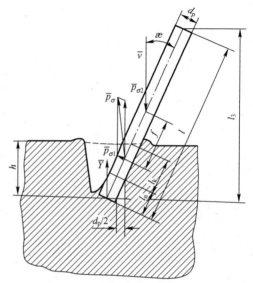

图 6.7　长杆弹斜击半无限靶

Y 力的大小由杆和靶轴对称（$æ_0 = 0$）碰撞条件下确定[18,19]。

当有攻击角 $æ$ 时，在某一时刻杆的有效长度 l_3 等于随侵彻过程而变的杆长在速度方向的投影。

$$l_3 = l\cos æ$$

而杆端部与靶接触的有效面积为

$$S_3 = \frac{\pi d_p^2}{4\cos æ}$$

为了确定力 $\overline{Y}$，它的作用方向与 v 的方向相反，可写成下列关系式

$$Y = \begin{cases} \sigma_{SD}S, & \text{在 } S \neq l d_p \text{ 和 } H_D \geqslant \sigma_{SD} \text{ 条件下，或若 } H_D < \sigma_{SD} \text{ 和 } v > v_{cr} \\ \left(\dfrac{\rho_t v^2}{2} + H_D\right)S, & \text{在 } S = l d_p \text{ 或者 } S \neq l d_p \text{ 和 } H_D < \sigma_{SD}, v \leqslant v_{cr} \end{cases} \tag{6.66}$$

$$S = \min\{S_3, S_{np}\}, \quad v_{cr} = \sqrt{\frac{2(\sigma_{SD} - H_D)}{\rho_t}}, \tag{6.67}$$

式中：σ_{SD}，H_D 分别为杆和靶材料的动强度特性；v_{cr} 是临界侵彻速度，当速度超过它，侵彻过程中杆将缩短；当 $v \leqslant v_{cr}$ 时，杆可视为刚体。应特别指出，在式（6.66）和

336

式(6.67)中的面积 S;对应于 $æ=90^o$,在 $l \geqslant d_p$ 条件下,受限的最大可能值为 $S=ld$; 对应与 $æ=0$,在 $l<d_p$ 条件下,$S_{np}=\dfrac{\pi d_p^2}{4}$。

对于力 $\overline{P_\sigma}$ 由两部分力几何组成,即由靶材强度引起的力 $\overline{P_{\sigma_1}}$ 和动力学(惯性)引起的力 $\overline{P_{\sigma_2}}$,假设力 $\overline{P_{\sigma_1}}$ 的主要贡献是给出压力,使相应的靶材压缩成塑性变形,其作用力方向垂直于杆轴,其表达式为

$$\overline{P_{\sigma_1}} = \sigma_{st} l_K$$

其中,σ_{st} 是靶材的动态流动极限(即线荷载集度,单位为单位长度的力);$l_K = l_B - l_n$,是杆和靶接触侧表面长度,l_B 是处在靶坑中的杆长,l_n 是杆前端部和靶接触长度,按图6.7由几何关系可得:

$$l_B = \min\{h/\cos æ, l\}$$

关于 l_n 的大小可用下式估算

$$l_n = \frac{d_p}{2}\left(\tan æ + \frac{1}{\sin æ}\right)$$

按几何条件要求,显然应满足 $l_n \leqslant l_B$

根据冲量守恒定律,设撞击体和靶元质量 Δm 作用是非弹性关系,作用过程时间 Δt 很短,从而得到

$$\overline{P_{\sigma_2}} \Delta t = \Delta m v$$

当 $\overline{P_{\sigma_2}}$ 向量和 $\overline{Y}$ 平行时,其最终撞击关系为

$$\Delta m = \rho_t d_p l_k v^2 \sin æ$$

$$\overline{P_{\sigma_2}} = \rho_t d_p l_k v^2 \sin æ$$

侵彻过程中的杆主要有两个组成部分,在 v_0 方向侵入体位移的有效部分长 l_3,杆不变形部分在 $\overline{Y}$ 与 $\overline{P_\sigma}$ 力作用下,转动此时要考虑侵彻模型,其运动方程组为[21]

$$\frac{\rho_p}{2}(v-u)^2 + \sigma_{SD} = \frac{\rho_t}{2}u^2 + H_D \tag{6.68}$$

$$l_3 = \begin{cases} u-v, & \text{在 } S \neq ld_p \text{ 和 } H_D \geqslant \sigma_{SD}, \text{或者 } H_D < \sigma_{SD} \text{ 和 } v > v_{cr}\text{时} \\ 0, & \text{在 } S = ld \text{ 或者 } S \neq ld_p \text{ 和 } H_D < \sigma_{SD}, v \leqslant v_{cr}\text{时} \end{cases} \tag{6.69}$$

$$\dot{h} = u \tag{6.70}$$

$$\dot{v} = -\frac{1}{m_p}(Y + \overline{P_{\sigma_2}} + P_{\sigma_1}\sin æ) \tag{6.71}$$

$$\ddot{æ} = \begin{cases} \dfrac{1}{l}\left[\dfrac{1}{2}Y\sin æ + (P_{\sigma_2}\sin æ + P_{\sigma_1})f\right] & \text{当 } s \neq s_{np}\text{时} \\ -\dfrac{1}{2l}\text{sign}(\ddot{æ})Yl\sin æ & \text{当 } s \neq s_{np}\text{时} \end{cases} \tag{6.72}$$

其中, u 是杆前端部与靶接触区质点速度(在 ν 方向); $m_p = \rho_p l \dfrac{\pi d_p^2}{4}$ 是杆体瞬时质量, I 是杆长 l 的惯性矩, $I = m_p\left(\dfrac{l^2}{12} + \dfrac{d_p^2}{16}\right)$; f 是 $\overline{P_{\sigma_1}}$ 的力臂。

$$f = \begin{cases} \dfrac{1}{2}\left(l - \dfrac{h}{\cos\text{æ}} - l_n\right) & \text{当} \dfrac{h}{\cos\text{æ}} < l \\ -\dfrac{l_n}{2} & \text{当} \dfrac{h}{\cos\text{æ}} \geq l \end{cases}$$

上面方程与时间 t 有关。当 $\dot{l}_3 = 0, u = v$ 时,按照式(6.66),进入靶中的杆就成为刚体。

除式(6.68)~式(6.70)为轴对称侵彻体外,式(6.71)和式(6.72)则考虑了侵彻过程中杆受到横向力作用和旋转效应。

对式(6.68)~式(6.72)求积的初始条件为

$$t = 0, u = v, l = l_0, h = 0, \text{æ} = \text{æ}_0, \dot{\text{æ}} = 0$$

通过积分至任一瞬间,对应条件为 $u = 0$ 时,则 $h = h_k$。

将初始撞击条件数据和相应的实验值,与模型的条件计算侵深结果作对比,检查 $\dfrac{h_k}{l_0} = \text{æ}_0$ 系曲线的符合程度。研究表明, $\dfrac{h_k}{l_0} \approx (\text{æ}_0)$ 存在非单调函数关系。当 $\text{æ}_0 < 8°$ 时,攻角对侵深影响很小,而当 $\text{æ}_0 < 8 \sim 30°$ 时, $\dfrac{h_k}{l_0}$ 比值急剧下降,在 $\text{æ}_0 \to 90°$ 时,穿深变化微弱。同时,还可利用模型计算和实验等数据,获得工程上极为有用的参数;如 $\dfrac{l(t)}{l_0}$ 比值随时间 t 的变化规律; $\dfrac{h_k(\text{æ}_0)}{d_p}$ 比值随攻击角 æ_0 的变化规律。

杆体在 $Y, \overline{P_\sigma}$ 和惯性力作用下,为此,必须要对其作应力和应变的估算。由于杆体的临界角加速度 $\ddot{\text{æ}}$,引起了相应的弯曲、塑性变形,使杆截面中产生最大应力,可用式(6.72)估算。

$$\ddot{\text{æ}} = \frac{\ddot{\text{æ}} M_{np}}{M_{max}}$$

式中: M_{np} 为条件强度值的弯曲力矩极限; M_{max} 是外力引起截面上的最大弯曲力矩;在文献[28]中给出了算例的角加速度限定的 $\ddot{\text{æ}}_{cr}$ 的计算结果,以及当杆材屈服极限为 1.1GPa 条件下获得的接近准静态的 M_{np} 值。目前杆式弹长径比越来越大已近 30,着靶速度已增至 ≥ 1.8km/s。着靶倾斜角越来越大,研究其穿深威力的同时,必须重视杆体的强度安全问题。

对于杆式弹的几何体设计、穿深威力设计和强度(应力图案)设计等复杂难题,应用相似模拟定律处理,是一种较好选择,能够得到预期的效果[29,30]。

设长杆弹是柱形刚性体,与硬目标表面法线成一定角度相碰,弹头受力方向很难确定,对这样随机的作用力总可以简化成 F_t(垂直于弹轴向)和 F_c(沿弹轴方向,弹顶截面受力)。根据牛顿第二定律,可求沿弹轴方向离弹顶 x 处的受力 F_x

$$F_x = \pi d_p^2 (l-x) \rho_p \frac{F_c}{\pi d_p^2 l \rho_p} = F_c \left(1 - \frac{x}{l}\right)$$

其中 F_x 为离弹顶 x 处杆弹断面上的惯性力,由此可求弹体中的压缩应力,而且为线性分布,越近弹顶应力越大,弹顶最大,弹底为 0。

$$\sigma_x = \sigma_{co} \left(1 - \frac{x}{l}\right) \tag{6.73}$$

F_t 力存在,使弹体受剪和弯曲。将 F_t 移至弹体的质心处,便形成了集中力 F_t 和力矩 $F_t \cdot \dfrac{l}{2}$,它们引起弹体受剪和弯曲,先求切向惯性力 F_t 所产生的加速度(通过重心,垂直于弹轴方向),然后再求力矩所产生的加速度(绕重心平面任一轴转动的切向加速度,将 2 个加速度叠加得合成加速度)。

$$a_t = \frac{4F_t}{m_p} \left(1 - \frac{3x}{2l}\right)$$

则任意的 n-n 断面上的剪切力为

$$F_{tn} = F_t - \int dF_t = F_t - \int_0^{m_p} a_t dm = F_t - \int_0^x \rho_p a_t \frac{\pi d_p^2}{4} dx = F_t \left(1 - \frac{x}{l}\right)\left(1 - 3\frac{x}{l}\right)$$

其中,F_t 是弹顶断面所受的剪切惯性力,引起剪应力

$$\sigma_{tn} = \sigma_t \left(1 - \frac{x}{l}\right)\left(1 - 3\frac{x}{l}\right) \tag{6.74}$$

令 $z = \dfrac{x}{l}$,代入 F_{tn} 式,然后对 z 求导,并令其等于零得极值,当 $x = \dfrac{2}{3}l$ 时,$F_{tmin} = \dfrac{2F_t}{3}$ 即,$\sigma_{tmin} = -\dfrac{1}{3}\sigma_t$,当 $x = 0$ 时,$\sigma_{tn} = \sigma_t$(正值达最大)。在弹顶以下 $\dfrac{2}{3}l$ 处,负应力最大,故在此后剪应力可不予考虑。

任意断面的弯矩为

$$M_n = F_t \left(1 - \frac{x}{l}\right)^2$$

弯矩产生的挠曲应力

$$\sigma_{Mn} = 8\sigma_t \left(\frac{x}{d_p}\right)(1-z) \tag{6.75}$$

同样可求极值,当 $z = 1$ 时,则 σ_{Mn} 为最小,当 $z = \dfrac{1}{3}l$ 时,σ_{Mn} 为最大。

$$\sigma_{Mn\,max} = \frac{32}{27}\sigma_t \left(\frac{l}{d_p}\right)$$

通过上述计算找到了 $\sigma_x \sim \dfrac{x}{l}$，$\sigma_{tn} \sim \dfrac{x}{l}$，$\sigma_{Mn} \sim \dfrac{x}{l}$ 变化规律，这些应力曲线可指导人们进行弹体强度设计和合理选材，以及热处理规范的拟订。

6.3　深侵彻战斗部设计技术

深层钻地武器（EPW）战斗部的战术技术要求是：给定质量和空间几何尺寸条件下，获得指标要求穿深和高效的爆破毁伤效应。其结构布局（如外形、质心位置等）与其相邻舱段紧固联接方式等，应满足导弹（或制导炸弹）的总体要求，同时，还需与硬目标灵巧引信（HISF）、传爆序列等紧凑结合。在海湾局部高强度战争中，EPW 显示了巨大的作战效能，已成为目前加速研究的热门课题之一。

深层目标的材质主要是：混凝土、钢筋混凝土、复合型混凝土，对付这种非均复杂结构的复合材料，在射弹或爆炸冲击载荷作用下，其基体内原来存在的大量的微裂纹和微空间进一步发展、连接和贯通，导致呈现脆性破坏。低应力水平时，呈现线弹性特性，应力超过弹性限后无明显的塑性阶段就接近破坏。抗拉、抗剪区低于抗压强度[32,34]。

局部的侵彻效应，除目标材质特性外，还与射弹质量、口径、头部几何形状、长径比、断面比重、壳体材料、引信、撞击速度、入射角、着角（命中角）和攻角等有关。如此复杂条件和众多影响因素下，用分析解求穿深难度很大。目前大部分穿深模型是靠实验结果用数学处理得到的。故在工程预估计算时，会发现彼此间误差较大，说明所建公式使用时有局限性。

国外样弹试验表明，目前侵深水平是：对中等强度的混凝土可穿深 18m 左右；对干硬土壤可穿深 90m 左右；钻高强度的花岗岩可达约 10m[33]。

假设射弹为刚性体，通过对混凝土射击试验结果建立的侵深公式很多[1]，下面直接介绍与工程实际应用符合较好的公式。

6.3.1　威力设计

一、穿深

1. 别列赞公式

$$h_{yg} = K_n \lambda \frac{M_p}{d_p^2} v_0 \cos\left(\alpha \frac{1+n}{2}\right) \tag{6.76}$$

式中：h_{yg} 是沿垂直线的侵彻深度（m）；M_p 是射弹质量（kg）；d_p 是弹径（m）；v_0 是撞击瞬间速度（m/s）；λ 是弹形系数，对于弹的蛋形头部高度 $l_n \leqslant 1.5d_p$ 时，取 $\lambda = 1.0$，对于蛋形头部高 $l_n = 2.5d_p$ 时，$\lambda = 1.3$；K_n 是材料抗侵彻屈服系数，对混凝土，

$K_n = 1.3 \times 10^{-6}$,对钢筋混凝土,$K_n = 0.9 \times 10^{-6}$;α 是射弹命中角(靶平面法线与弹轴间夹角)(°);n 是偏转系数,射弹质心运动是沿曲线而人为地认为沿直线运动,即沿 $\alpha \dfrac{1+n}{2}$ 角运动,$\cos\left(\alpha \dfrac{1+n}{2}\right)$ 表示命中角对垂直线方向上侵彻大小的影响。n 值与弹种类型、装填系数有关,对于混凝土专用射弹 $n = 1.5$,对内爆型爆破弹头,$n = 2$,对于高填装系数炸弹,则 $n = 1$。

2. Young 公式

Young 公式是美国桑迪亚国家实验室长期试验研究得到的工程模型。现直接列出如下

$$h_{yg} = 1.14 \times 10^{-6} SNK_s \frac{M_p}{A}(v_0 - 30.5) \tag{6.77}$$

式中:h_{yg} 是穿透厚度(m);S 为穿透性能(无量纲材料常数,与水泥密度压缩程度、钢筋强度、密度有关),初步估算时,可取 $S = 0.9$

$$S = 0.085 K_{ct}(11-p)(t_c - T_c)^{-0.06}\left(\frac{35}{\sigma}\right)^{0.3}$$

式中:K_{ct} 是目标宽度影响系数,$K_{ct} = \left(\dfrac{F}{w_1}\right)^{0.3}$,对钢筋混凝土 $F = 20$,对无筋混凝土 $F = 30$;w_1 是目标宽度(以弹径为单位),如果 $w_1 > F$,则 $K_{ct} = 1$;P 为混凝土中按体积计算含钢百分率(%),大多数混凝土 $P = 1 \sim 2$;t_c 是混凝土凝固时间,以年为单位,若 $t_c > 1$,则取 $t_c = 1$,如此时间,已对无侧限抗压强度无影响;T_c 为目标厚度,以弹径为单位。若为多层目标,则每层应单独考虑。若 $T_c > 6$,取 $T_c = 6$,当 $T_c < 0.5$ 时,目标靶过薄,上述计算 S 的公式可能不适用;σ_{ct} 是混凝土无侧限抗压强度(Pa)。

N 为弹形系数

$$N = \begin{cases} 0.56 + 0.183 \dfrac{l_N}{d_p} & (\text{适用于卵形弹头}) \\ 0.56 + 0.25 \dfrac{l_N}{d_p} & (\text{适用于锥形弹头}) \end{cases}$$

其中,l_N 是弹形头部长度,d_p 是弹径。

K_s 为射弹(或战斗部)质量大小有关系数

$$K_s = \begin{cases} 0.46 M_p^2 & (\text{适用于 } M_p < 182\text{kg}) \\ 1.0 & (\text{适用于 } M_p \geqslant 182\text{kg}) \end{cases}$$

其中,M_p 为弹的质量(kg),A 为射弹的横截面积(m^2),v_0 是射弹撞击速度(m/s)。

当 $v_0 = 300 \sim 600\text{m/s}$ 时,本式有较高的准确性,其误差低于 15%。

3. Forrestal 公式

Forrestal 等人(1994)提出射弹和混凝土作用模型。

341

假设射弹为刚性体,作用在弹头上的力为[39,40]

$$F = \pi \frac{d_p^2}{8}(sf_c + N\rho_t v_1^2) \approx c \cdot h \quad h < 2d_p$$

$$F = \pi \frac{d_p^2}{4}(sf_c + N\rho_t v_1^2) \quad h \geqslant 2d_p$$

$$v_1^2 = \frac{2M_p v_0^2 - \pi d_p^2 sf_c}{2M_p + \pi d_p^3 N\rho_t}$$

$$N = \frac{8(CRH) - 1}{24(CRH)^2}$$

$$S = \begin{cases} 1.517 \times 10^5 f_c^{-0.544} \\ 72.0 f_c^{-0.6} \end{cases}$$

其中,c 是常数;v_1 是刚性弹侵彻过程中的瞬时速度;S 为无量纲常数,与混凝土抗压强度 f_c(MPa)有关[36];CRH 为弹头部外形母线曲率半径与弹体直径之比;F 可通过空腔膨胀理论推导求得。

$$\frac{h_{yg}}{d_p} = \frac{2M_p}{\pi d_p^3 N\rho_t}\ln\left[1 + \frac{N\rho_t v_1^2}{sf_c}\right] + 2 \tag{6.78}$$

当撞击速度 $v_0 = 800 \sim 1200\text{m/s}$ 时,上式有较高精度,估算误差低于 20%。

4. 冲击相似律导出公式

利用 π 定理寻找支配射弹(或战斗部)侵彻混凝土深度的物理法则,使其与模型的物理法则相同,取恰当的缩比进行模型试验,创建经验公式,这是一种投入少而见效快的有效方法[34]。

侵深 h_{yg} 与诸多参数有关的函数为[30,34]

$$h_{yg} = f(l_p, d_p, l_N, M_p, v_0, \alpha, \theta, \rho_p, \sigma_p, E_E, \rho_t, \sigma_{ct}, \sigma_{rt}, \sigma_{ft}, E_t, g, v_t)$$

其中,$l_p, d_p, l_N, M_p, v_0, \rho_p, E_p, \sigma_p$ 分别为弹的长度、直径弹头部长、质量、材料的密度、弹性模量和抗拉强度;$\sigma_{ct}, \sigma_{rt}, \sigma_{ft}, E_t, \rho_t, v_t$ 分别为混凝土靶材的抗压、抗剪、抗拉强度、弹性模量、密度和应变率,α, θ 分别为撞击着角和攻角;v_0 是撞击速度。如此多参数,形成的无量纲参数很多,给求解带来麻烦。为此必须修改、简化,去掉一些对 h_{yg} 影响不大的变量,合并一些变量,改变变量之间的函数关系,抓主要影响穿深的物理量及其相似准则,经分析处理后得出下列简式

$$\frac{h_{yg}}{d_p} = NKF\left(\frac{M_p}{\rho_t d_p^3}, \frac{\sigma_c d_p^2}{M_p g}, \frac{v_0^2}{d_p g}\right) \tag{6.79}$$

其中,$N = f_1\left(\frac{l_n}{d_p}\right)$,称头部形状系数;$K = f_2\left(\frac{l_p}{d_p}, \frac{\rho_p d_p^3}{M}\right)$。

现以式(6.79)为基础建立射弹侵彻混凝土深度预估公式。通过大量实验获得有效数据,同时借用部分国外有用实验值,拟合出下列公式[35,36]

$$\frac{h_{yg}}{d_p} = 0.05575KN\left(\frac{M}{\rho_p d_p^3}\right)^{0.4794}\left(\frac{\sigma_{ct}d_p^2}{M_p g}\right)^{-0.3505}\left(\frac{v_0^2}{d_p g}\right)^{0.5303} \quad \text{当 } 150\text{m/s} \leqslant v_0 \leqslant 600\text{m/s 时}$$

$$(6.80)$$

$$\frac{h_{yg}}{d_p} = 0.73163KN\left(\frac{M}{\rho_p d_p^3}\right)^{-89907}\left(\frac{\sigma_{ct}d_p^2}{M_p g}\right)^{-0.80301}\left(\frac{v_0^2}{d_p g}\right)^{0.91318} \quad \text{当 } 600\text{m/s} \leqslant v_0 \leqslant 1200\text{m/s 时}$$

$$(6.81)$$

其中

$$K = \begin{cases} 1.05M_p^{0.136}, & M_p \leqslant 400\text{kg} \\ 0.9M_p^{0.136}, & 400\text{kg} \leqslant M_p \leqslant 1500\text{kg} \\ 0.6M_p^{0.136}, & 1500\text{kg} \leqslant M_p \leqslant 2200\text{kg} \end{cases}$$

N 系数可直接引用 Young 公式中的 N 值表达式。

在 $v_0 = 200 \sim 1200\text{m/s}$ 范围内,本式算值与实验数据相比,误差不超过 20%,而与 Young 和 Forrestal 公式相比,具有准确性高,使用范围更宽的优点。

二、爆炸破坏效应

射弹的爆炸破坏效应,一般所见结果是外部作用和内部作用。外部作用就是形成漏斗坑,坑的半径与最小抵抗线的比值 $n = \frac{r}{h_c}$,r 是坑半径,h_c 是爆心至表面距离,可能有下列几种坑的状态即 $n=1$,$n>1$,$n<1$ 等,如果穿入过深,会出现无坑的隐炸现象。内部作用是指爆炸装药的周围形成几个作用范围,如压缩粉碎区、破坏区和振动区。每个区域的范围,可根据炸药类型、量的大小、介质特性等来确定[37]。下面以反机场跑道为例,求解爆破威力,有关模型的响应和术语如图 6.8 所示。

在图 6.8 中,H 为真实坑深,坑底至混凝土原始表面的深度;R_1 为表面坑半径,是在原混凝土表面处坑的平均半径,平均值计算可用坑表面积除以 π 开平方根得到。R_2 是混凝土的破裂半径,是混凝土超过坑表面半径,圆周破裂的平均半径是取用包围圆周破裂的混凝土面积除以 π 开平方计算得到。R_3 是任一深度真实坑的最大半径,此坑模型的响应特性 R_3 通常等于 R_1,此参数在地下空洞模型中有更深意义,是指远离地表面下发生的最大半径;V_1 是土壤坑体积,土坑是指从混凝土的底面到真实坑壁的体积;V_2 是土和混凝土坑体积,从坑顶板至真实坑壁的坑体积,指混凝土的抛射体积加 V_1。

独立输入参数值有:w 为炸药($C-4$)质量;d 为炸药埋深,ρ_s 为土壤密度;g 是重力加速度;c_s 是土壤地震速度;ρ_c 是混凝土密度,σ_{ult} 是混凝土最大抗压强度;h 是混凝土厚度。

利用相似理论 π 定理,先列出独立 π 项,再列出非独立响应 π 项,并假定 ρ_c,

$\rho_s g, c_s$,和 σ_{ult} 均为常数,最终得到下列结论式。

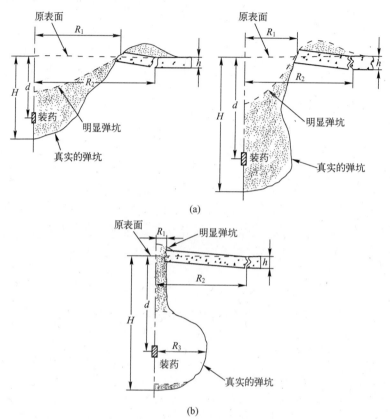

图 6.8　反机场跑道模型的响应和术语

（a）弹坑模型；（b）隐形爆炸。

1. 坑模型

$$\frac{R_1}{d} = 0.9667 \left[\frac{(w)^{\frac{1}{3}}}{d} \right]^{0.863} \tag{6.82}$$

$$\frac{R_1}{d} = 0.9667 \left[\frac{(w)^{\frac{1}{3}}}{d} \right] \frac{R_2}{d} = 1.7064 \left[\frac{(w)^{\frac{1}{3}}}{d} \right]^{0.9831} \quad (\sigma_{ult} = 70.3 \text{MPa}) \tag{6.83}$$

$$\frac{D}{d} = 1.2273 \left[\frac{(w)^{\frac{1}{3}}}{d} \right]^{0.6833} \tag{6.84}$$

$$\frac{V^{\frac{1}{3}}}{d} = 0.9885 \left[\frac{(w)^{\frac{1}{3}}}{d} \right]^{0.7849} \tag{6.85}$$

$$V_2^{\frac{1}{3}} = 1.1066 \left[\frac{(w)^{\frac{1}{3}}}{d} \right]^{0.8227} \tag{6.86}$$

2. 地下空洞爆炸模型

$$\frac{R_3}{d} = 0.4621\left[\frac{(w)^{0.2917}}{d}\right]^{0.8548} \tag{6.87}$$

$$\frac{D}{d} = 1.4815\left[\frac{(w)^{0.2917}}{d}\right]^{0.4324} \tag{6.88}$$

$$\frac{V_2^{\frac{1}{3}}}{d} = 0.7488\left[\frac{(w)^{0.2917}}{d}\right]^{0.8648} \tag{6.89}$$

其中,w 是(C-4)炸药质量(kg);其爆热 4878J/g,其他炸药应换成 C-4 当量,如 Tritonal 炸药,其爆热为 7411J/g,对其药量应乘 $1.52\left(=\dfrac{1770}{1165}\right)$ 倍后代入式中;d

的单位取(m);$W^{\frac{7}{24}} = W^{0.2917} = \sqrt{\dfrac{(W)^{\frac{1}{3}}}{d} \times \dfrac{(W)^{\frac{1}{4}}}{d}}$;有关参数的标准偏差,对于坑模型的

$\dfrac{R_1}{d}$ 为 20.4%,$\dfrac{D}{d}$ 为 12.2%,$\dfrac{V^{\frac{1}{3}}}{d}$ 12.7%,$\dfrac{V_2^{\frac{1}{3}}}{d}$ 为 11.9%;对于空洞模型的 $\dfrac{R_3}{d}$ 为 13.5%,$\dfrac{D}{d}$

为 10.5%,$V_2^{\frac{1}{3}}$ 为 11.9%。

6.3.2 战斗部几何与结构的力学设计

一、动能型结构钻地战斗部(弹)

钻地战斗部(弹)的主要战技指标是穿深和爆破效应,如何协调好大穿深和高效大爆破之间的矛盾,是方案结构设计的主要内容之一。为此,必须应用迭代方法,对结构有关的主要参数,进行多次反复计算和论证,于自动化设计进程中,在各种参数输入与输出之间寻找一种设计重点的平衡,以求解一个合理的满足战技指标的几何外形和主要结构设计参数。

反深层目标的动能型战斗部的基本结构是整体式的,战斗部前端是弧形头部,中间是筒形结构,内装不敏感的炸药,后端是个底盖,用来密封炸药和固定引信及保险执行机构,当战斗部撞击目标时,将遭受到很大的惯性动载荷。为了确保有效侵彻和预期的爆破效应,其战斗部壳体必须具有抗压、抗剪和抗挠曲失效的能力。通常采取优选战斗部壳体材质,采用先进的工艺技术和优化结构等措施,以便发挥战斗部的动能或比动能。

1. 主要结构参数的初步设计

1)装填系数 K_α 的选择

常规装药战斗部的装填系数 $K_\alpha = \dfrac{\text{炸药装药质量}}{\text{战斗部质量}} = \dfrac{m_c}{m_w} = \dfrac{\beta}{1+\beta}$,其中 m_c,m_w 分别

是战斗部装药质量和战斗部质量，β 为爆炸载荷系数，是炸药重和壳体重之比。K_α 或 β 是弹药界常用的主要结构参数之一，它是判别常规战斗部类型的标志性参数，是鉴别战斗部威力性能的重要参数，亦是评价战斗部设计水平和先进性的参数。所以 K_α 值将随战斗部的类型而改变，K_α 值越大，装药量就大，以爆破效应为主的战斗部，K_α 约为 $55\sim70\%$。对于装药为 0 的战斗部，其 $K_\alpha=0$，此即为反坦克的杆式穿甲弹。其他类型的战斗部的 K_α 值介于 $0\sim70\%$ 之间。靠近下限附近的为穿甲、半穿甲和钻地类战斗部，接近或略低于上限的战斗部为爆杀型、杀伤型战斗部。

目前钻地战斗部较合理的装填系数 $K_\alpha=10\%\sim15\%$ 对于碰撞速度较低的激光制导炸弹其 K_α 值约为 $20\%\sim43\%$，根据战技指标要求，以上述范围任选一个 K_α 值作为初选值，为结构设计提供依据。战斗部质量一般是给定的，有 m_w 和 K_α 值，m_c 即可初步确定。

2）战斗部的直径选择

战斗部直径 d_p 有时是导弹总体限定的，有时可恰当选择。无论何种情况在初步设计时，均可用下式进行初步估算。

$$d_p = \sqrt[3]{\frac{m_W}{K_W}\left(\text{或者}\frac{m_c}{K_{ce}}\right)}$$

其中，K_W，K_{ce} 分别是战斗部和装药的相对质量系数，或者称为口径密度系数。它们亦是标志战斗类型和鉴别的重要参数。制式钻地战斗部的 K_W 范围约 $8.05\sim17\text{kg/dm}^3$。K_{ce} 的范围约为 $3.25\sim6.04\text{kg/dm}^3$，此参数与着速、材料结构等都有密切关系，如法制反机场跑道的炸弹，其 $K_W=8.22\text{kg/dm}^3$，$K_{ce}=1.23\text{kg/dm}^3$。初步设计时，可从上述制式数据中，结合战技指标，初步选择一个 K_W 或 K_{ce} 以求得 d_p。

3）弹体壳厚的选择

壳厚确定涉及战斗部壳材静、动力学性能，碰撞速度高低，着靶的姿态，介质抗弹特性以及计算强度所选用的模型等。目前，激光制导炸弹所选用的 MK 系列战斗部，侵深为 3m 厚的混凝土介质时，其壳体壁厚均值 $\bar{\delta}$ 与弹径比 d_p 之比约为 $0.03\sim0.07$（即壳厚约为 $13\sim27\text{mm}$）。对于超声速（$Ma=4\sim5$）碰撞时，则 $\dfrac{\bar{\delta}}{d_p}$ 约为 0.1。当考虑焊接工艺影响壳体强度时，则 $\dfrac{\bar{\delta}}{d_p}$ 还应加大。结合战技指标要求参考制式产品的 $\dfrac{\bar{\delta}}{d_p}$ 值范围，从中选择一个值，以便和 K_α、d_p 等协调应用。

2. 几何设计

1）长径比的选择

由于深侵彻介质是硬而坚固结构的混凝土目标，过大的长径比壳体，完全可能使战斗部壳体的刚性失稳，影响侵彻效能。深层侵彻弹的长径比一般在 $6\sim11$ 之间[41]，从 MK 系列战斗部的有限数据统计来看，其长径比（$l_p/d_p \approx 5.5 \sim 6.4$）。据报道弹的长径比最高已达 15.8（如 GBU-28/B，其弹长/弹径 = 15.8）。

2）外形母线选择

战斗部（或弹）外形母线基本上是圆弧形和圆柱形本体相组合，其头部几何形状有蛋形、平顶蛋形、锥形和钝头型等，还有为碰撞防滑做成具有防滑肩的特殊钝头型（如法制迪朗勃尔反跑道炸弹）。弹头母线几何形状如图 6.9 所示。

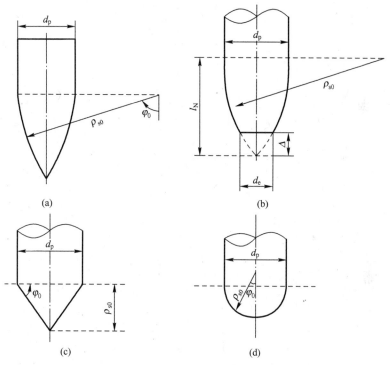

图 6.9 头部几何形状
（a）弹形；（b）平顶蛋形；（c）锥形；（d）钝头。

弹形（头部加本体）母线设计原则是：有利于穿深，有利于增强爆破效应。碰目标时，首当其冲的是头部，头部应满足强度要求和阻力小的几何外形，在美国 Sandia 国家实验室 Forrestal 等人多年研究基础上，人们提出了适用于刚性弹对混凝土侵彻的 2 个重要的无量纲物理量，撞击函数 I 和弹头形状函数 N。为刚性弹的侵彻和穿甲动力学的计算，带来了简化和方便。有关弹头的 I 和 N 的计算可参阅文献[39,42]。

考虑碰撞瞬时应力很大和侵蚀效应，沿弹头轴向从顶开始需要有一定金属厚度。同时在最大侧力发生的作用面区域内也应有恰当的过渡壳厚，以防强动载作用使壳体产生屈曲破坏。

关于侵蚀部位的无量纲高度 $\dfrac{\Delta}{l_{\mathrm n}}$ 如图 6.10 所示。

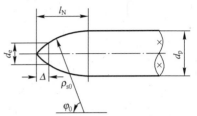

$$\frac{\Delta}{l_{\mathrm N}} = 1 - \sqrt{1 - \frac{d_{\mathrm e}}{d_{\mathrm p}}\frac{\psi - \dfrac{1}{2}}{\psi - \dfrac{1}{4}} - \frac{d_{\mathrm e}^2}{d_{\mathrm p}^2}\frac{1}{4\psi - 1}} \approx \frac{1}{2}\frac{d_{\mathrm e} - \dfrac{1}{2}}{d_{\mathrm p} - \dfrac{1}{4}}$$

(6.90)

图 6.10 弹头尺寸示图

式中: $l_{\mathrm N}$ 是弹头部高; ψ 是曲径比; 若

$\dfrac{d_{\mathrm e}}{d_{\mathrm p}} \ll 1$,式(6.90)最右边近似式成立。当某横

截面(直径为 $d_{\mathrm e}$)的过载达强度极限时,即认为发生质量侵蚀效应。弹头发生质量侵蚀的临界条件为

$$\sigma_{\mathrm{cr}} = \frac{sf_{\mathrm c}}{\left(1 + \dfrac{I}{N}\right)}$$

(6.91)

式中: σ_{cr} 是弹壳材料的临界破坏(抗拉)强度; s 是混凝土无约束抗压强度 $f_{\mathrm c}(\mathrm{MPa})$ 有关的一个无量纲经验常数亦可从 Forrestal 模型的 s-$f_{\mathrm c}$ 曲线查得

$$s = \begin{cases} 82.6f_{\mathrm c}^{-0.544} \\ 72f_{\mathrm c}^{-0.5} \end{cases}$$

I 是冲击函数; $\overline{N}$ 是广义形状函数, $\overline{N}^*$ 是广义形状因子,分别为[41]

$$\overline{N} = \frac{m_{\mathrm W}}{\overline{N}^* \rho d_{\mathrm p}^3}, \qquad \overline{N}^* = -\frac{8}{d_{\mathrm p}^2}\int_{l_{\mathrm N}-\Delta}^{l_{\mathrm N}} \frac{yy^{1/3}}{1 - y^{1/2}}\mathrm{d}x$$

(6.92)

其中 $\overline{N}$ 是积分项仅对应于发生质量侵蚀的局部,其中 $y = y(x)$ 是描述一般弹形的母线函数, $y' = \dfrac{\mathrm{d}y}{\mathrm{d}x}$,由式(6.90)~式(6.92)可求侵蚀高 Δ 和截面直径 $d_{\mathrm e}$ 。

引起尖卵形弹头壳体质量侵蚀的临界条件的近似式为

$$\left(\frac{d_{\mathrm e}}{d_{\mathrm p}}\right)^2 = \frac{sf_{\mathrm c}}{\sigma_{\mathrm{cr}}}\left(1 + \frac{I}{N}\right)$$

(6.93)

已知弹体强度 $\sigma_{\mathrm{cr}} = 1500\mathrm{MPa}$,头部曲径比 $\psi = \dfrac{\rho_{s0}}{d_{\mathrm p}} = 3$,以不同速度撞击常规混凝土 $f_{\mathrm c} = 40\mathrm{MPa}$,当初速为 900m/s 时,文献[39]的图 2 查得 $\dfrac{I}{N} = 0.5$,应用式(6.93)和式(6.90)可分别得到 $\dfrac{d_{\mathrm e}}{d_{\mathrm p}} = 0.67$, $\dfrac{\Delta}{l_{\mathrm N}} = 0.4$ 。此值表明,尖头前部被侵彻掉。实验证实,尖头部已被钝化为近似半球形。当射弹以超声速($Ma = 1.8 \sim 2.4$)

撞击同样的混凝土靶时,其侵蚀质量约占射弹质量的 2.7%~5.4%。

头部内腔应采用圆弧面平滑过渡设计,增大炸药装药与弹头内壁的接触面积,降低碰撞瞬间壁面与炸药间的压应力,以防炸药过压,引起意外。为此,头部内弧面顶部至弹头顶端之间应制成实心体,初步设计时,其厚度(高)可取头部高的 60% 以上,先进的钻地弹(RNEP)的撞击速度高达 4Ma~5Ma,则头部实心体长应相应增大。亦可在头部内腔加惰性缓冲塞,以防炸药装药冲击过大,确保安全有效使用。

3. 壳体结构响应特性

战斗部(或射弹)在侵彻过程中,壳体不破裂,变形在允许范围内,确保侵深达到战技指标性能要求。确保壳体强度特性,应综合思考一些问题,如使用情况分析(分布载荷及分布特性,弄清作用力大小等);选择安全系数和所用材料;计算草图确定;强度模型和计算;结构设计的修改等。

1)过载系数 n

刚性战斗部(或弹)在侵彻过程中的减速度是由阻力引起的。阻力由静阻和动阻两部分组成。可用牛顿定律求其减加速度。当侵深 $<2.0d_{\mathrm{p}}$ 时,其阻力 $F=ch$,其中 c 是常数,h 为侵深;当侵深 $\geqslant(2.0\sim2.5)d_{\mathrm{p}}$ 时,其阻力为

$$F=\pi d_{\mathrm{p}}^2\frac{sf_{\mathrm{c}}+N^*\rho_{\mathrm{p}}v^2}{4} \tag{6.94}$$

式中:v 是战斗部侵入过程中的瞬时速度,s 是混凝土抗压强度 $f_{\mathrm{c}}(\mathrm{MPa})$ 有关的经验常数;N^* 是弹头部形状因子 $N^*=\frac{1}{3\psi}-\frac{1}{24\psi^2}$,$\psi$ 为卵形弹头曲径比 $\left(\frac{\rho_{s0}}{d_{\mathrm{p}}}\right)$,表示弹头形状的优化程度,一般 $\psi=3$ 为好;ρ_{p} 是战斗部壳体密度。

碰撞开始,头部侵入目标最大减速度为[39]

$$a_{\max}=\pi d_{\mathrm{p}}^2\frac{sf_{\mathrm{c}}+N^*\rho_{\mathrm{p}}v^2}{4m_{\mathrm{W}}}=\pi d_{\mathrm{p}}^2sf\frac{\left(1+\dfrac{I}{N}\right)}{4m_{\mathrm{W}}} \tag{6.95}$$

式中:$N^*=\dfrac{I}{\rho_0v^2}\dfrac{sf_{\mathrm{c}}}{N}$;$I$ 为刚性战斗部撞击函数,$I=\dfrac{m_{\mathrm{W}}v_0^2}{d_{\mathrm{p}}^3sf_{\mathrm{c}}}$;$N$ 为弹头形状函数,$N=\dfrac{m_{\mathrm{W}}}{N^*\rho_{\mathrm{p}}d_{\mathrm{p}}^3}$;而无量纲控制参数的比值 $\dfrac{I}{N}=\dfrac{N^*\rho_{\mathrm{p}}v_0^2}{(sf_{\mathrm{c}})}$。

由此可知,上述无量纲控制参数 I 和 N 中均含有口径密度系数 $K_{\mathrm{W}}=\left(\dfrac{m_{\mathrm{W}}}{d_{\mathrm{pc}}^3}\right)$,这是个非常重要的系数,其物理意义和用途已在前面确定弹径设计时论述过。

过载系数 n 是指作用在战斗部上的外力合力产生的加速度,与重力加速度的比值,即弹的动态受力为静态受力的多少倍数,其轴向过载表达式为

$$n=\frac{F_{动}}{F_{静}}=\frac{a}{g} \tag{6.96}$$

式中:a 为加速度,是动态条件下的作用力特性引起的,g 是重力加速度。

对应 a_{max} 之过载系数为

$$n_{max} = \frac{a_{max}}{g} \tag{6.97}$$

此处 n_{max} 值亦可从能量守恒原理,假设其阻力为线性规律,由终点侵彻效应反求得到

$$n_{max} = \frac{v_0^2}{g h_{yg}} \tag{6.98}$$

由于最大过载的短暂性,有时工程设计中,常用下式计算过载系数

$$n_{comp} = \varepsilon_n n_{max} \tag{6.99}$$

考虑到撞击条件和战斗部的某些结构特性,常取 $\varepsilon_n < 1$ 进行修正。例如头部长度不同,即使撞击条件相同,弹质量相同,则 n_{max} 的大小就不同,而且随侵彻深度变化规律也不同,如图 6.11 所示。

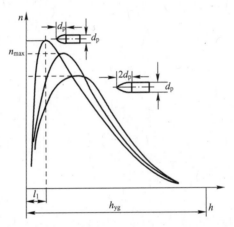

图 6.11 头部形状不同,侵入过载系数随侵深变化特性

(L_1 是对应 n_{max} 时的侵深;h_{yg} 是全侵彻深度。)

2) 壳体强度计算

反深层钻地弹战斗部壳体较厚,内装一定量炸药,碰撞时,必然会引起惯性力,对壳体产生压力作用,由于炸药的力学性能远不如金属,例如炸药的弹性模量 E_c 为 1.078~1.20GPa,约为金属的 $\frac{1}{200}$,对壳壁作用,在初步设计时可不考虑。碰撞时,认为轴向受载引起的惯性力全由壳体壁厚来承担,并不考虑横向力效应,这样处理受载壳体的强度计算是近似的。

设离弹顶部后壳体上任一截面 n-n 的壁厚为 δ_{ct},n-n 截面后的质量为 m_L,利用过载系数可很方便地计算 n-n 截面所受的最大轴向载荷,在壳壁中引起的压应力为

350

$$\sigma_z = \frac{n_{\max}m_L}{\dfrac{\pi}{4}(d_{PH}^2 - d_{BH}^2)} \qquad (6.100)$$

而强度条件为

$$\frac{n_{\max}m_L}{\dfrac{\pi}{4}(d_{PH}^2 - d_{BH}^2)} = \frac{\sigma_{cж}}{\varsigma_n} \qquad (6.101)$$

式中：$n_{\max}m_L$ 是检验断面的过载受到的惯性力；d_{PH} 是外径；d_{BH} 是内径；$\sigma_{cж}$ 是壳材的压缩强度极限；ς_n 是强度储备系数。

对于薄壳战斗部（即壳体壁厚 $\delta_{ct} \leqslant 0.05d_{PH}$）时，碰撞时，不仅要考虑轴向应力 σ_z，还应考虑内部装填物因碰撞惯性引起的内压作用，使壳壁中产生周向应力（σ_θ）和径向应力（σ_r）。有了三向应力，可利用第四强度理论求综合应力 $\overline{\sigma}$，令 $\overline{\sigma} \leqslant \sigma_{0.2}$，应指出，需要考虑弹体的塑性变形，对 $\sigma_{0.2}$ 加以修正[12]

$$\overline{\sigma} \leqslant k_s \sigma_{0.2} \qquad (6.102)$$

式中：k_s 是一个符合修正系数，k_s 的大小，由经过考验的类似战斗部的数据得出；$\sigma_{0.2}$ 是壳体材料的屈服强度。

3）底盖设计

动能型侵彻战斗部，为使内装药密封和战斗部的可靠引爆，需要安装配置引信（HTSF），为此，必须设计一个后盖。弹体侵彻时，由于惯性效应，其底端亦将受到恶劣的过载作用。靶场试验中常发生后盖脱落现象。不管用螺纹连接还是螺钉连接结构，均应进行强度校核计算。

考虑到壳体的刚度，在弹体后端设计中壳体常取"内拐"形状。故底盖外径通常小于弹体内径，有关螺纹连接的工程设计方法如下。

碰撞引起的惯性效应，对于底盖来说，其设计载荷为

$$F_{sj} = \frac{\pi d_e^2 s f_c}{4}\left(1 + \frac{I}{N}\right) \qquad (6.103)$$

式中：d_e 是螺纹外径，螺纹的内径 $d_i = 0.83d_e$。

螺纹的内径的抗拉强度为

$$\sigma_p = 1.45 s f_c\left(1 + \frac{I}{N}\right) \qquad (6.104)$$

为确保底盖螺纹内径断面的抗拉承载能力，则应满足

$$\sigma_b > 1.45 s f_c\left(1 + \frac{I}{N}\right) \qquad (6.105)$$

式中：σ_b 是底盖材料的抗拉强度。

底盖受拉后，螺纹部受挤引起弯曲和剪切。按螺牙的剪切应力分析和弯曲应力分析，分别校核底盖螺纹螺牙的圈数 n_s 取其较大者为设计圈数。

若按公制三角螺纹设计,设 S_1 是螺纹螺距,其螺牙高 $h=0.65S_1$,螺牙根部宽度为 $b=0.85S_1$,其中 0.85 是考虑实际螺纹横断面特征的系数。根据螺纹螺牙根处的剪切应力设计,底盖螺纹的圈数 n_s 应满足

$$n_s \geqslant \frac{1.14F_{sj}}{d_iS_1\sigma_b} \tag{6.106}$$

若按螺纹螺牙牙根处弯曲应力设计,则底盖的螺纹圈数 n_s 应满足

$$n_s \geqslant \frac{0.88F_{sj}}{d_iS_1\sigma_{u3}} \tag{6.107}$$

式中:σ_{u3} 为螺纹材料的许用弯曲力。

对于螺纹螺牙的挤压应力进行校核时,其挤压应力应满足

$$\sigma_c = \frac{1.4F_{sj}}{\pi d_i n_3 S_1} < K_{com}\sigma_b \tag{6.108}$$

式中:K_{com} 是挤压系数,对不活动不可拆螺纹的连接,取 $K_{com}=1.3\sigma_b$。

4) 材料选择

EPW 结构中大多采用高强、高韧的低合金钢。正确选用材料可以从根本上改善产品性能和生产的经济性,选用材料是创造完美结构的一个重要过程。所选用的材料要保证最大限度的减轻质量,同时也要满足一系列的战技指标性能要求。即要求最大的质量效率,并具有良好的壳体结构的稳定性。

目前 EPW 设计中,常选钢种有 G50 钢、D6AC、D6A、AerMet100、AF1410、AISI4340 等,其各种力学性能指标和可焊接性,可满足不同深层侵彻战技指标的要求。现将有关的钢种材料的力学性能列于表 6.6 中。

表 6.6　EPW 所选钢种材料的力学性能

力学性能参数	钢种					
	AISI4340	300M	HP-9-4-30	G50	AF1410	Aermet100
强度极限 σ_b/MPa	1860	2300	2390	1790	1750	1965
屈服极限 σ_s/MPa、$\sigma_{0.2}$/MPa	1515	2150	1960	1440	1545	1758
延伸率 δ/%	8	11	14	14	10	14
断面收缩率 ψ/%	30	35	52	57	69	65
洛氏硬度 HRC	37	—		49.6	—	—
冲击韧性 a_{kv}/J·cm^{-2}	48	—		68	130	—
断裂韧性 K_{IC}/MPa·m$^{\frac{1}{2}}$	57	—		149	154	115

二、聚能—动能复合串联型钻地战斗部系统[1,43,44]

这是个多级弹头系统(MWS),有一个前置聚能装药(FSC)战斗部和随进的动能战斗部(FTW)。其简单示意图如图 6.12、图 6.13 所示。

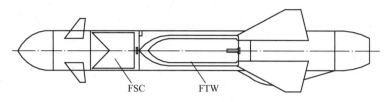

FSC   FTW

图 6.12　聚能—动能复合串联型战斗部布局示意图

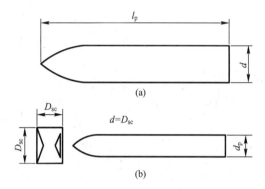

图 6.13　聚能战斗部

（a）动能单模型战斗部;（b）动能双模型战斗部。

聚能装药产生的射流能持续几毫秒,对混凝土预先侵彻,使其破碎和变性,在弹头作用方向形成一个空洞,从而有利于提高 EPW 破坏结构的能力。所以,双模型战斗部是定向能技术和动能随进技术相结合的先进技术,这样布局的优点是:低速情况下可使动能随进战斗部侵深增加一倍以上。比如欲侵彻混凝土 2m,动能型战斗部需要速度为 450m/s。若取同样弹长,同直径的二级战斗部,当 $\dfrac{d_p}{D_{sc}} = 0.8$ 时,仅要求速度 250m/s;当 $\dfrac{d_p}{D_{sc}} = 0.6$,所需速度不到 100m/s,所以双模型战斗部从 20 世纪 80 年代就受欧美等西方国家和苏联的高度重视,研制成功了一些新型产品。1984 年 Murphy 曾提出双模类型战斗部对混凝土的侵彻深度的预估方法。

1. 聚能战斗部射流穿孔的体积计算

1)
$$穿孔体积 = \frac{聚能射流能量}{c_e} \tag{6.109}$$

式中:c_e 为形成单位孔洞体积可需能量,例如铝射流冲击高强度混凝土($f_c = 41.4$MPa)穿孔时,取 $c_e = 0.0036$。

2)
$$聚能能量 = V_{SC} \cdot K_\alpha \cdot \gamma_e \cdot E_{e\text{-}J} \tag{6.110}$$

其中,V_{SC} 是聚能装药体积(cm^3),K_α 为 SC 的装填系数(%);γ_e 为炸药能量密度(Mbar·cm^3/cm^3);$E_{e\text{-}J}$ 是炸药能转换为射流能量的转换系数。

3) SC 的长径比为 1 的结构

$$V_{SC} = \frac{pD_{SC}^3}{4}$$

$$K_\alpha = 0.7$$

$$\gamma_e = 0.102$$

$$E_{e-J} = 0.14$$

则
$$V_{kk} = \frac{\dfrac{pD_{SC}^3}{4} \cdot 0.7 \cdot 0.102 \cdot 0.102}{c_e} = 0.0078508 \frac{D_{SC}^3}{c_e} \qquad (6.111)$$

V_{kk} 为射流在靶板上的穿孔体积。

4)
$$射流穿深 = \frac{V_{kk}}{\dfrac{p}{4}d_6^2} = \frac{D_{SC}^2}{d_6^2} \frac{K_\alpha \cdot \gamma_e \cdot E_{e-J}}{c_e} \qquad (6.112)$$

其中 d_6 是孔洞直径。后进动能战斗部沿此孔继续侵彻,聚能装药物理模型设计可参阅文献[43],罩材用钽材,破孔效果更好。

2. 随进动能战斗部的侵彻效应

可引用 Young 公式,下面直接引用 Bernard 侵彻深度模型

$$h_{yg} = 2.54 \left(\frac{M_p}{d_p} \right) \frac{v_0}{\sqrt{(\rho_t y_t)}} \left[\frac{100}{RQD} \right]$$

其中 h_{yg} 为侵彻深(cm);M_p 为射弹质量(kg);d_p 是射弹直径(cm);v_0 为撞击速度;ρ_t、y_t 分别为目标材料密度(g/cm³)和材料无侧抗压强度(bar);RQD 为岩石质量指标,是现场岩体中原生裂缝间距的一个度量,对混凝土取 100。

随进战斗部在有空洞目标中侵彻模型

$$h_{yg} = 2.54 \frac{M_p v_0}{\sqrt{(\rho_t, y_t)}(d_p^2 - d_6^2)} \left[\frac{100}{RQD} \right]^{0.8}$$

3. 串联战斗部的最佳侵深

对于长度相同的动能战斗部和二级串联战斗部(见图 6.14)。2 种结构的弹药体积和质量相差不多。采用二级串联战斗部最突出的优点是可用较低速度侵入目标更深。

对于给定目标、射弹(战斗部)和打击速度,便可利用图 6.14 选取聚能装药最佳穿孔直径。或者进行动能战斗部设计将其缩短,于其前部加个聚能装药。

设聚能装药需占用长径比 $\left(\dfrac{l_p}{d} \right)$ 的 1.5 倍,对于给定口径比 $\dfrac{d_p}{D_{SC}}$ 新的动能战斗部质量为

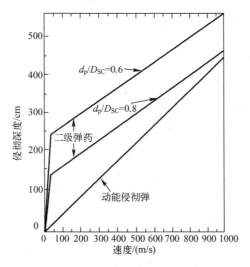

图 6.14 动能战斗部与二级串联战斗部侵彻深度比较

$$M = M_p \left(\frac{l_p}{d} - 1.5 \right) \frac{\left(\dfrac{d_p}{D_{SC}} \right)^2}{\dfrac{l_p}{d}} \qquad (6.113)$$

式中：M_p 是动能射弹质量；$\dfrac{l_p}{d}$ 为动能战斗部长径比；d_p 是随进动能战斗部直径；D_{SC} 是聚能装药直径。

二级弹药的最佳侵深是聚能装药穿孔体积曲线与射弹战斗部侵彻深度曲线的交叉点，其穿深为

$$h_{yg} = \frac{1}{d_p^2} \left[25.4 \frac{MV}{\sqrt{\rho_t y_t}} \left(\frac{100}{RQD} \right)^{0.8} + \frac{4}{\pi} V_{kk} \right] \qquad (6.114)$$

由式（6.112）和式（6.114）可求解侵深和速度间的关系曲线。

4. 炸药装药的安全性计算

目前炸药有气体、液体、固体三大类，而钻地战斗部的炸药装药为固体炸药，常用的炸药有 TNT、RDX 为基的钝感含铝炸药和钝感塑性黏结炸药等。炸药受到外界机械作用（撞击和摩擦）、温度作用、电作用、化学作用、光作用和射线作用等不同形式的刺激，均可引起爆炸，炸药起爆作用的实质是热和冲击作用的结果。

钻地战斗部撞击目标时，冲击载荷作用强烈，浇铸的固体炸药受到很大的惯性压缩作用，而注装炸药大约有 2%~4% 孔隙度，孔隙或气泡冲击绝热压缩后，由于气体的比热比炸药晶体的比热小，气泡温度高于晶体情况即出现热点。当达到装药敏感度的某种程度就会引发爆炸。所以使用含能材料时，必须要考虑炸药的安全性和可靠性。为确保撞击时的安全性，必须限制因撞击引起装药内的最大压应

力,以防该值过高和作用时间过长,超过炸药装药的安全允许限值。而炸药允许的最大应力值常常与炸药的敏感度有关。

因正碰撞引起的轴向惯性力,在炸药装药任一断面上发生的压应力为

$$\sigma_{cm} = \frac{F_c}{\pi r_{an}^2} = \frac{m_{cn}a_{max}}{\pi r_{an}^2} = \frac{m_{cn}\pi d_p^2 sf_c\left[1+\left(\frac{I}{N}\right)\right]}{4\pi r_{an}^2 m_w} \quad (6.115)$$

式中:m_{cn} 是位于 $n-n$ 断面以上的炸药质量;r_{an} 是 $n-n$ 断面处战斗部内腔半径;m_w 是战斗部的质量,等同于侵彻模型中的射弹质量 M_p,可理解为直接对目标起有效作用的质量。

在战斗部内腔顶端附近断面上,炸药将受到最大压应力,故该处附近应该用圆弧光滑过渡,或装填防冲击吸能的材料,这样处理是合理的。如果 $n-n$ 断面前内腔为截锥形,则 m_{cn} 应作相应调整,以该截面小端处药柱直径为准,作圆柱形延伸至底盖内平面为止,按此,确定其新的惯性药柱质量 $m_{cn}^{[4]}$,实际上是按截锥小底为径画一个长圆柱至底盖平面,求此柱的质量。

炸药装药撞击时安全条件为

$$\sigma_{cmax} \leqslant [\sigma_m] \quad (6.116)$$

式中:$[\sigma_m]$ 是指炸药的允许压应力[12]。

如果装药量较多,在战斗部内腔细长情况下,受载装药面上压应力过大,为确保碰撞时的安全性,可以在战斗部适当位置安装隔板,使过长装药分成 2 段,由隔板承担一部分装药的惯性力,以此提高其使用安全性。深侵彻战斗部常用的炸药是 TNT,Tetrytel,Tritonal,H-6,PBXN-107,PBXN-109,AFX-70B 等。

钻地战斗部常用的炸药性能参数如表 6.7 所列。

表 6.7　炸药性能参数[45,46]

参数 炸药装药	密度 $\rho_e/g \cdot cm^{-3}$	爆速 D_e/ms^{-1}	爆热 $Q/kcal \cdot kg^{-1}$	爆压 P_J/GPa	$\sqrt{2E}/ms^{-1}$	绝热指数 $\gamma = \sqrt{\dfrac{D_e^2}{2E}+1}$	格尼能 $E/J \cdot kg^{-1}$
TNT 浇注	1.56	6700	1070	—	3100	2.44	4.872×10^6
H-6	1.76	7470	1326	24	—	2.83	—
Tritonal	1.72	6700	700	—	3700	2.02	—
	1.71	6475	1700	—	—	—	—
PBXN-109	1.66	7160	—	22	—	—	—

三、确保钻地弹战斗部适时可靠起爆

钻地弹战斗部主装药正朝着高能钝感化方向发展,目前正在大力研发高超声速型、多智能型和隐身型等新型弹药战斗部,如何可靠引爆钝感主装药应予足够重视,首先要研发 HTSF 引信,能适时、可靠捕获侵彻目标恰当起爆点的信息,及时起

爆,紧跟其后是传爆链作用,使战斗部主装药可靠引爆。对大装药量的战斗部,其传爆链布局为:引信接受起爆信号使雷管起爆,激发导爆药,引爆传爆药,继而传递和扩大爆轰,引爆主装药,这个爆炸链(起爆药→传爆药→主装药)是个逐级能量放大爆轰,显然,传爆药对上为被发装药,对下是主装药做被发装药,其感度要高,作主发装药希望起爆能力要强。有关传爆药量的初步设计可依据表6.8中数据进行选择。

表6.8　战斗部爆炸链装药重量之间的近似值

炸 药 类 型	质 量 范 围	常 用 范 围
起爆药	100~4.2g	100~500mg
传爆药	5g~14.5kg	50~200g
主装药	0.1~600kg	0.1~600kg

参 考 文 献

[1] 李晓军,张殿臣,李清献,等. 常规武器破坏效应与工程防护技术. 总参工程兵科研三所,2002.

[2] Hadala P F. Evaluation of Empirical and Analytical Procedures Used for Predicting the Rigid Body Motion of an Earth Penetrator. Papers. 75-15, U. S. Army Engineer Waterways Experiment Station. Vicksbury Miss. June,1975.

[3] R Hassett, J Yang. the Effect of the Nose Shape on the Penetration on Small Scale MK-82 Bombs in soil. Report TR70-261,1970. Naval Ordnance Laboratory.

[4] 周兰庭. 火箭战斗部设计理论. 北京工业学院,1975.

[5] В Д КУРОВ Ю М ДОЛЖАНСКИЙ. ОСНОВЫ ПРОЕКТИРОВАНИЯ ПОРОХОВЫХ РАКЕТНЫХ СНАРЯДОВ, ГОСУАРТВЕННОЕ НАУЧНО-ТЕХНИЧЕСКОЕ ИЗДАТЕЛЬСТВО ОБОРОНГИЗ. Москва,1961.

[6] Marvin E 巴克曼. 国防工业出版社. 终点弹道学. 李景云,周兰庭,李禄荫,范炳全译,1981.

[7] А Я Сагомонян. ДИИАМИКА ПРОБИВАНИЯ ПРЕГРАД. ИЗДАТЕЛЬСТВО МОСКОВСКОГО УНИЕРСИТЕТА,1988.

[8] C L Farrar,等著. 周兰庭,隋树元,赵川东,译. 主编 丁世用. 弹道基础. 北京:兵器工业出版社,1990.

[9] 赵国志. 穿甲工程力学. 北京:兵器工业出版社,1992.

[10] А А ИЛЬЮШИН,и В С ЛЕНСКИЙ. СОПРОТИВЛЕНИЕ МАТЕРИАЛОВ. ФИЗМАТГИЗ,1959.

[11] 魏惠之,朱鹤松,汪东辉,等. 弹丸设计理论. 北京:国防工业出版社,1985.

[12] Н А ЗЛАТИНА, Г И МИШИНА ИДР. БАЛЛИСТИЧЕСКИЕ УСТАНОВКИ И ИХ ПРИМЕННИЕ. В ЭКСПЕРИМЕНТАЛЬНЫХ ИССЛЕДОВАНИЯХ. 《НАУКА》. МОСКВА,

1974.

［13］ CHRISTMAN D R,GEHRING J W. J. Appl. Phys. 37,1579. 1966.

［14］ W JOHNSON,A K SENGUPTA,S K GHOSH,S R REID. MECHANICS OF HIGH SPEED IMPACT AT NORMAL INCIDENCE BETWEEN PLASTICINE LONG RODS AND PLATES. J. Mech. phys. solids Vol. 29,No. 5/6 pp413-445,1981.

［15］ Richard M Lioyd. Conventional warhead systems Physics and Engineering Design. progress in Astronautics and Aeronautics Volume 179,1998.

［16］ EUGENE L FLEEMAN. 战术导弹设计. 张天光,周婵娟,宋振峰,等译. 中国空空导弹研究院,2003.

［17］ В П Алексеевский. К Вопросу О Проникании Стержная В Преграду с Большой Скоростбо Физика Горения и Взрыва NO2. p99-106,1966.

［18］ Tate A. A theory for the deceleration of long rods after impact,J Mech Phys Solids. 15;387-399;1967.

［19］ Walters W P,Segletes S B. An exact solution of the long rod penetration equation. Int J Impact Eng 11(2),1991.

［20］ S B segletes,W P Walters. Extension to the exact solution of the long-rod penetration /erosion equations. Int J Impact Eng 28. 363-376,2003.

［21］ S Chocron,C E Anderson Jr,J D Walker,M Ravid. Aunified model for long-rod penetration in multiple metallic Int J Impact Eng. 28. 391-411,2003.

［22］ 美国陆军器材部. 终点效应设计. 李景云,习春,于骐,译. 北京:国防工业出版社,1985.

［23］ 周兰庭. 碰撞与模化(二). 北京工业学院,1985.

［24］ S J Bless,J P Barber,R S Berthe,H F Swift. Penetration mechanics of yawed rods Int. J. Eng. sci. V. 16(N11):829-834,1978.

［25］ А О Холт. О Простых Моделях Высокоскоростного Проникания Стержня В Металлическое Полупространство. Физика Горения и Взрыва. Т. 26,No2. 1990.

［26］ Zukas J A,et al. Impact dynamics. New York:John wiley and sons co,1982.

［27］ Ю Н БУХАРЕВ,В И ЖУКОВ. МОДЕЛЬ ПРОНИКАНИЯ СТЕРЖНЕВОГО УДАРНИКА С УГЛОМ АТАКИ В МЕТАЛЛИЧЕСКУЮ ПРЕГРАДУ. ФИЗИКА ГОРЕНИЯ И ВЗРЫВА. Т31. NO. 3 1995.

［28］ 谈庆明. 量纲分析. 合肥:中国科学技术大学出版社,2007.

［29］ W E Baker,et al. Similarity Methods in Engineering Dynamics. Hagden Book co,Inc Rochelle park,Now Jersey,1973.

［30］ M B Rubin,A L Yarin. A generalized formula for the penetration depth of a deformable projectile,Int J Impact Eng. 27. 619-637,2002.

［31］ 王道荣,胡时胜,张昭宁. 高速冲击下混凝土的力学行为. 防护工程,2002(2).

［32］ 郝保田,何唐甫,陈贵堂,等. 常规深钻地武器撞击压力和温度的近似计算及最大钻深等问题分析. 防护工程,2002(2).

［33］ 陈孟英,周丰峻. 关于弹—靶侵彻效应模型试验问题. 防护工程,2002(2).

［34］ 刘瑞朝,何翔,吴飚,牛小玲. 射弹侵彻混凝土深度预估公式分析. 防护工程,2002(2).

［35］ 施鹏,陈肇元,刘瑞朝. 关于混凝土结构抗高速冲击缩比试验相似性的讨论. 防护工程,2002(2).

［36］ 隋树元,王树山. 终点效应学. 北京:国防工业出版社,2000.

［37］ P S Westine. BOMB CRATER DAMAGE TO RUNWAYS AIR FORCE WEAPONS LABORA-TORY. NEW MEXICO. 1973.

［38］ 陈小伟. 动能深侵彻弹的力学设计(I). 侵彻/穿甲理论和弹体壁厚分析. 爆炸与冲击,2006,25(6).

［39］ Forrestal M J,Altman B S Cargile J D,et al. An empirical equation for penetration depth of ogive-nose projectiles into concrete targets[J],Int J,Impact Eng. 15(4)395-405,1994.

［40］ 陈小伟. 动能深侵彻弹的力学设计(II). 弹靶的相关力学分析与实例. 爆炸与冲击,2006,26(1).

［41］ X W Chen,Q M Li. Deep penetration of a non-deformation projectile with different geometrical characteristics. Int J Impact Eng. 27,619-637,2002.

［42］ (美)沃尔特斯·威廉·普,朱卡斯·乔纳斯·埃. 成型装药原理及其应用. 王树魁,贝静芬,等译. 北京:兵器工业出版社,1992.

［43］ 张殿臣. 二级弹药侵彻深度分析. 防护工程,2001(3).

［44］ 章冠人,陈大年. 凝聚炸药起爆动力学. 北京:国防工业出版社,1991.

［45］ Joseph Carleone,ed. Tactical Missile Warheads. Vol. 155,Progress in Astronautics and Aero-nautics,AlAA.,Washington,DC,1993.

［46］ 张树松. 导弹和空间飞行器用金属材料. 北京:国防工业出版社,1984.

第7章 新概念非致命弹药

7.1 概　述

7.1.1 非致命弹药概念

目前文献报道的非致命武器,其中包含着非致命弹药(或战斗部),故有时称非致命弹药,本章随情况而采用两词汇混用。美国国防部于 1992 年就制定了非致命技术的发展战略,英、法、德等国亦启动了发展计划。美陆军提出的"陆军作战中的非致命能力概念",曾给非致命武器下过这样的定义:专门设计的,用于使人员或武器装备失能,同时使死亡和附带破坏为最小的武器[1]。

海湾战争开始以来,美国使用了这样一些新概念的武器和弹药,如破坏电网的碳纤维战斗部,破坏 C^3I 系统的大功率微波战斗部等。从国际上报道来看,有多种提法,如:非致命武器(Non-Lethal-Weapons)、失能武器(Disable Weapons)、低间接破坏武器(LCDW)等新型名词术语。为了区别传统的杀伤、爆破、穿甲、聚能等对目标的硬杀伤弹药武器,国内称为"软杀伤"弹药武器,国内、外有些警用弹药也属于非致命弹药。上述这样定义名词术语是否符合科学概念的语言符号,还是值得进一步探讨的。因为科学名词的正确、统一和规范标志着国家科技发展的水平。所以"定名"是很重要的。

这类武器的能量转换和释放,以及对目标的毁伤机理模型,多样复杂,涉及多门学科领域,确实不同于传统常规武器弹药,这是一类新概念、新原理武器。

7.1.2 新型非致命武器

这类弹药武器不是靠弹的动能或爆炸冲击波超压、比冲量和破片动能去毁伤敌方武器装备和人员,而是采用高科技手段,利用声、光、电、化学或生物等某种特殊形式的能量和多功能材料效应,暂时或永久地降低目标的效能,即软、硬杀伤的目的相同,但软杀伤在某些方面更具有独特优点,例如,它可用强大功率微波或强电磁脉冲破坏敌方的以计算机为基础的指挥控制系统、通信联络系统、侦察情报系统、方向定位系统以及敌我识别系统,从而使敌方部队处于瘫痪状态,丧失战斗能力[2]。目前已有100多个国家高度重视信息战略并将其摆在军事战略中的优先地位。发展和研制的各种软杀伤武器有:电磁脉冲定向能量战斗部(EMPW)、高功率微波定向能量战斗部(HPMW)、碳纤维战斗部、诱饵战斗部、干扰战斗部等,除此以外,还有各种电子对抗武器,例如:雷达对抗、通信对抗、制导对抗和光电引信对抗等四大领域[2]。在海湾战争中,充分显示了现代战争中电子对抗武器效能和巨大力量。除上述非致命武器外还有软杀伤枪械(如电击枪、低能激光步枪、新式"阿尔文"防爆枪、手持式电休克器、催吐警棍等),以及使人暂时丧失战斗能力的软杀伤化学战剂——失能性战剂(使中枢神经系统产生障碍、倒地),刺激性战剂(使人流泪、疲惫),超级黏结剂(使人体接触后发硬),强力润滑剂(喷洒在公路、铁路、舰船甲板上,使车、飞机等无法行动)。

在陆、海、空天、电磁环境条件下,各种高新技术兵器的综合较量中,虽然战场上仍以硬杀伤弹药武器为主,但软杀伤弹药武器的快速发展和辅助作用,所起的增益效应,效果很显著。

在海湾战争中,美国曾使用了大量的战斧巡航导弹,装备的战斗部有 4 种类型,其中 2 种是软杀伤技术战斗部,它们是碳纤维战斗部和大功率微波战斗部。另外,在机载炸弹中如 CBU-94 也是一种新型子母式碳纤维炸弹,当时称为石墨炸弹(简称黑弹)。

7.2 碳纤维战斗部技术

7.2.1 作用原理

这是一种神秘的新型非杀伤失能弹药技术,其最初的弹药原名为电力分配弹药。在海湾战争开战的最初 8 小时首次发射使用。其结构形式据报道;一种如普通弹头那样,将截面为 19.05mm×12.07mm 的碳纤维丝圈压在弹壳内,中心为引爆机构,当导弹飞至电力系统目标区上空爆炸散开,使碳纤维丝圈直接从战斗部壳内抛出,在空中展开;另一种是先将成团的碳纤维丝用燃气动力将其从战斗部内抛射出去,实质上是小弹装碳纤维丝束,然后装入母弹舱内,开舱后,小弹抛出,靠引信击发机构,将丝圈抛出展开,长长的(约 30m)碳纤维丝束飘落到电力系统的变电站、高压输电电网上,使其发生短路引起跳闸。当短路时间大于电网短路跳闸保护时间阈值,立刻造成电网断电。此时,电网并未遭到毁伤,但其电力系统电网已不能正常供电,成功地压制了敌方的防空火力,为后续大规模战略空袭提供了有力的保障。因此大大减少耗弹量,且获得很大的作战效能。只要碳纤维丝束不去掉,永远无法恢复供电[6,7]。

碳纤维战斗部有大量小弹装在母弹舱内,母弹载体可以是巡航导弹、战术弹道导弹以及布撒器。例如 SUU-66/B 中装有型号为 BLU-114/B 的子弹,这种组合称 CBU-94,其子弹抛射过程如图 7.1 所示。

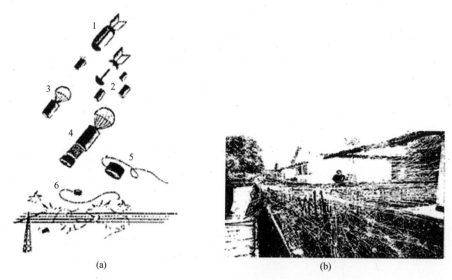

图 7.1 碳纤维（又称石墨）炸弹投放示意图及落地场景

（a）炸弹投放及碳纤维散开；（b）落地后的碳纤维网状场景。

1—由 F-117 投出 100 个~200 个 BLU-114/B 子弹；2—子弹甩开；3—子弹伞打开；
4—碳纤维丝线轴从子弹中弹出；5—丝束展开；6—碳丝束搭在高压线上造成短路。

7.2.2　电力系统

一、易损性分析

电力系统是碳纤维战斗部作用的主要目标和攻击对象。电力系统的组成和电网如图 7.2 所示。

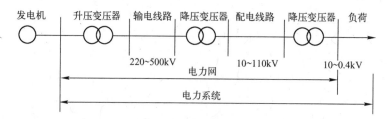

图 7.2　电力系统和电力网示意图

电力系统从发电厂、变电所、输配电线路至用户形成一个整体。电压范围一般为 $3.5 \times 10^4 \sim 5 \times 10^6$ V 之间，国外已建成 1200kV 交流输电线路，正在研究 15000kV 交流输电。最远输距 1000km，最大电力系统容量为 2×10^8 kW；国内 500kV 是最高电压等级的输电方式（骨干线路，网络），该电压线路长 8000km。今后最高电压还将继续升级。输配电路以及它所联系的各类变电所称为电力网。一般电厂都是封闭的，电厂出口线路亦是有保护的，不易被破坏，能被攻击的是输配电线路和它所

362

联系的各类变电所构成的电网。输配电线路有 2 种，一是架空线路，二是电缆线路。后者埋在地下，显然无法攻击，架空线是将电线架在杆塔上，并暴露在大气中。由于高压线使用绞合的钢芯铝线，而且是一种裸露布线，故极易受到碳纤维丝束的破坏。高压线与大地或相线间电压强度为 $3 \times 10^4 \mathrm{V/cm}$ 时，亦可造成空气击穿放电。随着电压的不同，对应电压的最小对地间距是可变的。例如，22kV 在不计雷电过电压时，高压线的最小绝缘间隙，即对地不产生放电的最小间距为 1.35m，两线之间最小相间距为 2.3m，架线塔高也与电压有关，对于 22kV 高压，则架线塔高约 22m，其他高压，可按此比例近似推算塔高。这就告诉我们，碳纤维丝束长度设计的确定要考虑上述因素，才能应付不同的塔高架线相线间或相地间的碳纤维搭接。

二、故障分析

对碳纤维战斗部应用来说，主要是使碳纤维造成电网短路故障（即目标易损）。短路故障是指电力系统正常运行情况以外的一切相与相之间或相与地之间的短接。在三相系统中短路故障的主要形式有 4 种类型，如图 7.3 所示。

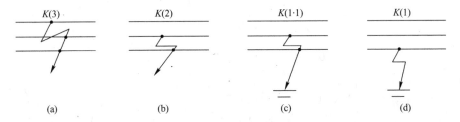

图 7.3　电网故障短路模式

（a）三相搭接短路；（b）两相搭接短路；（c）两相与地搭接短路；（d）一相与地搭接短路。

当高压电网短路超过电力系统自动保护电路故障畅通的阈值时，就会形成断电故障，即电网保护系统在自动恢复重合电闸时，短路仍存在，从而造成国民经济发展的大动脉和军事设施要害部门供电瘫痪、甚至发生火灾。这就为另一方创造了火力攻击和夺取胜利的有利时机。

7.2.3　碳纤维材料特性

一、基本类型

碳纤维的种类很多（聚丙烯纤维、沥青纤维或人造纤维），按制造工艺碳纤维可分为炭纤维和石墨纤维 2 种。炭纤维是指有机纤维在 2000℃ 以下炭化而制得的纤维。从结构上观察分析，它还没有形成石墨，一般碳纤维含有 75% ~ 95% 的碳。石墨纤维是指有机纤维在 2000℃ 以上的高温下炭化而制得的纤维，纤维的结构与石墨相似，因为石墨的导电性能比炭好，所以石墨纤维的导电性能好。由于石墨纤维的处理温度比碳纤维高,因此含碳量很高,约为98%~99%以上,纯度就高。

从物理机械性能上来区分碳纤维的特性,可分为5种:高强高模类型、高强中模类型、中强高模类型、中模类型和低模类型。有机纤维在受热过程中和受热后都要产生收缩,扰乱和破坏纤维内部分子整齐而有序的排列,从而影响了其弹性模量和强度。为此,在制作高弹性模量和高强度碳纤维时,必须一面加热、一面施加张力,使得碳纤维不产生收缩,确保纤维内部分子趋向更加整齐而有序的排列,这样制造出的碳纤维比不施加张力时制造的,在弹性模量和强度要高得多。

按照制备原料的不同,可将碳纤维分为四大类:天然和人造碳纤维、聚丙烯腈(PAN)基碳纤维、沥青碳纤维和气相生长碳纤维。现在已大规模生产的只有PAN碳纤维和沥青碳纤维,前者约占产量的90%,后者约占产量的10%[10,11]。

二、结构

高弹、高强碳纤维与普通石墨在结构上是不同的,差别就是由于在制造过程中边加热边两端张紧,纤维受张力的作用而造成。由于张力作用,使得纤维结构内如链条一样的聚合物分子会沿着纤维长度方向一条条平行整齐地排列着。这就是高弹、高强碳纤维的结构。而普通石墨结构中的石墨平面网是一堆堆杂乱排列的。在高模量碳纤维结构中,石墨层平面偏离纤维长度方向的角在正负10°以内,此角称为取向角,角越小则石墨层平面和纤维轴向的平行度就越高(或称取向度越高)。

当高弹、高强纤维受到外力拉伸时,结合力较小的石墨平面网层之间就没有承受到这个力,而均由许多互相平行的石墨平面网层内的碳原子来分担。石墨平面层内的碳原子是很硬的物质,如同金刚石结构内的碳原子一样,彼此结合牢固,因此要使其破坏或变形就像破坏金刚石那样难,这就是碳纤维的弹性模量和强度特别高的缘故。所以在制造高弹、高强碳纤维的过程中,不让纤维收缩而让它受张力。受张力作用的碳纤维,它的结构内石墨平面层对纤维轴向的取向角减小,并随着碳化温度的升高,取向角逐渐减小,而其弹性模量是逐渐增加的。在2000℃以上的高温下制成的高弹性模量石墨纤维的取向角小于正负5°。实验结果证明,取向角越大,弹性模量越低,取向角越小,弹性模量越高。

三、碳纤维的性能

碳纤维丝直径仅0.025mm,比蜘蛛网丝细3~4倍。几十根碳纤维系合在一起,约为人的头发丝粗细。

碳纤维的抗拉强度为3~4GPa,约比钢大4倍,约为铝合金的6~7倍。碳纤维的比强度大约为钢的16倍,铝合金的12倍。碳纤维的弹性模量比铝合金高5~6倍。碳纤维的质量轻,就同一制品而言,其质量是铝合金的,并小于钢的$\frac{1}{4}$。

碳纤维具有耐腐蚀、耐低温等特点,其在-1000℃下仍很柔软。缺氧时能耐高

温 $3000\sim4000℃$,这样的高温,如果是钢早已成钢水;如为耐火材料也会立刻熔化为稀泥,而碳纤维在 $2000℃$ 时,碳纤维强度——弹性模量仍基本不变,在 $12000℃$ 的高温下可耐受 10s 之久。尤其是急冷、速热,即使 $3000℃$ 性能仍然很好不会炸裂。碳纤维的膨胀系数比钢小几十倍。

总之,碳纤维具有强度大、质量轻、弹模高、耐高温、耐化学腐蚀、耐辐射、能导电、高温绝缘性能好、反射中子射线能力强等优点。

7.2.4 碳纤维战斗部设计问题

一、碳纤维丝团

1. 碳纤维材料的选择原则[12,13]

碳纤维是碳纤维战斗部或弹对高压电网引起短路,最终达到停电的核心元件。这种材料的电导率要高,并需有抗氧化特性。石墨化程度较高的碳纤维,其电导率约为 $4.4\times10^5(s/m)$。当高压电网大电流通过碳纤维丝束时会升温氧化而被烧断。为解决碳纤维被烧断时间要大于电网跳闸保护性自动合闸时间。因此。必须使碳纤维丝束具有足够的密集度(使碳纤维丝束连续不断落向电网,而且丝束的根数要多)。所选的碳纤维材料能适应不同的电压等级和额定电流。一般断路器的额定短路时间通常为 2s,通常不超过 4s[14,15]。为此,所选碳纤维要进行特殊工艺改性处理,用插入某种物质,形成层间电荷迁移,提高电导率[16]或用导电涂料、电镀金属等手段,提高电导率和抗氧化性能。经处理后的碳纤维仍能保持柔软性、光泽、光滑性,利用纺织缠绕技术做成丝束圈,一旦空中释放,在下落的过程中极易展开。目前研究表明,选用 PAN-12K 为好。

2. 丝束长度选择

应按战术技术指标要求、攻击电网电压高低、相线间距和架线塔高等前提条件来确定丝束长度。现提供参考长度为 $30\sim35m$。此值对选择子弹长径比有参考作用,应保证丝束装得下,国外经验子弹长约为易拉罐直径的 2 倍左右。

二、结构方案设计原则

1. 子母式结构方案

母弹作为运载子弹工具,将其送至电网区域上空,在一定高度将子弹抛撒出来。子弹在电网上空适当高度,在引信作用下,靠少量的含能材料的爆发作用,抛出碳纤维丝团,展开的丝束飘落下来搭接在电网上使其短路,并形成巨大弧光、火球,电路中断,电网瓦解,通信中断,使敌方指挥失灵,削弱了敌军的指挥行动能力,达到了预期的攻击目的。

或者也可考虑让子弹落地,靠引信作用,利用跳弹方式使子弹抛向电网区域上空恰当高度,并及时抛出丝团,展开后飘落到电网上,同样可以达到破坏电网的效果。

2. 母弹抛撒子弹式

对于要携带大量子弹的母弹来讲,可考虑中心药管式抛撒和微机控制程序抛撒,容易得到预期的抛撒效果[17]。

3. 对抛撒的基本要求

(1) 满足合理的撒布范围;

(2) 达到合理的分布密度;

(3) 子弹性能不受影响。

三、对碳纤维战斗部的评价

(1) 低成本,对电网造成破坏力大,效费比高。

(2) 防御较难。由于电网是大面积相连,变电站分布广,很难防守。

(3) 全面来看,技术内涵新型,软毁伤效能显著,对现代战争起到"力量倍增器"作用。

7.3 高功率微波战斗部

7.3.1 作用原理

这种高功率微波战斗部(HPMW)是美国近 20 年来大力发展的新型非杀伤武器之一,也是一种高技术兵器。这类低附加破坏效应武器是 HPM 源产生的微波,通过高增益天线定向辐射,使微波能量汇聚在窄波束内,以极高强度照射,可在不杀伤敌人员情况下,通过扰乱敌人的脑神经使其暂时失去知觉,或破坏敌方的 C³I 系统,使其立即陷入瘫痪。据报道俄罗斯在此领域的研究领先于美国。俄罗斯利用像办公桌那样大的爆炸发生器,把爆炸能转换成强大的电源。高功率微波武器原理如图 7.4 所示。它由电容器组电源、磁通量压缩电流发生器、脉冲调整器、虚阴极振荡器和天线组成,各部件间有超短时间同步开关[1,18,19]。

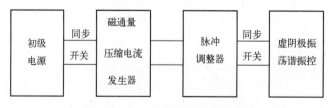

图 7.4 高功率微波武器原理图

一、电源

衡量目标毁伤程度的是单位面积上能量的大小。如对低阈值线路工作干扰仅

需 μW 级,但对硬件破坏则要 10mW 级的能量,由于各级能量转换系数都很低。为此要求初级电源能量要大,假设微波脉冲宽是 250ns,峰值功率 1GW,则其微波的能量需超过 10^5J。如果以 10^5J 能源能量来计算电容器的质量,通常电容器储能为 1000J/kg,其电容器质量需 100kg,这说明武器要有极大的能源。

二、高能磁通量压缩电流发生器

磁通量压缩电流发生器类型很多,下面以介绍美国洛斯阿拉莫斯实验室的普鲁西翁(Procyon)型号与俄制品普托卡(лоток)做对比。美制品尺寸(估计)为 4600mm×3000mm,其工作原理如图 7.5 所示。

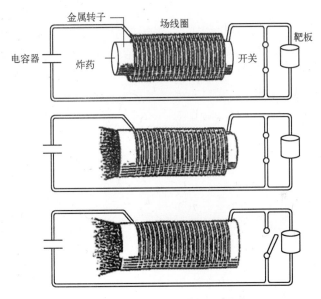

图 7.5　普鲁西翁工作原理示图

图 7.5 为电容器经线圈放电,线圈中的电流使线圈和金属电枢间产生磁场,此时开关置于闭合位置,防止电流流入靶中。中图为猛炸药从端部起爆,电枢开始膨胀,线圈和电枢间的磁场被压缩而猛烈增加,此法使高能炸药能量转化成磁场能量,使初级电源能量增加。下图表示在磁场压缩到峰值时,开关打开,使猛烈放大的电流脉冲流入靶中,这个靶可以是虚阴极振荡器。从工作过程和布局来看,这种装置成本不会太高,故在美国得到广泛应用,下列数据仅供参考(见表 7.1)。

表 7.1　普鲁西翁与普托卡的性能比较

型　　号	初级能量	输出电流/A	输出能/J	炸药量/kg	体积/m³
普鲁西翁	10^5 和 10^4A①	150	100	~100	0.8
普托卡	120kJ	100	60	200	0.8
① 由电流和自感可求能量					

三、虚阴极振荡器

从 Procyon 产生的脉冲大电流通过阴极,向阳极发射强电子束流,如阳极制成网状和薄膜状时,因电子束具有相对效应,即速度和电磁场效应,则电子由于惯性将穿过阳极继续运动,至某一位置又被弹回,这个位置相当于存在一个虚阴极向阳极发射电子,则在实阴极和虚阴极之间产生振荡。此时振荡电子引起相位群聚,激发起相干微波辐射,其频率与真阴极与虚阴极间的反射频率相当。虚阴极的振荡在一谐振腔中进行。虚阴极自射在位置(空间)与时间上振荡,激发起纵向电场,纵向电场同波导耦合产生横磁波,其频率依赖于相对论电子束的横向等离子体频率。

电子束能转成微波输出的效率很低,最好也只有12%。典型的虚阴极振荡谐振腔源如图 7.6 所示,其中由 4 个波导管输出微波。

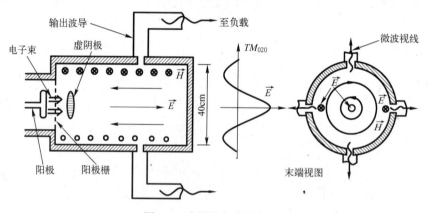

图 7.6 虚阴极振荡谐振腔

虽然产生微波的方法很多,但本方法由于简单可行故使用较多。这种高能微波(HPM)定向能量战斗部已供战斧巡航导弹使用。

7.3.2 毁伤效应

据报道 HPM 武器的频率为1GHz~300GHz,功率1GW 以上。其杀伤机理为热毁伤,使电子设备过热而失效;电毁伤,使电子器件被击穿;生物毁伤,当微波功率密度=20W/cm^2 时,仅需 1s 即可致人于死地。当微波强度为 0.01~1μW/cm^2 时,可干扰应对频率上的雷达和通信设备,使其丧失功能;当波强增至 0.01~1W/cm^2 时,可使通信、雷达、导航系统的微波电子元器件失效毁坏;波强为 10~1000W/cm^2 时,可使电路功能紊乱,毁坏各类电子器件;当波强为 1000~10000W/cm^2 时,可用来攻击现代武器系统的电子设备,高能微波可穿透飞机或导弹上的易损伤的部件,从而彻底地摧毁它们的飞行导航等功能。

俄在此领域对毁伤机理已做了大量的研究。其防空的 HPM 武器系统的辐射功率为 1GW，毁伤距离达 1~10km，照射 1km 处目标可达 40W/cm²，10km 距离可达 4W/cm²，显然，已具有反导能力。我国在扫雷方面的起爆研究，已取得了可喜的成果。

7.4 电磁脉冲武器

7.4.1 作用原理

这是一种功率超过 1GW 的电子束发生器触发产生强电磁脉冲（EMP）的武器。它可引爆视线内的弹药库以及无保护的电子系统（如天线、通信、导航以及计算机系统等）失效。它的作用机理可简单归结为：电磁辐射场作用、磁效应、静电场效应等。如为核电磁脉冲（NEMP），其除上述效应外还有强的热效应[22]。

7.4.2 研究进展

美、欧等国的电子设备大都具有抗电磁脉冲的能力，不过在民用方面还是欠缺的。目前俄美在高功率电磁脉冲的研究进展迅速，已达到高级阶段，其发射器可得输出峰值功率可达 15GW 以上。美休斯公司已研制成高功率长脉冲微波源，称为等离子体加速微波振荡器，有可能成为下一代新型电子战武器。据法国报道，法国马特拉股份有限公司正在研制一种口径大于 250mm 的电磁脉冲弹。脉冲电流的上升速度为每微秒兆安培量级，初级电源热电池发生器为螺旋线型，采用 5MJ/kg 高比能炸药，采用自耦变压器将输出电压升至数兆伏，天线选用展开的螺旋天线[1]。该能量装置的能量效率预计可达 40%，值得深入研究。

无论是 EPMW 还是 HPMW，它们都具有共同特点：具有全天候作战效应；有致命、非致命及干扰等各种效应；能攻击多个目标和隐身目标等。

7.5 光弹与激光武器

光弹（Optical Munitions）是一种新型的激光武器，可分为强激光和弱激光 2 种。前者属定向能激光武器，如庞大的地基和天基杀伤武器，用来攻击摧毁各种宇宙空天飞行器和导弹；后者是一种非致命致盲武器，该武器系统包含有观瞄系统、激光发生器、发射系统、冷却系统、控制系统和电源等组成。由于激光武器的反应能力和命中概率均优于硬杀伤弹药，所以美、英、德、法、俄等国军方很感兴趣，将其列为发展对象。它将既可用于进攻又可用于防卫。研究其破坏机制和破坏效应评估是个被关注的重要课题。

7.5.1 作用原理

根据资料报道,激光武器的发展是通过能量转换技术途径来实现的。下面介绍2种方法。

一、高能炸药爆炸冲击压缩惰性气体(氮、氩等)激光弹

其原理如图7.7所示。

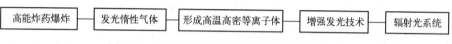

图 7.7 炸药爆炸冲击压缩惰性气体发光原理

这种辐射光学系统产生的激光,可直接破坏各种战场装备的传感器、光学瞄具、激光与雷达测距机的探测系统等。美国军械研究发展与工程中心(ARDEC)与洛斯阿拉莫斯国家实验室合作,正在实施一系列常规低附带损伤弹药(LCDM)计划,已试验了散射和定向辐射2种光弹。适宜于155mm口径火炮和海军的127mm口径火炮发射,能使反舰导弹的敏感光学系统致盲。

二、高能炸药爆炸冲击压缩固体激光弹

其原理过程如图7.8所示。

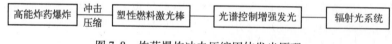

图 7.8 炸药爆炸冲击压缩固体发光原理

利用高能炸药爆炸,产生或激励发光,通过激光棒产生激光。其优点是光强度大,随爆炸距离变化不大,缺点是作用范围极小,所以要求精确的对准确定的目标,与发光惰性气体比,技术上难度大,研制费用高。但其最大优势是体积小、质量小、便于灵活使用。

7.5.2 激光对目标的毁伤效应

激光弹(或武器)毁伤目标的机理是利用激光照射目标上的亮度,转换成热(烧蚀)效应或冲击波效应和辐射效应,所以激光武器是一种物理失能技术。美制的低能激光步枪,有效射程一英里,射在人眼上会丧失视力。美研制的 AN/PLQ-5 激光对抗系统,也是一种激光致盲武器。美国正在发展的战术激光武器有虹鱼、贵冠王子、防空与前沿等9种类型,20世纪70年代至今一直在实验研究[19]。

利用激光反传感器,美国已将其列为21世纪陆军战略性技术之一。激光武器攻击光电类传感器的方式主要有:用激光束能量将传感器致盲,使其无法继续跟踪目标;对引爆导弹战斗部和制导炸弹传感器进行干扰,使其远离早炸或失灵不炸;

破坏传感器的关键件,使武器系统失灵而脱靶。

激光对目标毁伤的程度取决于 4 个关键参数:激光器的亮度、目标距离、目标抗激光的破坏阈值 E_{th} 和照射目标时间。根据激光毁伤机理,常用亮度(W)/sr(立体弧度)或者对脉冲激光器以 J/cm^2 来度量其效应程度。当目标的破坏阈值 E_{th} 确定情况下,则可以初步导出毁伤半径与亮度与照射时间之间的数量关系[24]。

一、激光武器性能和环境因素的影响

激光武器对目标的毁伤效能和危害程度涉及 2 个方面。

1. 激光性能

激光性能包括:激光的波长、激光的能量密度、激光的脉宽、激光的光束发射角。

2. 使用环境因素

主要有:使用距离、照射时间、环境和大气状态。

二、激光毁伤某些目标的参数数据

1. 对人眼的损伤

当波长为 $0.4 \sim 1.4 \mu m$ 时,激光可穿透角膜,落到视网膜上,显然这属于危险带,其中 $0.53 \mu m$ 蓝绿光对人眼视网膜损伤最严重。试验证实,人眼屈光介质对 $0.53 \mu m$ 激光的透过率达 88%。视网膜对该波长的吸收率约为 74%,估计 $0.53 \mu m$ 的激光能约有 65% 被视网膜吸收。当达到 $150 mJ/cm^2$ 能量级密度可烧坏视网膜,落到人眼角膜上的能量密度为 $0.5 \sim 5 mJ/cm^2$,便可使视网膜破坏而使人致盲。激光对人眼的损伤机制主要是热损伤效应、离子化损伤效应(离子泡冲击眼内大面积细胞组织)和光化损伤效应(通常激光照射需 10s 以上才发生)。

当能量密度为 $0.5 \sim 5 \mu J/cm^2$ 时的不同损伤等级,可产生不同的损伤阈值。美国提供的部分损伤人眼的激光能量阈值如表 7.2 所列。

表 7.2 美国国防部制定的损害人眼的激光能量阈值

激 光 器	型 式	波长/μs	辐 射 时 间	激光能量阈值
红宝石	单脉冲	0.6943	1ns~18μs	$5 \times 10 J \cdot cm^{-2}$/脉冲
红宝石	10Hz	0.6943	1ns~18μs	$1.6 \times 10 J \cdot cm^{-2}$/脉冲
	20Hz			$1.1 \times 10 J \cdot cm^{-2}$/脉冲
Nd:YAG	单脉冲	1.06	1ns~100μs	$5 \times 10 J \cdot cm^{-2}$/脉冲
Nd:YAG	10Hz	1.06	1ns~100μs	$1.6 \times 10 J \cdot cm^{-2}$/脉冲
Nd:YAG	20Hz	1.06	1ns~100μs	$1.1 \times 10 J \cdot cm^{-2}$/脉冲
Nd:YAG	连续波	1.06	100s~8h	$0.5 mW \cdot cm^{-2}$
CO_2	连续波	1.06	10s~8h	$0.1 mW \cdot cm^{-2}$

激 光 器	型　式	波长/μs	辐射时间	激光能量阈值
He—Ne	连续波	0.6328	0.25s/(4~8h)	2.5mW·cm^{-2}/1μW·cm^{-2}
Er	单脉冲	1.54	1ns~1μs	1J·cm^{-2}/脉冲
Ar	连续波	0.488μs/0.514s	0.25s/(4~8h)	2.5mW·cm^{-2}/1μW·cm^{-2}

2. 对某些目标的毁伤

对于红外成像系统(8~15μm 或 3~5μm 波段),其光电传感器和调制盘等元器件,当激光能量密度达数十 J/cm^2 照射下可使其发生软毁伤。

对于飞机蒙皮和导弹壳体为铝合金材料,其破坏阈值较高,需要数千至上万 J/cm^2,才能达到预期的硬毁伤。

对于玻璃钢制的导弹上用的整流罩,相对于铝合金来说,破坏阈值稍低,约为数千 J/cm^2。

3. 新概念"致僵"的激光效应

利用紫外激光器发出光子束,于空气中电离出一条通道,电流经通道导向目标,控制被击中者肌肉,并使其收缩、僵硬丧失活动能力。可伤眼,但不会成永久伤。当电流大于 250mA 时,能干扰心脏跳动节律。

利用其他波长的激光器"致僵射线"技术,可以破坏汽车微芯片,使汽车丧失机动性。

目前这种"致僵"技术武器可实现多次使用,射程可达 100m,电流达 25mA,交流频率 100 周,可用光学瞄准具进行非直视射击。

4. 一些国际的激光武器研究进展[24,26]

美国从 20 世纪 80 年代前后就大力发展战术激光武器,如表 7.3 所列,所取得的研究成果如表 7.4 所列。

表 7.3　美国的战术激光武器

代　号	激　光　器	用　途	现　状
虹鱼	板条 YAG	车载、158kg、致盲武器、8kg	20 世纪 90 年代中后期装备 MI 坦克
贵冠王子	板条 YAG	机载、作用距离更远、致盲	1990 年工程研究
浮雕-木坚鸟	板条 YAG	机载、33.8kg、直升机、致盲	
罗盘锤	倍频 YAG	光学吊舱、光电对抗、致盲	1986 年工程发展
致眩器	金绿宝石	士兵肩扛、9kg、可变波长	
闪光	化学激光	机载、致盲红外导弹寻的器	1989 年投入生产
美洲虎	板条 YAG	直升机机载、致盲	
前沿	气动 CO_2	车载、登陆部队装甲车	
防空	气动 CO_2 及 DF	硬、软毁伤效应破坏入侵飞机导弹	10 多次试验成功

表 7.4 美激光武器的研究成果

时间	试验地点	目标	激光器	效果
1971.6	柯特兰空军基地	木板(3.2km)	气动 CO_2	点燃
1973	MQM-61A 靶(300Km/h)	气动 CO_2		击落
1975	NKC-135 飞机	火峰靶机(1.28km)	气动 CO_2	击中
1978	TOW-BGB-71A 导弹	HF	摧毁	
1983.5	加州柴纳湖海军武器中心	响尾蛇孔空空导弹	气动 CO_2,400kW	击落
1989.2	加州柴纳湖海军武器中心	超声速战术导弹	气动 CO_2,400kW	击落
1978	TOW 导弹和无人机	DF,400kW	击落	
1979.1		导弹	DF,400kW	摧毁
1981	白沙导弹靶场	海面—海面导弹	DF,2.2kW	演示成功
1987.9	白沙导弹靶场	海面—海空飞机	DF,2.2kW	击落
1974	红石兵工厂	电激 CO_2(10kW)	野战试验	
1976.7	陆军导弹基地	MQM-61A 靶机	电激 CO_2(10kW)	击落
1976.10	红石兵工厂	无人直升飞机	电激 CO_2(10kW)	击落

英国研制的低能眩目激光武器,曾用于英阿马岛海战,致眩阿驾驶员坠海,这是世界上实战成功首例。德国研制的 CO_2 激光防空武器,其平均功率 1MW,作用距离 20km,能使 10km 内的飞机、战术导弹发生结构上的硬毁伤,使 20km 内的光电系统发生软毁伤。法国研制激光防空武器已有 10 多年,已进行初次地面靶试验,用 40km CO_2 激光武器摧毁了 700m 以外的导弹弹头。激光武器研究尽管取得了很大发展,但仍有许多技术难题急需解决。一是大功率与小型化之间的矛盾。二是如何让穿越大气层的激光束不偏离轨道。当激光功率足够大时,还会产生非线性的热晕现象。这些效应可使目标上的激光功率密度下降,降低激光对目标的毁伤效能。目前正在研究利用非线性光学技术进行大气补偿。

7.6 声波效应武器

利用声学技术原理,研究不同频率、不同波长、不同传播速度的声波效应,对军民工业有十分重要的意义。作为声波效应武器可概括分为两种,一是频率在 20000Hz 以上的超声波武器,另一种是低于 20Hz 的次声波武器。

超声波武器是利用高能超声波发生器产生超频率波,这种波的特点是沿直线方向进行能量集中,且射得很远,碰上障碍物即反射回来,在水介质中效应最大。知道频率、传播速度,再得出波遇物来回时间,便知障碍物所处位置,计算模型为:

$$距离=\frac{1}{2}速度\times时间。$$ 军事上利用此特性,测定敌潜水艇位置,测海深,探索海中障碍物,探测地雷进行扫雷,加速某些化学反应,使植物种子增产,检验金属制品的疵病,对硬脆物的钻孔,用于环保使固体粒子下沉等。由于超声波具有强大的大气压力,可使人产生视觉模糊、恶心呕吐等生理反应,使人损失战斗力。

次声波武器是一种大功率而产生低频率(低于20Hz)直接照射武器,由于频率低而且是高能量声波,人耳是听不见的,但它却有很强的渗透作用,而且各种物质对它的吸收作用很小,所以在空中、地面等媒介质内传播很远而无明显的衰减,可认为是一种软杀伤置人于死地的特效武器,由于人体一些器官的震动频率为4Hz~13Hz范围,当次声波武器发出的次声波的频率与人体器官的频率一致时,会引起人体全身共振或局部器官共振不止,这时,轻者头疼、恶心、眩晕,次重者肌肉痉挛、全身发生颤抖,重者血管破裂、内脏损伤而迅速死亡,而外观上无任何痕迹。

目前,各种原理的低频声波发生技术已解决,其声功率已达到20000声瓦,其有效作用距离随频率降低而增大。次声波声源列阵能将它的作用距离提高至数十千米,据报道,法国在1968年做次声波试验时,因技术疏漏,次声波泄露,造成20多人死亡,这是一种真正的杀人不见血的新式特效武器。

声波弹已在20世纪成功地应用,在1977年德国用声炸弹制服了劫机者,成功地解救了人质,1979年英国伦敦用声炸弹逮捕了占领使馆的闹事者,又如1997年用声炸弹顺利解决了劫机事件。目前英国已研制了噪声(是许多不同短音的组合)炸弹用于反恐,使他们短时间内突然失明、耳聋、发呆而失去反抗能力。我国曾研究了在强声波作用下得到了初步生物效应的一些阈值。国外在研究次声武器的同时,又在研究无穿透力的声弹,这种弹仅产生类似拳击的冲击效应,使人失去战斗力。

7.7　二元化学武器

二元化学武器(Binary Chemical Weapon)是一种新型化学武器。选用2种以上低毒、无毒化合物,分别装入特殊容器内,然后装入弹体(或战斗部)中,容器间有薄膜隔离,当射击时,由于惯性外力作用,使隔膜破裂,依靠弹的旋转,使二元化合物受到搅拌和混合,迅速反应,产生一种新的毒剂,毒剂的性质完全取决于二元化合物,常用的毒剂有:失能性毒剂、窒息性毒剂、刺激性毒剂、全身中毒性毒剂、神经毒剂等。二元化学武器有利于改善毒剂与化学武器在生产、填装、储存和运输过程中的安全条件;避免了化学弹药泄露的危险;扩大了毒剂制作原材料的来源,极适宜化学武器产生的隐蔽性。

7.8　其他新概念弹和"文明"武器

研究新概念弹药战斗部和武器,必然会涉及多门学科和技术。有些新概念弹药、战斗部和武器,军方和警方都有需求。所以在做好发展规划,重点研发急需产品外,尚需加大投资力度,利用现代信息技术手段开展一些与特殊功能的战斗部或武器有关的理论和技术基础研究。例如化学失能剂技术和物理失能技术的研究。特别要重视毁伤准则判据和阈值的研究,以此带动新概念战斗部或"文明"武器的开发,并朝着模块化、系列化方向发展[21,23]。

应该重视研发另外一些新型特种弹和武器,如视频侦察弹(VIP)、目标识别/战场毁伤评估弹、红外/箔条复合技术诱饵弹、躯体和精神失能弹、基因武器、气象武器、超强腐蚀武器、超级黏合胶战剂(使人凝固,动弹不得)[8]、电子枪[20](如美国 TE93 电子枪、Partner 电子枪;加拿大 TASER 电击枪)和致热枪等。

参 考 文 献

[1] 王颂康,朱鹤松,等. 高新技术弹药. 北京:兵器工业出版社,1997.

[2] 孙业斌,许桂珍. 软伤武器纵览与展望//软杀伤技术论文选编. 北京理工大学科技处,1997.

[3] 现代世界警察装备. 公安部科学技术信息研究所,1996.

[4] E L Fleeman. 战术导弹设计. 张天光,周婵娟,宋振峰,等译. 中国空空导弹研究院,2003.

[5] 隋树元,王树山. 碳纤维弹技术研究进展//软杀伤技术论文选编. 北京理工大学科技处,1997.

[6] 周兰庭,王树山,隋树元. 新概念高新技术软杀伤武器弹药//软杀伤技术论文选编. 北京理工大学科技处,1997.

[7] 董华梅,隋树元,陈利. 碳纤维对电力系统毁伤机制研究//软杀伤技术论文选编. 北京理工大学科技处,1997.

[8] 郭言明,王伯羲,弹药碳纤维面性能及表征分法//软杀伤技术论文选编. 北京理工大学科技处,1997.

[9] 王伯羲,刘云剑,白栏. 软杀伤弹用胶黏剂的性能表征//软杀伤技术论文选编. 北京理工大学科技处,1997.

[10] 贺福,王茂长. 碳纤维及其复合材料. 北京:科学技术出版社,1995.

[11] 徐鹤鸣. 碳纤维. 北京:科学出版社,1979.

[12] 国防与科技编辑部. 电网杀手——石墨炸弹. 现代兵器,1999(6).

[13] 弹药信息,2000(6),(7).

[14] 齐明. 电力工程安全技术手册. 北京:兵器工业出版社,1994.

[15] 天津大学. 电力系统继电保护原理. 北京:电力工业出版社,1980.

[16] 刘洪波. 高电导率碳纤维的制备及其应用//新型碳材料,[3,4],64.1994.

[17] 机械电子工业部第三零三研究所. 子母弹体论文集. 1990.

[18] 罗骥,田清政,蒋浩征. 微波战斗部原理性实验分析报告//软杀伤技术论文选编. 北京理工大学科技处,1997.

[19] 焦清介,杨硕. 爆炸激励强光辐射技术概念研究//软杀伤技术论文选编. 北京理工大学科技处,1997.

[20] 王莹,马宪学. 新概念武器原理. 北京:兵器工业出版社,1996.

[21] Mask,Kay Atwal. New Weapons that win without killing on DOS's Hosizon,defense Electsonics,Vol. 25. NO. 2;P41,1993.

[22] David A F. EMP weapons lead Race to Non-lethal Technology Aviation Weck and Space Technology,5. 24,P61,1993.

[23] Barnasa Starr. Non-lethal weapons pussle for U. S. Army. International. Defense Review,4:319. 1993.

[24] 孙连山,杨晋辉. 导弹防御系统. 北京:航空工业出版社,2005.

[25] 黄敏超,胡小平,吴建军,等. 空间科学与工程引论. 长沙:国防科技大学出版社,2006.

[26] 林聪容. 美国机载激光武器及其关键技术. 现代防御技术,2006(4).

内 容 简 介

本书全面论述了新型战斗部原理及其应用,反映了近几年来国内、外在该领域的最新发展和研究成果,有些内容如定向能战斗部、深侵彻战斗部、新概念非致命战斗部是国内、外当前研究的热点。本书共分 7 章,主要内容包括目标特性、新型聚能战斗部、新型杀伤战斗部、定向能战斗部、深侵彻战斗部、新概念非致命战斗部等。本书秉承了传统弹药战斗部设计的基本理论,又融入了最新弹药战斗部原理和设计理论,并且注重工程应用,适应性较强。

本书可供从事弹药战斗部设计、试验、生产、使用的科技人员,以及与弹药有关的高等学校师生参考。

Principles and applications of new warheads are discussed comprehensively in this book, which reflects the latest developments and research results of the warhead at home and abroad in recent years. Some contents such as directed-energy warheads, deep-penetration warheads and the new conceptual non-lethal warheads are hotspots of current researches at home and abroad. This book consists of seven chapters, mainly includes the target vulnerability, the new shaped charge warhead, the new type fragmentation warheads, directed-energy warheads, deep-penetration warheads, the new conceptual non-lethal warheads, etc. The book adheres to the essential design theory of conventional ammunition warhead, and integrates into the latest principles and design theory of ammunition warhead, as well as focuses on engineering applications and good adaptability.

This book will be helpful for the researchers working on the design, testing, producing and use of ammunition warhead, as well as for college teachers and students related to ammunition.